国家科学技术学术著作出版基金资助出版

生物地磁学
——现象、机理及应用

潘永信　田兰香　主编

科学出版社
北京

内 容 简 介

生物地磁学是由地磁学与生命科学交叉融合形成的分支学科，主要研究地磁场及其变化对生物影响的机理和规律，分析生物感磁起源与机制，以及生物记录的地磁场信息等，对于揭示地球系统中地磁场对生物圈演化的作用具有重要意义。本书系统总结了生物地磁学的最新研究进展，包括在地磁场变化性、生物趋磁性起源与演化、动物地磁导航行为与机制、生物响应极端弱磁场的机制、生物源磁性纳米矿物及其在古地磁学和生物医学的应用等研究中取得的原创性成果。本书写作深入浅出，内容系统丰富。

本书可供地球科学和生命科学领域的高等院校师生及科技工作者参考阅读。

图书在版编目（CIP）数据

生物地磁学：现象、机理及应用 / 潘永信，田兰香主编. —北京：科学出版社，2024. 3

ISBN 978-7-03-078129-1

Ⅰ. ①生… Ⅱ. ①潘… ②田… Ⅲ. ①生物学-地磁学 Ⅳ. ①P318

中国国家版本馆 CIP 数据核字（2024）第 049905 号

责任编辑：孟美岑 韩 鹏 / 责任校对：何艳萍

责任印制：肖 兴 / 封面设计：北京图阅盛世

科学出版社出版

北京东黄城根北街 16 号

邮政编码：100717

http://www.sciencep.com

北京中科印刷有限公司印刷

科学出版社发行 各地新华书店经销

*

2024 年 3 月第 一 版 开本：720×1000 1/16

2024 年 3 月第一次印刷 印张：20 1/4

字数：407 000

定价：198.00 元

（如有印装质量问题，我社负责调换）

序

迄今为止，地球是太阳系唯一生物繁盛的星球，生命以多种多样的形式绽放着精彩。地磁场作为地球本体的基本物理场，起源于地球外核导电流体的运动，磁力线穿过地幔和地壳到达地表并延伸到遥远的太空。地球上生机盎然，所有生命活动都是在地磁场伴随下进行的。

古地磁学研究揭示，地磁场可能起源于40亿年前，早于地球生命的出现。正是由于地磁场保护了地球大气圈和水圈免受太阳风的剥蚀，为地球孕育生命提供了必要的条件，地磁场和大气圈的共同作用又保护地球表面免受宇宙射线的侵袭，使地球成为生命宜居的星球。在生物与地磁场长期共演化过程中，生物也进化出利用地磁场开展各种生理活动的能力。比如，趋磁细菌在水体中可以沿磁力线游动，美洲帝王蝶、绿海龟、北极燕鸥、知更鸟、中华山蝠等高等生物能利用地磁场在不同空间、不同尺度进行精确定位和导航，完成长距离迁飞和迁徙。这表明，地球宜居性的维系和生命的繁衍生息都离不开地磁场。从某种程度上看，地磁场之于生命就像空气和水一样重要，没有它生命就难以正常生存。地磁场并不是稳定的，它随时间发生变化，只不过变化缓慢而往往被忽视。地磁场最显著的变化就是磁场极性改变，即地磁极性倒转。过去局限于跨学科研究的困难，人们对于地磁极性倒转如何影响地球环境和生命的认知有限。

我们也认识到，在人类历史上，每一次对地磁场认识和应用的提升，都对文明进程起到了巨大的推动作用。例如，指南针的发明和应用助力在茫茫大海上的商船准确找到方向，也成就了郑和七下西洋的伟大壮举，极大推进了航海事业大发展。电-磁感应原理的发现，地磁场基本模型的构建，奠定了现代科技的部分重要基础。随着新一轮科技革命和产业变革加速演进，新的学科增长点不断涌现，地磁学研究与应用进入了新赛道。生物地磁学就是在此背景下，由地球科学与生命科学交叉融合而形成的一门交叉学科。它围绕地磁场与生物圈演化之间联系的前沿科学问题，将地磁场变化与地表生物过程研究在时间、空间两个维度上统一起来，旨在获取地磁场变化影响生物圈的重要证据，揭示关键过程及共演化规律，深刻认识地磁场变化的生物学效应，并帮助人们更好地理解地球家园的过去、现在和未来。

中国科学院地质与地球物理研究所生物地磁学研究团队初创于20世纪90年代，当时承担国家科委的攻关项目，研制出一种新的磁性肥料（在控温加热条件下由菱铁矿热转变制备的细颗粒磁性物质），并与土壤肥料专家合作完成了磁性肥料对作物的种植试验。21 世纪初，创建了国内首个生物地磁学专业实验室，实验室成员来自地球科学、生命科学和医学等不同领域。多年来，他们坚持践行学科交叉融合的理念并不懈奋斗，做出了多项重要创新性成果，2022 年荣获中国科学院杰出科技成就奖。

《生物地磁学——现象、机理及应用》一书总结了生物地磁学团队在古地磁场变化、高等生物感磁、趋磁细菌起源时间和生物矿化、生物纳米磁性颗粒仿生合成及生物医学应用等方面取得的重要成果，介绍了一系列新的证据、现象及机理。令人印象深刻的是，他们仿生制备的纳米尺寸磁性铁蛋白颗粒，不仅是室温条件下优异的超顺磁性材料，而且具有良好的肿瘤靶向性，展现出良好的医学应用前景，有望为肿瘤诊疗提供新材料。这本书既具有交叉学科研究鲜明特色，也体现出交叉学科研究的创新魅力。我很高兴看到这本书问世，相信它能给地球科学、生命科学和材料科学等领域的读者以启迪。

是为序。

中国科学院院士
发展中国家科学院院士

2023 年 11 月于北京

前　言

地球是一个由磁层、电离层、大气圈、水圈、生物圈、地壳、地幔与地核等多圈层系统构成的宜居行星。地核发电机产生的全球性偶极磁场，贯穿地球的各个圈层，阻挡着太阳风和宇宙射线的侵袭，并有效保护着地球的大气和水，从而为地球维持适宜生命生存的环境提供了有利条件。

研究表明，地磁场是变化的，包括：①由地核发电机引起的较长时间尺度的变化，如极性倒转（地磁南北极位置互换）、地磁漂移（地磁极位置显著偏离）、长期变化等，古地磁记录显示一次极性倒转过程长达数千年，其间偶极矩降低，可低至现今值的 1/10；②由太阳活动引起的较短时间尺度的磁层扰动，如磁暴，时间可持续数小时至数天，会引起磁层电流、辐射带变化、电离层扰动等。

20 世纪 60～70 年代，加拿大地球物理学家乌芬（R. Uffen）在 *Nature* 上撰文首次提出地核影响生物圈演化。俄罗斯生物学家杜布罗夫（A. P. Dubrov）所著的《地磁场与生命：地磁生物学》一书，基于大量动物实验观测研究，描述了人工磁场和地磁场对生命的影响，引起了学界的广泛关注。意大利学者贝利尼（S. Bellini）和美国学者布莱克莫尔（R. Blakemore）先后独立发现了趋磁细菌——一类沿地磁场定向和游弋的微生物，在细胞内合成呈链状排列的纳米尺寸的磁铁矿颗粒（磁小体），开启了微生物感磁研究。基于许多鸟类、鱼类、昆虫和微生物等感知和利用地磁场的现象，美国学者贝耳（Bell）于 1980 年在《美国地球物理学会会刊》（EOS）首次提出生物地磁学（biogeomagnetism）的概念。

如果地磁场的方向和强度发生变化，感磁生物如何响应？地磁极性倒转期间，地磁场的保护减弱而有害辐射增强，又会对地表生物造成怎样的影响？趋磁细菌胞内的磁性颗粒是怎样形成的？人类如何应用生物源磁性颗粒？生物感磁的机制是什么，何时起源的？未来星际旅行缺失磁场保护，会对航天员的健康造成怎样的影响？在地球历史中，地磁场及其变化怎样影响生物圈演化？回答这些科学问题需要跨地学与生命科学的交叉研究。

生物地磁学是地磁学与生命科学形成的交叉分支学科，主要研究地磁场及其变化对生物影响的机理和规律，分析生物感磁起源以及生物记录的古地磁场信息，理解地磁场及其变化在生物圈演化中的作用。中国科学院地质与地球物理研究所的生物地磁学团队瞄准前沿科学问题，自主设计并建成生物地磁学专用实验研究平台，建立交叉研究方法，研发具有自主知识产权的技术方法，逐步建立了生物地磁学的交叉研究体系。在过去20年里，围绕地磁场与生物圈演化之间联系的重要科学问题，聚焦地磁场变化影响生物圈的作用过程及规律研究，在地磁场极端变化、生物趋磁性起源与演化、动物地磁导航行为与机制、生物响应极端弱磁场机制、生物源磁性纳米矿物及其在古地磁学和生物医学中的应用等研究中取得了一些原创性成果。

编写本书的目的是系统总结生物地磁学研究团队的最新研究，呈现给专业人士和对此感兴趣的读者。参与编写本书的有蔡书慧副研究员、林巍研究员、李金华研究员、曹长乾副研究员、张同伟高级工程师、刘嘉玮副研究员、张兵芳博士、余佳成博士、何況博士、蔡垚博士和韩晓华博士。

第 1 章介绍地磁场基本特征及其变化。认识地磁场的变化规律是探索地磁场与生物共演化过程的重要前提和基础。利用考古磁学手段重建东亚地区地磁场千百年尺度高分辨率变化参考曲线，发现地磁场极端变化特征——千年内地磁场强度可发生快速剧烈变化，并讨论了地磁场的变化对地球表面生存环境和地表生物可能产生的影响。

第 2 章介绍环境中趋磁细菌多样性、地理分布及起源演化。生物感磁如何起源、何时起源、如何演化，是生物地磁学研究的前沿科学问题。微生物是地球上最早出现的生命形式，趋磁细菌的研究既可以为认识生物感磁行为的起源和演化提供新认识，也可以提供地球早期磁场变化的独立证据。从地学视角出发，通过大范围的野外调查和采样工作，研究了趋磁细菌的多样性、生态及地理分布规律，发现趋磁细菌至少分布在 14 个细菌门中，提出感磁微生物“古老单起源和扩展适应演化”的模型及其演化驱动力的新观点，揭示出微生物感磁起源于 34 亿～32 亿年前。

第 3 章和第 4 章分别介绍磁小体的生物控制合成和它们的磁学性质。趋磁细菌最重要的标志是在细胞中合成生物膜包被的纳米尺寸的磁铁矿或胶黄铁矿的磁小体，通常呈单链或多链排列。磁小体合成是一个严格生物调控下的磁性矿物晶体成核、生长和链组装过程。第 3 章详细介绍磁小体晶体的形貌、尺寸和生长模式，以及环境因子对磁小体合成的影响等。第 4 章主要介绍磁小体链的磁学性质，提出将微生物学、电子显微学和同步辐射技术结合，开展“趋磁性-生物矿化-生理代谢”三者内在联系的研究，揭示出磁小体晶体形貌特征与趋磁细菌类群之间的对应关系。

第 5 章介绍细菌诱导矿化作用及其磁性产物。不同于趋磁细菌胞内控制矿化作用，自然界中一些细菌通过自身代谢活动来改变周围环境的物理、化学条件，从而间接诱导矿物在细胞外沉淀铁矿物的过程（称为胞外诱导矿化），广泛参与了自然界铁元素循环。该章重点介绍铁氧化菌胞外矿化过程和铁还原菌胞外矿化过程及铁同位素分馏。

第 6 章介绍动物地磁导航及感磁机制研究进展，包括动物感磁行为、地磁极性倒转对动物定向行为的影响、感磁机制假说、感磁神经通路，以及专用研究平台和方法等。通过开展蝙蝠在变化磁场环境中的栖息和觅食定向的行为学研究，发现迁徙性中华山蝠能够感知地磁场极性的变化，并在栖息和觅食过程中利用其指导定向。在该章小结中重点指出目前动物感磁研究中存在的很多问题和研究难点。

第 7 章专门介绍亚磁场的生物学效应，包括对微生物、植物和动物的影响。针对地球上特殊磁屏蔽环境及未来深空探测航天员经历的星际极弱磁场环境暴露（称为亚磁场环境）对健康的潜在影响，我们与合作者开展了亚磁场环境暴露对实验鼠海马神经发生和认知功能的影响研究并取得以下成果：在动物水平上揭示出地磁场/亚磁场、活性氧与成体海马神经发生之间的关系，发现亚磁场的生物效应具有时间累积性；长期的亚磁场暴露会抑制哺乳动物成体海马神经发生，引起海马细胞氧化应激和认知功能障碍等；发现活性氧是磁场调控海马成体神经发生的重要因子，揭示出地磁场在成体动物海马神经发生和认知功能中的重要性；探讨了亚磁场暴露对哺乳动物肠道菌群多样性的影响。

第 8～11 章介绍生物源磁性纳米矿物的仿生矿化及其在地学和生物医学领域的应用研究进展。生物源磁性矿物泛指生物参与形成的磁性矿物。生物源磁性矿物具有一系列优点，如尺寸均一、磁性强和生物相容性高等。第 8 章介绍生物源磁性矿物在古地磁学和古环境研究中的应用，包括沉积物磁学性质、古地磁记录和古环境响应，以及对铁建造形成的潜在贡献等。

第 9 章介绍磁性纳米矿物的仿生矿化，重点介绍铁蛋白和趋磁细菌磁小体的仿生矿化研究进展。经过大量实验研究，我们合成的磁性铁蛋白颗粒具有粒径可控（3～8nm）、形状均一、单分散、弱磁相互作用、高弛豫率和高生物相容性等优良材料学特征。

第 10 章介绍生物源磁性纳米矿物的生物医学应用，包括磁性铁蛋白在磁共振影像增强、肿瘤磁热治疗和体外诊断方面的生物医学应用研究进展。小鼠肿瘤模型实验研究表明，磁性铁蛋白能够特异性结合微小肿瘤病灶，实现 1～2mm 微小肿瘤核磁共振靶向显影。另外，本章还介绍了磁性铁蛋白在肿瘤磁热疗及肿瘤体外病理诊断中的应用研究进展，有望助力破解肿瘤早诊早治的难题。第 11 章介绍基于仿生合成的磁性纳米颗粒在吸油材料中的应用。我们基于磁性铁蛋白磁热效应利用磁性铁蛋白设计的新型磁性疏水海绵适宜于高黏度稠油磁热回收，可用于漏油事件的污染治理。

本书的完成得到了许多人的帮助。在此，特别感谢中国科学院地质与地球物理研究所朱日祥院士和自然资源部周姚秀研究员对团队的多年指导和关怀，感谢德国慕尼黑大学 Nikolai Petersen 教授引领我们进入趋磁细菌研究领域。没有他们的鼓励、指导和帮助，生物地磁学团队不可能发展至现在的状态。

感谢古地磁学与年代学实验室邓成龙研究员、贺怀宇研究员、王非研究员和周灿芬女士，感谢自然资源部马醒华研究员、南方科技大学刘青松教授、北京大学黄宝春研究员、首都师范大学杨振宇教授、山东大学陈冠军教授和刘巍峰教授、上海交通大学王风平教授和肖湘教授、中国地质大学谢树成教授和董海良教授、沈阳农业大学张树义教授、中国科学院遗传与发育生物学研究所郭伟翔研究员、中国科学院植物研究所麻密研究员、香港大学李一良副教授；感谢中-法生物矿化与纳米结构联合实验室的吴龙飞研究员、宋涛研究员、肖天研究员、李颖教授、姜伟教授、田杰生副教授、张揆教授、Nicolas Menguy 教授；感谢德国拜鲁伊特大学 Dirk Schuler 教授、奥登堡大学 Michael Winklhofer 教授，美国加州大学洛杉矶分校 Walter Metzner 教授、加州大学圣地亚哥分校 Rob Knight 教授、罗切斯特大学 John Tarduno 教授、内华达大学 Dennis Bazylinski 教授、加州理工大学 Joseph Kirschvink 教授、麻省理工学院 Benjamin Weiss 教授，澳大利亚国立大学 Andrew Roberts 教授，与你们的交流让我们受益匪浅。感谢中国科学院地质与地球物理研究所许多同事们多年的帮助和支持。

感谢生物地磁学实验室所有的研究生们，你们探索未知、敢于创新、接续奋斗，使实验室永远朝气蓬勃和充满活力。

感谢国家自然科学基金创新研究群体项目，中国科学院知识创新工程重要方向性项目、创新团队海外合作伙伴计划和前沿科学重点研究计划等项目的支持。本书的部分观点是在国家自然科学基金基础科学中心项目“地磁场与生命”研讨过程中形成的。

还要感谢杨振宇教授、李颖教授、宋涛研究员、张欣研究员、邓成龙研究员阅读本书的初稿并提出宝贵修改意见，使本书得到了明显完善。感谢章敏博士在本书图片编辑过程中给予的帮助，感谢科学出版社地质分社的韩鹏社长、责任编辑孟美岑等在本书出版过程中的辛勤付出和帮助。

本书集中反映了生物地磁学团队的最新研究成果，可供地学、生命科学、材料科学等领域的大学生和研究生阅读，也可作为科研人员的参考书。

受知识所限，本书编写中难免挂一漏万和存在缺陷，敬请批评指正。

潘永信
中国科学院地质与地球物理研究所研究员
田兰香
中国科学院地质与地球物理研究所副研究员
2023 年 5 月 3 日于北京

目　　录

第 1 章　地球磁场及变化特征

地磁场是地球的基本物理场之一，它起源于地球液态外核导电流体的对流运动，其磁力线穿过地幔和地壳并一直延展到地球空间，贯穿了地球岩石圈、水圈、生物圈、大气圈等圈层。地磁场的形成与变化不仅携带了丰富的地球内部信息，也深刻影响着地球的宜居环境，如阻挡太阳风和宇宙射线，保护地球的大气、水和生物。因此，揭示地磁场几何形态和变化规律，在认识地球内部结构和动力机制、岩石圈地质和构造过程、现代地磁场特征和变化趋势及地表环境变迁和生命演化等方面具有重要意义。

本章主要介绍地磁场的基本情况，包括地磁场的组成、起源、基本概念和不同时间尺度的变化特征，在此基础上讨论地磁场的变化对地球表面生存环境和地表生物可能产生的影响，为后面章节讨论地磁场与生物圈相互联系、地磁场变化的生物学效应等提供基础知识。

1.1　地磁场基本特征

1.1.1　地磁场组成及起源

地磁场由地核磁场、地壳磁场、外源变化磁场和地球内部感应磁场四部分构成（徐文耀，2014）。地核磁场是地磁场最重要的组分（主磁场），地表强度可达数万纳特。关于主磁场的起源和成因，最初英国学者吉尔伯特（Gilbert）提出地球可能是一个大磁体，地磁场可能起源于这个大磁体的永久磁化，但后来很多观测结果显示地球内部不可能存在永磁体。地球物理学家通过地震波研究先后发现液态外核和固态内核，并由 Elsasser（1941）提出了地核发电机学说，认为地磁场由地球外核导电流体的运动与内部磁场的相互作用产生和维持。这一理论能最大程度地契合已知的地球内部结构和地磁场观测现象，是目前广为接受的地磁场起源假说。地壳磁场起源于地壳及上地幔的剩余磁化强度和感应磁化强度，又称岩石圈磁场，远弱于主磁场，一般地表异常值约为数百纳特。外源变化磁场起源于地表以上的电离层电流，强度占地磁场总强度不足 1%，不同于主磁场和地壳磁场，它的变化快且复杂。地球内部感应磁场起源于高导电率地幔部分。

通常情况下，我们讨论的地质历史时期的地磁场是指地核磁场(主磁场)。1838年，德国数学家高斯（Gauss）将球谐分析理论用于地磁场研究，把地磁场用数学形式表达出来，奠定了现代地磁学理论计算的基础。地磁场的磁势ψ_m满足拉普拉斯方程，其内源场的解可用球谐级数表示为

$$\psi_m(r,\theta,\phi)=\left(\frac{a}{\mu_0}\right)\sum_{l=1}^{\infty}\sum_{m=0}^{l}\left(\frac{a}{r}\right)^{l+1}p_l^m(\cos\theta)(g_l^m\cos m\phi+h_l^m\sin m\phi) \tag{1.1}$$

其中，r为观测点距地心的距离，θ为余纬度，ϕ为经度，a为地球半径，g_l^m和h_l^m为高斯系数，$p_l^m(\cos\theta)$为施密特缔合勒让德函数。

地磁场的球谐解中，l=1 的项为偶极子，其他项为非偶极子，如l=2 为四极子，l=3 为八极子。地磁场偶极子相当于在地心放置一个磁偶极子产生的磁场，现今地磁场磁力线从地理南极发出，从地理北极回到地球内部［图 1.1（a）］。地磁场偶极项约占总磁场的 90%。地心偶极子磁矩可分解为互相垂直的三个分量，分别对应高斯系数g_1^0、g_1^1和h_1^1，g_1^1和h_1^1为位于赤道面内的赤道偶极子，g_1^0为与地球自转轴重合的轴向偶极子。在地心偶极子中，轴向分量占主导，因此地磁场可近似用轴向地心偶极子（geocentric axial dipole，GAD）模型表示。GAD 模型是地磁场最

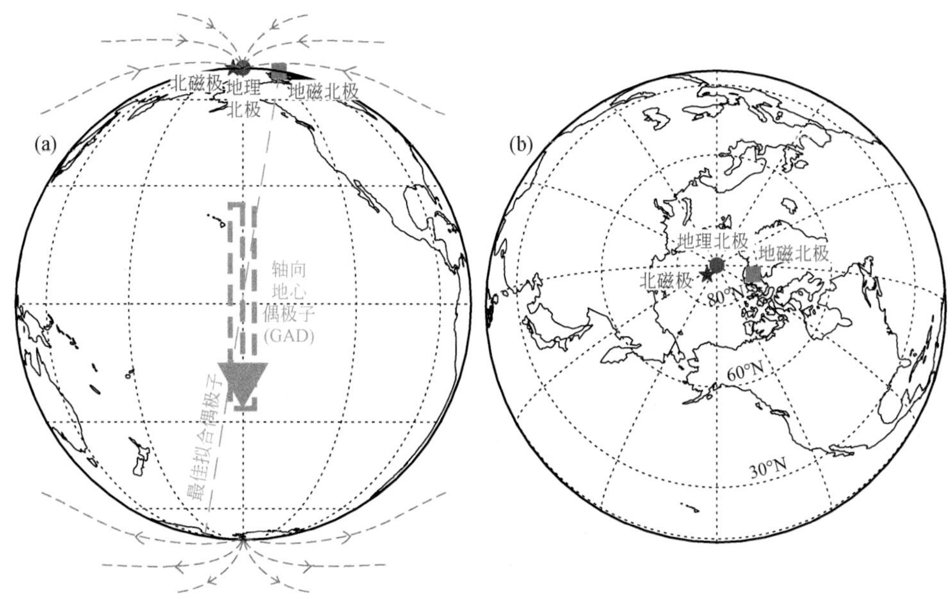

图 1.1 地磁场主磁场模型及极位置图

（a）轴向地心偶极子（GAD）模型示意图；图中棕色虚线代表磁力线，地磁北极和北磁极位置为 WMM2020 测算的 2020 年极位置；（b）地球的正交投影图，更清楚地展示了地理北极、地磁北极和北磁极的位置

简单的表示方式，也是古地磁学的基本假设，代表地磁场一段时间内（万年至十万年）的平均状态。

图 1.1（b）展示了地球和地磁场不同的极位置，最常见的有三种极：地球自转轴与地球表面的交点为地理北极或地理南极、地磁场最佳拟合地心偶极子轴与地球表面的交点为地磁北极或地磁南极、地球表面磁倾角为+90°或−90°的点分别为北磁极或南磁极。图中显示的分别为地理北极、地磁北极和北磁极的位置，其中地磁北极（80.65°N，72.68°W）和北磁极（86.50°N，164.04°E）位置为 2020 年全球地磁模型（the world magnetic model，WMM2020）的测算结果。此外，古地磁学研究中还经常用到虚地磁极（virtual geomagnetic pole，VGP）和古地磁极（paleomagnetic pole）两个概念，前者是指根据地球上某一采点的经纬度及测得的地磁场偏角和倾角等信息，按照地心偶极模型计算得到的地磁极，而后者则是一段时间内（万年至十万年）的平均古地磁极，通常情况下如果平均时间足够长，古地磁极应与地理极重合。

在 GAD 模型中，地磁场强度（B）和倾角（I）的分布都与纬度相关，即

$$\tan I = 2\tan\lambda = 2\cot\theta \tag{1.2}$$

$$B = \frac{g_1^0 a^3}{r^3}(1+3\cos^2\theta)^{1/2} \tag{1.3}$$

其中，λ 为地理纬度，θ 为余纬度，r 为观测点距地心的距离，a 为地球半径，g_1^0 为地磁场轴向偶极分量。上述地磁倾角和纬度之间的关系是古地磁学中计算板块古纬度的理论基础。

图 1.2 为 CALS10k.2（Constable et al.，2016）全球模型计算的 2022 年地表地磁场强度、磁倾角和磁偏角分布图。图中显示，地磁场强度整体呈现从赤道向两极由弱变强的趋势，但存在局部异常区，比较显著的一个负异常区是位于南半球的南大西洋异常（South Atlantic anomaly，SAA）。受异常区影响，地磁场强度分布偶极特征不明显［图 1.2（a）］。磁倾角整体呈南北半球对称分布，北半球为正值，南半球为负值［图 1.2（b）］，基本符合地磁场偶极分布特征。

1.1.2　地磁场基本要素

地磁场是一个矢量物理场，包括方向和强度。为了准确描述地球上任一点的磁场信息，人们定义了磁场的基本要素。如图 1.3 所示的坐标系中，N 代表地理北方向，E 代表正东方向，V 代表垂直向下方向，NOE 所在的面为水平面，NOV 所在的面为地理子午面，HOV 所在的面为磁子午面。地磁场通常可以用七个要素进行描述，其中磁场强度 $\boldsymbol{B}$ 用来描述地磁场的强弱，常用单位为微特；磁场强度水平分量 $\boldsymbol{B}_\mathrm{H}$ 代表磁场强度在水平面上的投影；垂直分量 $\boldsymbol{B}_\mathrm{V}$ 代表磁场强度在垂向

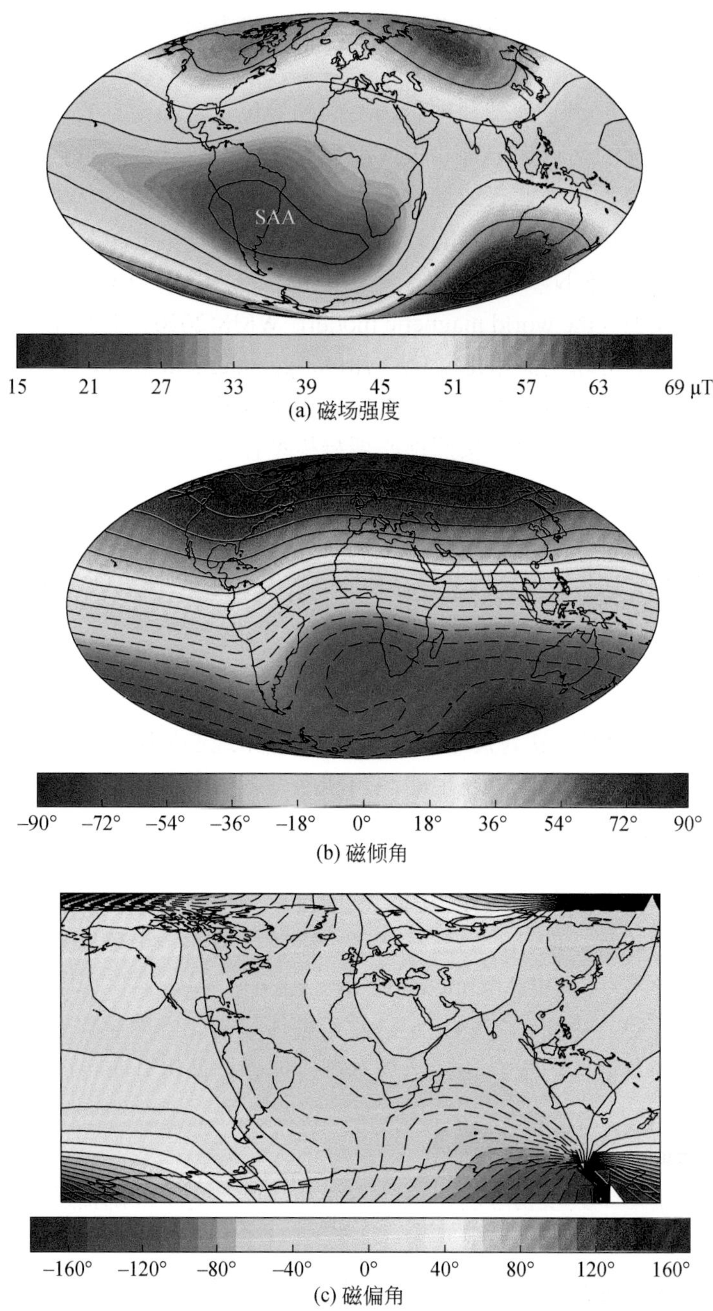

图 1.2　CALS10k.2（Constable et al.，2016）全球模型计算的 2022 年地表地磁场强度、磁倾角和磁偏角分布图

SAA. 南大西洋异常

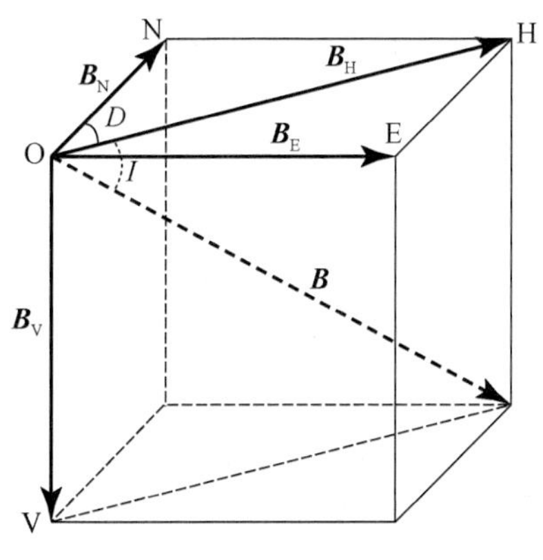

图 1.3　地磁场基本要素

N 代表地理北方向，E 代表正东方向，V 代表垂直向下方向，$\boldsymbol{B}$ 为磁场强度，$\boldsymbol{B}_{\mathrm{H}}$ 为磁场强度水平分量，$\boldsymbol{B}_{\mathrm{V}}$ 为磁场强度垂直分量，$\boldsymbol{B}_{\mathrm{N}}$ 和 $\boldsymbol{B}_{\mathrm{E}}$ 分别代表地磁场强度北向和东向分量，D 为磁偏角，I 为磁倾角

上的投影；$\boldsymbol{B}_{\mathrm{N}}$ 和 $\boldsymbol{B}_{\mathrm{E}}$ 分别代表地磁场强度北向和东向分量；磁偏角 D 为水平分量 $\boldsymbol{B}_{\mathrm{H}}$ 与正北方向的夹角；磁倾角 I 为磁场强度 $\boldsymbol{B}$ 与水平面（NOE 面）之间的夹角，即 $\boldsymbol{B}$ 与 $\boldsymbol{B}_{\mathrm{H}}$ 之间的夹角。地磁场七要素中存在如下的变换关系，即

$$\boldsymbol{B}^2 = \boldsymbol{B}_{\mathrm{N}}^2 + \boldsymbol{B}_{\mathrm{E}}^2 + \boldsymbol{B}_{\mathrm{V}}^2 = \boldsymbol{B}_{\mathrm{H}}^2 + \boldsymbol{B}_{\mathrm{V}}^2 \tag{1.4}$$

$$\boldsymbol{B}_{\mathrm{H}} = \boldsymbol{B}\cos I \tag{1.5}$$

$$\boldsymbol{B}_{\mathrm{V}} = \boldsymbol{B}\sin I \tag{1.6}$$

$$\boldsymbol{B}_{\mathrm{N}} = \boldsymbol{B}_{\mathrm{H}}\cos D = \boldsymbol{B}\cos I\cos D \tag{1.7}$$

$$\boldsymbol{B}_{\mathrm{E}} = \boldsymbol{B}_{\mathrm{H}}\sin D = \boldsymbol{B}\cos I\sin D \tag{1.8}$$

$$\tan I = \boldsymbol{B}_{\mathrm{V}}/\boldsymbol{B}_{\mathrm{H}} \tag{1.9}$$

其中，磁场强度 $\boldsymbol{B}$、磁偏角 D 和磁倾角 I 是讨论地质历史时期地磁场变化时最常用到的三个分量。

1.2　地磁场的变化

观测证据显示地磁场可能在 42 亿年前就已经存在（Tarduno et al.，2020），在漫长的地质历史过程中，地磁场经历着从百万年到数秒不同时间尺度的变化，包括方向和强度的变化。获得地磁场方向和强度信息的方法按时间尺度可分为近现代直接观测和古地磁学测量。对地磁场的直接观测包括航海测量、地磁台站观测和卫星观测等方式，方向观测历史约有 400 年，而强度观测历史只有约 200 年，这是因为后者对观测仪器要求更高。考古磁学是古地磁学的分支，通过研究人类考古遗址上烧制过的砖、瓦、陶器、红烧土等恢复过去地磁场信息，时间范围可覆盖全新世。更老的地磁场信息主要通过火山岩、海底玄武质玻璃、斜长石单晶、锆石中的磁性包裹体、海相和湖相沉积物、黄土、石笋等记录来获取。考古材料、火山岩等在高温冷却的过程中，当温度低于磁性矿物的居里温度时所含的磁性颗粒的磁化方向将沿当地地磁场方向排列，从而获得热剩磁，这类样品通常能够用来恢复样品受热时所经历的地磁场方向和绝对强度信息，但陶器等考古材料烧过之后常被移动，造成其原始方位信息丢失，所以往往只能用来恢复地磁场绝对强度信息。沉积物、石笋等材料在沉积的过程中，它们包含的磁性颗粒也会朝着地磁场方向旋转定向排列，从而获得沉积剩磁，这类样品通常能够记录样品沉积时的地磁场方向，并可用来恢复地磁场相对强弱的变化，即相对强度信息。

1.2.1　地磁场的短期变化

地磁场的短期变化通常是地球外源磁场的变化，周期为数秒至数十年，常见的包括微脉动（数秒至数分）、亚暴（数分至数小时）、磁暴（数小时至数天）、太阳日或年变化（1 天至 1 年）和太阳黑子周期变化（10～22 年）等。磁暴和亚暴是比较常见的引起外源场变化的现象，当太阳活动（太阳黑子、耀斑等）增强时，其向外发射的高能量的质子和电子束增加，这些带电的粒子束到达地球磁层与磁力线相互作用，引起地磁场的变化。磁暴在中低纬度引起的地磁场强度变化一般不超过几百纳特，极区亚暴引起的磁场变化稍强，有时可达上千纳特（Metallinou et al.，2004）。磁暴、亚暴等空间现象引起的外源磁场的扰动远小于地球内源场在地表产生的磁场强度，但磁暴引起的磁场变化可能会对航天器安全、无线电通信、工业电网安全等造成威胁。

1.2.2　地磁场的长期变化

地球内源磁场的变化主要是由外核的流体运动状态和核幔相互作用引起的，称为长期变化。近现代观测数据和古地磁数据显示，地质历史时期地磁场方向和强度存在百年至百万年尺度的变化，包括磁极移动、西向漂移、地磁急变（jerk）、地磁脉冲（spike）、地磁倒转、超静磁期、地磁漂移、强度变化等多种变化。下文将通过研究实例介绍这些地磁场的长期变化现象并讨论其可能的形成机制。

1831 年，罗斯（Ross）第一次测量了北磁极位置，之后的监测显示北磁极以低于 15 km/年的速度移动，直到 1990 年北磁极移动速度突然加快，以最快约 55 km/年的速度向西伯利亚地区移动（Chulliat et al.，2010）。这一现象引起科学家的广泛关注，许多学者试图解释其成因，有地球动力学模拟研究指出北磁极移动加速可能与地球液态外核中液态铁的高速喷流运动有关（Livermore et al.，2017）。

根据地磁场 GAD 模型假设，地球表面地磁场强度应呈沿赤道南北对称的条带状分布，强度值表现为从赤道向两极逐渐升高。但事实上 GAD 模型描述的是地磁场一段时间内的平均状态，而对于某一具体时间，地磁场强度经常表现为不对称分布，存在地磁异常区。通常将某一区域磁场强度高于周边背景场的情况称为正异常，低于周边背景场则称为负异常。1980 版国际地磁参考场（international geomagnetic reference field，IGRF）全球地磁场强度分布图中出现一个显著的负异常区（Peddie，1982），即南大西洋异常（SAA），范围覆盖南美洲、南大西洋和非洲，该异常一直持续到现在［图 1.2（a）］，并有持续增强的趋势。自 1840 年有强度观测记录以来，地磁场强度偶极分量以平均 15 nT/年（5%/百年）的速度持续减弱（Gubbins et al.，2006）（图 1.4），可能是受 SAA 持续增强的影响（Brown et al.，2018）。更多研究显示 SAA 可能早在地质历史时期已经出现。Tarduno 等（2015）在非洲南部的考古磁学研究发现，公元 1300 年左右，地磁场方向发生急变并伴随地磁场强度降低，研究区位于非洲下部大型低剪切波速省（large low shear velocity province，LLSVP）陡峭边界的正上方，作者将这一磁异常归因于核幔边界处地形异常引起的磁通量溢出产生的反向涡流，并据此推测 SAA 可能很早已经存在并且重复出现。Trindade 等（2018）对南美洲石笋的磁学研究结果支持 Tarduno 的观点，并进一步提出 SAA 可能存在西向漂移。Engbers 等（2020）对南大西洋圣赫勒拿岛火山岩开展古地磁研究，发现该区域 11～8 Ma 之间地磁场虚地磁极（VGP）散度显著高于轴向地心偶极子模型（GAD）预期值，指示该区域地磁场长期变化明显偏强，因此推测 SAA 可能在地质时期已经存在。我们对位于东南亚柬埔寨北部的一处古代冶铁遗址（公元 11～14 世纪）开展考古磁学研究，结果显示地磁场方向在公元 1200～1300 年间发生急变并伴随地磁场强度的降低，该磁异常与 Tarduno 等非洲南部考古磁学结果相似，指示二者可能有相似的成因，可能都起源于核幔边界处磁通量溢出产生的反向涡流。对比赤道附近其他区域结果，发现地磁场强度降低趋势整体一致，指示低纬度地区核幔边界处可能普遍存在磁通量溢出现象，该研究为认识低纬度地区核幔边界结构提供了新思路（Cai et al.，2021）。与 SAA 相似，公元 17～18 世纪地磁场在西太平洋区域也存在一个负异常区。He 等（2021）统计分析了史料记载的朝鲜古极光记录，结果显示公元 1500～1800 年极光出现次数的峰值与地磁场强度最小值存在对应关系，为西太平洋地磁异常（West Pacific anomaly，WPA）的存在提供了独立的观测证据，并通过地磁发电机模拟计算提出该磁异常可能与西太平洋区域下地幔异常引起的外核上升流有关，且存在周期性。

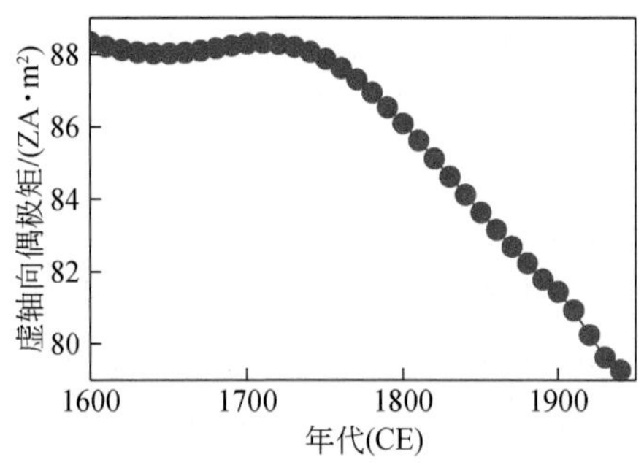

图 1.4　近四百年地磁场强度偶极分量随时间变化图

虚轴向偶极矩为地磁场偶极分量强度，Z：10^{21}

地磁急变指地磁场长期变化速度，即地磁场方向或强度分量对时间的一阶导数，在短时间内（通常几个月）发生转折变化，相对于地磁场几年或几十年的平稳长期变化，这种现象称为急变。地磁台站和卫星观测数据记录到现代地磁场有多次急变现象（Mandea et al.，2010）。法国学者 Gallet 等（2003）分析欧洲近三千年地磁场考古强度和方向数据，发现地磁场发生过几次百年尺度的急变，表现为地磁场方向急剧转折伴随强度出现最大值。随后我们团队（Cai et al.，2016）及 Yu 等（2010）先后研究发现这些现象在东亚地区也有记录，因此推测部分事件很可能是全球性的，至少是北半球的共同特征。对陕西新石器时代晚期杨官寨遗址开展考古磁学研究，结果显示地磁场在公元前 3300 年左右可能存在一次急变，对比欧洲和中东同时期结果，并未发现类似变化特征，指示可能为地磁场非偶极局部变化（Cai et al.，2020）。有研究认为地磁急变现象与地球液态外核流体运动状态有关（Bloxham et al.，2002）。

地磁脉冲是近几年考古磁学研究中发现的一种地磁场变化，指地磁场强度在短时间内发生快速升高，之后又快速恢复的现象。该现象最早报道于中东地区，该地区考古磁学结果显示公元前 1000～前 800 年间地磁场发生两次快速剧烈的变化，具体表现为地磁场强度在 30 年的时间内变化幅度达到 30 μT，最大强度值大于 100 μT，超过现代地磁场的 2 倍（Ben-Yosef et al.，2009；Shaar et al.，2016），同时伴随地磁倾角的大幅度波动（Shaar et al.，2018）。随后研究人员在土耳其（Ertepinar et al.，2012）、东亚（Cai et al.，2017）、西班牙（Osete et al.，2020）考古磁学结果及中东和意大利海洋沉积物记录中（Béguin et al.，2019）也观测到类似现象，但不同地区异常出现的时间不完全相同，部分研究认为该现象可能存在漂移。关于该现象的成因有多种观点：Livermore 等（2014）模拟计算中东地区地磁场强度变化速率上限约为 0.62 μT/年，认为现有数值模拟计算和地球发电机理论解释不了地磁脉冲现象；Davies 和 Constable（2017）则认为该地磁脉冲起源于核幔边界，推测其地表分布经度范围可能超过 60°；Korte 和 Constable（2018）通过计算发现高于现代场 60%的偶极场就足够产生地磁脉冲现象，认为其在地磁发电机的正常变化范围内。我们对采自山东、辽宁、浙江、河北等地的时代涵盖近 7 ka 的考古样品进行了详细的地磁场古强度研究，结果显示东亚地区近 7 ka 地磁场强度存在很大波动（图 1.5）。地磁场强度在公元前 2200 年左右出现极低值（约 2.7×10^{22} A·m^2），约为现代磁场的三分之一，该值为已知全新世范围内观测到的地磁场强度最低值。在公元前 1300 年左右地磁场强度达到最大值（约 1.66×10^{23} A·m^2），为现代场的 2 倍，与中东地区地磁脉冲幅度相当。在千年内地磁场强度变化相差 5 倍，指示外核流体运动状态可能发生变化（Cai et al.，2017）。

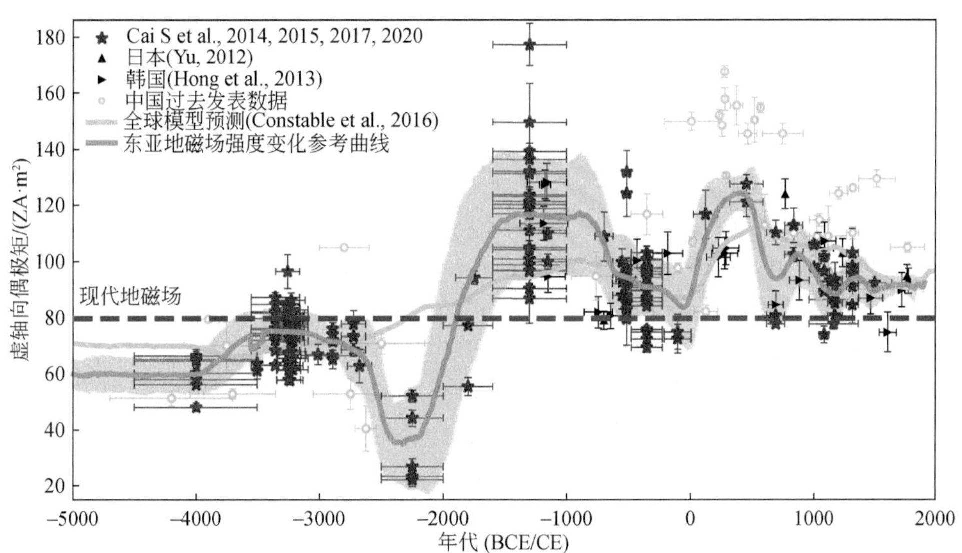

图 1.5　东亚过去 7 ka 地磁场强度随时间变化

地磁场强度以虚轴向偶极矩表示；Z，10^{21}

地磁倒转指地磁南北极发生反转的现象。人们定义现代地磁场的方向为正极性，与之相反的则为负极性。一次倒转持续时间可达几千年。研究发现地质时期曾发生过多次地磁倒转，最明确的观测证据是位于洋中脊附近的磁异常条带，这些正负相间的条带沿洋中脊对称分布，记录了地质时期多次地磁倒转事件。利用海底磁异常条带结合同位素年代学，Cox 等（1964）建立了第一个过去几百万年地磁极性年表（geomagnetic polarity time scale，GPTS）。目前，国际上地磁极性年表已更新到 GPTS2020（Ogg，2020）。磁性地层学是地层学的分支，以岩石或沉积物的磁性（如磁化率、古地磁极性等）随时间变化进行划分、对比和定年；

GPTS 的建立为磁性地层学的发展奠定了基础。距今最近的四个极性期分别以地磁学领域的四位先驱者命名，依次为布容（Brunhes）正极性时、松山（Matuyama）负极性时、高斯（Gauss）正极性时和吉尔伯特（Gilbert）负极性时。其他持续时间短的极性事件通常以发现地命名，如哈拉米约（Jaramillo）亚时、奥杜瓦伊（Olduvai）亚时等。磁性地层学在古人类遗址定年（Zhu et al.，2001，2004a，2018）、建立区域地层年代框架（Deng et al.，2013）、地质构造过程定年（Li et al.，2020）等方面都有重要应用。地磁倒转期间重要特征是地磁极快速移动，强度明显降低，偶极子场强度可低至几微特（Valet et al.，2005）。统计结果认为地磁场强度与地磁倒转频率负相关。例如，Tauxe 和 Hartl（1997）通过对渐新世沉积物记录的地磁场长期变化研究发现，倒转频率较低（1.6 次/Ma）时期（29～23 Ma）的地磁场平均强度比倒转频率较高（4 次/Ma）时期（34～29 Ma）高 40%。Zhu 等（2004b）关于中生代晚侏罗世—早白垩世古磁场强度研究结果也显示该时期地磁场强度变化趋势与地磁场倒转频率呈负相关关系。

超静磁期（极性超时）是指地磁场在千万年内未发生过极性倒转的时期，此时地磁场处于一种相对稳定的状态。已有古地磁结果揭示，在显生宙存在三个超静磁期：白垩纪正极性超静磁期（Cretaceous normal superchron，CNS）、二叠-石炭纪负极性超静磁期（Permo-Carboniferous reverse superchron，PCRS，也称 Kiaman superchron）和奥陶纪负极性超静磁期（Ordovician reverse superchron，ORS，也称 Moyero superchron）。古磁场强度结果显示，超静磁期地磁场强度整体处于高值，而在超静磁期之前和之后倒转相对频繁的时期地磁场强度则整体较弱，二者交替出现，呈现约 2 亿年的变化周期，指示地磁场变化可能与核幔边界热通量相关，受控于地幔柱、板块俯冲、真极移等地球动力过程（Biggin et al. 2012; Hawkins et al.，2021）。

地磁漂移是指地磁场显著偏离正常的长期变化规律但未形成稳定的地磁倒转的现象，常表现为地磁场方向的大幅度变化（如 VGP＜45°）并伴随强度的减弱，持续时间一般不超过 3 ka（Gubbins，1999）。沉积物、石笋和火山岩等材料记录了多次地磁漂移事件。据统计，仅第四纪有记录的地磁漂移可能就有 30 多次（Channell et al.，2020），其中一部分地磁漂移事件研究程度较高，在多地多种材料中都有记录，被认为是全球性的，另一部分事件只在局部地区有记录，存在不确定性。拉尚（Laschamp）事件是第一个被发现且研究程度最高的地磁漂移事件，该事件发生于距今约 41～40 ka，最先在法国的火山岩中被观测到，随后在冰岛的火山岩、格陵兰海、北大西洋、次南极-南大西洋海域和南印度海等区域沉积物记录中都有报道（Laj and Channell，2007），指示该事件可能具有全球性。拉尚事件期间，地磁场强度显著降低，火山岩记录的绝对强度只有几微特（Laj et al.，2014）。

多个沉积物钻孔记录的 VGP 沿顺时针方向先向南移动，通过东亚-西太平洋区域到达南半球高纬度，之后通过非洲-西欧等地区向北返回。冰岛盆地（Iceland Basin）地磁漂移事件（距今约 190～185 ka）期间，VGP 移动路径与拉尚相似，但是方向相反，表现为逆时针环路。两次漂移事件中，VGP 具有相似的移动路径，说明二者的内部动力机制可能是相似的，并且说明即使漂移期间地磁场强度显著降低，偶极场可能仍然占主导（Laj et al.，2006）。目前的认识只是基于已有观测数据，地磁漂移期间地磁场形态可能非常复杂，需要更多全球不同地区的高精度记录才能不断验证或更新现有认识。

真极移是指地球壳幔体系相对自转轴发生大规模移动的现象（Evans，2003），是地球圈层体系发生变化，并非地磁场的变化特征，但真极移发生时地球壳幔体系的移动，在古地磁结果中常表现为 VGP 位置的快速移动，因此研究不同时期板块的古地磁极位置是识别地质时期真极移现象的重要手段。Kent 等（2015）统计了全球已发表的古地磁极位置，发现中、晚侏罗世（约 165～146 Ma）古地磁极以约 1.5°/Ma 的速度快速移动，且非洲和欧亚大陆视极移曲线显示相似的变化规律，指示地球存在大规模的质量重新分配，一个可能的解释是美洲西缘的板块破裂和俯冲反转触发了该时期的真极移。Mitchell 等（2021）在意大利灰岩沉积剖面中发现 86～78 Ma 地磁场偏角和倾角同时发生漂移，记录了约 12°的真极移振荡，为晚白垩世（约 84 Ma）真极移的存在提供了证据。真极移发生时可能对海平面变化、大洋环流、碳氧化与埋藏、板块地理位置等都会产生影响，因此，有效识别和判断地质时期真极移现象对认识地表环境和地质过程演化具有重要意义。

1.3　地磁场与地球宜居性

地磁场环绕在地球周围，像个巨大的保护伞，屏蔽掉大量太阳风带电粒子和宇宙射线，减少大气离子逃逸，保护着地球大气圈、水圈和生物圈，为地球上的生物起源和演化提供了宜居的环境（朱日祥等，2006；潘永信和朱日祥，2011）。地磁场在动物导航，包括人类导航方面有重要应用。在长期的演化过程中，趋磁微生物和许多动物都具有地磁定向和导航的能力，能够利用地磁场信息指导其定向和导航，从而完成迁徙、洄游和归巢等生理活动（Wiltschko and Wiltschko，2005；Tian et al.，2015；Lin et al.，2017a）。人类使用地磁信息进行导航也具有悠久的历史，无论是古代航海还是现代地磁导航系统都离不开地磁场。因此，地磁场变化对地表宜居环境和生物生存与演化都具有深远的影响。

地磁场的某些变化会对现代社会人们的生产和生活产生直接影响。例如，1990 年开始的北磁极快速移动引起高纬度地区导航误差变大，原本五年更新一次的世界地磁模型被迫提前更新（Witze，2019）。南大西洋异常区磁场强度降低，使区域上空的地磁场保护作用减弱，从而更多高能粒子进入到近地空间，导致经过异常区的卫星、飞机和太空飞船的通信受到干扰（Heirtzler，2002；谢伦等，2005）。地磁活动还与一些疾病发生有关（曾治权等，1995；曾治权，2003）。

地磁场强度变化与地球宇宙射线通量和气候变迁具有密切的相关性（朱日祥等，1991；Courtillot et al.，2007）。地磁场强度变化是影响进入地球宇宙射线通量变化的重要因素之一。朱日祥等（1991）研究发现 8 ka 以来大气中 ^{14}C 相对含量与地磁场强度变化存在负相关关系（图 1.6），可能反映了地磁场对宇宙射线的屏蔽作用，即当地磁场强度增强时，进入大气中的 ^{14}C 相对含量下降，反之亦成立。研究表明：^{10}Be、^{36}Cl 等宇宙成因核素与地磁场强度也存在明显的负相关关系（Laj et al.，2014）。而地表宇宙射线通量与地表生物的生存和进化可能直接相关。Channell 和 Vigliotti（2019）统计第四纪一些重大地质事件并与地磁场强度变化进行对比，发现欧亚大陆、北美和澳大利亚巨型动物消失和食草动物数量骤减、尼安德特人消失以及智人演化的关键节点等事件大部分出现在地磁场强度减弱的地磁漂移期。一种可能的原因是地磁场强度减弱，导致到达地球大气层的太阳和宇宙辐射增加，大气电离作用增强，臭氧消耗增多，引起地表紫外线辐射增强，进而影响人类和大型哺乳动物。

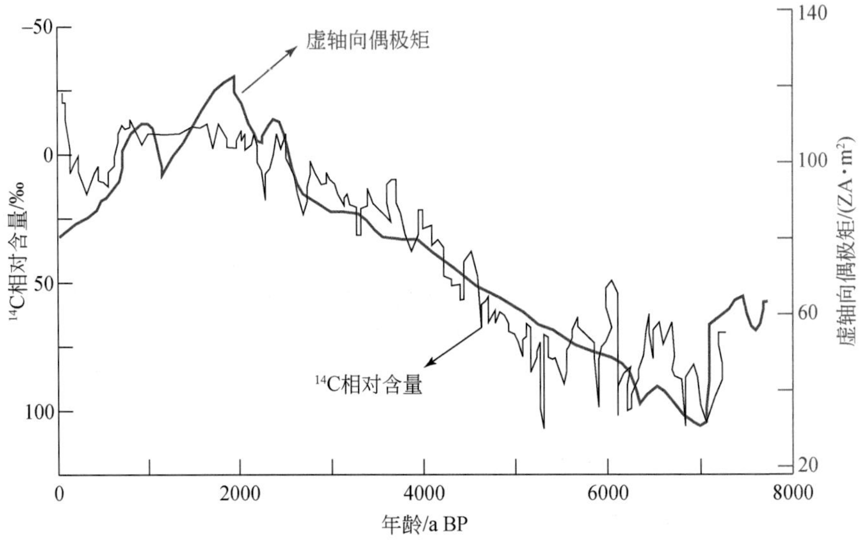

图 1.6 8 ka 以来大气中 ^{14}C 相对含量与地磁场强度变化

地磁场强度以虚轴向偶极矩表示，Z：10^{21}（图片修改自朱日祥等，1991）

地磁场变化与气候变化可能也存在相关性，一种可能的机制是地磁场通过调节宇宙射线通量来影响大气云量，从而引起反照率变化，进而影响到达地表热量变化（Courtillot et al.，2007）。欧洲考古强度变化曲线显示，地磁场强度和气候变化在时间上存在相关性，地磁场强度增强的过程对应气候变冷的过程，而减弱的过程则对应气候回暖的过程。据此提出一种相关机制：地磁场强度增强是由地磁场偶极子倾斜引起的，偶极子向低纬度倾斜，进入地球大气层的宇宙射线与湿度较大的对流层相互作用，引起云量及反照率增加，进而引起地表变冷（Gallet et al.，2005）。在此基础上，进一步研究发现，地磁场强度峰值不仅与气候变化一致，与人类历史文明发展过程中出现的朝代更替等重大事件也有较好的相关性，从而推测，地磁场通过影响气候变化，进而影响社会经济、政治和人类的生存环境（Gallet et al.，2006）。Cooper 等（2021）通过测量新西兰生长于约 42 ka BP 的贝壳杉古树中记录的 ^{14}C 含量变化，发现 ^{14}C 峰值对应拉尚地磁漂移事件及太阳活动极小期。拉尚地磁漂移期发生了一系列的气候环境事件，包括劳伦泰德冰盖快速扩张、热带辐合带南移、大洋洲和安第斯山脉出现局部冰盛期、澳大利亚干旱化加剧等。Cooper 等认为地磁漂移期地磁场强度减弱伴随太阳活动极小期，可能导致到达地球大气层的银河宇宙辐射显著增加，大气电离作用增强，臭氧水平减弱，地表紫外线辐射增强，从而引发地球一系列的环境危机。这些气候环境变化可能与澳大利亚大型哺乳动物灭绝、尼安德特人消失、欧洲和亚洲洞穴壁画的出现等事件相关。另有研究表明，地磁场演化与某些地质事件可能存在相关性。约 150 Ma 以来的黑色页岩产生、洋壳增厚、古温度显著升高、古海平面上升、石油大量形成等事件都发生在白垩纪超静磁期。这些事件和白垩纪超静磁期的出现联系起来说明此时地球内部物理和化学过程可能存在异常（朱日祥等，1999）。

研究表明，地磁场变化可能与生命的演化（大灭绝和大爆发）有一定的关联性。例如，Wei 等（2014）对比地磁场倒转频率、大气氧浓度和地质时期出现的生物灭绝事件，发现 5 次生物大灭绝中的 3 次都出现在地磁倒转频率增加和大气氧浓度降低的时期，显示很好的相关性。地磁场可以减少大气中氧离子的逃逸，模拟计算显示在地磁倒转期间地磁场强度变得非常弱的情况下，氧离子的逃逸速度可升高 3～4 个数量级，大气严重缺氧可导致大量物种的灭绝。研究提出地磁倒转与生物灭绝可能是“多对一”的关系，地磁倒转过程中氧浓度降低可能有累积效应，推测多次地磁倒转使氧浓度降低到一定程度才会引发生物灭绝事件。Meert 等（2016）研究发现早-中寒武世地磁场极性频繁发生倒转，磁极性倒转期间地磁场强度显著降低，导致地表辐射显著增加，可能诱发了埃迪卡拉纪生物灭绝和寒武纪生命大爆发。中-晚侏罗世东亚大陆发生了显著的环境变化，气候从湿润变得极端干旱。Yi 等(2019)对中国北方侏罗纪火山岩的古地磁研究显示约 174～157 Ma 可能发生了大尺度的真极移，导致东亚陆块向南移动了 25°。该运动将东亚陆块从北半球温带湿润带移动到了亚热带-热带干旱带，引起东亚陆块气候环境发生显著变化。该事件引起的气候变化可能是晚侏罗世和早白垩世期间燕辽生物群消亡及热河生物群爆发的主要诱因之一。

1.4 本章小结

地磁场是地球的基本物理场之一，分为外源场和内源场。占主导的内源场起源于地球外核流体运动，穿过地幔和地壳到达地表并扩展到太空，是地球上所有生物赖以生存的天然屏障。地磁场存在从百万年到数秒不同时间尺度的变化，这些变化不仅能反映外核流体运动和核幔对流等地球动力过程，更影响着地球宜居环境和生命演化。

地球上的一切生物都生活在地磁场环境中，因此，地磁场的变化能够影响众多生物的行为。生物地磁学研究发现，信鸽归巢、候鸟迁徙、趋磁细菌游弋等都依赖地磁场定向和导航（Pan et al.，2004）。人们在微生物、鸟类、鱼类、哺乳类等生物体内发现了磁铁矿颗粒，生物可能利用体内的磁铁矿颗粒作为“磁罗盘”来感知地磁场的方向和强度，从而实现定向和导航。目前研究已证实趋磁微生物（趋磁细菌）体内矿化生成的磁性纳米颗粒（磁小体）是其感知地磁场信息的磁受体，磁小体的形成和磁学性质研究有助于探讨生物感应地磁场变化的机理。磁小体在趋磁细菌死后可以保存在沉积物中，化石磁小体研究在认识沉积物中细粒磁性矿物的来源和解释古环境变化等方面都有重要的指示意义。上述研究内容将在第 2 章、第 6 章和第 8 章中详细介绍。

生物地磁学将地磁场时空变化与生命过程统一，研究地磁场变化影响生物圈的作用过程及其演化规律。未来，随着对地磁场本身变化规律认识的不断加深，以及对生物响应地磁场变化现象、规律和机理研究的日益深入，通过多学科交叉融合，相信将逐步破译地磁场变化如何影响地球生命这一难题。

（蔡书慧　执笔）

第 2 章　趋磁细菌的多样性、地理分布及起源演化

生物感磁如何起源、何时起源、如何演化，是生物地磁学关注的前沿科学问题。细菌、藻类、原生动物、节肢动物、鱼类、两栖类、爬行类、鸟类、哺乳类中许多生物都具有感应并利用地磁场的能力。从生物演化的角度来看，生物感磁行为从细菌到高等动物广泛分布，暗示着这种能力可能在生物演化的早期就已经出现。微生物是地球上最早出现的生命形式，对于感磁微生物的研究将有助于更好地认识生物感磁的起源和演化。

趋磁细菌（magnetotactic bacteria，MTB）是目前唯一已知的能够感知地磁场并沿着磁力线定向游动的原核生物，趋磁细菌的这种感磁行为称为“趋磁性”（magnetotaxis）。趋磁细菌从其名称上就可发现端倪：“趋”有趋向、追逐之意，“磁”则指磁场、磁感应，这与人们熟知的“趋光性”“趋氧性”“趋化性”等生物的趋性类似。趋磁细菌之所以能够感应地磁场，得益于其细胞内部合成的独特感磁“器官”——磁小体（magnetosome）。磁小体是趋磁细菌通过生物矿化过程合成的具有生物膜包被、纳米级、单磁畴的磁铁矿（Fe_3O_4）或胶黄铁矿（Fe_3S_4）颗粒。磁小体的合成过程受到严格的基因调控，一个个磁小体颗粒通过细胞骨架蛋白组织成链状，形成类似于指南针的磁小体链，赋予了趋磁细菌感知磁场的能力。

趋磁细菌最早由意大利学者萨尔瓦托雷·贝利尼（Salvatore Bellini）博士发现，他在光镜下观察到一类总是朝着特定方向运动的微生物，通过在周围放置磁铁发现这类微生物能够感知磁场。他于 1963 年撰写了两篇手稿来描述这种特殊的微生物（Bellini，1963a，1963b），将这类微生物称为“磁敏感菌”（magnetosensitive bacteria）。但由于文章是用意大利语撰写且未正式发表在学术期刊上，因此一直鲜为人知，直到 2009 年被美国学者理查德 B. 弗兰克尔（Richard B. Frankel）翻译成英文并重新发表后才为人所知（Bellini，2009；Frankel，2009）。趋磁细菌走进研究者的视野并在国际上引起广泛关注始于 1975 年美国学者理查德·布莱克莫尔（Richard Blakemore）在《科学》期刊上发表的独立研究成果，他观察到了沿着磁场方向运动的微生物，并通过透射电子显微镜第一次看到了其细胞内部的富铁纳米级晶体颗粒（后被称为磁小体）（Blakemore，1975）。

趋磁细菌在全球的湖泊、海洋等水环境和沉积环境中广泛存在，它们对外界磁场变化响应灵敏，易于从环境中获得，是研究生物感磁机制的理想生物类群。特别是对趋磁细菌的磁小体矿化及其感应磁场机制的研究有助于更好地认识生命与地磁场的关系。本章主要介绍趋磁细菌这类感磁微生物的重要研究进展，包括以下三节：2.1 节趋磁细菌多样性，主要介绍这类感磁微生物的形态多样性和系统发育多样性；2.2 节趋磁细菌的生态与地理分布，着重介绍其生存环境、地理分布规律及其环境意义；2.3 节趋磁细菌的起源与演化，介绍近年来在微生物感磁的起源和演化方面的新认识。

2.1 趋磁细菌多样性

趋磁细菌具有丰富的形貌特征和系统发育多样性，本节将通过介绍趋磁细菌的细胞形态、磁小体特征，以及基于 16S rRNA 基因和磁小体基因簇的研究，来探讨趋磁细菌的形态多样性和系统发育多样性。

2.1.1 趋磁细菌的形态多样性

趋磁细菌生存在各类水环境及沉积环境中，要想观察趋磁细菌的形貌特征，首先要将其从环境中分离出来。与其他微生物不同的是，趋磁细菌能够感知和响应周围磁场的变化。研究者针对其趋磁特性设计出多种用于观察和富集趋磁细菌的磁分离装置，包括用于光镜下观察趋磁细菌响应磁场运动的悬滴法（Greenberg et al.，2005）、用于富集趋磁细菌细胞的毛细管收集法（Wolfe et al.，1987）等。为了提高趋磁细菌的收集效率，研究人员还设计了可以同时收集沿着和逆着磁力线运动的趋磁细菌双向收集装置（MTB trap），可从环境中无偏好地高效收集趋磁细菌（Jogler et al.，2009；Lin et al.，2012a）。再进一步利用扫描电子显微镜和透射电子显微镜观察富集到的趋磁细菌细胞形态和磁小体形态。

迄今已发现的趋磁细菌形态多样，主要包括球状（coccoid）、卵状（ovoid）、杆状（rod-shaped）、弧状（vibrio）、螺旋状（spirillum）等（Bazylinski and Frankel，2004；Williams et al.，2006；Lin et al.，2009；Pan Y et al.，2009a，2009b；Lefèvre et al.，2010；Jogler et al.，2011；Lin et al.，2012b，2014b）（图 2.1）。除了单细胞趋磁细菌外，研究者还发现了多细胞形态的趋磁原核生物（multicellular magnetotactic prokaryotes，MMPs）。MMPs 一般由 15～80 个细胞按照螺旋组合式或轴对称式组装排列成球形（也称为桑葚状）或椭圆形（也称为菠萝状）聚集体，多条磁小体链沿细胞长轴排列赋予了其趋磁能力（Liu et al.，2018；Qian et al.，

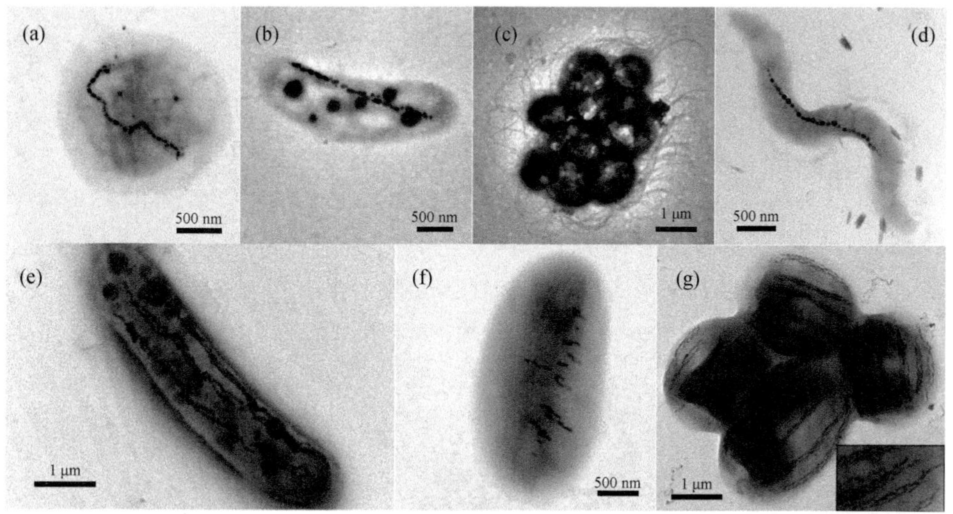

图 2.1　透射电子显微镜下的不同形态的趋磁细菌

（a）球状（Lin et al.，2013）；（b）弧状（Lin et al.，2013）；（c）多细胞聚集体（Zhou et al.，2011）；（d）螺旋状（Wang et al.，2013b）；（e）杆状（本研究组未发表数据）；（f）卵状（Wang et al.，2013b）；（g）西瓜状（Lin et al.，2012b）

2019）。除了形态上的多样性，趋磁细菌细胞的尺寸也具有较大差异，已知最小的趋磁球菌直径约为 1 μm，一些属于硝化螺旋菌门的趋磁杆菌的细胞长度可达到 10 μm 以上，而多细胞趋磁原核生物的细胞尺寸甚至可达到 15～20 μm（Wenter et al.，2009；Zhou et al.，2011；Chen et al.，2021）。

鞭毛是趋磁细菌运动的动力来源，支撑着它们复杂的趋磁-趋化运动。不同种类趋磁细菌的鞭毛数量、结构及着生位置等具有较大差异。目前已发现的趋磁细菌鞭毛着生方式有单端生、双端生及周生。鞭毛数量从一根、一束、多束到数以万计的周生鞭毛不等。图 2.2 展示了具有不同鞭毛着生方式和鞭毛数量的代表性趋磁细菌的电子显微镜照片。趋磁细菌通过调控鞭毛产生不同的运动特征，对其鞭毛的研究能够帮助理解趋磁细菌的趋磁运动特性，进而探究趋磁细菌响应磁场运动的机制（Zhang and Wu，2020）。

磁小体颗粒的形态、成分及数量在不同种类的趋磁细菌间具有较大差异，但其尺寸一般在 35～150 nm 范围内，属于稳定的单磁畴（stable single-domain，SSD）磁性颗粒，磁小体颗粒在细胞内通常排列成链，从而最大化整个细胞的磁偶极矩。与化学成因的矿物不同，磁小体颗粒晶型完美、大小均一并具有特定的形态，同一类群的趋磁细菌磁小体颗粒的形态类似。目前已发现的磁小体形态包括立方八面体形（cuboctahedral）、棱柱状（prismatic）和子弹头状（bullet-shaped）（图 2.3）。

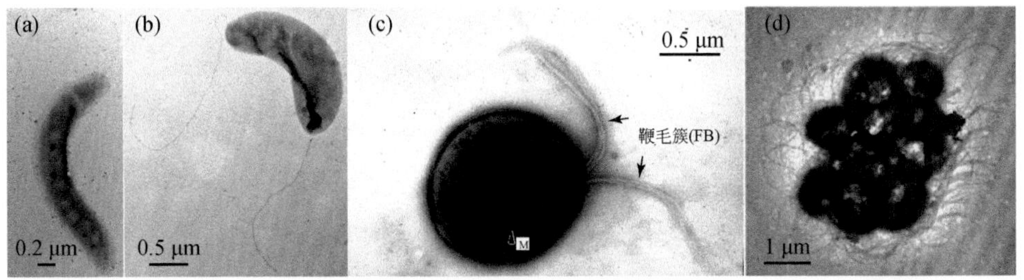

图 2.2　不同鞭毛着生方式的代表性趋磁细菌的透射电子显微镜照片

（a）单端生一根鞭毛（Lefèvre et al.，2012b）；（b）双端生两根鞭毛（Lefèvre et al.，2012b）；（c）单端生两束鞭毛（Martel et al.，2009）；（d）周生鞭毛（Zhou et al.，2011）

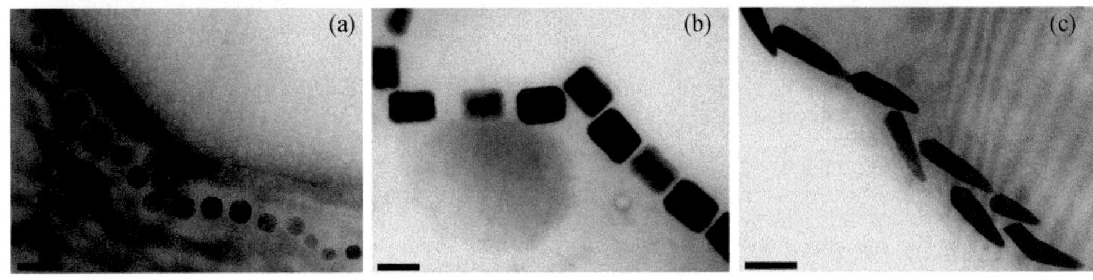

图 2.3　不同形态的趋磁细菌磁小体

（a）立方八面体；（b）拉长形；（c）子弹头形（比例尺为 100 nm）（Schüler and Frankel，1999）

大多数趋磁细菌合成磁铁矿（Fe_3O_4）磁小体，少数合成胶黄铁矿（Fe_3S_4）磁小体，但一些趋磁细菌具有同时合成两种成分磁小体的能力，在不同的环境条件下选择性地合成磁铁矿型或胶黄铁矿型的磁小体（Lefèvre et al.，2011c；Amor et al.，2020）。对磁小体形态和晶体成分的表征主要通过透射电子显微镜，目前对磁小体形态和晶体成分的鉴定主要集中在变形菌门、硝化螺旋菌门和暂定分类单元 Omnitrophica。一些研究发现，磁小体与趋磁细菌的系统发育地位之间存在显著的相关性（Lefèvre et al.，2013a；Pósfai et al.，2013；Lefèvre and Wu，2013；Amor et al.，2020），硝化螺旋菌门中已发现的趋磁细菌和暂定分类单元 Omnitrophica 菌株 SKK-01 均合成子弹头状磁铁矿型磁小体，而变形菌门中磁小体较多样，但值得注意的是，在这三个门中能够合成胶黄铁矿型磁小体的趋磁细菌仅发现于 δ-变形菌纲。硝化螺旋菌门和暂定分类单元 Omnitrophica 的起源较古老，且均合成子弹头状磁铁矿型磁小体，因此有学者推测子弹头状磁铁矿型磁小体可能是最早出现的磁小体类型。

此外，磁小体链在不同类群趋磁细菌细胞内的排列方式也各不相同，这种差异表现在磁小体链的数量和排布方式、单条链中磁小体的个数等（图 2.4）。大部分趋磁细菌具有一条或多条沿细胞长轴排布的磁小体链，但也有一些趋磁细菌的

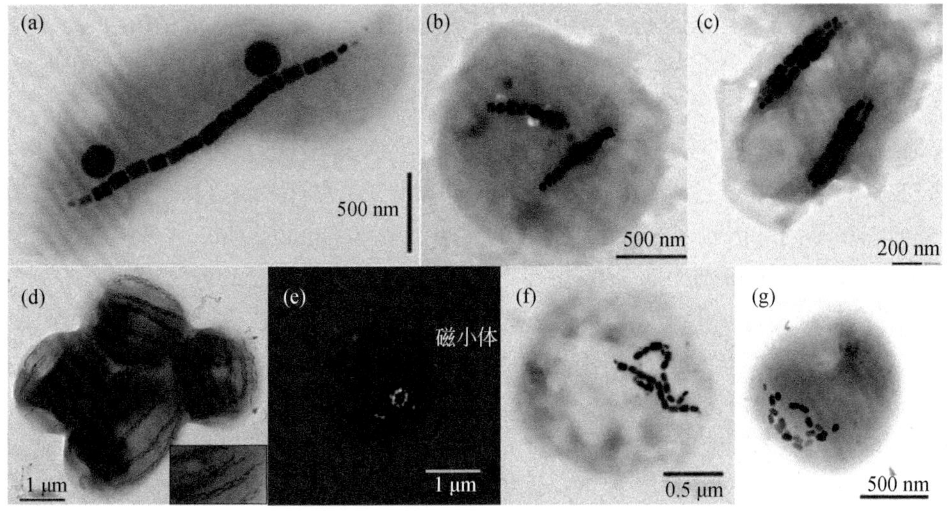

图 2.4　不同磁小体链排布方式

（a）单链（Lin et al.，2012c）；（b）双链（Lin et al.，2012c）；（c）四链（Lin et al.，2013）；（d）多簇（Lin et al.，2012b）；（e）卷曲链（本研究组未发表数据）；（f）坍塌链（Liu et al.，2021b）；（g）不成链（Lin et al.，2009）

磁小体链可能卷曲、坍塌，甚至不成链。

2.1.2　趋磁细菌的系统发育多样性

与高等生物不同，微生物的形态只能在一定程度上反映其种群多样性。要深入认识自然界趋磁细菌的多样性，还需要从系统发育上系统研究这类感磁微生物，多样性的研究结果也将为微生物感磁的起源和演化提供重要的参考。

趋磁细菌系统发育多样性研究最初主要依靠纯培养法，通过细胞形态、营养方式等进行分类，但受限于培养技术，在实验室能够纯培养的趋磁细菌菌株非常少，对趋磁细菌系统发育多样性的研究进展缓慢。随着分子生态学方法的发展，单纯根据形态对微生物进行分类的方法逐渐被基于 16S rRNA 基因序列的分析方法所代替，成为环境微生物多样性研究的主要手段（Woese and Fox，1977；Lane et al.，1985；Amann et al.，1995；Spring et al.，1998），这也促进了对趋磁细菌种类鉴定和系统发育的认识。通过采用 16S rRNA 基因测序技术结合荧光原位杂交（fluorescence *in situ* hybridization，FISH）技术，环境中许多未培养趋磁细菌得到了鉴定（Spring et al.，1998；Lin et al.，2009；Zhang et al.，2013；Li J et al.，2017；Qian et al.，2019）。基于 16S rRNA 基因系统发育分析，发现环境趋磁细菌均属于变形菌门（Proteobacteria）（Spring et al.，1992，1995；DeLong et al.，1993；Abreu et al.，2007；Wenter et al.，2009；Jogler and Schüler，2009；Lefèvre et al.，2011b）

或硝化螺旋菌门（Nitrospirae）（Flies et al.，2005b；Jogler et al.，2010；Lefèvre et al.，2010，2011a；Lin W et al.，2011；Kolinko et al.，2013；Lin et al.，2014b），导致很长一段时间以来研究者认为趋磁细菌只存在于这两个门中。直到 Kolinko 等（2012）在德国巴伐利亚州基姆湖的沉积物中发现了一类较大的卵圆形趋磁细菌 SKK-01，透射电子显微镜分析发现 SKK-01 细胞内含有多簇磁铁矿型磁小体链，16S rRNA 基因分析表明 SKK-01 属于暂定分类单元 Omnitrophica（又称为暂定分类单元 OP3）。Omnitrophica 是继变形菌门和硝化螺旋菌门之后被发现的第三个含有趋磁细菌的门，扩展了人们对趋磁细菌系统发育多样性的认识。

趋磁细菌磁小体的合成和排列受到一系列基因的严格调控，这些磁小体基因在基因组上成簇排列，称为磁小体基因簇（magnetosome gene cluster，MGC）（详见本章 2.3 趋磁细菌的起源与演化）。自磁小体基因簇被发现以后，一些学者通过对公共数据库中的微生物基因组数据进行分析，发现在细菌域其他门中也存在包含磁小体基因簇的微生物类群，基因组中是否具有磁小体基因簇成为判断微生物是否“趋磁”的重要指标。此外，对不同类群趋磁细菌磁小体基因簇中保守基因（核心磁小体基因）的系统发育分析也为趋磁细菌多样性及其演化提供了重要信息。我们利用该方法首次发现了隶属于暂定分类单元 Latescibacteria 和浮霉菌门（Planctomycetes）的趋磁细菌类群（Lin and Pan，2015；Lin et al.，2017a）。至此，趋磁细菌在变形菌门、硝化螺旋菌门、浮霉菌门、暂定分类单元 Omnitrophica 和 Latescibacteria 五个细菌门中被发现。

随着高通量测序技术和生物信息学的发展，通过单细胞基因组及宏基因组技术可以快速获取环境未培养微生物的基因组草图，公共数据库中微生物基因组的数据也在快速增长。利用宏基因组和单细胞基因组技术开展环境未培养趋磁细菌的研究也越来越多。基因组数据分析为趋磁细菌系统发育多样性、磁小体生物矿化机制、生理代谢、起源演化等研究提供了重要信息。趋磁细菌基因组数据也逐渐丰富，到 2020 年 1 月，共有 59 条分属于变形菌门、硝化螺旋菌门、浮霉菌门、暂定分类单元 Omnitrophica 和 Latescibacteria 五个门的趋磁细菌基因组被报道，其中大多数集中在变形菌门和硝化螺旋菌门（Matsunaga et al.，2005；Richter et al.，2007；Nakazawa et al.，2009；Schübbe et al.，2009；Kolinko et al.，2013，2016；Lin et al.，2014b，2017a；Lin and Pan，2015；Koziaeva et al.，2016，2019；Zhang et al.，2020）。此后，我们在南北半球等多种沉积物和土壤样本中发现了趋磁细菌，并开展了大规模的宏基因组研究（Lin et al.，2020b）。这些样本来自湖泊、池塘、溪流、水稻田、潮间带等各类常见水环境，盐度范围为 0.1～37.0‰，pH 范围在 4.3～8.6，其中包括来自湖北大九湖酸性泥炭地的高含水量和高有机质含量的土壤样本。利用“悬滴法”在酸性（pH 4.3～5.7）泥炭地土壤中发现了活的趋磁细菌。此前有研究在热泉、盐碱湖、酸性潟湖、酸性矿山废水、深海沉积物等极端环境中发现趋磁细菌，但这是首次在酸性泥炭地土壤中发现趋磁细菌的存在，表明除了各类水体及水下沉积物环境之外，趋磁细菌还可能生存在各种高含水量的土壤中，拓展了对趋磁细菌生存的生态环境的认识。系统发育分析表明在酸性泥炭地土壤中生存的主要是深分支类群趋磁细菌，包括硝化螺旋菌门和暂定分类单元 Omnitrophica。利用宏基因组技术，共获得了 168 条包含磁小体基因簇的趋磁细菌基因组草图，这极大地丰富了趋磁细菌的基因组多样性。以 95%平均核苷酸相似度为划分标准，这些基因组对应 164 种趋磁细菌，其中有 110 种是首次被发现的。

进一步使用基因组分类数据库（genome taxonomy database，GTDB）（Chaumeil et al.，2019）对获得的 168 条基因组进行系统发育地位鉴定，发现只有 20%能在种水平上鉴定，55%能在属水平上鉴定，这表明大部分新获得的趋磁细菌基因组来自未知类群。这 168 条趋磁细菌基因组分属于 GTDB 分类系统下 13 个不同的门［对应于 NCBI（National Center for Biotechnology Information，美国国家生物技术信息中心）分类系统下的 8 个门］，其中 16 条基因组属于此前未发现有趋磁细菌存在的 6 个门（Nitrospinota、UBA10199、Bdellovibrionota、Bdellovibrionota_B、Fibrobacterota 以及 Riflebacteria），结合之前的多样性数据，该研究将趋磁细菌在细菌域的分布扩展到了 14 个门。与此同时，Uzun 等（2020）通过在公共数据库中查找磁小体基因簇，报道了 38 条趋磁细菌基因组草图，其中 5 条分属于 Elusimicrobia、Nitrospinae 和暂定分类单元 Hydrogenedentes。至此，趋磁细菌共在 16 个门中被发现，这表明趋磁细菌的多样性远超人们之前的预期（Goswami et al.，2022）。

分子生态学和组学研究极大地提升了对趋磁细菌多样性的认识，将趋磁细菌在细菌域的分布从最初的 2 个门增加到 3 个门再到 5 个门，直至扩展到现今认识的 16 个门。这些发现暗示趋磁特性在细菌域中可能是广泛存在的，对趋磁细菌这类特殊微生物的研究是探究生物感磁机制、起源和演化的关键和突破口。

2.2　趋磁细菌的生态与地理分布

微生物是地球上起源最早、数量最多、分布最广的生命形式。在漫长的地质历史时期，微生物广泛参与了地球上各种元素的生物化学循环、能源资源的形成、地质环境演化、生态系统发展等诸多重要地质过程。微生物与地质环境相互影响、共同演化，在塑造地球环境的同时也响应地质环境变化而形成一定的地理分布格局。对现今地球环境和现代微生物地理分布格局的研究有助于认识微生物与地质环境的相互作用。趋磁细菌具有全球性分布的特征，借助于其趋磁特性，可以从环境中高效分离，因此可以作为研究微生物地理分布规律的模式微生物类群。趋磁细菌死亡以后，细胞内的磁小体矿物经沉积埋藏后可以作为化石磁小体（magnetofossils）保存下来，不同地质历史时期沉积物中化石磁小体的形态、成分、丰度、元素/同位素、磁学特性等表征可以为重建该时期的环境特征提供重要线索（Goswami et al.，2022）。

2.2.1 趋磁细菌的生存环境

尽管趋磁细菌在地球各类水环境和沉积环境中广泛存在，包括湖泊、河流、湿地、池塘、海洋、潮间带等（Sakaguchi et al.，2002；Geelhoed et al.，2010；Lefèvre et al.，2011b；Lin et al.，2014a，2017a；Leão et al.，2016；Liu et al.，2017；Koziaeva et al.，2019），但很长时间以来，研究者认为趋磁细菌一般只生存在 pH 偏中性且温度相对温和的环境中。近年来，随着在不同极端环境中发现了趋磁细菌的存在，人们对这类微生物的生存环境和适应机制的认识也在不断深入。

Nash（2008）和 Lefèvre 等（2010）相继在美国 Little Hot Creek（45～55 ℃）和 Great Boiling Springs 热泉（32～63 ℃）中发现了趋磁细菌。近期我们在云南腾冲热泉沉积物中也发现了趋磁细菌（最高温度达 69.5 ℃）。对腾冲地区采集的 38 个热泉沉积物样品采用双向趋磁细菌收集装置进行趋磁细菌富集后，对样品开展了电子显微学、分子生态学和宏基因组学分析。在其中 4 个热泉沉积物（温度 41.3～69.5℃）中发现了趋磁细菌，这些细菌的细胞形态多样，包括球状、弧状和螺旋状，它们均合成子弹头状磁小体。16S rRNA 基因分析表明，腾冲热泉趋磁细菌在系统发育地位上均属于硝化螺旋菌门，但是与已鉴定的常温生境下的硝化螺旋菌门趋磁细菌类群分属不同的进化分支。除了高温环境之外，Abreu 等（2016）在南极洲乔治王岛阿德默勒尔蒂（Admiralty）海湾温度低于 1 ℃的海水沉积物中发现了大量属于 α-变形菌纲的趋磁球菌，且在该海湾连续多年多位点采集的样品中均有趋磁细菌的存在，表明这些趋磁细菌能够适应低温环境，并可能是南极洲海洋沉积物中的“原住民”。

趋磁细菌在高盐、酸性、碱性和高压等极端环境也有存在（Lin et al.，2017a；Goswami et al.，2022）。盐碱湖具有高盐度、高碱性特点，是一类典型的极端环境，有研究发现在太古宙时期地球上就出现了盐碱湖（Stüeken et al.，2015）。在盐碱湖中生存的微生物表现出较强的耐盐特性和特殊的生理代谢特征（Vijayakumar，2021），对这些微生物的生理生态及功能代谢的研究能够帮助认识早期生命应对极端环境的机制。Lefèvre 等（2011b）在美国加利福尼亚州多个

盐碱湖中发现了 δ-变形菌纲趋磁细菌类群。我们在内蒙古多个盐碱湖（pH 8.9～9.8，盐度 5.5‰～58‰）中也发现了球状、弧状、螺旋状等多种形态的趋磁细菌（Lin et al.，2017a）。趋磁细菌也可生存在酸性环境中，如 Abreu 等（2018）从巴西一个酸性潟湖（pH 约 4.4）中分离出 β-变形菌纲的趋磁细菌，通过使用 pH 敏感荧光染料作为指示剂，他们发现大部分趋磁细菌的细胞内仍保持中性 pH。Goltsman 等（2015）在加利福尼亚一矿山的酸性排水系统中发现了硝化螺旋菌门趋磁细菌。如前所述，我们在湖北大九湖酸性泥炭地土壤中发现了趋磁细菌，它们主要属于硝化螺旋菌门和暂定分类单元 Omnitrophica（Lin et al.，2020b）。此外，深海高压环境中也有趋磁细菌的踪迹，Liu 等（2017）在马里亚纳火山湖的 14 个海山沉积物样本（海水深度 238～2023 m）中发现了多个趋磁细菌新类群；Cui 等（2021）采集了西太平洋卡罗琳（Caroline）海山沉积物，在其中 12 个样品（采样点海水深度 90～1545 m）中发现了属于硝化螺旋菌门及变形菌门的趋磁细菌。

除在各类极端环境下生存外，趋磁细菌还可以与其他生物体共生。Dufour 等（2014）发现了与海洋双壳类共生的趋磁细菌。Monteil 等（2019）发现了与 δ-变形菌纲趋磁细菌互利共生的微型真核原生生物，提出这些原生生物通过外共生的趋磁细菌细胞来获得感知地磁场的能力。

2.2.2　趋磁细菌的垂直分布特征

对趋磁细菌在环境中的垂直分布研究发现，这类微生物主要集中在各类水环境及沉积环境的有氧-无氧交界面附近（oxic-anoxic transition zone，OATZ）（Bazylinski and Frankel，2004；Simmons et al.，2004；Komeili，2012）（图 2.5）。有氧-无氧交界面是由来自上层水体中氧气（氧化环境）和来自下层水体或沉积物中的还原性物质（如硫化物）所形成的具有明显氧化还原梯度的区域（Frankel et al.，1997；Komeili，2012）。已发现的大部分趋磁细菌是厌氧或兼性厌氧菌，不同种类的趋磁细菌生活在有氧-无氧交界面的不同层位。研究发现合成磁铁矿型磁小体的趋磁细菌往往在有氧-无氧交界面的中上层，而合成胶黄铁矿型磁小体的趋磁细菌则集中在有氧-无氧交界面下层（厌氧硫化还原区）（Simmons et al.，2004；Flies et al.，2005a；Moskowitz et al.，2008；Lefèvre et al.，2011c）。

水体或沉积环境中的有氧-无氧交界面是一个垂向范围较窄的区域，其深度随时间会发生迁移（如季节性分层的湖泊），趋磁细菌如何准确地定位到适宜生存的微环境呢？对南北半球的趋磁细菌研究发现，北半球的趋磁细菌大多趋向地磁南极（顺着磁力线方向游动），而南半球的趋磁细菌往往趋向地磁北极（逆着磁力线

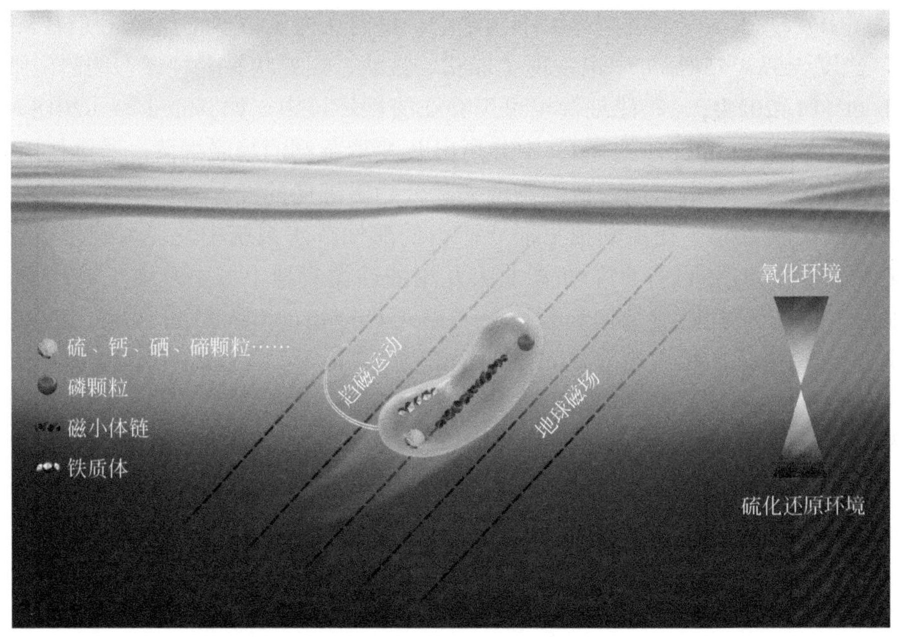

图 2.5 趋磁细菌的垂直分布模式图（修改自 Goswami et al.，2022）

方向游动）（Blakemore et al.，1980；Kirschvink，1980）。地球磁场在北半球的磁力线倾斜向下，而南半球地磁场的磁力线倾斜向上。因此，趋磁细菌的趋磁运动使它们在南北半球都向下（即远离表面氧化环境）运动，从而帮助其有效定位到适宜生存的低氧环境。尽管在南北半球均观察到了部分趋磁细菌的磁极趋向相反（即在北半球趋向地磁北极，在南半球趋向地磁南极）（Simmons et al.，2006；Leão et al.，2016），但趋磁细菌的这种趋磁特性被认为是一种高效的运动和定位策略。

趋磁细菌并非沿着磁场方向一直运动下去，在适宜生存的氧化还原梯度下，它们可以停止趋磁运动并在此生存。趋磁细菌的这种行为被形象地描述为“趋磁-趋氧性”（magneto-aerotaxis）（Frankel et al.，1997；Lefèvre et al.，2014；Popp et al.，2014）。越来越多的证据表明除了“趋磁”“趋氧”外，趋磁细菌还有“趋光”（Chen et al.，2011）、“趋化”（Uebe and Schüler，2016）等特性。“趋磁”性与其他趋性集成在一起，共同指导了趋磁细菌的运动。因此，趋磁细菌的“趋磁”性并非真正意义上的“趋性”，而是趋磁协助下的“趋氧-趋化-趋光”性。

2.2.3　趋磁细菌的地理分布规律

很长时间以来，对于微生物是否具有类似动植物等宏观生物的地理分布特征一直存在争议（Finlay，2002；Hedlund and Staley，2003）。荷兰微生物学家 Baas Becking（1934）提出"Everything is everywhere, but, the environment selects"，即"Baas-Becking 假说"。其中，"everything is everywhere"是指微生物数量多、传播快，导致地质历史过程带来的影响能够迅速被消除；"the environments selects"则指尽管微生物无处不在，但其分布受到环境的制约，不同生态环境中的微生物类群也可能不尽相同。尽管"Baas-Becking 假说"在一定程度上被证实和认可，但随着研究的深入，对微生物地理分布格局的形成和维持机制出现了许多不同的观点（Martiny et al.，2006）。微生物地理分布格局的研究包括微生物多样性分析、微生物时空尺度下的分布格局、影响和维持微生物分布格局的因素等多方面，这是认识微生物驱动生态系统物质循环和能量流动的基础，也一直是微生物学家的研究热点之一。

趋磁细菌广泛分布在各类水环境和沉积环境中，并可能在含水量高的土壤中也有分布，趋磁细菌是否具有特殊的地理分布规律呢？如果有，是什么因素影响着它们的地理分布？为了探究这些问题，我们率先开展了地理大尺度上、系统的趋磁细菌多样性和生物地理分布的研究（Lin et al.，2013，2014a，2017a；林巍和潘永信，2018）。我们发现环境异质性和地理距离对趋磁细菌群落组成均具有显著影响，且环境因子较地理距离影响更大。盐度、温度、硝酸盐、硫酸盐、铁含量等环境因子可以影响趋磁细菌在不同环境的丰度和群落结构。此外，我们还发现地磁场强度变化与趋磁细菌群落变化具有相关性，推测这可能是地磁场强度变化可以影响趋磁细菌的趋磁运动、生理代谢以及地磁场影响地表环境等导致的（图 2.6）（林巍和潘永信，2018）。

鉴于趋磁细菌的广泛分布，它们在碳、氮、铁、硫等各类生源要素的生物地球化学循环中可能发挥着不可忽视的作用。趋磁细菌细胞内的铁含量是其他微生物的 100～1000 倍（Lin et al.，2017a），磁小体在细胞死后可以形成化石磁小体保存下来，也可能重新溶解释放铁元素到环境中（Lin et al.，2014a）。趋磁细菌还可以被捕食者捕食从而参与食物链中的元素循环（Lin et al.，2014a；Monteil et al.，2018）。根据趋磁细菌的地理分布特征和体内铁含量，估算出全球趋磁细菌每年至少可以合成万吨级的磁铁矿，因此它们在全球现代铁元素的生物地球循环中具有重要作用（Lin et al.，2014a）。

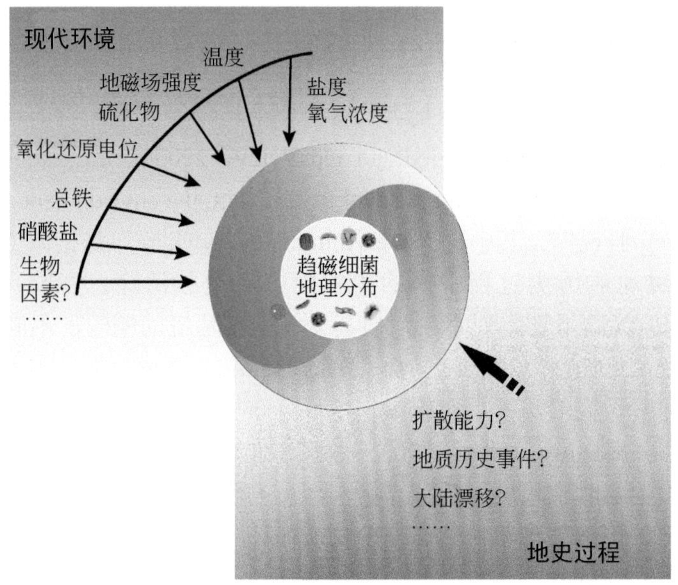

图 2.6　趋磁细菌大尺度地理分布格局的驱动机制示意图（修改自林巍和潘永信，2018）

2.3　趋磁细菌的起源与演化

趋磁细菌是目前唯一已知的感磁原核生物，其起源和演化历程一直是生物地磁学关注的重点。趋磁细菌利用磁小体进行感磁运动有何生理意义？趋磁细菌的感磁能力何时起源？趋磁细菌起源时的地球环境如何？趋磁细菌类群如何演化？要探讨这些问题，我们首先需要认识趋磁细菌磁小体的合成机制。

2.3.1　磁小体基因簇

磁小体粒径均一、结晶良好、化学纯度高，是近乎“完美”的矿物颗粒。趋磁细菌如何在细胞内合成特殊形态的磁小体并控制它们的排布是研究的热点。尽管趋磁细菌普遍存在且容易磁富集，但由于缺乏对其生理及遗传学的认识，加之在实验室条件下难以重现自然环境中趋磁细菌生长所需要的氧化还原梯度，迄今在实验室纯培养的趋磁细菌菌株还较少，主要集中在 α-变形菌纲。代表性的纯培养菌株主要包括 *Magnetospirillum magnetotacticum* MS-1（Blakemore et al.，1979）、*Magnetospirillum gryphiswaldense* MSR-1（Schleifer et al.，1991）、*Magnetospirillum magneticum* AMB-1（Matsunaga et al.，1991）和 *Magnetovibrio blakemorei* MV-1（Bazylinski et al.，1988）。当前对趋磁细菌磁小体生物合成的研究主要是基于这些纯培养菌株开展的。

趋磁细菌磁小体的合成是由基因严格控制的、复杂的、多步骤的生物矿化过程。研究者通过构建突变体和改变培养条件等方法，发现并确定了一系列参与磁小体合成的关键基因。同时，应用宏基因组和单细胞基因组等技术，还获得了许多未培养的环境趋磁细菌基因组草图，在此基础上开展的比较基因组学研究加深了我们对不同系统发育地位趋磁细菌磁小体矿化机制的认识。目前，磁小体的生物矿化过程主要包括磁小体膜内陷、磁小体蛋白定位、磁小体膜成链、铁离子转运、矿物晶核形成以及晶体生长成熟等。

Grünberg 等（2001）通过分析 *M. gryphiswaldense* MSR-1 磁小体膜蛋白的编码基因，发现这些基因聚集在基因组的同一区域，并且在 *M. magnetotacticum* MS-1、*Magnetococcus marinus* MC-1 基因组中也发现了同源的磁小体蛋白编码基因。早期对磁小体合成相关基因的研究主要集中在 α-变形菌纲趋磁细菌及少数获得了基因组的趋磁细菌菌株中。在这些菌株中，磁小体合成相关基因在基因组上聚集成簇，由于它们的 G + C 含量较基因组其他部分有一定的差异，有些含有较高比例的转座酶基因并具有插入序列等特征，因而被称为磁小体基因岛（magnetosome gene island，MAI）（Schübbe et al.，2003；Ullrich et al.，2005；Richter et al.，2007；Schüler，2008；Komeili，2012）。我们通过对趋磁细菌开展系统的比较基因组和系统发育分析，发现调控磁小体合成的基因组片段在门或纲的水平上可以反映其系统分类地位，表明该片段在门水平上主要是随着基因组一起演化的（即垂直基因传递），而不是前人认为的发生频繁的水平基因转移。此外，许多新发现的磁小体基因片段中也未检测到转座酶和插入元件。鉴于“基因岛”这一术语通常指可能发生过水平基因转移的片段，因此我们已提出将“磁小体基因岛”的定义修正为“磁小体基因簇”（magnetosome gene cluster，MGC），以更加准确地描述磁小体合成基因片段的特性（Lin et al.，2017a，2018，2020b）。

磁小体基因簇包括一系列参与磁小体合成的关键基因，目前已经发现的磁小体基因主要有 *mam* 基因、*mms* 基因和 *mad* 基因。其中 *mam* 基因和 *mms* 基因在磁小体矿化过程中的功能是研究最多也最深入的。以磁螺菌属纯培养菌株 *M. magneticum* AMB-1 和 *M. gryphiswaldense* MSR-1 为对象，研究者通过人为删除磁小体基因簇上的某些基因来构造突变体，观察突变体细胞内部磁小体的合成情况及趋磁细菌对磁场的响应行为，与野生型趋磁细菌对比来探究 *mam* 基因、*mms* 基因在磁小体矿化过程中发挥的作用（Komeili et al.，2004，2006；Scheffel et al.，2006，2008；Fukuda et al.，2006；Schüler，2008；Murat et al.，2010，2012；Yang et al.，2010；Uebe et al.，2011；Lohsse et al.，2011；Tanaka et al.，2011；Siponen et al.，2012；Raschdorf et al.，2013；Uebe and Schüler，2016；Toro-Nahuelpan et al.，

2019)。表 2.1 列出了由磁螺菌属趋磁细菌 *M. magneticum* AMB-1 和 *M. gryphiswaldense* MSR-1 推测的 Mam 和 Mms 蛋白功能。我们通过对硝化螺旋菌门趋磁细菌开展比较基因组研究，不仅识别出趋磁细菌所共有的保守磁小体基因（如 *mam* 基因），还首次发现了多个硝化螺旋菌门趋磁细菌所特有的矿化基因，将其命名为 *man* 基因（Lin et al.，2014b），这是继 *mam*、*mms*、*mad* 基因后，新发现的一类重要磁小体矿化基因类群，对于认识磁小体的起源和矿化机理具有重要意义。

表 2.1　磁螺菌属 AMB-1 和 MSR-1 菌株的 Mam 和 Mms 磁小体蛋白的主要功能

磁小体蛋白	所属操纵子	功能	所属趋磁细菌	参考文献
MamA	*mamAB*	蛋白质招募	AMB-1	Komeili et al.，2004
MamB	*mamAB*	细胞膜内陷/铁离子转运	AMB-1/MSR-1	Murat et al.，2010；Uebe et al.，2011
MamC	*mamGFDC*	晶体形态和大小控制	AMB-1	Scheffel et al.，2008
MamD	*mamGFDC*	磁小体膜生长调控/晶体形态和大小控制	AMB-1	Scheffel et al.，2008；Wan et al.，2022a
MamE	*mamAB*	蛋白定位/剪切 MamO，-P，-D 和 Mms6 等多个蛋白来调控磁小体膜生长和晶体形成的多个步骤	AMB-1	Komeili et al.，2004；Quinlan et al.，2011；Hershey et al.，2016a；Wan et al.，2022a
MamF	*mamGFDC*	晶体大小控制	AMB-1	Scheffel et al.，2008
MamG	*mamGFDC*	晶体形态和大小控制	AMB-1	Scheffel et al.，2008
MamH	*mamAB*	铁离子转运	AMB-1/MSR-1	Komeili et al.，2004；Raschdorf et al.，2013
MamI	*mamAB*	细胞膜内陷	AMB-1	Komeili et al.，2004
MamJ	*mamAB*	磁小体成链	MSR-1	Scheffel et al.，2006
MamK	*mamAB*	磁小体成链和动态定位	MSR-1	Komeili et al.，2004；Wan et al.，2022b
MamL	*mamAB*	细胞膜内陷	AMB-1	Komeili et al.，2004
MamM	*mamAB*	铁离子转运/磁小体膜生长调控	AMB-1/MSR-1	Komeili et al.，2004；Uebe et al.，2011；Wan et al.，2022a
MamN	*mamAB*	pH 调控	AMB-1	Komeili et al.，2004
MamO	*mamAB*	磁小体膜生长调控/晶体成核	AMB-1/MSR-1	Komeili et al.，2004；Yang et al.，2010；Hershey et al.，2016b；Wan et al.，2022a

续表

磁小体蛋白	所属操纵子	功能	所属趋磁细菌	参考文献
MamP	*mamAB*	氧化还原条件控制	AMB-1	Komeili et al.，2004
MamQ	*mamAB*	细胞膜内陷	AMB-1	Komeili et al.，2004
MamR	*mamAB*	晶体形态和大小控制	AMB-1	Komeili et al.，2004
MamS	*mamAB*	晶体形态和大小控制	AMB-1	Komeili et al.，2004
MamT	*mamAB*	晶体形态和氧化还原控制	AMB-1	Siponen et al.，2012
MamU	*mamAB*	功能未知	AMB-1	Komeili et al.，2004
MamV	*mamAB*	功能未知	MSR-1	Uebe et al.，2011
MamW	*mamAB*	磁小体成链	MSR-1	Lohsse et al.，2011
MamX	*mamXY*	氧化还原条件控制	MSR-1	Raschdorf et al.，2013
MamY	*mamXY*	细胞膜内陷/磁小体成链	AMB-1/MSR-1	Toro-Nahuelpan et al.，2019；Tanaka et al.，2011
MamZ	*mamXY*	铁离子转运及氧化还原控制	MSR-1	Raschdorf et al.，2013
Mms6	*mms6*	晶体形态和大小控制	AMB-1	Tanaka et al.，2011
MmsF	*mms6*	晶体形态和大小控制	AMB-1	Murat et al.，2012

修改自 Correa 等（2020）

通过比较不同系统发育地位的趋磁细菌的磁小体基因簇，研究者发现有些基因非常保守，在所有趋磁细菌中均有存在，而一些基因只存在于特定类群的趋磁细菌中（Grünberg et al.，2001；Richter et al.，2007；Lin and Pan，2015；Lin et al.，2017a，2018，2020b；Du et al.，2019；Koziaeva et al.，2019）。*mam* 基因是所有趋磁细菌共有的，其中 *mamABEIKMOPQ* 九个基因在合成磁铁矿型磁小体和胶黄铁矿型磁小体的趋磁细菌中均存在，被称为“核心磁小体基因”，在磁小体生物矿化和成链中发挥关键作用（Lefèvre et al.，2013a）。此外，由于很长一段时间以来 *mad* 基因只在深分支的 δ-变形菌纲、硝化螺旋菌门、Ominitrophica 门的趋磁细菌磁小体基因簇中被发现，*man* 基因只在硝化螺旋菌门趋磁细菌中被发现，而 *mms* 基因只存在于变形菌门趋磁细菌中，长期以来，它们被认为只存在于上述特定的门中。

最近，这种传统认识已被改变。对趋磁细菌的大规模宏基因组研究极大地拓展了人们对趋磁细菌和磁小体基因簇多样性的认识（Lin et al.，2020b；Uzun et al.，2020）。我们在采自中国和澳大利亚的共 53 个沉积物及土壤样品中获得了 168 条趋磁细菌基因组草图，将趋磁细菌在细菌域中的分布从 5 个门扩展到了 14 个门。通过对这 14 个门中趋磁细菌磁小体基因簇进行研究发现，*mad* 基因存在于 11 个门的趋磁细菌基因组中，*man* 基因则存在于硝化螺旋菌门、Desulfobacterota 和 Nitrospinota 三个门，*mms* 基因在 Nitrospinota 和 SAR324 门中也被发现（图 2.7）。这些结果表明 *mad*、*man*、*mms* 基因在趋磁细菌中的分布比先前认识的更加广泛。此外，研究还发现几乎所有趋磁细菌的磁小体基因簇中都包含 *feoB* 基因（与亚铁离子转运相关），说明铁元素摄取对于磁小体生物矿化必不可少且在不同门的趋磁细菌中是高度保守的，这与此前 Rong 等（2008）观察到删除了 *feoB* 基因的磁螺菌 *M. gryphiswaldense* MSR-1 突变体中磁铁矿合成减少的现象相吻合。进一步对 80 余条高质量趋磁细菌基因组进行系统的比较基因组学分析，发现 *mamABIKMQ*

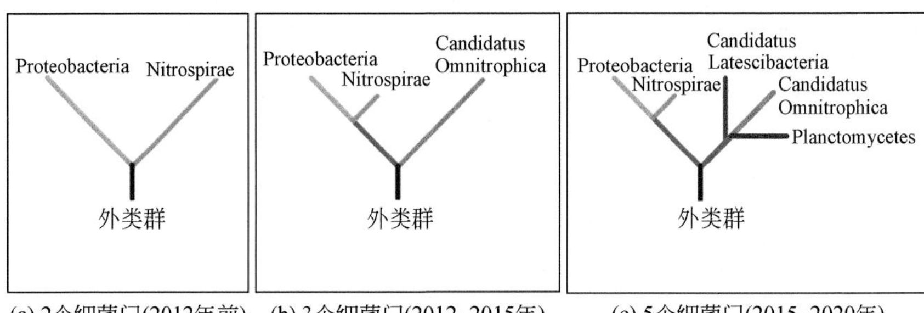

(a) 2个细菌门(2012年前)　(b) 3个细菌门(2012~2015年)　(c) 5个细菌门(2015~2020年)

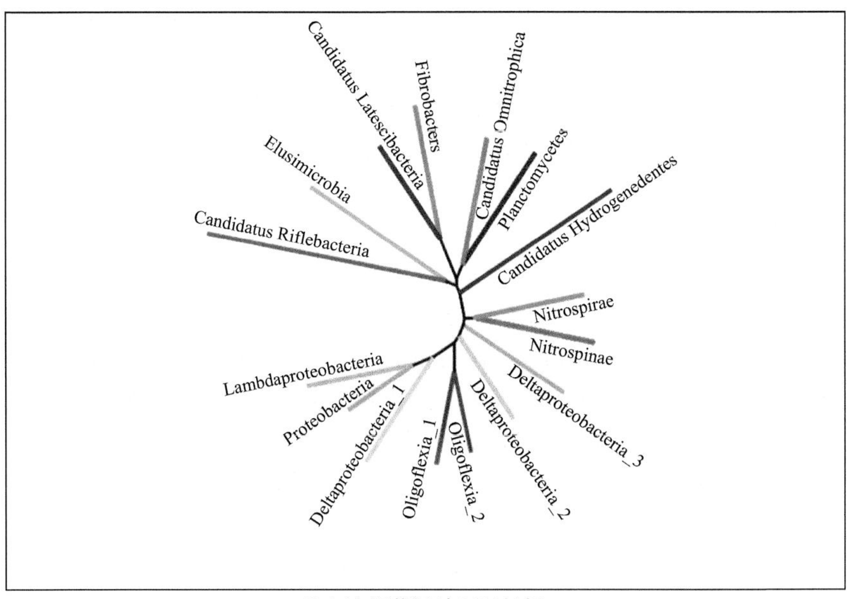

(d) 16个细菌门(自2020年起)

图 2.7　趋磁细菌基因组系统发育多样性的认识历程

（修改自 Goswami et al.，2022）

六个基因在 90%以上的基因组中都存在，据此我们提出将 *mamABIKMQ* 作为新的“核心磁小体基因”。此外，不同门间趋磁细菌的磁小体基因簇多样性也存在差异，硝化螺旋菌门等趋磁细菌磁小体基因簇高度保守，而变形菌门趋磁细菌磁小体基因簇中基因的排列顺序和种类则具有较高多样性（如 *mamK* 基因在一些变形菌门趋磁细菌内有多个拷贝）。不同类群中趋磁细菌磁小体基因簇的多样性可能是由演化过程中发生的基因复制、重组、获得、丢失等多种遗传事件造成的。

2.3.2　趋磁细菌的早期演化

关于趋磁细菌的起源和演化一直以来主要有两种假说：一个是多起源假说，认为合成磁铁矿型和胶黄铁矿型磁小体的趋磁细菌是分别起源并各自演化的；另一个是频繁水平基因传递假说，认为调控磁小体合成的关键基因在不同微生物类群中发生频繁的水平基因转移是趋磁细菌演化的主要驱动力。

Chang 和 Kirschvink（1989）基于对磁小体化石的研究，提出趋磁细菌的起源可以追溯到地质历史早期。随后，由于合成磁铁矿型和胶黄铁矿型磁小体的趋磁细菌分属于不同类群，有研究者据此推测合成磁铁矿型和胶黄铁矿型磁小体的趋磁细菌是各自独立起源并分开演化的，即不存在一个趋磁细菌的共同祖先，这是最早出现的趋磁性的“多起源”假说（DeLong et al.，1993）。随着磁小体基因簇的发现，研究者认识到其在趋磁细菌感磁方面起着重要作用，磁小体基因簇在不同系统发育地位趋磁细菌间表现出的差异性可能包含了趋磁细菌起源与演化的重要信息，能够反映生物趋磁性的演化历程。Abreu 等（2011）通过比较调控合成磁铁矿型和胶黄铁矿型磁小体的趋磁细菌磁小体基因簇，发现它们均包含 *mam* 基因，这表明两类趋磁细菌是“同源”的，可能具有共同的祖先。趋磁细菌在系统发育上不连续地分布在细菌域的多个门中，一些学者据此提出磁小体基因簇可能在不同门之间发生了频繁的水平基因传递，认为在演化中非趋磁细菌类群通过水平基因传递获得了磁小体基因簇，从而具有了感磁能力（Jogler and Schüler，2009）。这种假说认为水平基因传递是趋磁细菌在不同门间演化的主要驱动力。

为了探究趋磁性演化的驱动力，一些研究分别以 16S rRNA 基因和核心磁小体基因（或蛋白）为参考序列构建系统发育树，通过比较 16S rRNA 基因系统发育树与核心磁小体基因（或蛋白）系统发育树的拓扑结构来判断水平基因传递或垂直基因传递在不同门磁小体基因簇演化过程中的作用。Lefèvre 等（2013b）以磁小体蛋白 MamABEIKMPQ 序列构建了变形菌门和硝化螺旋菌门趋磁细菌的系统发育树，发现其与基于 16S rRNA 基因构建的系统发育树的拓扑结构一致，硝化螺旋菌门和产磁铁矿型磁小体的 δ-变形菌纲趋磁细菌亲缘关系较近且是系统发育树上较早起源的分支，他们据此推测第一个出现的趋磁细菌是合成磁铁矿型磁小体。Zeytuni 等（2015）通过 X 射线衍射晶体分析法分析了不同类群趋磁细菌磁小体蛋白 MamA 的结构，发现 MamA 蛋白结构高度保守，在不同系统发育地位的趋磁细菌间差异非常小，以 MamA 蛋白序列构造的系统发育树也与基于 16S rRNA 基因序列的系统发育树拓扑结构一致。

我们在获得大量趋磁细菌新基因组的基础上，开展了趋磁细菌系统发育的深入分析。与之前使用 16S rRNA 基因系统发育树作为趋磁细菌物种进化树不同，我们使用基因组的系统发育树来解释趋磁细菌菌株的进化关系，并与基于关键磁小体基因序列构建的系统发育树对比，来探索趋磁性演化的驱动力（Lin et al.，2017b，2018，2020a，2020b）。通过比较磁小体蛋白系统发育树和趋磁细菌基因组系统发育树的拓扑结构，发现这些核心基因的系统发育与它们对应物种的系统发育在门/纲水平上大体一致（图 2.8）（Lin et al.，2020b）。综合利用比较基因组学、密码子使用偏性分析、系统发育分析以及谱系年代学分析，发现趋磁细菌的起源时限至少可以追溯到距今 34 亿～32 亿年的太古宙，甚至现生细菌的最后共同祖先可能合成磁小体，揭示出地球早期生命的细胞已经具有一定的复杂性。

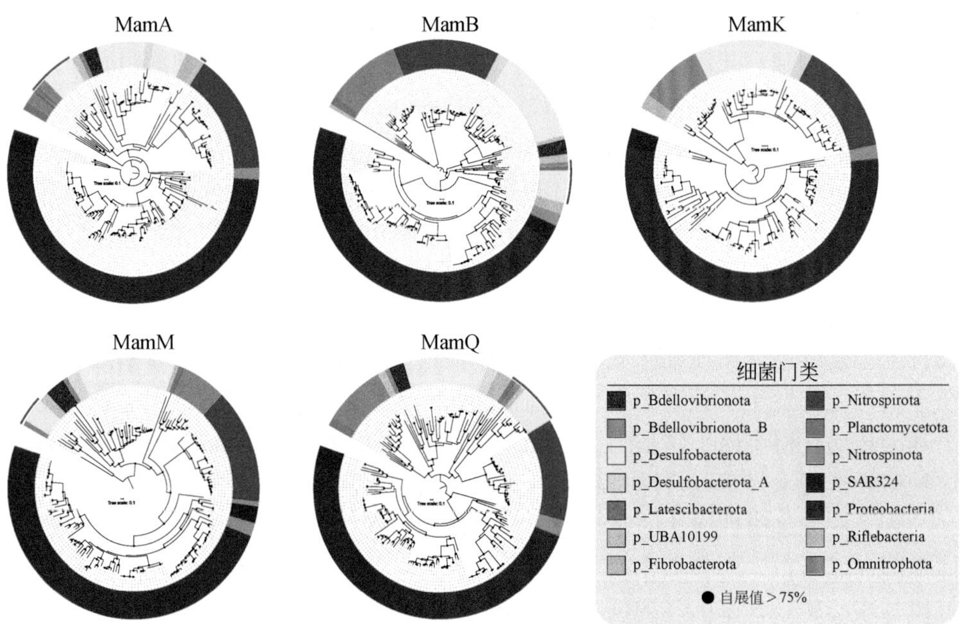

图 2.8　趋磁细菌的核心磁小体蛋白系统发育树

14 个细菌门中的趋磁细菌磁小体蛋白 MamABKMQ 序列系统发育树，绿色圆弧所示的为与胶黄铁矿型磁小体生物矿化相关的核心磁小体基因（修改自 Lin et al.，2020b）

上述研究均表明磁小体基因簇是随着基因组一同演化的，即垂直基因传递在不同门间趋磁细菌的演化中发挥了重要作用。现生趋磁细菌具有共同的祖先，在地质历史早期已经出现，磁小体及趋磁性可以帮助早期生命更好地适应当时地球的极端环境。第一个出现的趋磁细菌可能合成磁铁矿型磁小体或未知类型的磁小体，随着地球环境发生变化，一部分微生物逐渐丢失磁小体基因簇成为不能趋磁的微生物，而在另一部分类群中磁小体基因簇保留下来并在演化中发生谱系特异性变化，磁小体基因簇经历复制、变异、丢失和水平基因传递等事件，逐渐形成了种类多样且在系统发育树上呈不连续分布的现生趋磁细菌（图 2.9）。

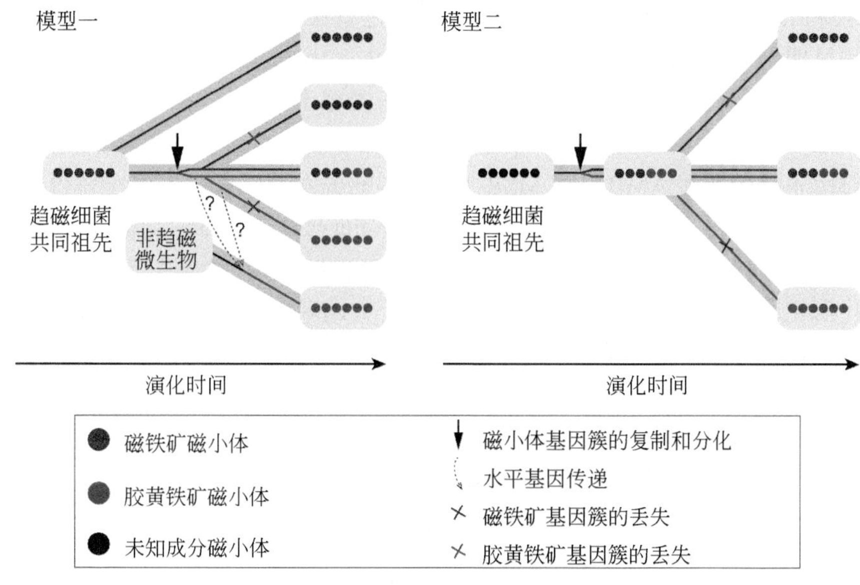

图 2.9　微生物趋磁性演化的模式图

模型一，趋磁细菌的共同祖先为合成磁铁矿型磁小体的微生物；模型二，趋磁细菌共同祖先为合成未知类型磁小体的微生物（修改自 Lin et al.，2020a）

由此可见，趋磁细菌的起源时间远早于地球地质历史时期的大氧化事件（great oxidation event，GOE）（约 2.4～2.1 Ga）（Lyons et al.，2014），这表明生物趋磁性是在低氧条件下产生的，对彼时地球环境的解析能够给我们提供趋磁性起源线索。研究表明，太古宙地球大气中的氧含量不足现今大气氧含量的十万分之一（Poulton and Canfield，2011；Johnson et al.，2014），当时地球臭氧层尚未形成，缺乏有效的紫外线防护，紫外辐射的环境压力对早期生命的演化起着重要作用（Cockell，1998）。高强度的紫外线辐射能够直接损伤 DNA 结构，从而影响基因的正常复制和转录（Ikehata and Ono，2011）。此外，紫外辐射还可以在细胞水平上诱导产生过量活性氧（reactive oxygen species，ROS），活性氧是一类化学性质活泼并且具有强氧化性的含氧物质，包括氧自由基、过氧化氢和超氧离子等，细胞内过多的 ROS 会损伤核酸、蛋白质、脂质等，干扰细胞正常的生理代谢最终造成细胞凋亡（Touati，2000；He and Häder，2002；Cadet and Wagner，2013；de Jager et al.，2017）。太古宙时期地球表面紫外辐射产生的生物损伤效应非常强烈，严重危害地表或浅水环境中生存的微生物，使其成为微生物生存的重要环境胁迫压力（Cockell and Horneck，2001；Cnossen et al.，2007）。除了紫外辐射，太古宙海洋中含有大量的亚铁离子（Kendall et al.，2012），这些亚铁离子可能通过被动扩散进入微生物细胞中，进而在细胞内通过芬顿反应诱导产生 ROS（Ameta et al.，2018；Winterbourn，1995）。由此可见，紫外辐射和过量亚铁离子引起的胞内 ROS 过量累积是早期生命面临的重大生存挑战（Lin et al.，2020a）。

包括 Fe_3O_4 在内的铁氧化物纳米颗粒具有类似于过氧化物酶或过氧化氢酶的催化活性（Gao et al.，2007；Chen et al.，2012；Ragg et al.，2016）。通过紫外照射磁螺菌属趋磁细菌 AMB-1 和 MSR-1 的实验研究发现磁铁矿型磁小体可以降低细胞内的有害活性氧物质（Guo et al.，2012；Wang et al.，2013a；Li K et al.，2015，2017）。这些研究说明磁小体可能作为抗氧化剂帮助早期生命应对 ROS 压力。与抗氧化酶相比，铁氧化物纳米颗粒能够耐受更大的温度和 pH 范围（Gao et al.，2017），还可以部分降低细胞内的亚铁离子浓度。我们据此提出了趋磁性起源的“扩展适应模型”（图 2.10），即磁小体最初是早期生命为了降低细胞内的 ROS 而形成的，但随着胞内磁小体数目的逐渐增多，为细胞提供了一个磁偶极矩，使得早期生命能够沿着地磁场磁力线方向运动，从而高效地向远离紫外辐射的深水/沉积物方向运动，到达最适生存环境（Lin et al.，2020a）。趋磁性的产生使早期生命

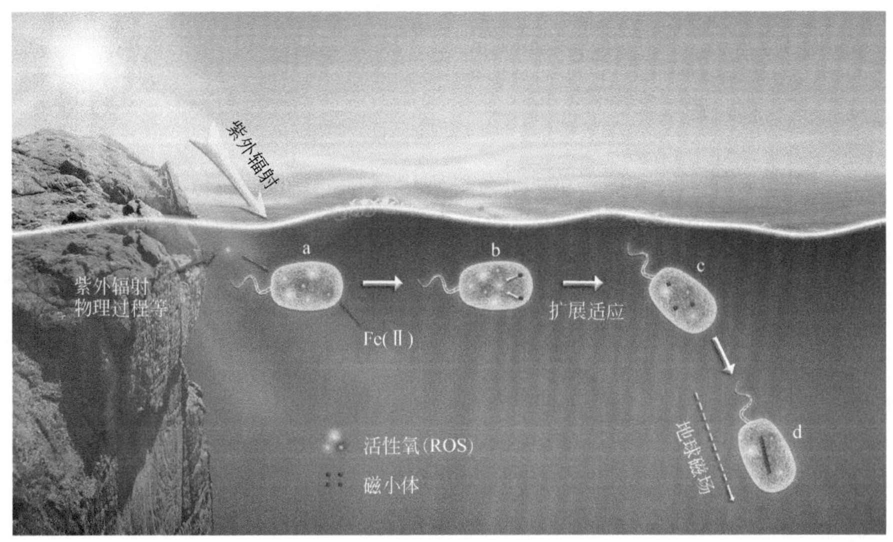

图 2.10　趋磁性起源的扩展适应模型（修改自 Lin et al.，2020a）

能够更加有效地逃避紫外辐射，在太古宙高辐射等极端环境下具有更好的生存优势，自然选择倾向于保留趋磁能力较强的磁小体，因此现今发现的趋磁细菌的磁小体大多为高矫顽力单畴铁磁性矿物，且往往排列成方向一致的链状结构（净磁偶极矩最大）（Lin et al.，2020a）。

2.4 本章小结

趋磁细菌在自然界广泛分布，是水环境和沉积环境中常见的微生物类群，并且在各种极端环境下也有存在，具有复杂的代谢特征，在地球浅表层的碳、氮、磷、硫、铁等元素的生物地球化学循环中发挥重要作用。环境异质性对趋磁细菌的地理分布格局具有显著影响。除了具有全球性分布特征外，趋磁细菌在水体和沉积物中还具有明显的垂直分布特征，通过趋磁-趋氧-趋光-趋化的协同作用，有效定位到最适的生态位。趋磁细菌的细胞形态多样、大小各异、磁小体数目不等，并且磁小体形态和成分具有种群特异性。磁小体的生物矿化是受基因严格调控的、多步骤的复杂过程。磁小体基因簇包含调控磁小体生物矿化的关键基因，而比较基因组学分析发现不同门趋磁细菌具有特征性的磁小体基因簇（即磁小体基因的组成和排列不同）。系统发育学分析发现，趋磁细菌在细菌域的至少 16 个门中存在，垂直基因传递在不同门间磁小体基因簇的演化中发挥了重要作用，结合趋磁细菌在细菌域的广泛分布，推测趋磁细菌可能在细菌域起源伊始就已经出现，磁小体的产生和趋磁性可以帮助它们更好地适应早期地球的极端环境。

生物感磁特性存在于从细菌到高等动物的许多物种中，而作为目前唯一已知的感磁原核生物，趋磁细菌自发现以来受到了广泛关注。趋磁细菌广泛分布、易于分离和富集、便于分子生物学和遗传学分析，是研究生物趋磁性的模式生物。趋磁细菌依靠磁小体进行定向，磁小体成分、形态在不同门的趋磁细菌中具有差异。磁小体在趋磁细菌细胞死亡后埋藏在沉积物中，成为磁小体化石。对不同地质历史时期磁小体化石的分析，能够帮助重建古环境和古地磁场特征（详见第 8 章）。组学、显微学、分子生物学和遗传学分析等技术极大地促进了对趋磁细菌多样性、生理生态、起源演化的研究。特别是宏基因组学分析发现了许多趋磁细菌的新类群，极大地拓展了对其多样性的认识，并在基因组水平上揭示了未培养趋磁细菌的主要生理代谢特征和环境功能。未来可通过建立趋磁细菌多组学数据库，进一步分析趋磁性的起源、演化及其与地球环境的关系，这对生物地磁学研究具有重要意义。

（林巍　执笔）

第 3 章　磁小体的生物控制合成

趋磁细菌是生物控制矿化作用的典范，它们能在细胞内合成有生物膜包被、结晶良好、晶型独特的纳米尺寸磁铁矿（Fe_3O_4）或胶黄铁矿（Fe_3S_4）晶体颗粒，即磁小体（magnetosome）。磁小体合成是一个严格生物调控下的磁性矿物晶体成核和生长过程。近年来的研究表明，磁小体的合成及其链组装过程，均受到趋磁细菌基因、蛋白质和细胞水平的严格调控（Uebe and Schüler，2016）。本章重点介绍磁小体的矿物学和晶体学特征，从而认识趋磁细菌的生物控制矿化过程和磁响应机理。

3.1　磁铁矿磁小体晶体的形貌、尺寸和排列

趋磁细菌广泛分布在现代湖泊和海洋等水体环境中，在细胞形态、系统进化和生理生化等方面具有极其丰富的多样性（详见第 2 章）。迄今发现的趋磁细菌包括球菌、卵球菌、杆菌、弧菌、螺旋菌和多细胞形态（multicellular magnetotactic prokaryote，MMP）（图 3.1）。这些趋磁细菌均属于革兰氏阴性菌，依靠鞭毛运动，能在细胞内合成磁小体，并具有趋磁性。16S rRNA 基因序列相似性分析和形貌学鉴定表明，它们主要分属于细菌域的变形菌门（Proteobacteria）、硝化螺旋菌门（Nitrospirae）、脱硫菌门（Desulfobacterota，原来的 δ-变形菌纲）和暂定分类单元的杂食菌门（Candidatus Omnitrophica）等几个主要进化分支（Liu et al.，2022a；Ji et al.，2017；Lin et al.，2014b；Kolinko et al.，2012）。变形菌门的趋磁细菌又可以分为 α-变形菌纲（Alphaproteobacteria）、γ-变形菌纲（Gammaproteobacteria）和暂定分类单元的 η-变形菌纲（Candidatus Etaproteobacteria）三个纲。系统发育学分析发现，趋磁细菌在细菌域的至少 16 个门中存在（详见第 2 章）。

在趋磁细菌细胞内，磁小体多被组装成链状结构，如单链、双链、多链或链束结构。与其他系统发育类群的趋磁细菌相比，在变形菌门趋磁球菌中，磁小体链的排列方式更为多样，有单链、双链、双双链（四条磁小体链两两紧密排列构成两束链）、不完整的链及散布排列等（Liu et al.，2021b）。单个磁小体的尺寸多为 30～120 nm，更大尺寸的磁小体也有报道。例如，一些高度拉长的磁小体（如子弹头形磁小体）的长度可以超过 200 nm（Li J et al.，2010；Li et al.，2020d）。

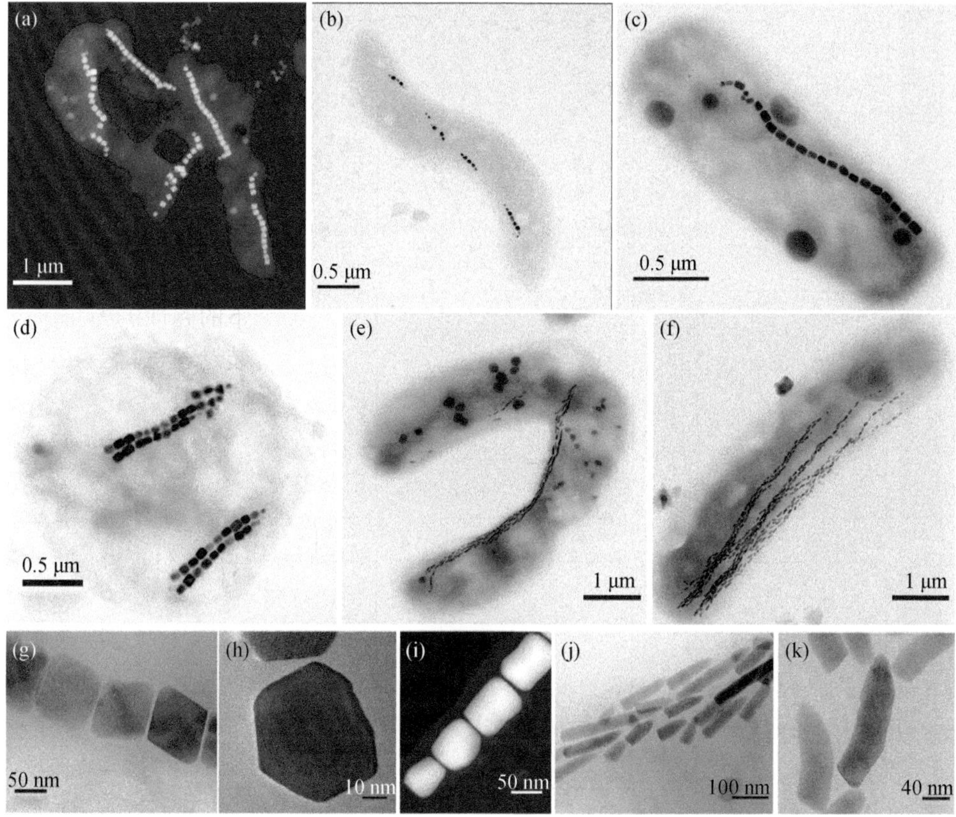

图 3.1　透射电镜下趋磁细菌和磁小体的形貌多样性

（a）α-变形菌纲趋磁螺菌 XQGS-1（Liu et al.，2021b）；（b）α-变形菌纲趋磁螺菌 AMB-1（Li et al.，2013b）；（c）γ-变形菌纲趋磁杆菌 SHHR-1（Li J et al.，2017）；（d）暂定分类单元的 η-变形菌纲趋磁球菌 SHHC-1（Zhang et al.，2017a）；（e）脱硫菌门趋磁杆菌 WYHR-1（Li J et al.，2019）；（f）硝化螺旋菌门趋磁大杆菌 MYR-1（Li J et al.，2015）；（g）XQGS-1 合成的八面体形磁小体（Liu et al.，2021a）；（h）AMB-1 合成的立方八面体形磁小体；（i）SHHR-1 合成的拉长棱柱形磁小体；（j）WYHR-1 合成的直的子弹头形磁小体；（k）MYR-1 合成的弯曲的子弹头形磁小体

在巴西一个潟湖中发现一类趋磁球菌，它们能在细胞内合成稍微拉长的棱柱形磁小体，单个颗粒的尺寸可以达到约 250 nm（Lins et al.，2005）。我们在西安未央湖发现一种新型的脱硫菌门趋磁杆菌，它能在细胞内合成一束子弹头形磁小体，少数磁小体的长度可以达到 280 nm（Li J et al.，2019；Li et al.，2020d）。磁小体的形貌多样，成熟颗粒的二维形貌大致可以分成八面体形（octahedron）、立方-八面体形（cuboctahedron）、拉长的棱柱形（elongated prismatic）、子弹头形（bullet-shaped）、箭头形（arrow-headed）等多种（Li et al.，2013a，2020d；Pósfai et al.，2013）。

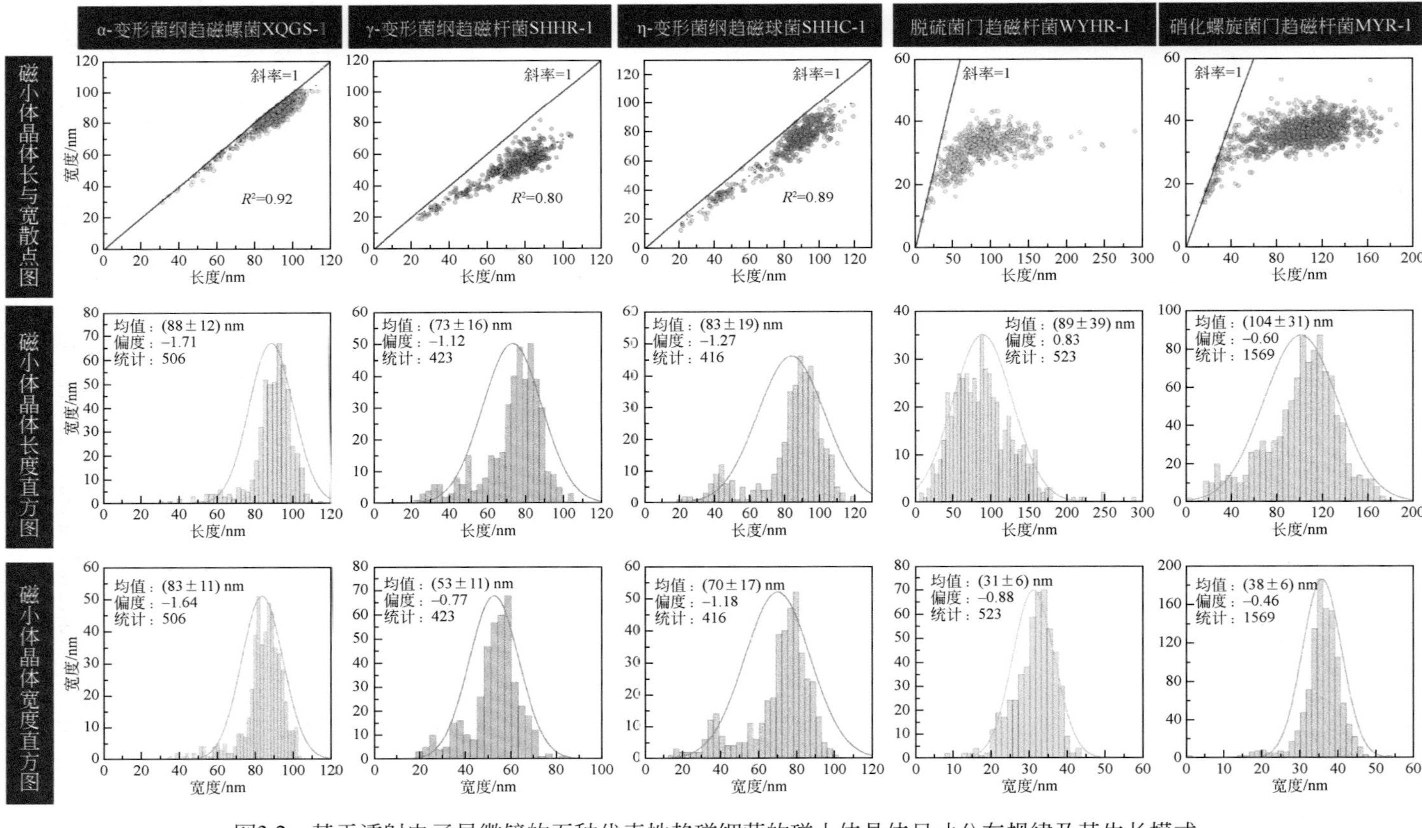

图3.2 基于透射电子显微镜的五种代表性趋磁细菌的磁小体晶体尺寸分布规律及其生长模式

八面体形（XQGS-1）、立方八面体形（SHHC-1）和棱柱形磁小体磁铁矿（SHHR-1）遵循同位晶体生长模式，而子弹头形磁小体（WYHR-1和MYR-1）具有特殊的多阶段晶体生长模式对同一种或同一株趋磁细菌所合成磁小体的尺寸分布的统计分析表明，立方-八面体和拉长棱柱形磁小体的晶体生长可能遵循同位晶体生长模式（homothetical growth），即磁小体晶体的长度与宽度呈线性变化，二者均沿磁铁矿晶体的［111］方向拉长和排列成链（Li et al.，2009，2020d；Pósfai et al.，2013；Liu et al.，2021b）。然而，子弹头形磁小体则呈现多阶段晶体生长模式，即生长初期颗粒长度与宽度成比例增长，达到一定尺寸后，晶体沿某一优选方向拉长生长（长度增加，而宽度缓慢增加直至最终停止变化）（Li J et al.，2010，2015；Li et al.，2020d）（图 3.2）。

化学合成或地质作用形成的磁铁矿颗粒一般尺寸分布较宽，具有正偏斜分布（positive skewed distribution）、正态分布（normal distribution）或对数正态分布（log-normal distribution）特征，而磁小体磁铁矿的尺寸分布一般较窄，且呈现典型的负偏斜分布（negative skewed distribution）特征，即颗粒在某一上限尺寸，其分布陡降和消失（Liu et al.，2021b）（图 3.2）。趋磁细菌磁铁矿晶体的负偏斜尺寸分布特征，与其在磁小体囊泡这个相对封闭的体系中合成并受到细胞基因水平的精确调控有关。然而，不同种类的趋磁细菌可能存在不同的调控机制，造成磁小体尺寸、形状、晶型，甚至成分上的差异（Liu et al.，2022a）。

3.2　磁铁矿磁小体晶体的生长模式

值得注意的是，前人对磁小体生物矿化的认识主要围绕来自实验室几株可培养趋磁细菌展开，这些细菌（包括 MS-1、MSR-1、AMB-1、MMS-1、MC-1、MV-1 和 MV-2 等）均属于变形菌门，在细胞内合成一条磁小体链。因此，需要建立不依赖纯培养的研究方法，系统开展环境未培养趋磁细菌的研究，有助于全面认识趋磁细菌磁小体晶体生长模式及其生物矿化机制。最近，我们建立了一种“荧光-电子显微镜联用”新技术（FISH-SEM 和 FISH-TEM），采用基因扩增和测序技术获得自然环境中未培养趋磁细菌的 16S rRNA 基因序列，并根据每条 rRNA 基因序列的保守性和可变性，设计其特异性、带荧光标记的寡核苷酸链探针，借助荧光原位杂交技术（FISH）和荧光显微镜观察，可以将含有该条 rRNA 基因序列的微生物标注出来，然后再利用扫描电镜或透射电镜，对这些被特异性荧光探针标记的趋磁细菌在纳米尺度上进行细胞形貌、磁小体形状和磁小体链结构的综合分析，从而将趋磁细菌种类鉴定的荧光显微镜观测信号与磁小体结构观测的电子显微镜观测信号结合起来，在单细胞水平实现未培养趋磁细菌的种类鉴定和生物矿化研究（图 3.3）（Li J et al.，2017）。

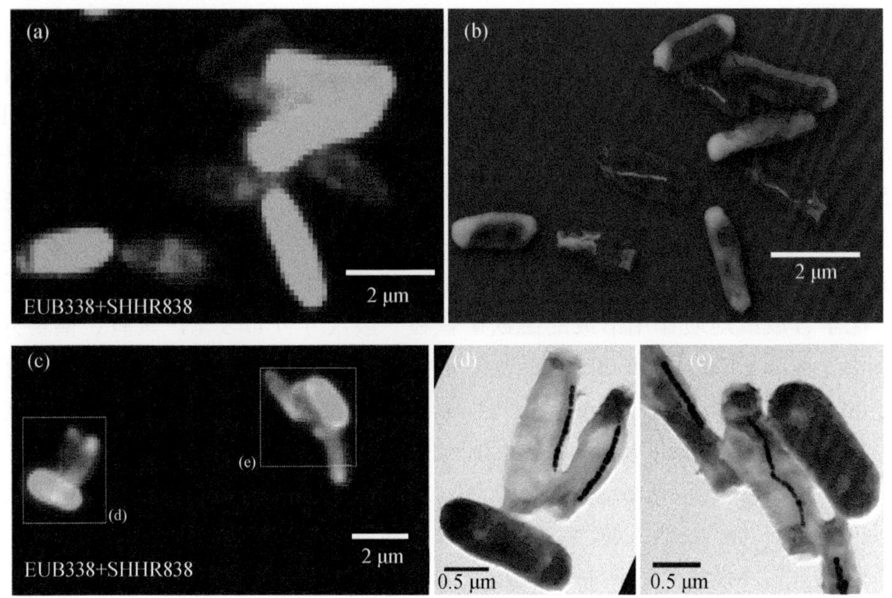

图 3.3　应用荧光-电子显微镜联用技术在单细胞水平上鉴定未培养趋磁细菌

(a) 荧光显微镜照片；(b) 图 (a) 同一区域的扫描电镜照片；(c) 荧光显微镜照片；(d) 和 (e) 图 (c) 中两个区域的透射电镜照片。图中，红色且细胞内含有磁小体链的细胞为趋磁杆菌 SHHR-1，绿色且细胞内不含磁小体链的是大肠杆菌（加入到实验中作为对照）。细胞经细菌通用寡核苷酸探针 EUB338（荧光染料 FAM 标记，激发波长 465～495 nm，发射波长 515～555 nm，发绿光）和趋磁杆菌 SHHR-1 特异性寡核苷酸探针 SHHR838（荧光染料 cy3 标记，激发波长 510～560 nm，发射波长 590 nm，发红光）原位杂交后，通过荧光显微镜下观察荧光信号，从而确定细菌种类（同时能被 EUB338 和 SHHR838 杂交而显色的位 SHHR-1，只能被 EUB338 杂交而显色的是大肠杆菌）。对经过荧光原位杂交和荧光显微镜观测后的样品进行扫描电镜（b）和透射电镜［(d)(e)］关联分析，从而获得不同细胞的结构特征（磁小体形貌和结构等）

完成未培养趋磁细菌的形貌学和系统发育鉴定后，就可以利用多种显微学和显微谱学对单个细胞开展从微纳尺度到原子水平系统研究（Li et al., 2022）。其中，透射电子显微学是未培养趋磁细菌生物矿化研究最常用的技术之一，采用电子束作光源，电磁场作透镜，其放大倍数可达百万倍，空间分辨率可达 0.1 nm 以上，电子束的能力分辨率高于 0.1 eV。从功能上讲，装配场发射源的透射电镜更具拓展性，通常可同时装配扫描透射电镜系统、高角环形暗场探测器、X 射线能量色散谱仪（energy-dispersive X-ray spectroscopy，EDXS）、电子能量损失谱仪（electron energy loss spectroscopy，EELS）、能量过滤器（energy filter TEM，EFTEM）和电子全息（electron holography，EH）等多个附件。采用这种高性能场发射透射电镜，可以同时对不同种类的趋磁细菌在单细胞水平上开展微纳尺度到原子水平的“形貌观察、矿物相和晶体结构鉴定、原子成像、化学成分探测（包括单原子的 EDXS 和 EELS 分析）和微磁结构观测”等综合研究（李金华和潘永信，2015）。

应用荧光-电子显微镜联用技术，对我国境内的几个代表性淡水和近海环境中的趋磁细菌开展了初步研究，目前已经在系统发育学和形貌学上鉴定了 60 余种新的趋磁细菌新菌种或新菌株（Li J et al.，2017，2019，2021；Li et al.，2022；Zhang et al.，2017a；Liu et al.，2021a，2021b，2022a，2022b）。鉴定了这些环境中未培养趋磁细菌后，我们综合先进的电子显微学和同步辐射技术，对代表性的菌种和菌株开展从微纳米尺寸到原子水平的综合研究，建立它们的晶体模型，并与细菌的生物学种类进行偶联分析，揭示出磁小体的形貌和结构特征与趋磁细菌的种类存在一定程度的对应关系，发现了子弹头形磁小体的多样性及其独特的多阶段晶体生长模式（Li J et al.，2015；Li et al.，2020d；Liu et al.，2021b）。

趋磁球菌是最早被发现的趋磁细菌，也是自然环境中分布范围最广、数目最多的趋磁细菌，但对这类细菌的认识却是不清楚的。主要原因在于：①由于其培养条件十分苛刻，目前能够纯培养的趋磁球菌只有三株，分别是 *Magnetococcus marinus* strain MC-1，strain MO-1 和 *Magnetofaba australis* strain IT-1，均为海洋单链趋磁球菌；②尽管前人对环境趋磁细菌的研究中获得了大量的疑似趋磁球菌 16S rDNA 序列，但是由于不同种类的趋磁球菌形貌极其相似，用传统的荧光原位杂交技术难以将它们的系统发育信息和细胞、磁小体形貌结构等特征对应，从而限制了对这类细菌生物矿化机制的深入认识；③由于纯培养和成功鉴定的趋磁球菌种类相对较少，对这类细菌的系统发育分类存在争议。因此，我们首先对来自北京密云水库、西安未央湖、天津于桥水库、秦皇岛石河入海口以及大连夏家河等淡水、海水以及半咸水环境的沉积物中的趋磁球菌进行生物和矿物多样性鉴定，在单细胞水平上鉴定了 20 种趋磁球菌（图 3.4）。

系统发育分析结果显示，所有的趋磁球菌的 16S rRNA 基因序列都聚类在变形菌门一个独立的分支上。这支持了前人的观点，即趋磁球菌应独立为变形菌门当中一个新的纲——η-变形菌纲。电子显微学分析结果表明，趋磁球菌均为直径约 1.0 μm 至约 2.5 μm 的球形或卵球形细胞。趋磁球菌的磁小体链结构分为四类，分别为单链、双链、四链和非直链排列。磁小体的形貌有八面体形、立方八面体形和拉长的棱柱形。大多数趋磁球菌能合成 10 个左右的磁小体，但部分菌株，如 DMHC-6 和 WYHC-2，能合成几十个到上百个的磁小体。磁小体的平均长度为 60～114 nm，平均宽度为 36～86 nm。基于磁小体链结构、数目、宽度和宽长比数据，进行了非度量多维尺度分析（nonmetric multidimensional scaling，nMDS）。结果显示，代表同种趋磁球菌的磁小体形态学数据的点聚在一起，代表不同种趋磁细菌磁小体数据的点彼此远离。这说明趋磁球菌的生物学种类和磁小体形貌结构特征是一一对应的，即生物矿化产生的磁小体具有一定程度的菌种或菌株特异性（图 3.5）。

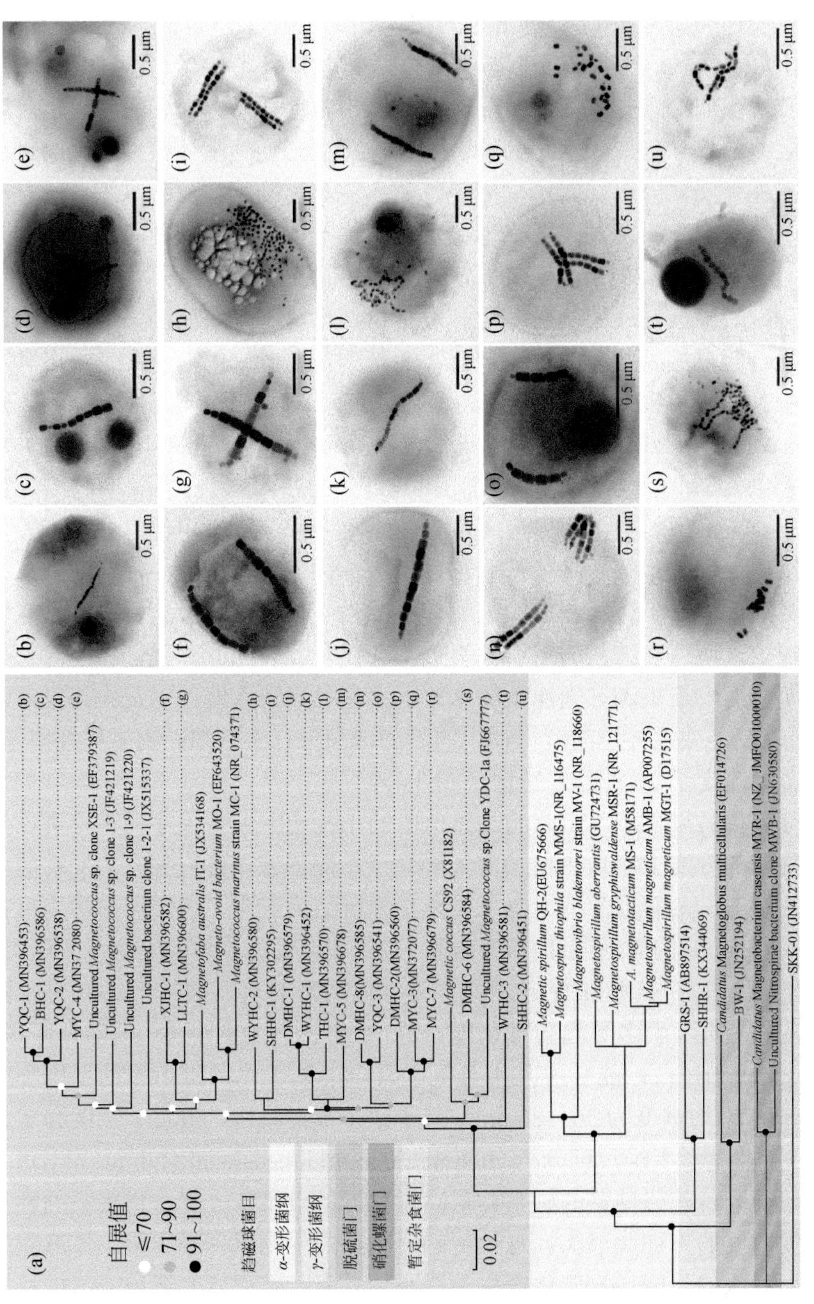

图3.4　趋磁球菌系统发育及其磁小体链结构多样性（Liu et al.，2021a）

(a)基于16S rRNA基因序列的趋磁细菌系统发育进化树；（b）～（u）20株趋磁球菌的细胞形貌及磁小体链结构

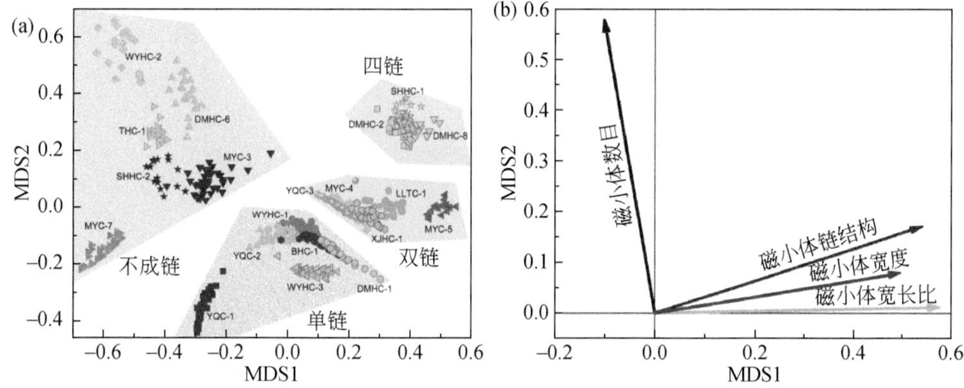

图 3.5　部分趋磁球菌磁小体形貌与种类的关系

（a）趋磁球菌磁小体形貌特征的 nMDS 聚类分析结果，同一种趋磁细菌单个细胞的数据聚在一起，而同一链构型的趋磁细菌的数据聚在一个小区域内；（b）Envfit 分析结果显示图（a）的 MDS1 坐标轴代表了链结构、磁小体宽度和宽长比，MDS2 坐标轴代表了磁小体数目

尽管研究者将脱硫菌门和硝化螺旋菌门趋磁细菌合成的磁铁矿晶体统称为子弹头形磁小体，然而二者晶型和晶体生长过程不同，表明它们具有独特的晶体生长过程或机制。过去 10 年，我们综合利用各种先进的透射电镜技术（包括 HRTEM、HAADF-STEM-EDXS、Cs-HAADF-STEM、HAADF-STEM 三维重构等），对北京密云水库未培养趋磁杆菌 MYR-1 和陕西西安未央湖的趋磁杆菌 WYHR-1 开展系统对比研究（图 3.6）。结果表明，MYR-1 属于硝化螺旋菌门趋磁细菌，能在细胞内合成近千个子弹头形磁小体，被组装成 3～5 束磁小体链，沿细胞长轴平行分布。除了磁铁矿磁小体，MYR-1 通常能在细胞内沉淀大量的单质硫颗粒。系统进化分析表明，该菌属于硝化螺旋菌门磁杆菌属，与早期在德国巴伐利亚州基姆湖（Chiemsee）中发现的趋磁大杆菌 *Magnetobacterium bavaricum* 高度相似（16S rRNA 相似度达到 97.8%）（Li J et al.，2010；Li et al.，2020a）。综合利用多种先进的电子显微学和显微谱学技术，对 MYR-1 的细胞形态、结构和化学组成，及其子弹头形磁小体晶体生长规律的研究，揭示了子弹头形磁小体的“多阶段晶体生长”规律：初始各向同性生长，形成立方-八面体磁铁矿（<约 40 nm），然后各向异性生长，颗粒先沿［112］或［114］（少数沿［111］）方向拉长，生长到一定尺寸（约 60～80 nm）后，晶体更换拉长方向，统一沿［001］方向继续拉伸，最终形成高度拉长和不同程度弯曲的磁铁矿晶体。整个生长过程中，颗粒在其底端保留一个发育完好的{111}面，该{111}面由八面体和四面体的铁原子混合构成。与纯粹由八面体铁原子构成的{111}面相比较，八面体与四面体位铁原子混合组成的{111}面不仅能量最低（稳定结构），且能提供更大的 Fe-Fe 原子空间矩，有利于

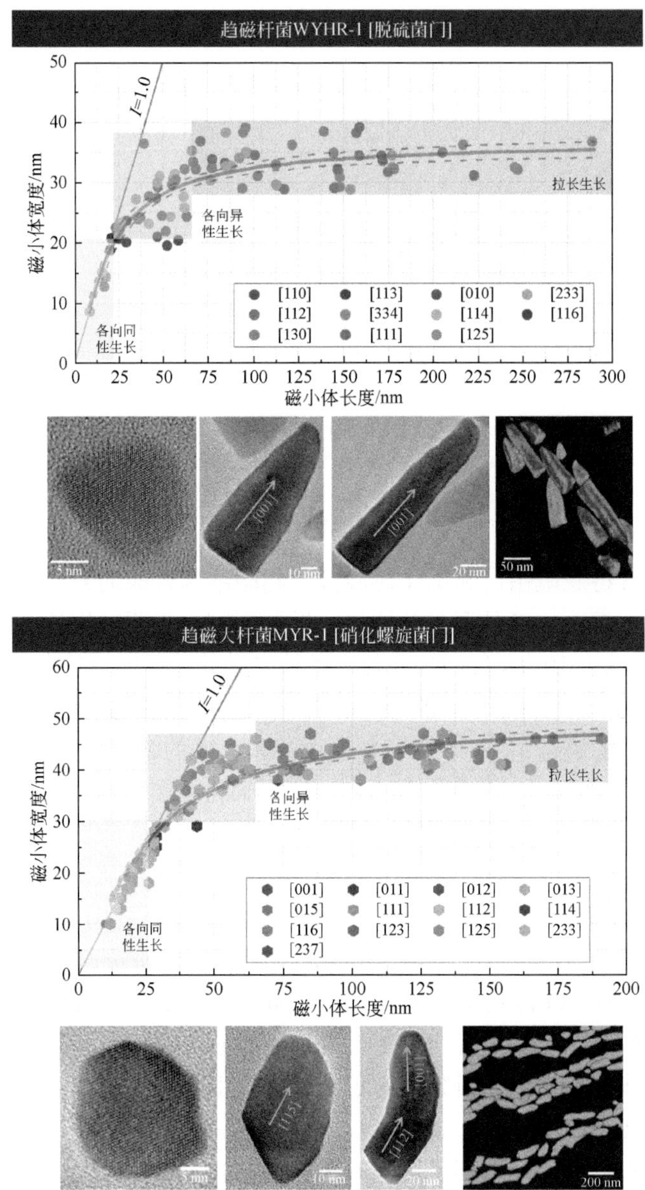

图 3.6 基于高分辨透射电子显微镜分析的子弹头形磁小体磁铁矿的晶体生长

脱硫菌门趋磁杆菌 WYHR-1 和硝化螺旋菌门趋磁杆菌 MYR-1 的磁小体磁铁矿均具有“多阶段晶体生长”模式，然而二者的晶体生长过程明显不同，最终分别形成直的子弹头形和弯曲的子弹头形磁小体。所有磁小体晶体的长度和宽度数据来自单个颗粒沿某一特定晶带轴的高分辨透射电镜图像，磁小体晶体的晶型通过近百个不同颗粒磁小体晶体的二维高分辨透射电镜图像和三维高角环形暗场扫描透射电子显微镜图像的综合分析而确定（Li J et al.，2015；Li et al.，2020d）

磁小体膜蛋白的识别与结合。基于这些发现，我们提出硝化螺旋菌门趋磁细菌子弹头形磁铁矿的生物矿化概念模型：磁小体膜上一些特殊的蛋白质可能识别磁铁矿的{111}面，其功能基团（推测为酸性氨基酸的羧基）能与该面上的 Fe^{3+}结合，作为生长基面，从而控制磁铁矿晶体成核和生长；颗粒生长初期，尺寸较小，受磁小体膜空间限制较小，容易进行各向同性生长，形成立方-八面体磁铁矿；随着颗粒尺寸增大，磁小体膜对晶体生长的约束加强，Fe 离子运输通道（蛋白质）在磁小体膜上的不对称分布（如分布在磁小体膜顶端）可能造成颗粒的单方向拉长生长（Li J et al.，2015）。

WYHR-1 属于脱硫菌门趋磁细菌，它合成的子弹头形磁小体也具有典型的“多阶段晶体生长”模式，然而其生长模式与 MYR-1 的磁小体明显不同。具体而言，WYHR-1 磁小体初始各向同性生长到约 20～22 nm 时，开始各向异性生长（长度增加速度大于宽度增加速度）到长度约 75 nm 和宽度约 35 nm 后，颗粒宽度基本保持不变，长度增加到约 150～180 nm，个别颗粒（约 1.1%）长度可达约 280 nm。而且，WYHR-1 磁小体在初始生长阶段，无明显晶型，各向异性生长时，始终沿［001］方向拉长生长。成熟的 WYHR-1 磁小体具有标准的子弹头形，颗粒底部相对平整，为一个较大的{100}面，颗粒侧面圆柱形，顶部圆锥形，少数颗粒顶端残留一个小的{100}面。对整个磁小体链进行 HAADF-STEM 三维重构和 STEM 旋进电子衍射（ASTAR）分析，结果表明 WYHR-1 磁小体链束大致由 2～3 条磁小体链紧密排列构成，单个颗粒均沿［001］方向排列成链（Li et al.，2020d）。

将这些研究结果与我们以及其他课题组的研究综合对比发现，变形菌门趋磁细菌只能合成八面体（{111}面构成）、立方八面体（{111}+{100}面构成）和拉长棱柱形（{111}+{110}+{100}面构成）磁铁矿磁小体，颗粒沿磁铁矿的［111］晶体方向拉长和排列成链。脱硫菌门趋磁细菌合成的磁铁矿磁小体一般为直的拉长形，其底端通常保留一个稍微拉长的半截八面体或者为一平整的{100}面。与脱硫菌门趋磁细菌通常合成直的子弹头形磁小体不同，硝化螺旋菌门趋磁细菌合成的磁小体呈现高度不对称形状，高度拉长而且弯曲，其底端通常保留一个平整的{111}面（图 3.7）。从拉长方向上看，子弹头形磁小体也多样，除常见的［001］方向拉长外，还有［111］和［110］等方向的拉长，甚至有［112］和［114］拉长方向的报道。基于此，我们提出，磁小体的生物矿化模式（至少从晶体生长方面）具有多样性，然而其晶体生长过程在基因层面上受趋磁细菌类群或菌种/菌株的严格调控，其晶型因而具有门类或种属特异性。这些观测发现为未来通过沉积物或岩石中磁小体来追溯古趋磁细菌的生物学信息提供了一定的理论依据。

磁小体合成是一个多基因和蛋白质参与调控的矿化过程。得益于趋磁细菌分子生物学的快速发展和多种先进物理技术的成功应用，人们在磁小体生物矿化和

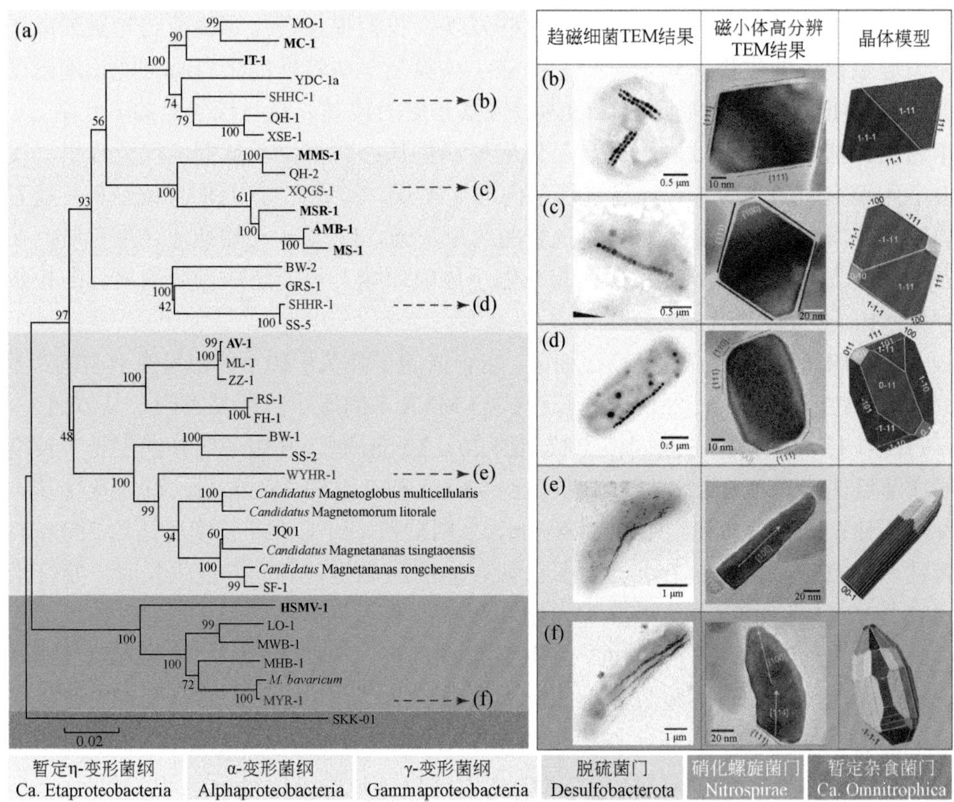

图 3.7　趋磁细菌磁小体多样性及其与细菌门类之间的相关性

α-变形菌纲趋磁螺菌 XQGS-1 发现于西安兴庆宫湖泊沉积物中，合成等轴形状的截角八面体磁铁矿晶体（Liu et al.，2021a）；γ-变形菌纲趋磁杆菌 SHHR-1 发现于河北秦皇岛石河入海口沉积物中，合成拉长棱柱形磁铁矿晶体（Li J et al.，2017）；暂定分类单元的η-变形菌纲趋磁球菌 SHHC-1 发现于河北秦皇岛石河入海口沉积物中，合成稍微拉长的八面体形磁铁矿晶体（Zhang et al.，2017a）；脱硫菌门趋磁杆菌 WYHR-1 发现于陕西西安未央湖沉积物中，合成直的子弹头形磁铁矿晶体（Li J et al.，2019；Li et al.，2020d）；硝化螺旋菌门趋磁杆菌 MYR-1 发现于北京密云水库沉积物中，合成弯曲的子弹头形磁铁矿晶体（Li J et al.，2010；Li J et al.，2015）

磁小体链组装的分子机理研究方面取得了一系列重要进展。相对于分子机理研究，人们对磁小体合成的过程，如磁铁矿合成和磁小体链组装动态过程研究较少。2006 年，德国研究小组通过对趋磁螺菌 MSR-1 的研究，提出磁小体链组装的“滑动成链模型”。该模型认为，在趋磁细菌 MSR-1 中，磁小体囊泡在细胞内多个位点由细胞质内膜内陷形成后，随着囊泡内磁铁矿晶体的生长，磁小体从细胞质内膜上脱落并沿细胞骨架纤丝向细胞中央滑动，最终在细胞中央形成一条紧密排列的磁小体直链（Scheffel et al.，2006）。同年，美国研究小组对同属的趋磁螺菌 AMB-1 的研究则显示，在整个 AMB-1 磁小体的合成过程中，磁小体膜的内陷结构并不脱落，可能与细胞质内膜永久性相连（Komeili et al.，2006）。由于当时缺乏对磁小体链组装动态过程的详细研究，目前还不清楚这两种磁小体链组装模式是由于培养条件还是菌种的差异而造成。

此外，在稍早期的研究中，不同研究团队采用 X 射线衍射（X-ray diffraction，XRD）、穆斯堡尔谱（Mössbauer spectroscopy）和透射电镜等技术研究发现，与化学合成或者铁还原细菌细胞外诱导合成的磁铁矿相比，趋磁细菌合成的磁铁矿一般具有更高的结晶度和化学纯度。然而，对趋磁细菌磁铁矿是否具有标准的化学计量（stoichiometry），曾长期存在争议（Li et al.，2013a）。磁小体是趋磁细菌响应地磁场（趋磁性）的物理基础，磁铁矿的标准化学计量组成能有助于实现其晶格中单位铁原子的磁矩最大化。因此，传统观点认为，长期的自然选择和严格的生物控制矿化作用提供两大驱动力，造成趋磁细菌磁铁矿具有高的结晶度和化学纯度。然而，近年来的研究表明，趋磁细菌磁铁矿可能并不纯或可以不纯，细胞的生长环境（如培养基组成、铁源及其吸收速率、氧浓度等环境因子）能从不同程度上影响磁小体的合成过程、数目、尺寸和磁学性质，甚至影响磁铁矿的晶体化学组成（Li and Pan，2012；Li et al.，2016）。

我们以可培养趋磁螺菌 AMB-1 为对象，综合透射电子显微镜、微生物学和岩石磁学等技术，详细观测了 AMB-1 磁小体的合成及其链组装过程（Li et al.，2009；李金华等，2009）。结果表明：①在微好氧培养条件下，磁小体在细胞生长的指数期和稳定期合成，但磁小体数目和尺寸的增大主要发生在指数期。②磁小体在细胞内沿细胞长轴的多个位点同时开始合成，相邻磁小体逐渐被组装成 3～5 个磁小体短链，新生磁小体一般位于短链的末端，最终形成一条片段化的直链，沿细胞长轴排列。整个合成过程中，磁小体沿细胞长轴方向呈直线排列，短链之间距离较大（约 200～300 nm），短链内相邻磁小体间的中心距几乎不变（约 56～63 nm）。③随着磁小体数目和尺寸的逐渐增加，以及磁小体链的逐步完善，磁小体磁铁矿由超顺磁状态转变成稳定的单磁畴状态，威尔威（Verwey）转变温度和矫顽力升高。④细胞间和磁小体链间的静磁相互作用弱，而短链内沿磁小体链方向具有强的静磁相互作用，每个磁小体短链近似等同于一个理想的拉长单磁畴颗粒，具有强的单轴各向异性能。

3.3　氧气、钴离子和盐度等环境因子对磁小体矿化的影响

磁小体的合成和链组装过程受到趋磁细菌在基因和蛋白质水平的严格调控，

环境因子能否影响或调控磁小体的生物矿化过程？不同环境因子对磁小体的理化性质和晶体结构有什么影响？弄清这些问题，既是深入和全面认识磁小体生物矿化过程和机制的关键所在，又能为利用磁小体化石记录开展古地磁学、古环境学和古微生物学研究提供理论依据，同时也是利用趋磁细菌系统开展生物仿生制备功能化磁性纳米颗粒的关键所在。为此，我们首先研究了趋磁螺菌 AMB-1 磁小体的合成过程及其与环境因子（氧浓度）之间的关系（Li and Pan，2012）。研究结果显示：①在厌氧静止（ANS）、有氧静止（AS）、有氧振荡 80 rpm（A80）和有氧振荡 120 rpm（A120）四种生长条件下，随着培养过程中供氧增强和振荡加剧，磁小体的数目和尺寸减小，颗粒由拉长形和截角钝圆趋向立方形和截角尖锐，孪晶磁小体出现频率由约 20.2%升高到约 51.6%；②细胞的磁学性质包括矫顽力（B_c）、剩磁矫顽力（B_{cr}）、剩磁比（M_{rs}/M_s）和 Verwey 转变温度（T_v）逐渐降低，分别由 ANS 培养的 22.0 mT、31.3 mT、0.45 和 108 K 降低到 A120 培养的 5.2 mT、9.3 mT、0.31 和 98 K；③四种生长条件下，AMB-1 均合成截角八面体形（truncated octahedron）磁铁矿，表明磁小体的矿物相和晶型可能具有菌种或菌株特异性，受细胞基因水平的严格调控。环境因子（如氧气）能显著影响磁小体的形貌和尺寸等物理性质、结晶度和化学计量纯度等晶体化学性质，以及细胞的磁学性质；环境氧浓度增加导致趋磁细菌 AMB-1 合成“不纯（非标准化学计量比）”的磁铁矿。

低温下的 Verwey 转变是磁铁矿最重要的特征之一，被广泛用来探测和研究自然样品、化学合成样品或生物样品中磁铁矿的存在及其晶体化学组成（Walz，2002）。化学合成的具有标准化学计量组成的磁铁矿的 Verwey 转变温度（T_v）为约 122～125 K，磁铁矿晶格中结构缺陷（如错位）和纯度降低（如氧化、空位或铁原子被其他金属离子替代）均能造成样品的 T_v 降低和低温磁学测量曲线上 Verwey 转变信号加宽变浅（Muxworthy and McClelland，2000）。研究发现，趋磁细菌磁铁矿具有显著降低的 T_v，大多为 100～110 K（Moskowitz et al.，1993；Li et al.，2009，2016，2020c；Li J et al.，2010；Zhu K et al.，2010；Li and Pan，2012；Lin and Pan，2009；Pan et al.，2005b）。因此，我们提出，降低的 T_v 值可能是趋磁细菌磁铁矿的内禀性特征，指示其具有非标准的化学计量组成（Pan et al.，2005b；Li et al.，2009b）。

X 射线磁圆二色技术（X-ray magnetic circular dichroism，XMCD）已被成功用来研究趋磁细菌磁铁矿的晶体化学组成和纯度。XMCD 是 20 世纪 90 年代发展起来的一种同步辐射磁测量技术，具有元素分辨和化学键选择等优点，不仅能定量分析不同价态铁原子在磁铁矿晶格八面体位和四面体位上的比例，获得磁铁矿的晶体化学计量组成，同时能定性和定量测量其他金属原子（如果存在替代）在磁铁矿晶格中的价态和占位，还可以获得特定磁性原子的平均轨道磁矩和自旋磁矩（Coker et al.，2007）。Coker 等（2007）首次采用 XMCD 技术对比研究了化学合成和地质作用形成的磁铁矿与生物成因磁铁矿的晶体化学组成，结果表明，化学合成和地质作用形成的磁铁矿通常存在明显的阳离子缺失，其晶体化学组成介于标准磁铁矿（Fe_3O_4）与磁赤铁矿（γ-Fe_2O_3）之间。铁还原细菌在细胞外诱导合成的磁铁矿的晶体化学组成与菌种及合成方法有关，但均呈现不同程度的氧缺位或 Fe^{2+}过剩。相比较而言，趋磁螺菌 MSR-1 合成的磁铁矿的晶体化学组成与标准磁铁矿最接近。通过改变培养基中［Fe^{3+}］与［Co^{2+}］的比例，英国学者 Stanliland 等（2008）尝试将 Co 掺入到趋磁细菌磁铁矿的晶格中，发现培养基中 Co^{2+}的增加，可以造成磁铁矿晶格中八面体位上 Fe^{2+}的相对含量的减少，原子吸收和同步辐射 X 射线吸收（X-ray absorption spectroscopy，XAS）均从磁小体中检测到 Co 的存在，岩石磁学测量也发现培养基中 Co^{2+}的添加能提高磁小体的矫顽力。然而，由于缺乏系统的 XMCD 研究（尤其是 Co $L_{2,3}$ 吸收边），目前对 Co 在磁铁矿晶格中的赋存状态及其掺入机制仍不清楚。

为了进一步研究培养基成分对磁小体生物矿化的影响，我们综合采用微生物学、磁学、同步辐射和透射电子显微学等技术，对 AMB-1 磁小体磁铁矿的钴掺杂精细结构及其钴掺杂效应进行了系统研究。结果显示：①初始培养基中添加微量的钴能促进 AMB-1 细胞的生长和磁小体的合成，磁小体的数目和尺寸从缺钴［Co(0)，Co^{2+}浓度 0 μmol］培养的 17 个和 26.8 nm，增加到微量钴［Co(2.1)，Co^{2+}浓度 2.1 μmol］培养的 21 个和 38.2 nm，到富钴［Co(12.1)，Co^{2+}浓度 12.1 μmol］培养的 19 个和 40.3 nm （图 3.8）；②钴的添加能显著改变磁小体磁性，与 Co(0)相比，Co(2.1)和 Co(12.1)在常温和低温下的矫顽力（B_c）显著增大，从 300 K 的 14.4 mT 分别增大到 27.0 mT［Co(2.1)］和 34.3 mT［Co(12.1)］，以及 5 K 的 74.0 mT 分别增大到 99.4 mT ［Co(2.1)］ 和 275.5 mT ［Co(12.1)］（图 3.9）；③同步辐射 XMCD 研究证实，Co(0)磁小体为纯度较高的磁铁矿，但其八面体位点上的 Fe^{2+}存在一定的空位（或被氧化），八面体位点上的 Fe^{2+}($Fe^{2+}O_h$)：四面体位点上的 Fe^{3+}($Fe^{3+}T_d$)：八面体位点上的 Fe^{3+}($Fe^{3+}O_h$)等于 0.7：1.0：1.2。对于 Co(12.1)磁小体磁铁矿，八面体位点上的 Fe^{2+}进一步减少，($Fe^{2+}O_h$)：$Fe^{3+}T_d$：$Fe^{3+}O_h$ = 0.575：1.00：1.28（图 3.10）；④对 Co(12.1)磁小体的 Fe 和 Co 的 $L_{2,3}$ 吸收边进行同步辐射 XAS 测量发现，该磁小体中含有 Co（含量约为 Fe 的 4%～6%），进一步对 Co 吸收边进行同步辐射 XMCD 测量以及拟合计算，结果证明，Co^{2+}通过替代八面体位点上的 Fe^{2+}而掺入磁小体磁铁矿（图 3.10）；⑤利用同步辐射 XMCD 技术对 Co(0)磁小体的 Fe $L_{2,3}$ 吸收边、Co(12.1)磁小体的 Fe 和 Co 的 $L_{2,3}$ 吸收边开展“元素分辨率”的磁滞回线测量，结果证明 Co^{2+}在磁小体磁铁矿八面体位点上的替代掺入

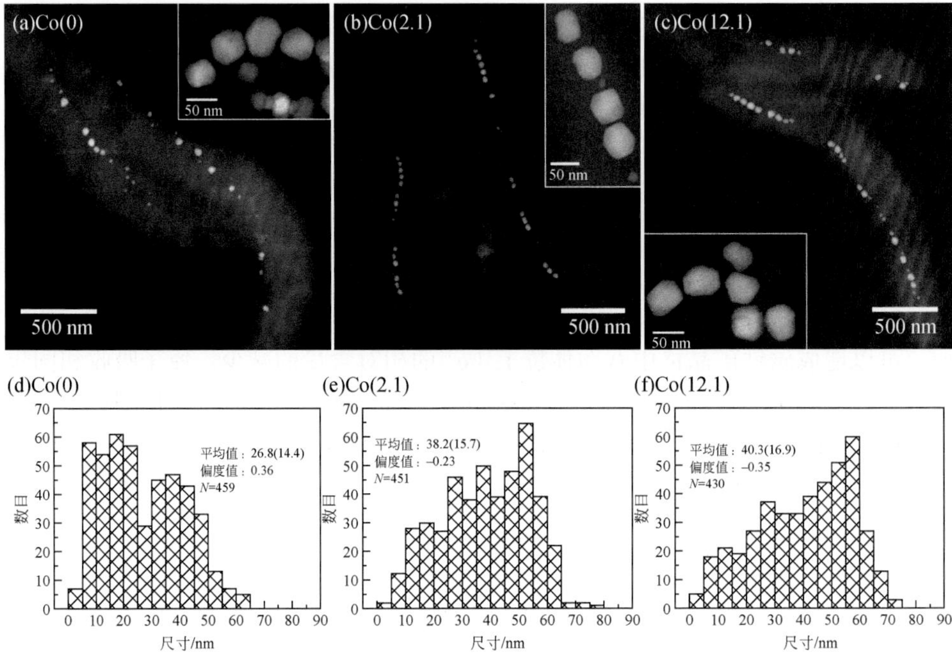

图 3.8　趋磁螺菌 AMB-1 在三种不同［Co^{2+}］培养基中生长及合成磁小体的对比（Li et al.，2016）

（a）～（c）AMB-1 细胞的高角环形暗场扫描透射电镜图像（HAADF-STEM）；（d）～（f）AMB-1 磁小体尺寸分布的直方图。培养基 Co^{2+} 浓度：（a）和（d）0 μmol，（b）和（e）2.1 μmol，（c）和（f）12.1 μmol/L

能显著增强磁小体的矫顽力。Co(12.1) 磁小体中 Fe 和 Co 元素的 XMCD 磁滞效应差异可能表明，Co 在同一个磁小体颗粒中掺杂存在不均一性，相对于颗粒内部，表面可能含有更多的 Co，从而使磁小体的磁晶各向异性显著增强。利用透射电镜-电子色散 X 射线能谱（TEM-EDX）对同一个细菌内不同磁小体进行分析进一步证实，这种 Co 掺杂的不均一还存在于磁小体颗粒与颗粒之间（Li et al.，2016）。这项研究首次提供了证据，证明环境因子（如 Co 含量）的改变可以造成趋磁螺菌 AMB-1 合成“不纯”的磁铁矿，并澄清了钴元素在磁小体磁铁矿晶体的原子占位、化学价态及其磁学效应，对磁小体的磁性改良及开展其在纳米生物医学中的应用奠定了基础。

环境对趋磁细菌矿化是否也具有影响？我们分别从河北秦皇岛石河入海口（盐度 22.9‰）和辽宁大连的复州盐场（盐度 38.4‰）的沉积物中发现两株趋磁杆菌 SHHR-1 和 FZSR-2（Li J et al.，2017；Liu et al.，2022a）。从系统进化上，这两株菌都属于γ-变形菌纲的趋磁细菌，SHHR-1 也是在中国境内发现的第一株

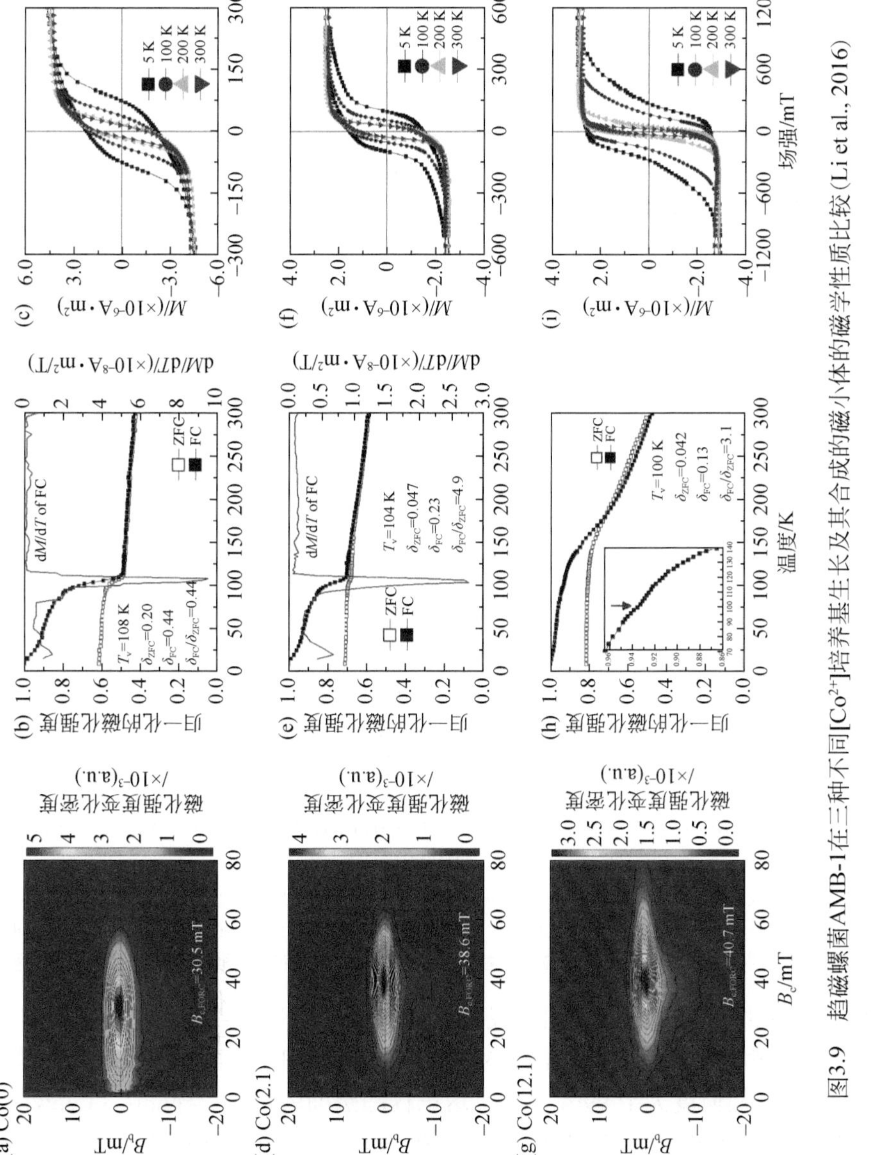

图3.9　趋磁螺菌AMB-1在三种不同[Co^{2+}]培养基生长及其合成的磁小体的磁学性质比较（Li et al., 2016）

第一列是全细胞样品的一阶反转曲线图(FORC图)，第二列是全细胞样品的低温磁性测量曲线，第三列是全细胞样品在不同温度下测量获得的磁滞回线。培养基中Co^{2+}浓度：(a)～(c) 0 μM，(d)～(f) 2.1 μM，(g)～(i) 12.1 μM

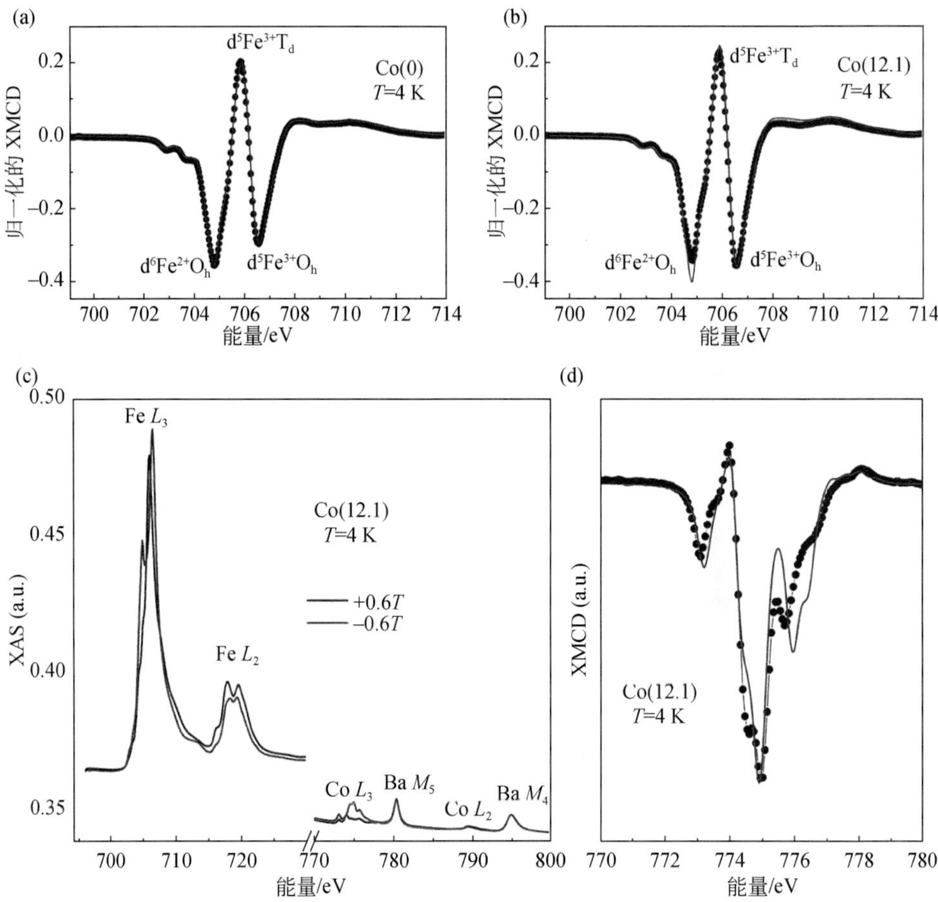

图 3.10　趋磁螺菌 AMB-1 在缺钴 Co(0)（a）和富钴 Co(12.1)［(b)～(d)］培养条件下合成的磁小体的晶体化学组成（Li et al.，2016）

（a）和（b）Fe $L_{2,3}$ 吸收边的同步辐射 X 射线磁圆二色测量（黑色圆点）和理论拟合（红色线）结果；（c）AMB-1 富钴培养合成磁小体的同步辐射 X 射线吸收谱，红色和黑色分别代表左旋和右旋近边 X 射线吸收精细结构；（d）AMB-1 富钴培养合成磁小体的 Co L_3 吸收边的同步辐射 X 射线磁圆二色测量（黑色圆点）和理论拟合（红色线）结果

γ-变形菌纲趋磁细菌。通过对比研究发现，SHHR-1 和 FZSR-2 与早期美国一个研究小组在美国黄石公园的盐湖（盐度 52‰）中发现的细趋磁菌 SS-5 的 16S rRNA 基因序列相同（相似度大于 99%），指示这三株趋磁细菌为同一种细菌（Lefèvre et al.，2012a；Li J et al.，2017；Liu et al.，2022a）。透射电镜研究显示，这三株趋磁细菌具有相似的形貌和化学特征。例如，细胞为杆状，能在细胞内合成磁铁矿型磁小体，成一条单链排列。除了磁小体外，它们的细胞通常能在细胞内合成几个大小为几十到几百纳米的富硫和多聚偏磷酸颗粒，指示该细菌同时参与环境中 Fe、S 和 P 等元素的地球化学循环。系统的高分辨透射电子显微镜（HRTEM）观

测以及晶体结构计算机模拟表明，这三种趋磁细菌合成的磁小体均为拉长的棱柱形，其晶体是由 6 个大的{110}侧面和两端各一个大的{111}顶面，以及 6 个小的{111}和 6 个小的{100}截面构成的棱柱体。然而，对磁小体的尺寸进行统计分析则表明，三株趋磁细菌合成的磁小体磁铁矿的尺寸（长度和宽度）与它们生长环境的盐度成线性相关，盐度越高，尺寸越大。然而，磁小体的长宽比则保持不变（图 3.11）。这说明，趋磁细菌生长环境中的盐度能影响磁小体的尺寸，并不影响

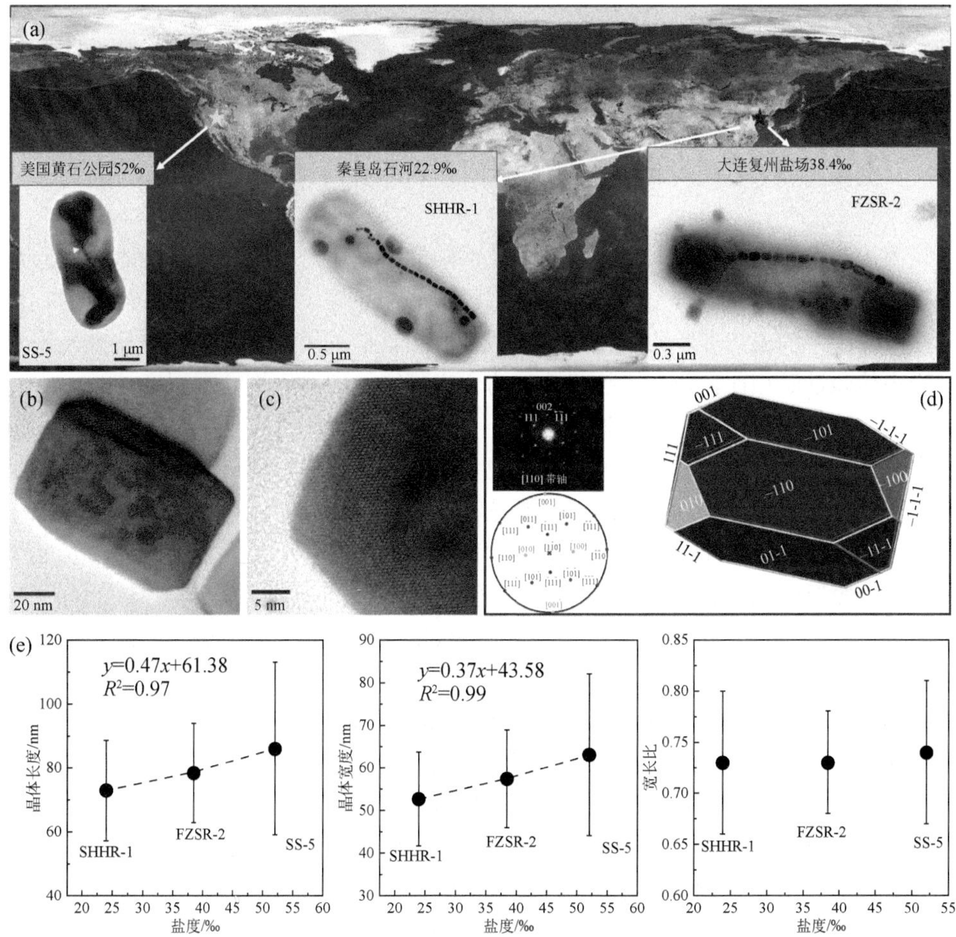

图 3.11　趋磁细菌生物矿化与盐度的相关性

（a）SHHR-1（Li J et al.，2017）、FZSR-2（Liu et al.，2022a）和 SS-5（Lefèvre et al.，2012a）属于γ-变形菌纲的同一种趋磁细菌，从不同盐度的沉积物环境中发现；（b）FZSR-2 磁小体沿磁铁矿晶体的［1$\bar{1}$0］方向拍摄的高分辨透射电镜图像；（c）图（b）中磁小体颗粒左下角的局部放大高分辨透射电镜图像显示磁铁矿的晶格结构；（d）图（c）的快速傅里叶转换图（FFT）和 FZSR-2 磁小体的理想晶体结构模型；（e）趋磁杆菌 SHHR-1、FZSR-2 和 SS-5 磁小体长度、宽度和宽长比与盐度的关系

磁小体的形状和晶型（Liu et al.，2022a）。目前，盐度影响磁小体生物矿化的作用机制仍不清楚。

综合以上研究说明，磁小体的生物矿化模式（至少从晶体生长方面）具有多样性，环境因子（如氧气、Co 浓度和盐度等）能显著影响磁小体的生长过程及磁小体的物理和化学性质，然而其晶体学特性（如晶型）则在基因层面上受趋磁细菌类群或菌种/菌株的严格调控，且具有特异性。因此，在未来的研究中，可以通过分析沉积物中的磁小体化石的形貌特征及其相应的磁性性质，获得古趋磁细菌类群或种类及其生态学信息，从而开展古地磁学、古环境学和古微生物学研究工作（Li et al.，2020d；Liu et al.，2021b）。

3.4 胶黄铁矿磁小体的晶体结构及化学特征

由于缺乏可培养菌株，对磁小体胶黄铁矿的研究相对较少，对其晶体学、晶体化学和磁学方面的认识非常不足。匈牙利学者 Pósfai 等（1998）对来自美国三个不同盐池环境中的未培养趋磁细菌及其合成的胶黄铁矿的透射电子显微学研究发现，与磁小体磁铁矿相比，磁小体胶黄铁矿的合成可能受到的生物控制程度较低，其结晶度低、形状多变且不规则，通常含有不同浓度的 Cu。而且，在这些趋磁细菌细胞中，通常还存在一些非磁性的铁硫矿物，如四方硫铁矿（tetragonal FeS）和立方硫铁矿（sphalerite-type cubic FeS），可能是胶黄铁矿的合成前体（Pósfai et al.，1998）。

值得提及的是，磁小体矿物相也具有菌种或菌株特异性。总体来讲，α-变形菌纲、γ-变形菌纲和暂定分类单元的η-变形菌纲趋磁细菌，以及硝化螺旋菌门的趋磁细菌通常只能合成磁铁矿磁小体（Li et al.，2020d）。脱硫菌门的趋磁细菌，有的能在细胞内专一合成磁铁矿磁小体（如单细胞趋磁弧菌 RS-1 和趋磁杆菌 WYHR-1）（Li J et al.，2019），有的也能合成胶黄铁矿磁小体，或在同一个细胞内同时合成比例不同的胶黄铁矿和磁铁矿磁小体（Chen A P et al.，2014）。Lefèvre 等（2011c）在实验室实现了第一株胶黄铁矿趋磁细菌的纯培养。我们课题组和中国科学院海洋研究所肖天研究员课题组分别从西安护城河和青岛海域发现了大量能合成胶黄铁矿的未培养趋磁细菌（Chen A P et al.，2014）。

最近，我们设计了一对特异性的聚合酶链式反应（PCR）引物 390F/1492R，可以选择性地获得自然样品中脱硫菌门趋磁细菌的 16S rRNA 基因序列，再利用荧光-电镜联用技术，实现对自然样品中低丰度的脱硫菌门趋磁细菌的种类鉴定和生物矿化研究。通过新的研究策略，从西安未央湖的沉积物中鉴定了三种新的脱硫菌门趋磁杆菌 WYHR-2、WYHR-3 和 WYHR-4。其中，WYHR-2 能在细胞内合成子弹头形磁铁矿磁小体，沿细胞长轴方向排成一条链束结构。而 WYHR-3 和

WYHR-4 则能在细胞内同时合成子弹头形磁铁矿磁小体和胶黄铁矿磁小体，二者混装成一条疏松的链束，沿细胞长轴方向排列。高分辨透射电镜观测显示，与磁小体磁铁矿通常具有完美的晶型和发育良好的晶面相比，磁小体胶黄铁矿晶型较差，形状多为立方形或拉长的棱柱形，且沿［001］方向拉长和排列成链，这与子弹头形磁小体磁铁矿相似，而与棱柱形磁小体磁铁矿则显然不同（图 3.12）。暗示

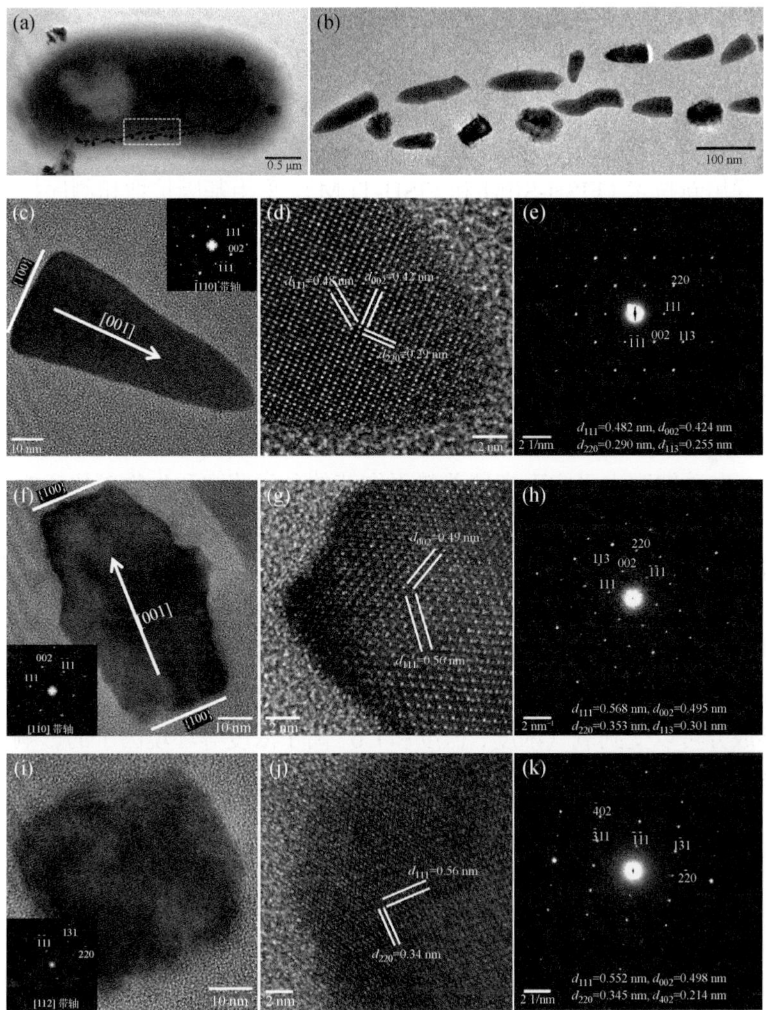

图 3.12　脱硫菌门趋磁细菌 WYHR-3 细胞及磁小体形貌（Li et al.，2022）

WYHR-3 细胞（a）与磁小体链（b）透射电镜图像；（c）～（e）WYHR-3 子弹头形磁铁矿磁小体高分辨透射电镜分析结果；（f）～（k）WYHR-3 胶黄铁矿磁小体高分辨透射电镜分析结果；（c）、（f）和（i）为单个颗粒的高分辨透射电镜图像，右上或左下插图分别代表该颗粒的快速傅里叶转换图；（d）、（g）和（j）分别代表（c）、（f）和（i）颗粒的局部放大图像；（e）、（h）和（k）分别代表（c）、（f）和（i）颗粒的选区电子衍射花样（SAED）及计算得到的晶面间距值

着磁小体胶黄铁矿拉长和排列成链的方向可能由脱硫菌门特有的磁小体基因（如 *mad* 基因）控制。未来，随着更多脱硫菌门新菌种的鉴定，将为进一步深入研究磁小体胶黄铁矿的晶体学和磁学特征提供新的材料。

3.5 本 章 小 结

磁小体磁铁矿晶体的形貌多样，成熟颗粒的二维形貌大致可以分成八面体形、立方-八面体形、拉长的棱柱形、子弹头形、弯曲的子弹头形等。与磁小体磁铁矿相比，磁小体胶黄铁矿的结晶度低、形状多变且不规则。我们建立了一种荧光-电子显微镜联用新技术（FISH-SEM 和 FISH-TEM），采用基因扩增和测序技术获得自然环境中未培养趋磁细菌的 16S rRNA 基因序列，并根据每条 rRNA 基因序列的保守性和可变性，设计其特异性、带荧光标记的寡核苷酸链探针，借助荧光原位杂交技术（FISH）和荧光显微镜观察，可以将含有该条 rRNA 基因序列的微生物标注出来，然后再利用扫描电镜或透射电镜，对这些被特异性荧光探针标记的趋磁细菌在纳米尺度上进行细胞形貌、磁小体形状和磁小体链结构的综合分析，从而将趋磁细菌种类鉴定的荧光显微镜观测信号与磁小体结构观测的电子显微镜观测信号有机结合起来，在单细胞水平实现未培养趋磁细菌的种类鉴定和生物矿化研究。尽管具有复杂的形貌学和系统发育多样性，磁小体晶体的形貌、尺寸、晶型、链组装和化学成分等均受到趋磁细菌基因水平上的严格调控，如子弹头形磁小体的“多阶段晶体生长”规律。趋磁球菌的生物学种类和磁小体形貌结构特征是一一对应的，即生物矿化产生的磁小体具有一定程度的菌种或菌株特异性，因而，对磁小体晶体学特征的研究有助于从无机层面认识趋磁细菌的生物控制矿化机制。磁小体的形貌、尺寸和化学成分可以受到氧气浓度、盐度和 Co^{2+}离子浓度等环境因子的影响，使得化石磁小体的物理特征有成为记录古环境信息的替代性指标的潜力。

（李金华　执笔）

第 4 章　磁小体链的磁学性质

与生物诱导和非生物过程形成的纳米磁铁矿相比，磁小体磁铁矿具有天然生物膜包裹、单磁畴和结晶完美而磁性强、颗粒尺寸和形状分布均一、链状排列而磁各向异性显著等特性（Li et al.，2013a；Kopp and Kirschvink，2008）。这些特性为从古老沉积物或沉积岩中有效识别化石磁小体提供了依据，也是开展磁小体功能化改造和工业应用的基础。本章节主要介绍磁小体链的磁学特征，从物理化学角度探讨磁小体矿化产物的特性。

4.1　磁小体链的微观磁学性质及其生物学意义

理论估算表明，单个磁小体磁矩在地磁场中产生的磁扭力不足以克服热扰动作用而将趋磁细菌细胞完全沿地磁场方向定向（Frankel，1982）。趋磁细菌通过三种策略提高并实现细胞磁矩的最大化，从而提高趋磁效率：①合成单磁畴（single-domain，SD）尺寸磁小体颗粒；②合成拉长形状颗粒；③合成数十个甚至近千个颗粒并组装成链状结构。对于立方或球形磁铁矿单晶颗粒而言，常温下，当颗粒尺寸大于约 100 nm 时，颗粒内部形成磁畴壁而呈现多磁畴（multi-domain，MD）结构，以维持最小的能量状态，每个小磁畴的磁矩方向可能各不相同，从而降低了其总磁矩，也就是通常说的磁性弱；当颗粒尺寸小于约 20 nm 时，颗粒处于超顺磁（superparamagnetic，SP）状态，如果外磁场产生的磁取向力不足以抵抗热扰动干扰，其磁矩方向将随意分布，因此颗粒的总磁矩为零；当尺寸介于二者之间时，颗粒处于稳定的 SD 状态，其矫顽力与磁矩最大（Butler and Banerjee，1975）。拉长状颗粒具有较高的形貌各向异性能，其颗粒尺寸（长轴）可大于约 100 nm（Dunlop and Özdemir，1997；Tauxe，2010）。磁小体磁铁矿颗粒尺寸分布较窄，一般介于 30～120 nm，多成链排列或/和高度拉长。在磁小体链中，颗粒的拉长轴一般与磁小体链方向平行，这进一步增强链的各向异性能，有效地约束单个颗粒的磁化方向，即其沿磁小体链方向磁化，这也使链中一些较大尺寸（如假单畴）或更小尺寸（如 SP）的磁小体磁化方向一致，整条链处在稳定的 SD 状态（Li J et al.，2010，2015；Li et al.，2013b）。前人利用透射电镜离轴电子全息术（off-axis electron holography）对磁小体链微磁结构的观测表明，磁铁矿磁小体的［111］取向和排列（即颗粒沿［111］方向拉长和排列，如立方-八面体和棱柱形磁铁矿，以及少数子弹头形磁铁矿），有利于磁小体的形状各向异性能（颗粒拉长造成）、磁晶各向异性能（[111] 易磁化方向）和链内磁小体间的静磁相互作用方向一致，并与磁小体链方向一致，三者效果互相加强，有效约束链内单个磁小体的磁化方向一致沿磁小体链方向，从而使整个磁小体链在磁学上与单向拉长的 SD 颗粒（uniaxial SD，USD）具有一定的等效性，其总磁矩等于链内所有单个磁小体磁矩的总和（Dunin-Borkowski et al.，1998）。

我们采用透射电镜离轴电子全息术在纳米尺度上首次对硝化螺旋菌门趋磁大杆菌 MYR-1 磁小体链束的微磁结构进行了研究。结果发现，尽管沿 [001] 拉长和排列（磁晶难磁化轴方向），子弹头形磁小体的高度拉长及其链束状结构，仍足以克服链内颗粒的磁晶各向异性能，约束单个颗粒的磁行为，使其沿链方向磁化，即整个磁小体链束亦等同于一个拉长的大的单磁畴颗粒。同时，沿链方向显著的形状各向异性能和磁小体链束间大的间隔，导致同一细胞不同链束间的静磁相互作用较弱（Li J et al.，2010，2015）（图 4.1）。

为了认识磁小体链三维形态的磁畴精细结构，我们使用微磁模拟（micromagnetic modeling）进一步研究了磁小体链在外磁场作用下的磁学行为（Li et al.，2013b）。通过模拟 AMB-1 磁小体的短链结构，构建了由 6 个相同磁小体磁铁矿晶体构成的磁小体链，单个磁小体间距均设为 5 nm，相邻颗粒的体心距离 dcc 为 54.3 nm。磁小体沿 [111] 方向拉长和排列成链（图 4.1）。使用有限单元法（finite element method，FEM）进行网格剖分，采用最小能量和动力学方程相结合的方法计算磁小体链在不同外加磁场下的磁化强度分布（Williams et al.，2010）。微磁模拟结果显示，磁小体链的内部磁化结构受控于磁小体链本身的结构。不论外磁场与磁小体链夹角 ψ 如何变化，剩余磁化强度始终沿着磁小体链的排列方向，此时的剩余磁化强度测量值为 $M_S \times \cos\psi$。前人通过岩石磁学测量和理论推演认为，磁小体链可能不是真正的 USD，其磁化行为可能遵循球链模型的非一致翻转模式（noncoherent reversal model of chain-of-spheres model）（Hanzlik et al.，2002）。然而，我们的微磁模拟结果证实这一推测，而且发现磁小体链的微观磁化结构可能更加复杂。具体来讲，当沿着磁小体链排列方向加场，即 ψ=0°时，磁小体的磁矩呈现非一致转动，此时不符合 USD 颗粒的 Stoner-Wohlfarth 模型（即一致转动模式）。当垂直于磁小体链加场，即 ψ=90°时，磁小体的磁矩呈现一致转动，此时符合 Stoner-Wohlfarth 模型。当 0°＜ψ＜90°时，磁小体链的磁化翻转行为较为复杂，介于一致与非一致翻转行为之间（Li et al.，2013b）。

总而言之，尽管颗粒尺寸、形状甚至晶型各异，磁小体的链状结构仍然能够束缚链内颗粒的磁化方向，使其一致并沿链方向，实现宏观磁矩的最大化，从而提高趋磁细菌识别和响应地磁场的效率。值得注意的是，在一些单细胞趋磁细菌和多

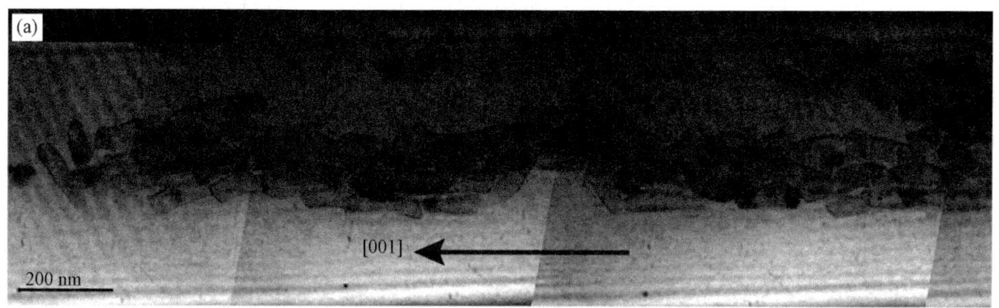

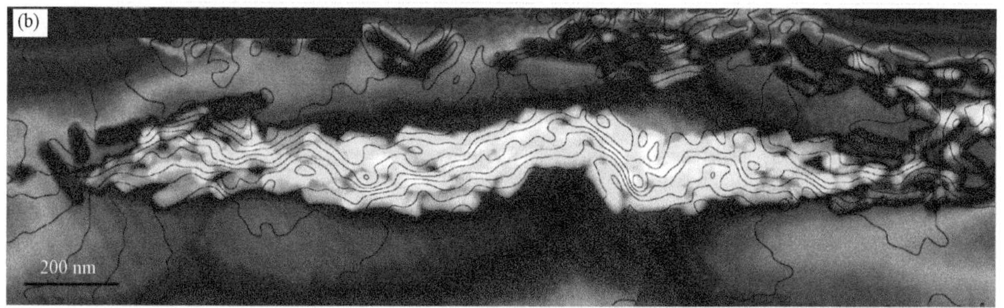

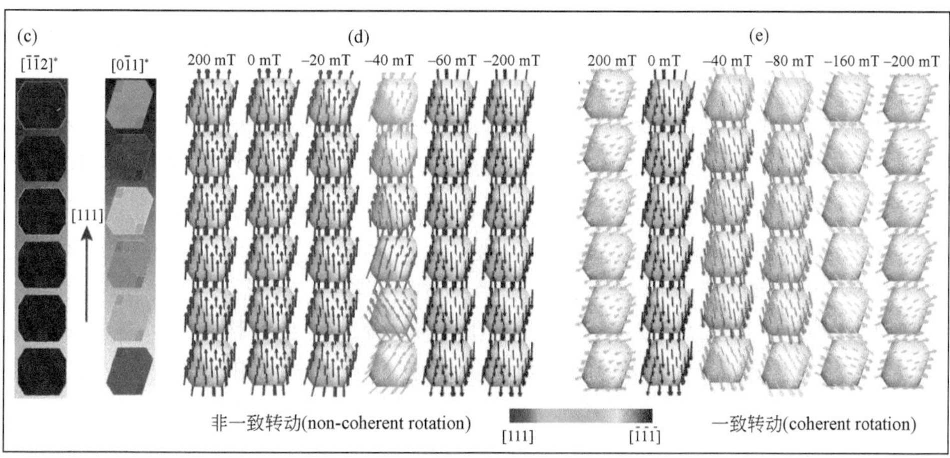

图 4.1　趋磁细菌磁小体链（束）的微磁结构及其磁化行为（Li et al.，2013b；Li J et al.，2015）

(a)硝化螺旋菌门趋磁大杆菌 MYR-1 细胞内的磁小体链束透射电镜图像；(b)透射电镜电子全息观察获得的图(a)中磁小体链束的磁力线分布图；(c)～(e)微磁模拟获得的趋磁螺菌 AMB-1 单链磁小体的微磁结构及其随外磁场变化下的磁化行为

细胞趋磁细菌（MMP）中，磁小体呈丛分布或多个磁小体链成一定角度排列（Li et al.，2020c）。目前，对这些细菌的磁小体组装机制及其磁学性质研究较少。然而，这些细菌能沿地磁场或外加磁场方向定向和游弋，说明磁小体在细胞内仍具有一定的优化排列，使整个细胞或 MMP 仍产生较高的净磁矩而具有趋磁性（Li et al.，2020c；Lin and Pan，2009）。

4.2 磁小体链的宏观磁学性质

磁小体的链状结构实现了链内静磁相互作用（能量 1）与颗粒形状各向异性能（能量 2）或/和磁铁矿磁晶各向异性能（能量 3）的完美统一，这三种效应或两两组合（如立方八面体形磁铁矿链属于 1+3 组合，MYR-1 子弹头形磁铁矿链属于 1+2 组合），或三者组合（如棱柱形磁铁矿链），沿链方向互相叠加，有力约束和统一了单个磁小体的磁化方向，实现细胞总磁矩的最大化，提高趋磁细菌识别和响应地磁场的效率（Li J et al.，2015）。另外，显著的形状各向异性和链内静磁相互作用，使磁小体链具有与化学合成磁铁矿样品明显不同的宏观磁学性质（Moskowitz et al.，1993；Pan et al.，2005b；Li et al.，2009，2013b；Li J et al.，2010；Li and Pan，2012）。

如图 4.2 所示，趋磁细菌磁小体链的宏观磁学性质主要特征包括以下 6 点。

（1）典型的 Stoner-Wohlfarth（SW）型磁滞回线，其饱和剩磁与饱和磁化强度比值（M_{rs}/M_s）接近 0.5。

（2）经归一化处理后的饱和等温剩磁（saturation isothermal remanent magnetization，SIRM）获得和退磁曲线对称，其交叉点对应的纵坐标值，也就是 Wohlfarth-Cisowski 检验的 R 值接近 0.5。

（3）一阶反转曲线图（FORC）表现为一套闭合的等值线围绕一中心矫顽力值沿水平方向的瘦长分布，通常在该图左下方还存在一个明显的负区分布。FORC 图上的这个负分布被认为是无相互作用的 USD 颗粒的典型特征。这种特征，在高分辨率测量的 FORC 图上，则表现为沿横坐标非常窄的中央脊（central ridge）分布。

（4）强磁场冷却（field-cooling，FC）和零场冷却（zero-field cooling，ZFC）预处理后，磁小体磁铁矿的低温饱和等温剩磁的热退曲线上 Verwey 转变信号减弱，且二者在低于 Verwey 转变温度（T_v）下存在显著差异，δ_{FC}/δ_{ZFC} 值一般大于 2［$\delta=(M_{80K}-M_{150K})/M_{80K}$，$M_{80K}$ 和 M_{150K} 分别是在 80 K 和 150 K 时测量的剩磁强度］（Moskowitz et al.，1993）。

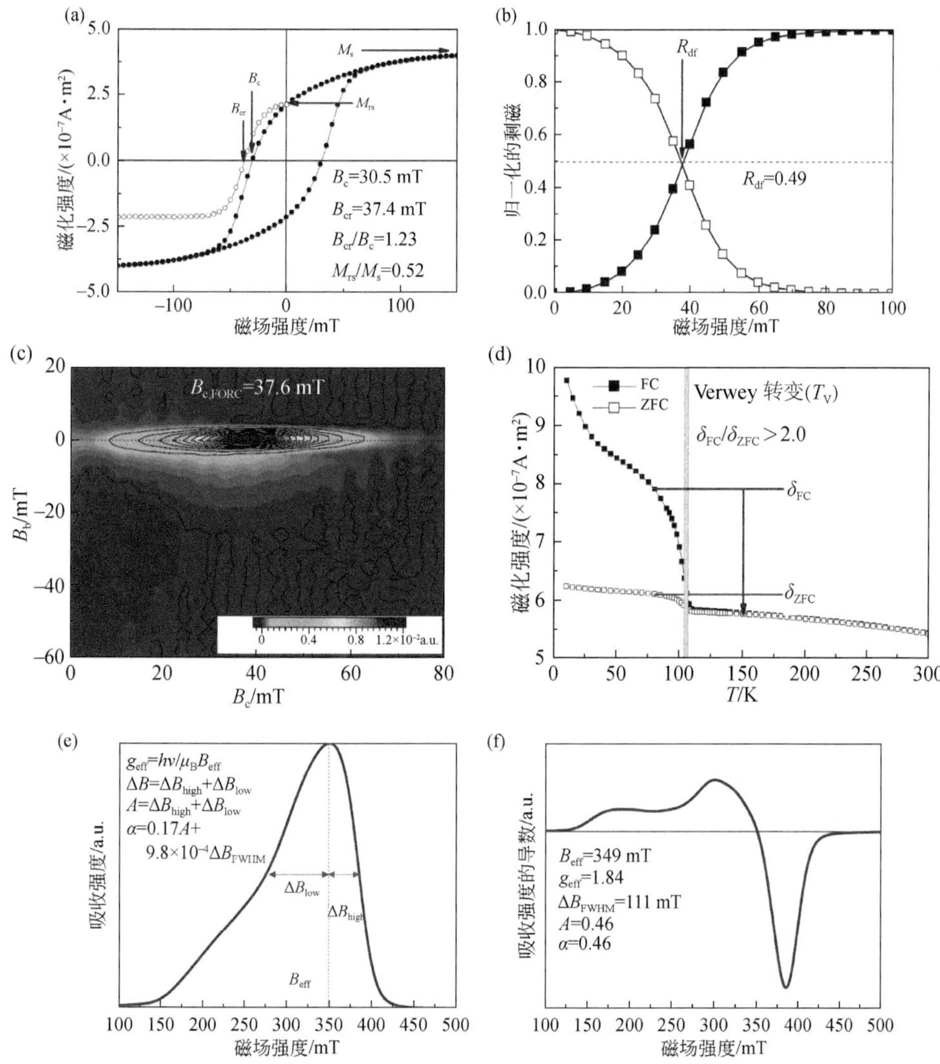

图 4.2　趋磁螺菌 AMB-1 非定向完整细胞样品的岩石磁学性质（Li et al.，2009，2013a；Li and Pan，2012）

(a) 磁滞回线。B_c、B_{cr}、M_{rs} 和 M_s 分别代表矫顽力、剩磁矫顽力、饱和剩磁和饱和磁化强度。(b) 饱和等温剩磁（SIRM）获得和反向场退磁曲线。获得曲线数据经 SIRM 归一化处理，而退磁曲线数据经 $M = 1/2(1+\mathrm{IRM}(-H)/\mathrm{SIRM})$ 归一化处理。(c) 一阶反转曲线（FORC）图。FORC 图上等值线围绕 B_c 约等于 38 mT 的闭合分布和非常窄的垂向展布及其在左下角的负分布，证实了磁小体的单磁畴、链间或细胞间弱的静磁相互作用和链类 USD 颗粒的磁学行为。(d) 低温磁学测量。FC 和 ZFC 曲线分别为样品在 2.5 T 和零场中冷却到 5 K 后，施加 2.5 T 的磁场使样品获得低温饱和剩磁（$\mathrm{SIRM}_{5K\_2.5T}$），关闭外磁场，在零磁场中测量升温到 300 K 过程中剩磁变化。图中灰线对应温度为 Verwey 转变温度 T_V，$\delta_{FC,ZFC}=(M_{FC,ZFC\_80K}-M_{FC,ZFC\_150K})/M_{FC,ZFC\_80K}$ 计算 δ 值，其中，M_{FC_80K} 和 M_{FC_150K} 代表 FC 曲线分别在 80 K 和 150 K 时测量的剩磁强度，M_{ZFC_80K} 和 M_{ZFC_150K} 代表 ZFC 曲线分别在 80 K 和 150 K 时测量的剩磁强度，$\delta_{FC}/\delta_{ZFC}>2$ 被称作 Moskowitz 检验。(e) 和 (f) 铁磁共振（ferromagnetic resonance，FMR）谱，B_{eff} 代表有效磁场，g_{eff} 代表有效 g-因子，ΔB 代表半峰宽磁场，A 代表非对称因子，α 代表经验因子

（5）铁磁共振（ferromagnetic resonance，FMR）谱对磁性矿物的各向异性敏感。因为排列呈链状的磁小体通常具有较强的磁各向异性，所以 FMR 可以被用于指示磁小体链的存在（Weiss et al.，2004）。其在低磁场方向具有显著的非对称特征，如非对称因子 A 一般小于 1，有效 g-因子（$g_{\rm eff}$）小于 2.12，经验因子 α 小于 0.3 等。

（6）具有显著低的 Verwey 转变温度（$T_{\rm v}$），约 100 K（Pan et al.，2005b）。

综合磁小体的单磁畴和链状结构的形状各向异性特征，多个磁学测量方法和参数已经被用来研究磁小体的生物矿化过程以及识别沉积物和岩石中的化石磁小体。

为了理解磁小体链磁各向异性及其宏观磁学效应和复杂磁性机制，我们利用外磁场将趋磁螺菌 AMB-1 细胞定向排列，获得沿磁场方向大致定向的磁小体链样品。对该样品沿不同角度的磁学测量显示，样品的宏观磁学性质如磁滞回线、IRM 获得和退磁曲线等均表现出高度的测量方向依赖性（图 4.3）。样品的磁学参数，包括 $B_{\rm c}$、$B_{\rm cr}$、$M_{\rm rs}$ 和 $M_{\rm rs}/M_{\rm s}$ 等均随加场测量角度 ψ 的增加而系统变化（Li et al.，2013b）。

具体来讲，当 ψ 从 0°（平行磁小体链方向）向 90°（垂直磁小体链方向）增加时，磁滞回线由接近方形逐渐变瘦变倾斜，FORC 图、IRM 获得和退磁曲线系统地向高场方向移动。相应地，磁学参数 $M_{\rm rs}$ 和 $M_{\rm rs}/M_{\rm s}$ 逐渐降低，$B_{\rm cr}$ 和 $B_{\rm cr}/B_{\rm c}$ 逐渐升高，而 $M_{\rm s}$ 基本保持不变。$B_{\rm c}$ 在 0°和 50°之间，其数值基本不变，随后迅速降低。样品从 90°到 180°度之间表现与其从 90°到 0°度之间相似的磁学变化，即镜像角度关系。样品从 180°到 360°的磁学性质变化与其从 0°到 180°的变化相同（图 4.3、图 4.4）。$M_{\rm rs}$、$M_{\rm rs}/M_{\rm s}$ 和 $B_{\rm c}$ 的最大值出现在平行磁小体链方向，而其最小值则在垂直磁小体链方向上。与此相反，$B_{\rm cr}$ 和 $B_{\rm cr}/B_{\rm c}$ 的最大值和最小值分别出现在垂直和平行磁小体链方向。例如，当 $\psi = 0°$时，$M_{\rm rs} = 4.57 \times 10^{-7}\ {\rm A \cdot m^2}$，$M_{\rm rs}/M_{\rm s} = 0.84$，$B_{\rm c} = 32.0$ mT，$B_{\rm cr} = 32.5$ mT，$B_{\rm cr}/B_{\rm c} = 1.02$。当 $\psi = 90°$时，$M_{\rm rs} = 1.36 \times 10^{-7}\ {\rm A \cdot m^2}$，$M_{\rm rs}/M_{\rm s} = 0.24$，$B_{\rm c} = 20.5$ mT，$B_{\rm cr} = 45.1$ mT，$B_{\rm cr}/B_{\rm c} = 2.20$（Li et al.，2013b）。

对密云水库趋磁大杆菌 MYR-1（合成子弹头形磁小体，组装成链束结构）完整细胞样品的宏观磁学测量也证实上述观测（Li J et al.，2010；Li et al.，2013b）。具体来讲，沿磁小体链方向加场测量，样品具有最高 $B_{\rm c}$ 和 $M_{\rm rs}/M_{\rm s}$ 以及最低的 $B_{\rm cr}$，$B_{\rm c}$ 值接近 $B_{\rm cr}$，$M_{\rm rs}/M_{\rm s}$ 接近 1；而垂直于磁小体链方向加场测量，$B_{\rm c}$ 和 $M_{\rm rs}/M_{\rm s}$ 值达到最小，$B_{\rm cr}$ 值达到最大。这表明，尽管晶型和链结构不同，AMB-1 的磁小体短链和 MYR-1 的磁小体链束结构均具有显著的形状各向异性能，有效地约束链内单个磁小体的磁化方向，使其一致平行于磁小体链方向（USD 行为）。同一个细胞内的单个短链和链束因方向一致和具有相同的磁化方向，因而整个细胞沿其长轴方向具有显著的磁各向异性能，其磁矩仍接近或等于细胞内所有磁小体磁矩的总和。

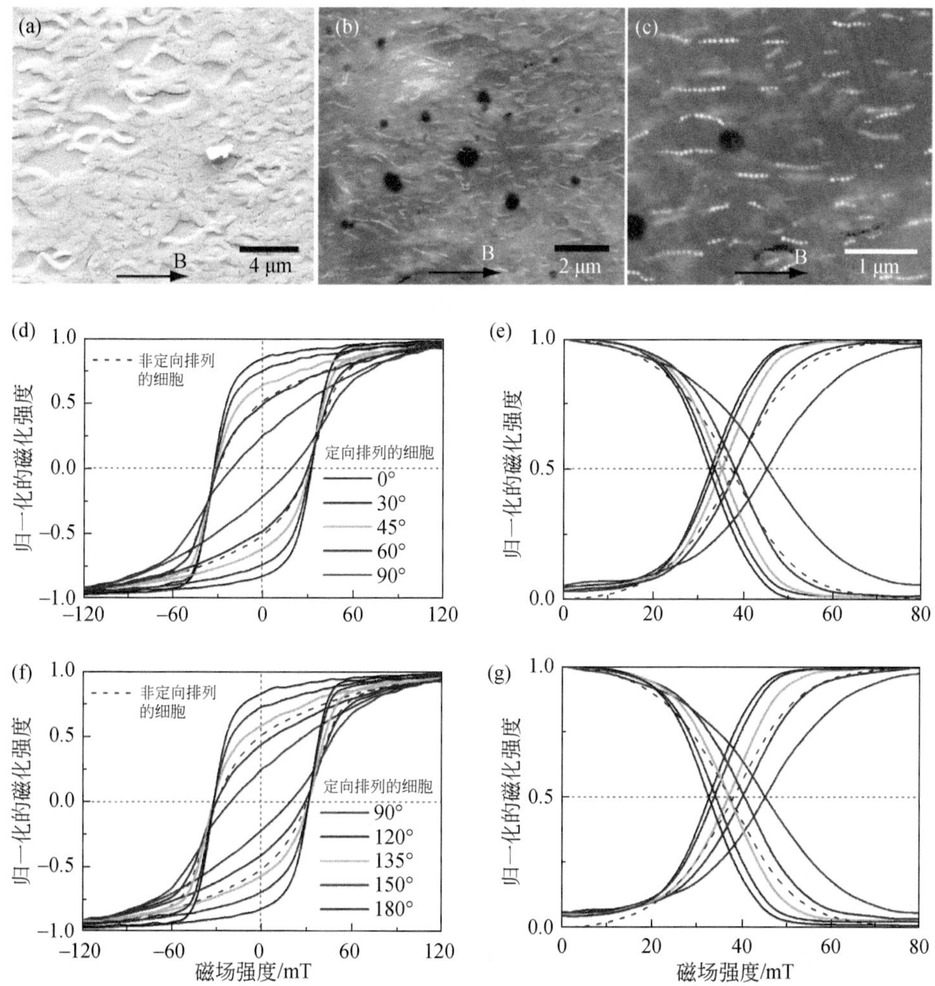

图 4.3　定向 AMB-1 全细胞样品及其常温岩石磁学测量结果（Li et al.，2013b）

(a)～(c) 不同放大倍数下的定向 AMB-1 全细胞样品的扫描电镜照片，(a) 为二次电子图像，显示样品的细胞形貌，(b) 和 (c) 是背散射图像，展示细胞内的磁小体链形貌和结构；(d)～(g) 定向全细胞样品沿与细胞定向排列成不同角度下测量获得磁滞回线 [(d)、(f)] 和等温剩磁获得以及退磁曲线 [(e)、(g)]。图中虚线代表非定向的 AMB-1 全细胞样品的磁学测量结果

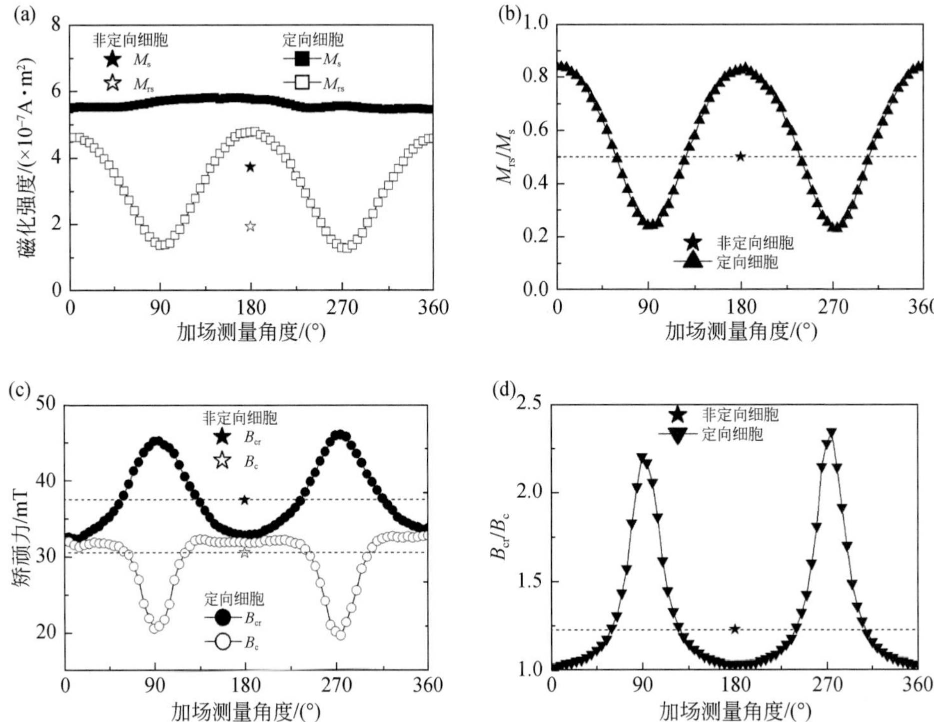

图 4.4　定向 AMB-1 全细胞样品的磁滞参数随加场测量角度的变化图（Li ct al.，2013b）

（a）饱和剩磁（M_{rs}）和饱和磁化强度（M_s）；（b）剩磁比（M_{rs}/M_s）；（c）矫顽力（B_c）和剩磁矫顽力（B_{cr}）；（d）B_{cr}/B_c

微磁模拟进一步证实，磁小体链磁学性质的角度依赖性还与样品中磁小体链的角度分散程度有关。如图 4.5 所示，磁滞参数随着加场测量角度 ψ 系统变化。对单条磁小体链，当 ψ 从 0°（平行磁小体链方向）向 90°（垂直磁小体链方向）变化时，剩磁比 M_{rs}/M_s 从 1 逐渐减小到 0，矫顽力 B_c 在 0°到约 50°范围内，逐步增加得到最大值约 63 mT，然后下降到 0 mT。这也再次说明，磁小体链的磁化翻转行为复杂，不能简单用球链模型的一致或非一致反转模式来解释（Li et al.，2013b）。多条磁小体链的集合体样品的 B_c 和 M_{rs}/M_s 与加场测量角度 ψ 以及样品中磁小体链的角度分散程度密切相关。具体来讲，当精度参数 κ 趋于无穷大时，即所有磁小体链方向一致，样品的磁滞参数随 ψ 的变化与单条磁小体链基本相同。随着 κ 的减小，即集合体内磁小体链的分散程度加大，磁滞参数随 ψ 的变化幅度逐渐降低。也就是说，B_c、B_{cr} 和 M_{rs}/M_s 的最大值降低，而最小值升高。相比较而言，M_{rs}/M_s 似乎比 B_c 和 B_{cr} 对磁小体链的定向排列更为敏感，微弱的定向就会引

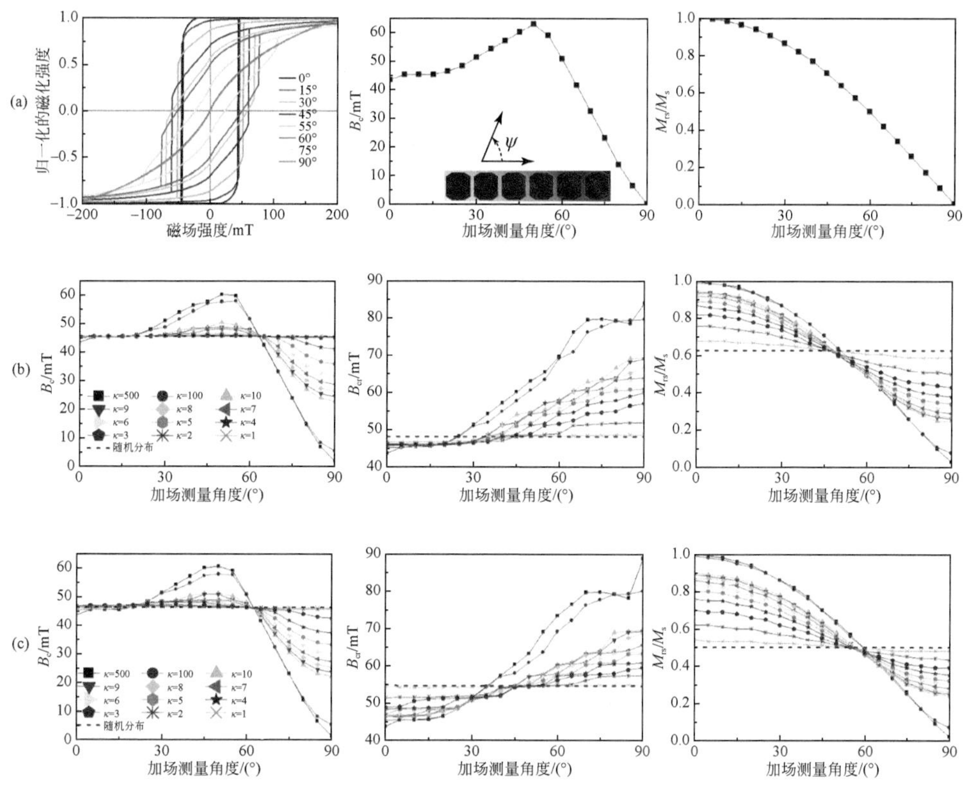

图 4.5　磁小体链的磁滞回线随外场方向与磁小体链方向夹角 ψ 从 0°变化到 90°的微磁模拟结果（Li et al.，2013b）

（a）单条磁小体短链；（b）和（c）10 000 条磁小体链二维（2-D）和三维（3-D）的统计结果。对于磁小体链的二维分布，设定单个磁小体链与平均磁小体链方向之间的分散角度符合 Von Mises 分布；对于三维分布，设定分散角度符合 Fisher 分布。精度参数 κ 分别代表 2-D 和 3-D 分布中个体磁小体链的分散程度；（b）和（c）中的黑色虚线分布代表磁小体链的随机分布

起 M_{rs}/M_s 显著的各向异性。例如，当磁小体链二维分布的 κ 和三维分布的 κ 分别减小到 3 和 2 时，B_c 和 B_{cr} 的各向异性基本消失，而 M_{rs}/M_s 在其最大值与最小值之间仍分别有约 47.6%和约 30.6%的差异。与预期相符，随机分布的样品不存在磁各向异性，随 ψ 变化，B_c、B_{cr} 和 M_{rs}/M_s 为一常数。对于磁小体链的二维随机分布，磁滞参数的理论值为：$M_{rs}/M_s = 0.63$，$B_c = 45.8$ mT；而对于其三维随机分布，$M_{rs}/M_s = 0.5$，$B_c = 46.3$ mT。模拟结果与实验测得趋磁细菌细胞的 M_{rs}/M_s 值相似，具有可比性（Moskowitz et al.，1993；Pan et al.，2005a；Li et al.，2009；Lin and Pan，2009；Zhu K et al.，2010）。当精度参数 $\kappa = 6$ 时，理论模拟结果与我们实验测量结果拟合程度最好，此时对应的角偏差约为 17°。对定向磁小体链样品的 SEM 直接观测分析表明，磁小体链并没有被完全定向，存在一定的分散度，角

偏差约为 21°。模拟结果与实验测量结果之间的这种细小差别，可能是由实际测量中磁小体链的晶体结构和定向与理论模型并不完全匹配所造成的（Li et al.，2013b）。

在实际应用中，因产生显著的磁各向异性能，定向排列的磁纳米线或纳米棒在磁存储、磁纳米器件、纳米传感器和磁纳米生物医学等方面具有潜在的应用价值（Serantes et al.，2014）。因此，制备定向排列的磁性纳米材料，并研究其磁各向异性及其磁学效应具有重要的理论意义和应用价值。Alphandéry 等（2011）通过比较研究发现，与单个磁小体和化学合成磁铁矿颗粒相比，磁小体链具有更高的癌细胞磁热疗效率。我们的研究从实验和理论模拟上均揭示，定向磁小体链的宏观磁学性质具有显著的各向异性，其各向异性程度与样品中磁小体链的定向程度密切相关。这对认识磁性纳米材料的磁各向异性及其磁学效应具有一定的借鉴意义，同时也为将来制备定向磁小体链样品并将其应用于纳米材料或生物医学领域奠定基础。

自然环境中的趋磁细菌死亡后，磁小体在沉积和埋藏过程中可能被地磁场定向，因此，沉积物或岩石中的化石磁小体可能是潜在剩磁载体，可记录古地磁场信息（Winklhofer and Petersen，2006）。目前，对古老沉积物和沉积岩中化石磁小体赋存状态仍缺乏研究，这严重地制约了利用化石磁小体重建古地磁和古环境信息。我们利用强磁场（约 1 T）定向细胞，检验是否可获得完全定向排列的磁小体链样品。结果发现，即使活的趋磁细菌完全沿磁场方向游动，但在强磁场中经过数天的沉积和固定，细胞沿外磁场方向的定向排列仍出现一定程度的分散（Li et al.，2013b）。这可能与水分蒸发和细胞固定过程中的热扰动或细胞之间的相互阻隔有关。在自然环境中，地磁场强度远远小于我们在实验中采用磁场的强度，沉积环境和埋藏压实过程也更为复杂，因此，可以预测，沉积物中的化石磁小体链的定向排列会发生一定程度的破坏。微磁理论模拟揭示，对弱定向磁小体链样品，其 B_c 和 B_{cr} 的各向异性可能很小甚至不存在，但 M_{rs} 和 M_{rs}/M_s 仍会产生显著的各向异性。这表明，在识别和应用化石磁小体时，我们不能忽视样品可能的定向及其产生的磁学效应（Li et al.，2013b）。另外，如果我们建立了外磁场与磁小体链定向程度之间的相关性，沉积物中的化石磁小体链的磁各向异性有可能成为新的参数，用来研究古地磁场强度和方向（Paterson et al.，2013）。

4.3　磁小体链排列、坍塌、聚集及其磁学效应

前人研究已经表明，磁小体链的坍塌和聚集会造成磁小体链磁各向异性的减

弱和颗粒间静磁相互作用的增强，从而引起样品宏观磁学性质的显著变化（Moskowitz et al.，1993；李金华等，2009）。为了系统研究磁小体链坍塌聚集及其宏观磁学效应，我们以可培养趋磁螺菌 AMB-1 为材料，采用物理化学方法处理磁小体链，获得三套提纯磁小体样品（A_1、A_2 和 A_3），从 A_1 到 A_3，磁小体链断裂增强；对每套样品采用无磁材料（CaF_2）进行梯度稀释，各获得三个含不同磁小体浓度的样品（A_{ia} 为未稀释，A_{ib} 和 A_{ic} 分别稀释为质量分数 0.15%和 0.03%）（图 4.6）。图 4.7 是 AMB-1 磁小体系列样品的一阶反转曲线图（FORC 图）。FORC 技术是近年来发展起来的一种多磁滞回线测量技术，通过对样品进行饱和磁化，

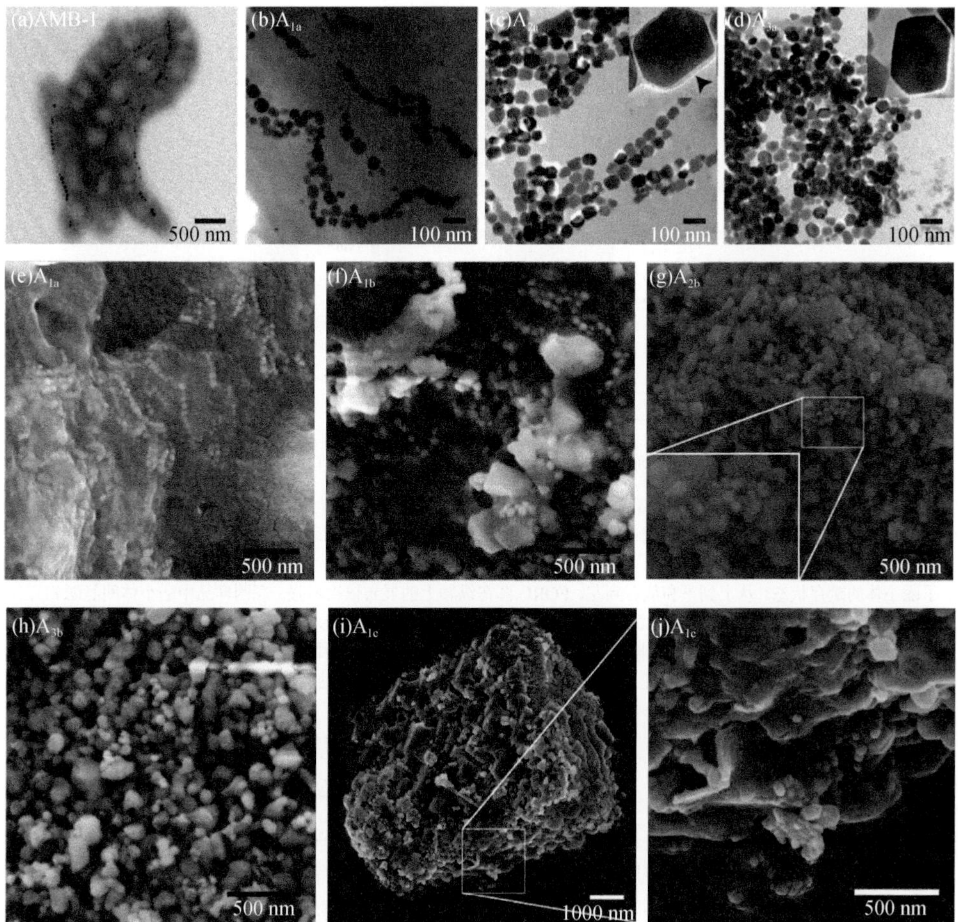

图4.6　电子显微学观测AMB-1细胞裂解、磁小体链坍塌和聚集（Li J et al.，2012）

（a）AMB-1 完整细胞；（b）～（d）AMB-1 细胞分别经一步（b）、两步（c）和三步（d）超声波破碎和磁小体提纯处理后的磁小体；（e）～（j）通过 CaF_2 稀释后的磁小体样品的扫描电镜图像

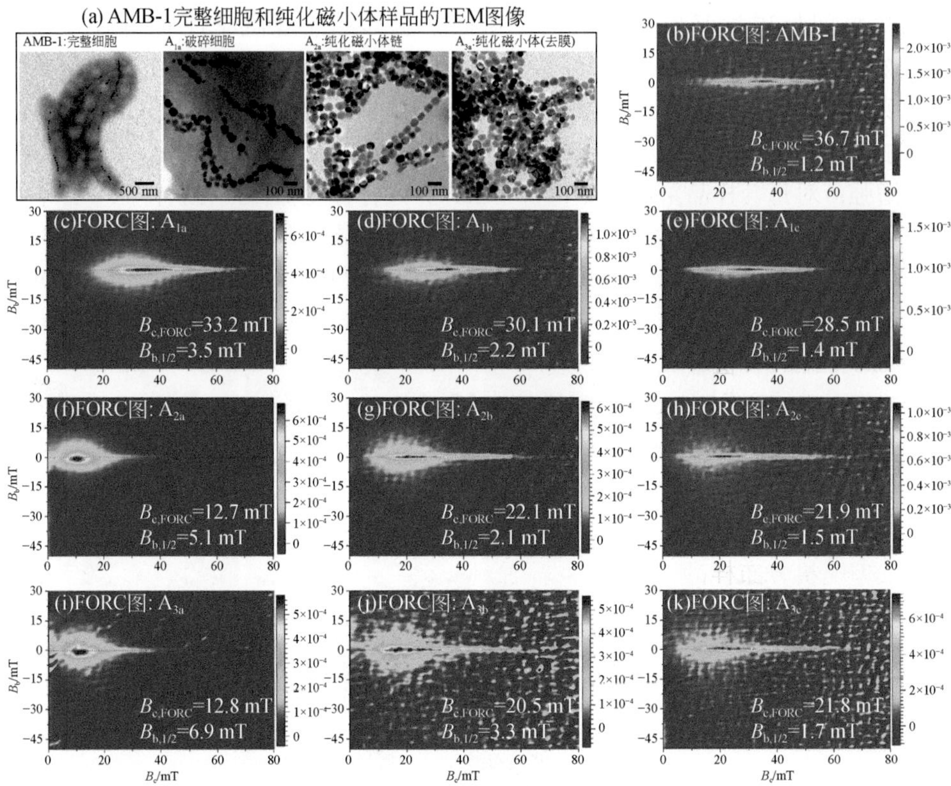

图 4.7 岩石磁学 FORC 图观测 AMB-1 细胞裂解、磁小体链坍塌和聚集（Li J et al.，2012）

（a）AMB-1 完整细胞和纯化磁小体样品的 TEM 图像；（b）AMB-1 完整细胞样品；（c）～（k）细胞分别经一步（c）、两步（f）和三步（i）超声波破碎和磁小体提纯，以及不同浓度 CaF_2 稀释处理后的磁小体。FORC 测量所用的外加磁场间距 $\delta H = 0.63$ mT，计算时平滑因子（SF）为 5，分辨率（ΔH）为 3.5 mT（Egli et al.，2010）。FORC 图很好地显示了磁小体的赋存状态。从上到下和从右到左，FORC 图在纵轴上的展布依次增强，表明样品中磁小体间静磁相互作用增加（即颗粒趋向聚集）。全细胞样品 FORC 图呈现典型的无相互作用 USD 颗粒分布特征，即沿水平方向狭窄瘦长分布（即中央脊分布）。提纯磁小体样品，从下到上和从左到右，FORC 的中央脊分布特征趋于显著，表明样品中无或弱静磁相互作用的 USD 颗粒比例增加

然后加反向场 H_a，获得从 H_a 到正向饱和场的磁化强度随外场变化的曲线。与传统的磁滞回线相比，FORC 图不仅能准确地确定磁性矿物矫顽力的分布和颗粒之间磁相互作用的强弱，而且能直观地显示磁性矿物的磁畴状态（Egli et al.，2010）。对于静磁相互作用非常弱的样品，FORC 图会显示出中央脊。随着静磁相互作用的增强，FORC 图在纵向上展布变大，表现出“泪滴形”的分布（Roberts et al.，2000）。AMB-1 完整细胞样品的高分辨 FORC 图具有典型的中央脊分布特征，表明无细胞间或链间静磁相互作用（Egli et al.，2010）。A_{1a} 样品具有典型的“泪滴形”FORC 分布，这与样品中磁小体间已存在一定的相互作用有关。A_{2a} 和 A_{3a} 样

品的 FORC 图在其垂向上具有显著的展布，并与纵轴相交，这说明样品存在强烈的静磁相互作用。从水平方向看，CaF_2 颗粒的填充有效地稀释了磁小体的浓度，降低了颗粒间的静磁相互作用。总之，从上到下随磁小体链坍塌和断裂程度增加和从右到左随磁小体聚集程度增加，FORC 图的垂向展布显著变宽，其中央脊分布特征逐渐弱化。这表明，完整细胞样品 AMB-1 和驱散的提纯磁小体样品（A_{1c}）呈现显著的磁各向异性和非常弱的静磁相互作用，随磁小体链断裂或/和聚集增强，样品的磁各向异性逐渐减小，而静磁相互作用逐渐增强。样品磁各向异性和静磁相互作用的系统变化造成样品的磁学参数包括 B_c、B_{cr}、M_{rs}/M_s、Wohlfarth-Cisowski 检验的 R 值和非磁滞剩磁与等温剩磁比值（ARM/IRM）随磁小体链的破坏和聚集而系统变化（Li J et al.，2012）。

磁滞回线及其衍生的 Day 图（M_{rs}/M_s vs. B_{cr}/B_c）和 SC（squareness-coercivity）图（M_{rs}/M_s vs. B_c）是古地磁学、环境磁学和岩石磁学研究中最常用的手段之一，被广泛用来研究磁性矿物的磁畴、尺寸和晶体形状。前人与我们的研究均显示，趋磁细菌随机分布样品的 M_{rs}/M_s 值通常接近 0.5，与由无相互作用、任意定向的 USD 颗粒组成的集合体相似（Moskowitz et al.，1993；Pan et al.，2005a；Li et al.，2009；Lin and Pan，2009；Li J et al.，2010；Zhu K et al.，2010）。与完整细胞相比，提纯磁小体样品因磁小体链磁各向异性减弱和颗粒间相互作用增强，其 M_{rs}/M_s 降低，而 B_{cr}/B_c 升高，造成其在 Day 图上的位置向右下朝 SD+MD 和假单畴（PSD）区域移动（Moskowitz et al.，1993；Li J et al.，2012）[图 4.8（a）]。在 SC 图上，随着磁小体链断裂和聚集程度增加，提纯磁小体样品的位置向左下移动，其变化趋势与花状（flower structure）USD 向旋涡状（vortex structure）USD 变化趋势相似［图 4.8（b）］。在 Day 图和 SC 图上，定向 AMB-1 细胞样品给出了随加场测量角度 ψ 而变化的一个新趋势。具体来讲，当 ψ 从 0°到 90°增加时，样品在 Day 图上的位置由 CSD（立方 SD）区域向右下移动，通过 USD 区域，最终到达 PSD 区域；在 SC 图上，向左下移动，最终到达旋涡 USD 区域。综合前人的研究，我们的研究进一步揭示，颗粒的磁各向异性和静磁相互作用能显著影响样品的磁滞参数及其在 Day 图和 SC 图上的位置。同属 AMB-1 磁小体样品，因具有不同的空间结构，其在 Day 图和 SC 图上的位置可以落在 CSD 区、USD 区、SD+MD 混合区和 PSD 区，以及它们的过渡区域（图 4.8）（Li and Pan，2012；Li et al.，2013b）。这表明，在使用 Day 图和 SC 图判断富含化石磁小体样品的磁畴、颗粒尺寸和形状时需谨慎（Li J et al.，2012，2019；Li et al.，2013b）。

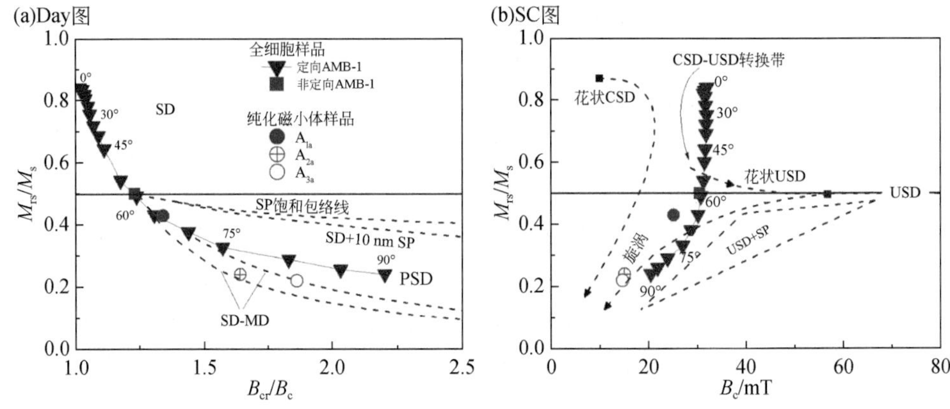

图 4.8 AMB-1 磁小体样品的 Day 图和 SC 图

从 A_{1a} 到 A_{3a}，磁小体链的断裂和坍塌程度增强。SD（single domain），单磁畴；PSD（pseudo SD），假单畴；MD（multi-domain），多磁畴；CSD（cubic SD），立方单磁畴；USD（uniaxial SD），单轴单磁畴

FORC 图能同时反映样品的磁畴状态、颗粒的相互作用和矫顽力分布，甚至磁各向异性信息（Egli et al.，2010）。因此，近年来该技术被众多科学家推荐，并已经用于古地磁学、环境磁学和生物磁学研究。实验和理论研究已证明，FORC 图在表征 SD 颗粒间静磁相互作用上与其他岩石磁学方法（如 ARM/SIRM、χ_{ARM}/SIRM 和 Wohlfarth-Cisowski 检验）具有很好的一致性（Li J et al.，2012）。Roberts 等对自然界不同尺寸的赤铁矿样品的研究发现，FORC 的特征矫顽力（$B_{c,FORC}$）与由磁滞回线测量所得宏观矫顽力 B_c 线性相关。我们对提纯磁小体样品的测量也显示，$B_{c,FORC}$ 与 B_c 和 B_{cr} 均线性相关（Li and Pan，2012）。然而，理论研究表明，FORC 图展示的颗粒微矫顽力应该对应于颗粒的转换场（switching field）（Winklhofer and Petersen，2006）。因此，FORC 图的边缘矫顽力分布（marginal coercivity distribution）最能反映样品中的微观矫顽力分布，其中值矫顽力（median coercivity）应该反映的是样品的剩磁矫顽力 B_{cr}。我们通过对定向磁小体链样品的系统岩石磁学研究，首次给出实验数据，证实了 $B_{c,FORC}$ 反映的是 B_{cr} 而不是 B_c。如图 4.9 所示，对于非定向趋磁细菌细胞样品，$B_{c,FORC}$ 与 B_c 和 B_{cr} 均线性相关。然而，对于定向趋磁细菌样品，$B_{c,FORC}$ 与 B_{cr} 线性相关，而与 B_c 不存在正的相关性。而且，对所有类型的样品（包括定向和非定向趋磁细菌的完整细胞样品，以及提纯磁小体样品），它们的 $B_{c,FORC}$ 值与其相应的 B_{cr} 值有非常好的一致性（Li J et al.，2012；Li et al.，2013b）。这表明，FORC 图反映的磁学信号更多来自样品中能够携带剩磁的组分，特别是 SD 颗粒，因此是挑选合适样品进行化石磁小体识别和古地磁学研究最有效的岩石磁学手段（Li et al.，2013b，2020b）。

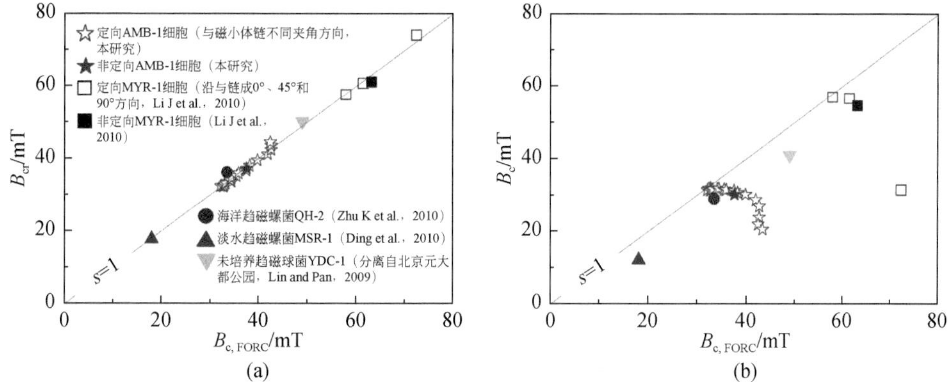

图 4.9　趋磁细菌完整细胞样品的剩磁矫顽力（B_{cr}）、矫顽力（B_c）与其 FORC 特征矫顽力（$B_{c,FORC}$）之间的相关性图

4.4　磁小体（链）的低温磁学性质

磁铁矿低温岩石磁学研究的一个主要方面是研究 Verwey 转变对其磁学性质的影响，以及通过样品经过 Verwey 转变前后磁学性质的变化来探测磁铁矿的磁畴状态、形状、纯度和空间排列方式等（肖波和潘永信，2006）。实验中，通常采用饱和等温剩磁热退磁曲线（thermal demagnetization curve，TDC）来确定磁铁矿的 Verwey 转变温度 T_v。一种方法是将样品预先从室温冷却到低温（如 5 K 或 10 K），施加外磁场（如 2.5 T）使样品获得一个低温饱和剩磁（如 $SIRM_{5K\_2.5T}$）后，关闭外场，然后测量样品在零场中的剩磁随温度升高到室温（如 300 K）过程的变化。样品的预冷可以在零场（zero-field cooling，ZFC）或强磁场（field cooling，FC）中进行，分别获得 ZFC-$SIRM_{5K\_2.5T}$ 或 FC-$SIRM_{5K\_2.5T}$ 热退磁曲线，通常升温曲线上 90～130 K 之间剩磁的陡降所对应的温度即为 T_v。另一种方法是通过室温饱和剩磁的低温循环曲线来判断磁铁矿样品的 T_v，即在室温下（如 300 K）施加一强磁场（如 2.5 T）使样品获得饱和等温剩磁（如 $SIRM_{300K\_2.5T}$）后，关闭外场，测量样品在零场中的降温（300 K→5 K）和重新升温（5 K→300 K）循环过程中剩磁的变化。通过低温循环，磁铁矿的剩磁通常不能完全恢复到初始状态，表现出不同程度退磁效应，因此 $SIRM_{300K\_2.5T}$ 低温循环曲线也被称为低温退磁曲线（low-temperature demagnetization curve，LTDC）。

一般来讲，磁铁矿在冷却过程中发生 Verwey 转变时，其晶体由反尖晶石立方结构（cubic structure）（$T>T_v$）转变为单斜结构（monoclinic structure）（$T<T_v$），造成磁铁矿晶体的易磁化轴由［111］等轴晶系转变成［100］单斜晶系，即原来

立方晶结构中一个<100>变成单斜结构中新的 c-轴（新的易磁化轴）。这个转变会造成磁铁矿一些磁学性质的陡变，如 TDC 曲线和 LTDC 降温曲线上剩磁强度的陡降。磁铁矿的氧化或晶格中阳离子的空位（$Fe_{3-x}O_4$）和 Fe 被其他原子（如 Ti、Co、Al、Zn、Mg 和 Ga 等）替代（$Fe_{3-y}Z_yO_4$），均可造成 T_v 的降低和 Verwey 转变变宽变浅。随 x 和 y 增大，T_v 基本呈线性下降，当 $x>0.035$ 和 $y>0.039$ 时，Verwey 转变完全消失（Walz，2002）。此外，外部压力和晶格内部应力（位错等晶格缺陷引起）的增大也能造成 T_v 降低和 Verwey 转变信号变宽变浅，甚至消失（Muxworthy and Williams，2000）。另外，磁铁矿颗粒的粒度、形状以及颗粒之间的磁相互作用也能影响 Verwey 转变所造成的剩磁变化特征及 LTDC 低温循环曲线的可逆程度（Özdemir et al.，2002）。一般来讲，对于 SD、PSD 和 MD 磁铁矿颗粒，在热退磁曲线上，Verwey 转变造成的剩磁强度下降幅度随磁铁矿颗粒尺寸增大而升高。与立方形 SD 颗粒相比，USD 颗粒的 Verwey 转变会受到不同程度的压制而变得不明显，跨越 Verwey 转变所引起的剩磁强度下降幅度也相对要低。经过低温循环，PSD 和 MD 颗粒会重新形成磁畴壁而造成剩磁下降，因而其 LTDC 曲线一般不可逆。而对于无磁相互作用的 SD 颗粒来讲，LTDC 循环曲线基本可逆。随着 SD 颗粒之间磁相互作用的增加（如磁小体链的坍塌聚集），其 LTDC 曲线表现出部分 PSD 和 MD 磁铁矿的特征，即经过低温循环后，样品会出现不同程度的退磁。

由于磁小体链的单磁畴特性和形状各向异性，趋磁细菌磁铁矿发生 Verwey 转变时的磁学行为与化学合成 SD 磁铁矿显著不同，且与磁小体链的定向和坍塌程度以及磁小体链的晶体取向密切相关（Moskowitz et al.，1993；Pan et al.，2005a；Li J et al.，2010；Li and Pan，2012；Li et al.，2013a）。对于按照磁铁矿的［111］方向排列的磁小体链（如立方-八面体和棱柱形磁小体磁铁矿），在零场降温发生 Verwey 转变时，磁小体链显著的形状各向异性能（K_s，沿链方向）会与磁铁矿的磁晶各向异性能（K_1）竞争，最终可能造成最靠近磁小体链方向的一个<100>变成新的 c-轴（新的易磁化轴）。如果这个冷却过程在强的外加磁场下进行，当 $T<T_v$ 时，每个晶体会选择与外场方向最接近的一个<100>作为易磁化轴，从而在低温下会获得一个相对增强的 SIRM。在随后的零场升温过程中，当 $T>T_v$ 时，磁小体链显著的形状各向异性能会造成磁铁矿的易磁化轴重新回到磁小体链方向。降温过程中易磁化轴的不同选择最终造成 FC 和 ZFC 曲线在 $T<T_v$ 时的明显分叉和 $T>T_v$ 时的重合（Moskowitz et al.，1993；Li et al.，2013b）。Moskowitz 等（1993）对生物成因磁铁矿（包括趋磁细菌 MS-1、MV-1 和 MV-2 合成的磁小体磁铁矿，异化硫酸盐还原菌 GS-15 在体外诱导合成的磁铁矿）和化学合成的磁铁矿进行了系统的对比研究，发现化学合成的磁铁矿和 GS-15 诱导合成的磁铁矿的 FC 和 ZFC 曲线基本全程重合，其 δ_{FC}/δ_{ZFC} 接近或稍微大于 1，而磁小体磁铁矿的 δ_{FC}/δ_{ZFC} 均大于 2，因此提出 $\delta_{FC}/\delta_{ZFC}>2$ 是识别磁小体链甚至化石磁小体的重要判据之一，即 Moskowitz 检验。

鉴于磁小体磁铁矿的 T_v 通常发生在 90～110 K，作者采用 $\delta_{FC,ZFC}=(M_{FC,ZFC\_80\,K}-M_{FC,ZFC\_150\,K})/M_{FC,ZFC\_80\,K}$ 计算 δ 值，其中，$M_{FC或ZFC\_80K或150K}$ 代表 FC 和 ZFC 曲线分别在 80 K 和 150 K 时测量的剩磁强度。Moskowitz 检验被证明对大多数可培养趋磁细菌和直接从自然环境分离的未培养趋磁细菌所合成的磁小体链甚至片段化磁小体链均有效（Moskowitz et al.，1993；Pan et al.，2005b；Li et al.，2009；Lin and Pan，2009；Li J et al.，2010）。实际上，在发生 Verwey 转变时，沿链方向的链内磁小体间的静磁相互作用能、磁小链显著的形状各向异性能会与磁铁矿的磁晶各向异性能竞争，从而使磁小体的易磁化轴不可能完全偏离磁小体链方向，即倾向于在立方晶体结构中的［111］和单斜结构中的［100］二者之间选择一个平衡点（Moskowitz et al.，1993）。因此，与相同尺寸的化学合成磁铁矿和提纯的磁小体样品相比，具有完整磁小链结构的趋磁细菌细胞样品具有被不同程度压制的 Verwey 转变信号以及相对较低的 δ_{FC} 和 δ_{ZFC} 值（Pan et al.，2005a；李金华等，2009；Li and Pan，2012；Li et al.，2016）。

磁小体链的形状各向异性也能造成定向磁小体链样品的 Verwey 转变行为具有各向异性。图 4.10 是非定向和定向 AMB-1 完整细胞样品的低温磁学性质。与非定向样品相比，当沿磁小体链方向测量，在 $T<T_v$ 时，定向样品的 FC 与 ZFC 曲线之间差异减小，其热退磁曲线在通过 T_v 时，剩磁变化幅度也显著减小。非定向样品的 $\Delta SIRM_{10K\_2.5T}$（用来量化 FC 和 ZFC 曲线的差异，$\Delta SIRM_{10K\_2.5T}=(FC\text{-}SIRM_{10K\_2.5T}-ZFC\text{-}SIRM_{10K\_2.5T})/FC\text{-}SIRM_{10K\_2.5T}$）、$\delta_{FC}$ 和 δ_{ZFC} 分别为 36%、0.27 和 0.056，而定向样品沿磁小体链方向测量时，这些值分别降低到 18%、0.095 和约 0。然而，沿垂直磁小体链方向测量时，定向样品的 FC 与 ZFC 曲线差异则增大，其热退曲线通过 Verwey 转变时剩磁降低幅度也增加，$\Delta SIRM_{10K\_2.5T}$、δ_{FC} 和 δ_{ZFC} 分别为 39%、0.36 和 0.20。沿链方向测量时，定向样品的 ZFC 曲线在 104 K 和 134 K 之间，其剩磁逐渐增加（约增加 0.7%）。这与非定向样品和定向样品沿垂直链方向测量而表现出逐渐下降明显不同。为了精确评估 Verwey 转变引起剩磁降低，对沿平行链方向测量的定向样品，我们按照 $\delta=(M_{80K}-M_{104K})/M_{80K}$ 重新计算 δ_{FC}、δ_{ZFC} 和 δ 比值，分别为 0.072、0.0055 和 13.0。非定向样品和定向沿磁小体链方向测量时，低温循环曲线（LTDC）完全可逆。然而，当沿垂直链方向测量时，定向样品的 LTDC 曲线明显不可逆，其升温曲线在通过 Verwey 转变后仅显示了一个微弱的剩磁恢复，然后剩磁逐渐衰减，最终造成约 7%的剩磁降低（Li et al.，2013b）。

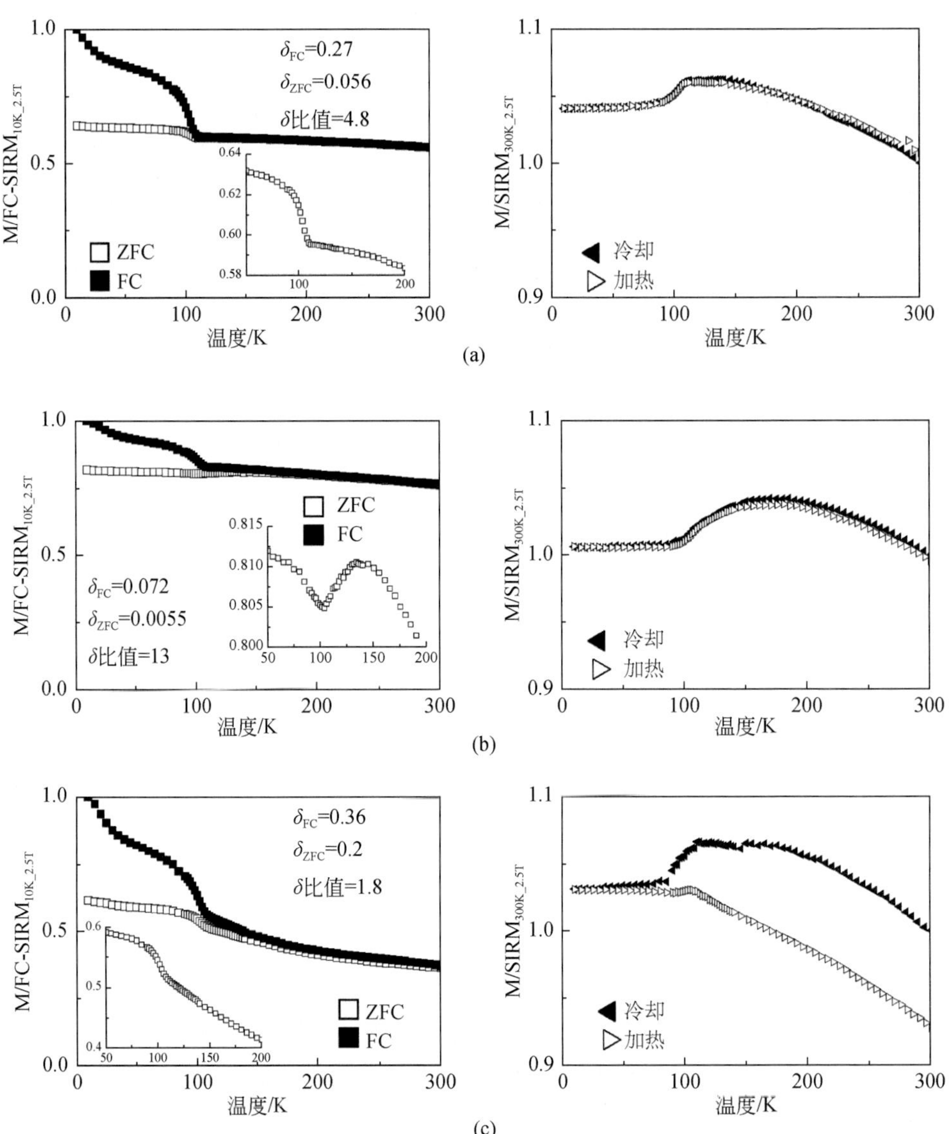

图 4.10　AMB-1 完整细胞样品的低温磁学性质

(a）非定向细胞样品结果；（b）定向细胞样品沿磁小体链方向测量结果；（c）定向细胞样品沿垂直磁小体链方向测量结果。左列为样品经零场（ZFC）和有场（FC，2.5 T）冷却到 10 K 时，施加 2.5 T 外场后所获得的饱和等温剩磁（$SIRM_{10K\_2.5T}$）在零场中的热退磁曲线；图中的插图为局部放大的 ZFC 曲线；图中展示的数据经 FC-$SIRM_{10K\_2.5T}$ 归一化处理。右列为样品在 300 K 时，施加 2.5 T 外场后所获得的饱和等温剩磁（$SIRM_{300K\_2.5T}$）在零场中的冷却-加热循环曲线（300 K→10 K→300 K）；图中所展示的数据经 $SIRM_{300K\_2.5T}$ 归一化处理对于定向排列的磁小体链，当沿磁小体链方向加场测量时，磁小体链的形状各向异性效应与外磁场效应重合，均会选择最靠近链方向的一个<100>变成新的 c-轴。这造成定向 AMB-1 细胞样品沿磁小体链方向测量时，FC 和 ZFC 曲线在 $T<T_v$ 的差异减小和 Verwey 转变幅度减弱（δ_{FC} 和 δ_{ZFC} 降低）。相反，当沿垂直链方向加场测量时，有场冷却中，磁小体会选择一个最远离磁小体链方向的<100>变成新的 c-轴，因而造成 FC 和 ZFC 曲线在 $T<T_v$ 的差异增大和 Verwey 转变幅度加强（δ_{FC} 和 δ_{ZFC} 升高）（Li et al.，2013b）。由于样品并不是完全定向的样品，而且可能由于外磁场对颗粒磁化方向的强烈约束效应，δ_{FC} 的变化幅度相对于 δ_{ZFC} 要小，因此，沿磁小体链方向测量时 δ 比值升高，而垂直链方向测量时 δ 比值减小。此外，磁小体链显著的形状各向异性可能还造成易磁化轴由［111］变成［100］的转换温度更靠近 T_v 而不是 T_i（约 135 K）。T_i 是磁铁矿的磁各向同性点（magnetic isotropic point），当 $T>T_i$ 时，磁铁矿的磁晶各向异性能常数 K_1 为负值，当 $T=T_i$ 时，K_1 为 0，当 $T<T_i$ 时，K_1 变为正值，并随着温度继续降低而增加，当 $T=T_v$ 时，K_1 陡然增加，可达 15 倍之多（Abe et al.，1976）。对于球形磁铁矿而言，随温度降低到 T_i 时，其易磁化轴由［111］变成［100］（Muxworthy and Williams，2000）。而对于磁小体链而言，当 $T>T_v$ 时，K_s 可能远远大于 K_1，当 $T<T_v$ 时，由于 K_1 的陡增，可能战胜 K_s 对颗粒磁化方向的约束，因此，易磁化轴由［111］等轴晶系变为［100］单斜晶系。我们的实验数据支持了上述观点。首先，在零场冷却和升温退磁曲线上，在 135 K 附近，并没有观测到剩磁的陡然变化。最重要的证据还是来自对定向磁小体链样品的低温磁学测量结果。如图 4.10（b）所示，ZFC 曲线在约 104 K（T_v）与约 134 K（T_i）之间随温度升高而增加证明，磁小体链的易磁化轴应该在 $T=T_v$ 时由［100］单斜晶系变回［111］等轴晶系，因此沿磁小体链方向的剩磁有所增加。这也造成其他方向上剩磁的减小，进而导致垂直链方向测量的 LTDC 曲线不可逆，出现明显的退磁（Li et al.，2013b）。

另外，趋磁细菌磁铁矿的 Verwey 转变行为还受到磁小体链坍塌程度的影响（Moskowitz et al.，1993；李金华 et al.，2009）。图 4.11 是非定向 AMB-1 完整细胞样品和 9 个提纯磁小体样品的低温磁学参数（Li and Pan，2012）。如图所示，与完整细胞样品相比，提纯磁小体样品拥有更高的 δ_{ZFC} 值，及明显降低的 δ 比值。除 A_{1c} 外，其他 8 个提纯磁小体样品的 δ 比值介于 1.20 和 1.86 之间，都低于 2.0，均不能通过 Moskowitz 检验。与 A_2 和 A_3 组样品相比，A_1 组样品因含有较完整的磁小体链，而拥有更高的 δ 比值和较低的 δ_{ZFC} 值。此外，对同一组样品，CaF_2 填充稀释处理造成 δ 比值增加，而 δ_{ZFC} 值降低。这表明，趋磁细菌磁铁矿的 δ_{ZFC} 和 δ 比值随磁小体链的断裂和聚集而系统变化，二者具有很好的相关性，可用 $\delta_{FC}/\delta_{ZFC} = 7.11\exp(-\delta_{ZFC}/0.057)+6583.22\exp(-\delta_{ZFC}/0.0063)+1.21$ ($r^2 = 0.999$) 拟合。基于以上研究，我们提出一个新参数 δ 图（δ_{ZFC} vs. δ_{FC}/δ_{ZFC}）。δ 图能清晰地反映样品中磁小体链的赋存状态，因此，可以用于化石磁小体的识别（Li J et al.，2012）。

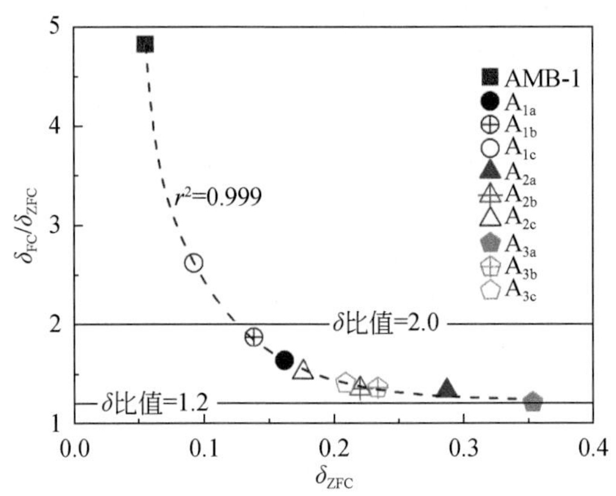

图 4.11　AMB-1 细胞低温磁学测量结果

磁小体系列样品在 δ 图（δ_{ZFC} vs. δ_{FC}/δ_{ZFC}）上的分布。黑色虚线是所有数据拟合的结果

值得注意的是，子弹形磁小体的［100］取向也能显著影响趋磁细菌磁铁矿的低温磁学性质（Li J et al.，2010）。例如，对密云水库趋磁大杆菌 MYR-1 非定向全细胞样品的低温磁学测量显示，与其他具有［111］取向的趋磁细菌磁铁矿相比，MYR-1 磁铁矿具有更低的 δ_{FC} 和 δ_{ZFC} 值，分别为 0.12 和 0.038，其 LTDC 的降温和升温曲线上都没有观察到明显的 Verwey 转变特征。这可能是由于在零场冷却过程中，磁小体的最初磁化方向（$T>T_v$）和新 c-轴（易磁化轴）（$T<T_v$）均沿磁铁矿的［100］方向，造成 ZFC 和 LTDC 曲线上 Verwey 转变信号不明显和完全消失。然而，在有场冷却过程中，外加强磁场使磁小体发生 Verwey 转变时会选择与外磁场最接近的一个＜100＞方向作为新易磁化轴，从而获得增强的低温 SIRM，造成 T_v 以下 FC 曲线和 ZFC 曲线的明显分叉。随后在零场中升温到 T_v 以上时，磁小体的磁化方向重新回到磁小体链方向上，FC 和 ZFC 曲线重合。磁小体的［100］晶体取向和磁小体链束结构造成 MYR-1 全细胞样品仍具有较高的 δ 比值（Li J et al.，2010）。

4.5　本 章 小 结

磁小体晶体的单磁畴特性及其链状结构赋予趋磁细菌磁铁矿独特的微观和宏观磁学性质，这是趋磁细菌响应地磁场的物理基础。趋磁细菌磁铁矿独特的生物学、晶体学和磁学特质（如具有天然生物膜包裹、单磁畴和结晶完美而磁性强、颗粒尺寸和形状分布窄而磁性一致、链状排列而磁各向异性显著等）为生物仿生合成新型生物源磁性纳米材料提供了契机，也是从古老沉积物或沉积岩中有效识别化石磁小体，并解译其携带的古地磁、古环境和古生命信息的基础。

（李金华　执笔）

第 5 章　细菌诱导矿化作用及其磁性产物

细菌的胞外矿化作用是指细菌通过自身代谢活动改变周围环境的物理、化学条件，从而间接诱导矿物在细胞外沉淀的过程。与细菌的胞内矿化作用（如趋磁细菌）相比，其矿化速率快、产量高、规模大。微生物矿化广泛参与了地球上铁元素的生物地球化学循环，如铁氧化菌和铁还原菌可以进行胞外矿化作用，在自然界中分布非常广泛，并且可以矿化形成多种常见的铁氧化物或氢氧化物（表 5.1）（Lovley et al.，2004；Melton et al.，2014）。厌氧光合铁氧化菌可以矿化生成水合氧化铁、针铁矿和磁铁矿等矿物（Straub et al.，1999；Kappler and Newman，2004；Jiao et al.，2005）；异化铁还原菌可以矿化生成绿锈、针铁矿、磁铁矿、蓝铁矿和菱铁矿等矿物（Lovley et al.，1987；Fredrickson et al.，1998；Borch et al.，2007；Czaja et al.，2013）。上述细菌诱导矿化产生的磁性矿物也成为沉积物中磁性矿物的来源之一。

表 5.1　铁氧化菌和铁还原菌诱导形成的常见矿物

矿物	英文名	化学式
蓝铁矿	vivianite	$Fe_3(PO_4)_2\cdot 8H_2O$
菱铁矿	siderite	$FeCO_3$
水合氧化铁	ferrihydrite	$Fe_5HO_8\cdot 4H_2O$
针铁矿	goethite	α-FeOOH
纤铁矿	lepidocrocite	γ-FeOOH
四方纤铁矿	akaganéite	β-FeOOH
黄钾铁钒	jarosite	$KFe_3(SO_4)_2(OH)_6$
施氏矿物	schwertmannite	$Fe_{16}O_{16}(OH)_y(SO_4)_z\cdot nH_2O$
绿锈	green rust	$[Fe(II)_{1-x}Fe(III)_x(OH)_2]^{x+}\cdot[(x/n)A^{n-}, mH_2O]^{x-}$
磁铁矿	magnetite	Fe_3O_4

微生物胞外矿化受到很多因素的影响，其中自然环境中的光照强度、温度、pH、矿化底物、其他离子及有机质等因素都可以改变微生物胞外矿化途径和矿化产物的形成（Hegler et al.，2008；Amstaetter et al.，2012；Han et al.，2020a）。例

如，土壤沉积物中约有 21.5%的有机碳可以通过共沉淀和直接吸附的方式与铁氧化物结合，这不仅会影响微生物对含铁矿物的可利用性，同时也会影响环境中碳元素的固定，以及其他吸附元素的地球化学循环（Lalonde et al.，2012；Mejia et al.，2018；Han et al.，2019）。

已有研究表明，微生物介导的胞外矿化作用对地球早期环境中多种元素的生物化学循环有着巨大的贡献。尤其在太古宙时期（≥2.5 Ga），陆少洋多，氧气含量仅为现代大气氧浓度的十万分之一（Lyons et al.，2014）。因此推测微生物介导的氧化作用是磁性氧化物的重要形成方式之一，参与了铁建造（iron formations，IF）形成（Konhauser et al.，2017）。

本章围绕细胞诱导矿化作用及其产物，介绍自然界中常见的铁氧化菌和铁还原菌种类、生存环境、电子供体和受体、电子传递机制、矿化产物种类、形态和与细胞之间的空间关系，以及其诱导的元素循环和同位素分馏过程等。

5.1　铁氧化菌的胞外矿化过程

不同种类的铁氧化菌可以在不同氧气浓度和 pH 等环境条件下将 Fe^{2+}氧化为 Fe^{3+}，主要包括：微好氧铁氧化菌、嗜酸性铁氧化菌、硝酸盐还原铁氧化菌和厌氧光合铁氧化菌。

5.1.1　微好氧铁氧化菌的矿化过程

微好氧铁氧化菌可以利用 O_2 为电子受体，Fe^{2+}为电子供体形成铁氧化产物[式（5.1）]（Emerson et al.，2010）

$$4Fe^{2+}+10H_2O+O_2 \longrightarrow 4Fe(OH)_3+8H^+ \tag{5.1}$$

微好氧铁氧化菌包括淡水β变形菌以及海洋ζ变形菌，如 *Gallionella*、*Sideroxydans*、*Ferriphaselus*、*Ferritrophicum* 和 *Leptothrix*，以及 *Mariprofundus* spp. 和 *Ghiorsea* spp.（Emerson et al.，2010；Chan et al.，2016a；Mori et al.，2017）。

微好氧铁氧化菌主要生活在水中的有氧-无氧界面附近，如土壤、淡水、海洋沉积物，以及地下水渗出口和深海热液喷出口的微生物席中（Emerson et al.，1999；MacDonald et al.，2014；Emerson and de Vet，2015；Laufer et al.，2017b）。在中性环境中，微好氧铁氧化菌需与其他快速氧化 Fe^{2+}的化学反应（如 O_2 氧化）竞争电子供体 Fe^{2+}，因此微好氧铁氧化菌多栖息在氧气活性远低于空气饱和的生态位中（Maisch et al.，2019）。当环境中氧气浓度低于 50 μmol/L 时，微好氧铁氧化菌氧化 Fe^{2+}的速率会高于化学过程氧化 Fe^{2+}的反应速率（Druschel et al.，2008）。

融合细胞色素蛋白 Cyc2 可能是微好氧铁氧化菌中的铁氧化酶（McAllister et al.，2019；McAllister et al.，2020）。前人在嗜酸菌中首次发现 Cyc2 铁氧化酶，后发现 Cyc2 铁氧化酶在嗜中性海洋铁氧化菌 *Mariprofundus ferrooxydans* PV-1 的铁氧化过程中也有高表达（Jeans et al.，2008；Edwards and Ferris，2020）。最近的宏基因组学和宏转录组学研究证实了这种铁氧化酶在嗜中性铁氧化微生物席形成中的重要作用（McAllister et al.，2020）。在微好氧铁氧化菌氧化 Fe^{2+}过程中，电子的转移途径有两种：第一种途径可能是细胞表面 Fe^{2+}氧化产生的电子被运送到细胞周质的细胞色素蛋白（Cyc1 或其他细胞色素蛋白），然后运送到 *cbb3* 型细胞色素氧化酶用于还原 O_2（Barco et al.，2015）；第二种途径可能是电子从细胞周质的细胞色素蛋白到另一个细胞色素蛋白和内膜醌的转移，最终产生还原能力（Liu J et al.，2012；Barco et al.，2015）。另外，前人在 *Sideroxydans lithotrophicus* ES-1 菌株中发现微好氧铁氧化菌的另一种铁氧化酶基因（*mtoA*），但该基因仅在少数铁氧化菌的基因组中有所发现（Liu J et al.，2012）。

一些微好氧铁氧化菌可以直接在细胞外矿化形成扭曲茎、管状鞘、束状结构（图 5.1）。矿化产物一般为结晶程度比较低的水合氧化铁、纤铁矿、针铁矿、四方

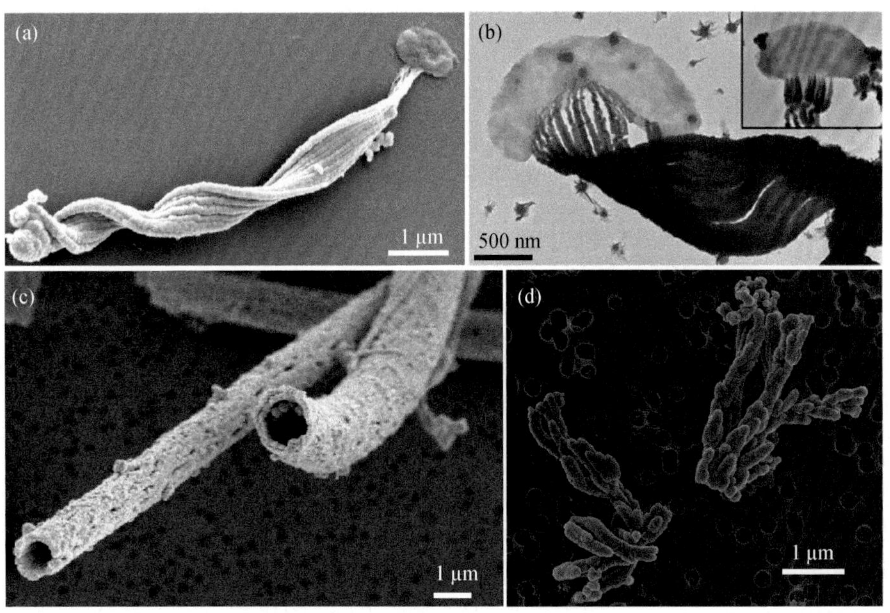

图5.1　微好氧铁氧化菌矿化产物

（a）*M. ferrooxydans* PV-1 扭曲茎状结构扫描电子显微镜图片（Chan et al.，2016a）；（b）*M. ferrooxydans* PV-1 扭曲茎状结构透射电子显微镜图片（Chan et al.，2011）；（c）夏威夷 Loihi 海山中未培养 ζ 变形菌管状鞘结构的扫描电子显微镜图片（Fleming et al.，2013；Chan et al.，2016b）；（d）*M. ferrinatatus* CP-8 束状结构的扫描电子显微镜图片（Chiu et al.，2017）

纤铁矿及有机质（可能为多糖和饱和脂肪族有机碳链）（Laufer et al.，2017b；Byrne et al.，2018）。这些细胞外的结构除了可以防止细胞被矿化产物包裹，还具有多种生理功能。例如，扭曲茎可以帮助细菌在 O_2 和 Fe^{2+} 浓度最佳的生长环境中定位，并将 O_2 和 Fe^{2+} 固定在细胞表面，有利于下一步的矿化过程（Krepski et al.，2013）；而长辫状结构很容易从细胞上脱落，以帮助浮游型铁氧化菌悬浮在水中（Chiu et al.，2017）。

另外，微好氧铁氧化菌可以通过胞外矿化过程改变细胞周围环境的 O_2 和 Fe^{2+} 浓度，从而形成微环境独特的微生物席（Chan et al.，2016b）。营养元素、有机质等都可以通过吸附或者共沉淀的方式与微好氧铁氧化菌矿化形成的结晶程度较低的 Fe^{3+} 氢氧化物和有机碳结合，因此，微好氧铁氧化菌也为微生物席中的其他生物提供了丰富的有机碳和营养元素来源（Laufer et al.，2017b；Sowers et al.，2019）。

5.1.2　嗜酸性铁氧化菌的矿化过程

嗜酸性铁氧化菌可以在极端酸性环境（pH≤2）中氧化 Fe^{2+}，包括氧化亚铁硫杆菌（*Acidithiobacillus ferrooxidans*）、氧化亚铁钩端螺菌（*Leptospirillum ferrooxidans*）、氧化亚铁铁杆菌（*Ferrobacillus ferrooxidans*）等。以嗜酸性氧化亚铁硫杆菌为例，它可以在酸性硫酸盐环境中高效催化 Fe^{2+} 氧化为 Fe^{3+}［式（5.2）］，并伴随着 Fe^{3+} 水解产生施氏矿物、黄铁钒等次生含铁矿物［式（5.3）和式（5.4）］（Zhu et al.，2013；宋永伟等，2020）。

$$4Fe^{2+} + O_2 + 4H^+ \xrightarrow{A.\ ferrooxidans} 4Fe^{3+} + 2H_2O \tag{5.2}$$

$$8Fe^{3+} + 14H_2O + SO_4^{2-} \longrightarrow Fe_8O_8(OH)_6SO_4 + 22H^+ \tag{5.3}$$

$$M^+ + 3Fe^{3+} + 2SO_4^{2-} + 6H_2O \longrightarrow MFe_3(SO_4)_2(OH)_6 + 6H^+ \tag{5.4}$$

式（5.4）中 M^+ 为 K^+、NH_4^+、Na^+ 等阳离子。

施氏矿物具有纳米级粒度和不规则孔道结构，比表面积多为 100～200 m^2/g，且富含羟基、硫酸根等基团（Jönsson et al.，2005）。黄铁矾具有不溶于稀酸，易于沉淀、洗涤和过滤等优点，也是性能优异、稀有昂贵的赭黄色无机颜料（周顺桂等，2004）。嗜酸性铁氧化菌能够通过形成含铁含硫矿物提高元素的回收率，并具有成本低、投资少、能耗低等优点。因此近年来，嗜酸性铁氧化菌湿法冶金被广泛应用于资源回收、环境修复等多个领域（谌书等，2013）。

5.1.3　硝酸盐还原铁氧化菌的矿化过程

硝酸盐还原铁氧化菌可以在中性 pH 环境中以硝酸盐为电子受体，对 Fe^{2+} 进行厌氧氧化［式（5.5）和式（5.6）］（Wang et al.，2016；Kappler and Bryce，2017）。

$$10Fe^{2+} + 2NO_3^- + 24H_2O \longrightarrow 10Fe(OH)_3 + N_2 + 18H^+ \quad (5.5)$$

$$8Fe^{2+} + NO_3^- + 21H_2O \longrightarrow 8Fe(OH)_3 + NH_4^+ + 14H^+ \quad (5.6)$$

硝酸盐还原铁氧化菌通过氧化 Fe^{2+}形成水合氧化铁、针铁矿、纤铁矿、绿锈和磁铁矿等含铁矿物（Larese-Casanova et al.，2010）。最近的研究表明部分硝酸盐还原铁氧化菌的铁氧化过程不仅可以与硝酸盐还原耦合，还可以固定 CO_2 生成生物有机质，从而进行化能自养（Blöthe and Roden，2009）。

硝酸盐还原铁氧化菌在自然界中分布广泛，目前已从海水、盐水潟湖、湿地、溪水、湖水、池塘、沟渠、土壤等咸水和淡水环境中成功分离出硝酸盐还原铁氧化菌（Hafenbradl et al.，1996；Rashby et al.，2007）。并且，即使在氧气存在的环境中，部分硝酸盐还原铁氧化菌也能够氧化 Fe^{2+}。因此，硝酸盐还原铁氧化菌在有氧和无氧环境的 Fe^{2+}氧化过程中都有贡献。

5.1.4　厌氧光合铁氧化菌的矿化过程

厌氧光合铁氧化菌是自然环境中一种重要的初级生产者，能够利用光能和 Fe^{2+}固定无机碳为有机碳［式（5.7）］，并从这一过程中获取维持生理活动所需的能量。

$$HCO_3^- + 4Fe^{2+} + 10H_2O \xrightarrow{h\nu} (CH_2O) + 4Fe(OH)_3 + 7H^+ \quad (5.7)$$

Widdel 等（1993）最早发现并培养了厌氧光合铁氧化菌。目前从淡水和海洋沉积物中共分离培养 9 株厌氧光合铁氧化菌，分别属于紫硫细菌、紫色非硫细菌和绿硫菌（表 5.2）。目前所有已知的厌氧光合铁氧化菌只能在 pH 约为 5～7 的环境中氧化 Fe^{2+}（Hegler et al.，2008）。

表 5.2　厌氧光合铁氧化菌的系统发育分类（修改自 Kappler and Straub，2005；Kappler et al.，2021）

系统发育组	菌株	分离自	参考文献
紫硫细菌	*Thiodictyon* sp. F4	淡水沼泽	Croal et al.，2004
紫色非硫细菌	*Rhodobacter ferrooxidans* SW2	淡水沟渠	Ehrenreich and Widdel，1994
	Rhodomicrobium vannielii BS-1	淡水	Widdel et al.，1993
	Rhodopseudomonas palustris TIE-1	富铁淡水菌席	Jiao et al.，2005
	Rhodovulum iodosum N1	海洋沉积物	Straub et al.，1999
	Rhodovulum robiginosum N2	海洋沉积物	Straub et al.，1999
绿硫菌	*Chlorobium ferrooxidans* KoFox	淡水沟渠	Heising et al.，1999
	Chlorobium phaeoferrooxidans	富铁湖泊水柱	Crowe et al.，2017
	Chlorobium sp. N1	沿海海洋沉积物	Laufer et al.，2017a

5.1.4.1　厌氧光合铁氧化菌的 Fe^{2+} 电子供体及矿化产物

不同种属厌氧光合铁氧化菌可利用的 Fe^{2+} 电子供体不同。*Rhodobacter ferrooxidans* strain SW2、*Chlorobium ferrooxidans* strain KoFox 和 *Thiodictyon* sp. strain F4 可以氧化溶解的 Fe^{2+} 以及部分 Fe^{2+} 矿物，如菱铁矿和硫化亚铁（FeS），但无法氧化蓝铁矿、黄铁矿（FeS_2）和磁铁矿（Kappler and Newman，2004）。然而，*Rhodopseudomonas palustris* TIE-1 不仅可以利用溶解的 Fe^{2+}，还可以利用磁铁矿，甚至电极提供的电子（Bose et al.，2014；Byrne et al.，2015a）。我们首次发现两株厌氧光合铁氧化菌 *R. ferrooxidans* SW2 和 *R. palustris* TIE-1 可以利用绿锈中的 Fe^{2+}（Han et al.，2020b）。绿锈是一种蓝绿色、片状含铁氢氧化物（图 5.2），一般在氧气浓度比较低的富铁沉积物中广泛分布，常见的绿锈根据层间阴离子可分为硫酸盐绿锈［GR（SO_4^{2-}）］、碳酸盐绿锈［GR（CO_3^{2-}）］和含氯绿锈［GR（Cl^-）］（Usman et al.，2018）。

图 5.2　绿锈矿物（a）及其扫描电子显微镜照片（b）和穆斯堡尔谱（c）

厌氧光合铁氧化菌的 Fe^{2+} 氧化速率依赖于反应体系中的多种因素，如初始 Fe^{2+} 浓度、光照强度、温度、pH 及其他离子浓度等因素。不同 Fe 浓度梯度（0.2～30 mmol/L Fe^{2+}_{aq}）培养实验结果显示，*R. ferrooxidans* SW2 在初始 Fe^{2+}_{aq} 浓度为 8 mmol/L 时氧化速率最高，而在初始 Fe^{2+}_{aq} 浓度高于 15 mmol/L 时，氧化速率下降至最大速率的 40%～50%（Hegler et al.，2008）。另外，我们发现 Si 元素的存在对厌氧光合铁氧化菌的 Fe^{2+} 氧化速率影响较小，但会使细胞开始氧化 Fe^{2+} 之前的延滞期增长（Wu et al.，2014）。不同种属的厌氧光合铁氧化菌的光饱和度（氧化速率达到最大时的光照强度）也不同。紫色非硫细菌 *R. ferrooxidans* SW2、紫硫细菌 *Thiodictyon* sp. strain F4 和绿硫菌 *C. ferrooxidans* KoFox 的光饱和度分别为 400 lux、800 lux 和低于 50 lux。厌氧光合铁氧化菌对其生存环境的要求极其严格，既需要靠近水体表面获得光线，同时也需要厌氧的环境。它们可以通过适应含有少量氧气的环境，使其生态位更接近水体表面；或通过降低对光照的要求，在更深、更厌氧的环境中生存。*C. ferrooxidans* KoFox 的光饱和度较低，最适合生活在更深的水体环境中。*R. ferrooxidans* SW2、*Thiodictyon* sp. strain F4 的光饱和度较高，需要更强的光照实现 Fe^{2+}的快速氧化，因此通常生活在更浅的水体环境中（Hegler et al.，2008）。

厌氧光合铁氧化菌的矿化产物一般为结晶程度比较弱的含铁矿物，如水合氧化铁、针铁矿和纤铁矿（Kappler and Newman，2004；Wu et al.，2014）；另外，淡水菌 *R. palustris* TIE-1 和海洋菌 *Rhodovulum iodosum* 也可以氧化 Fe^{2+}形成少量的磁铁矿（Straub et al.，1999；Jiao et al.，2005）。生物有机质，作为厌氧光合铁氧化菌将 Fe^{2+}氧化为 Fe^{3+}过程中的产物，可以与 Fe^{3+}矿物紧密结合，并形成共沉淀。这种生物有机质主要以脂质和多糖为主要成分（Chan et al.，2009；Miot et al.，2009a，2009b），通常在小溪、植物根系和湿地环境中广泛存在（Emerson and Weiss，2004；Duckworth et al.，2009；Emerson et al.，2010；Wheatland et al.，2017；Sowers et al.，2019）。

生物有机质可以通过共沉淀和/或在矿物表面聚集的方式，严重影响矿物的比表面积和表面电势等特征，从而改变生物成因 Fe^{3+}矿化产物的二次矿化速率和途径（Kappler et al.，2005b；Posth et al.，2010；Thomasarrigo et al.，2018）。最近，我们在实验室内合成四种水合氧化铁底物：①化学方法合成的无腐殖酸的水合氧化铁（aFh）；②化学方法合成的与腐殖酸共沉淀的水合氧化铁（aFh-HA）；③由厌氧光合铁氧化菌 *R. ferrooxidans* SW2 矿化形成的生物成因水合氧化铁（bFh）；④用漂白剂（NaOCl）处理除去有机物的生物成因水合氧化铁（bFh-bleach）。对上述四种水合氧化铁底物的矿物相、比表面积、表面电势和 C/Fe 摩尔比等矿物特征进行对比，发现以下特点（Han et al.，2020a）：四种水合氧化铁底物在 140 K 温度条件下测试的穆斯堡尔谱（图 5.3）显示合成矿物都具有超精细参数的双峰特征；但是，样品 aFh-HA、bFh 和 bFh-bleach 中存在腐殖酸和微生物有机质（*R. ferrooxidans* SW2 细胞及其胞外聚合物），这些有机质与水合氧化铁中的 Fe 元素相互作用，使四种水合氧化铁的穆斯堡尔谱参数稍有不同（表 5.3）。另外，四种水合氧化铁的总有机碳（TOC）分析结果显示，bFh-bleach 样品中的 C/Fe 摩尔比接近于零（0.01），结合其矿物学特征，说明漂白剂的确成功除去了 bFh 中约 97%的生物有机质（表 5.4）；并且漂白剂的处理并没有影响水合氧化铁的矿物相特征。由于腐殖酸在水合氧化铁表面的吸附，甚至可能在其表面形成较大的聚集体，aFh-HA 的比表面积比 aFh 的比表面积要小得多。尽管 bFh 和 aFh-HA 的 C/Fe 摩尔比相似，但 bFh 的比表面积却不像 aFh-HA 那么小，这表明 bFh 中的生物有机质在水合氧化铁表面

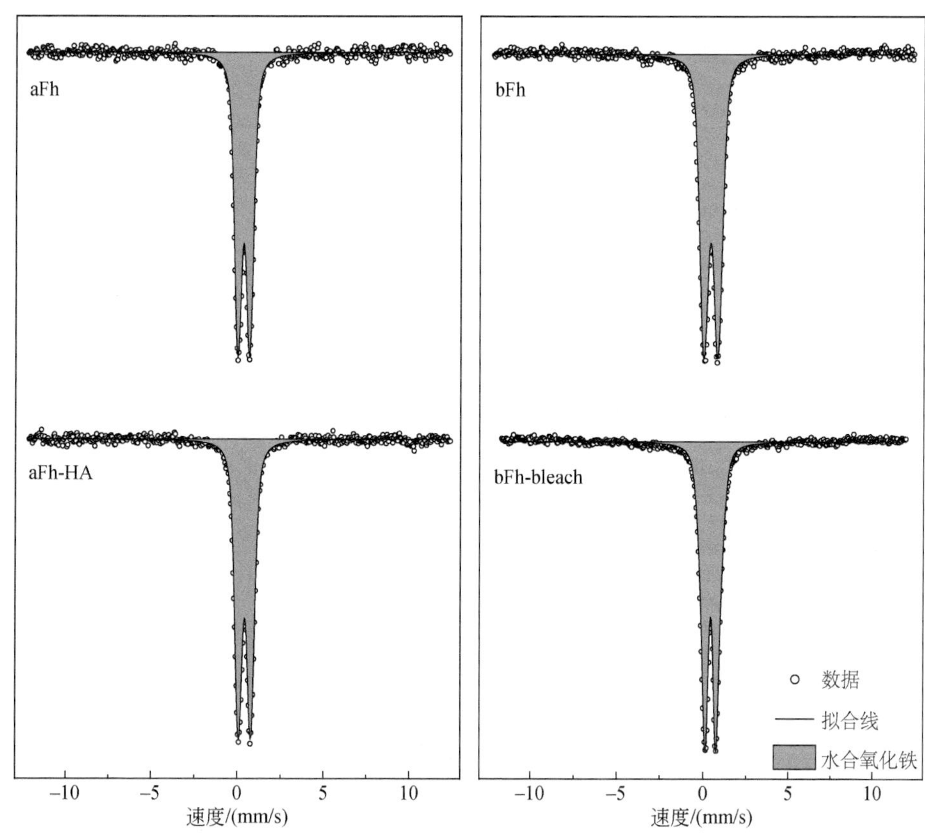

图 5.3　四种水合氧化铁底物在 140 K 温度条件下测试的穆斯堡尔谱

aFh，化学方法合成的无腐殖酸的水合氧化铁；aFh-HA，化学方法合成的与腐殖酸共沉淀的水合氧化铁；bFh，由厌氧光合铁氧化菌 *R. ferrooxidans* SW2 矿化形成的生物成因水合氧化铁；bFh-bleach，用漂白剂处理除去有机物的生物成因水合氧化铁（修改自 Han et al.，2020a）

的吸附或者聚集体形成程度低于 aFh-HA。并且，由于腐殖酸和生物有机质的存在，aFh-HA 和 bFh 的表面电势为负，而 aFh 的表面电势为正。NaOCl 除去了 bFh 中约 97%的生物有机质，因此 bFh-bleach 的表面电荷为正。

表 5.3　四种水合氧化铁底物在 140 K 温度条件下测试的穆斯堡尔谱参数（Han et al.，2020a）

样品	成分	CS[a] /（mm/s）	ΔE_Q[b] /（mm/s）	σ（Δ）[c] /（mm/s）	χ^2
aFh	水合氧化铁	0.44	0.70	0.30	0.69
aFh-HA	水合氧化铁	0.44	0.72	0.30	0.69
bFh	水合氧化铁	0.45	0.81	0.37	1.25
bFh-bleach	水合氧化铁	0.43	0.74	0.37	1.72

a 同质异能移；b 四极分裂；c 四极分裂分量的标准偏差

表 5.4　四种水合氧化铁底物比表面积、表面电势和 C/Fe 摩尔比特征（Han et al.，2020a）

样品	比表面积/（m²/g）	表面电势/mV	C/Fe 摩尔比
aFh	306（±1.7）	12.7（±1.5）	0.00
aFh-HA	13（±0.2）	−21.7（±0.3）	0.42
bFh	228（±0.6）	−27.0（±0.9）	0.39
bFh-bleach	255（±1.0）	2.60（±0.7）	0.01

5.1.4.2　厌氧光合铁氧化菌催化 Fe^{2+}氧化的蛋白编码操纵子

紫色非硫细菌中的 *R. palustris* TIE-1 和 *R. ferrooxidans* SW2 催化 Fe^{2+}氧化的蛋白编码操纵子已有研究（Croal et al.，2007；Jiao and Newman，2007）。*R. palustris* TIE-1 催化 Fe^{2+}氧化需要操纵子 *pio*（phototrophic iron oxidation，包含三个基因 *pioA*、*pioB* 和 *pioC*）。操纵子 *pio* 编码的 PioA 是一种存在于细胞周质中的蛋白质，它可以作为还原酶直接从 Fe^{2+} 获得电子。这种功能类似于铁氧化菌 *Acidithiobacillus ferrooxidans* 和 *R. ferrooxidans* SW2 以及铁还原菌 *Shewanella oneidensis* 中的细胞色素蛋白（c-type cytochrome），它具有较宽的氧化还原电位，可以作为 Fe^{3+}的电子供体和 Fe^{2+}的直接电子受体。

操纵子 *pio* 编码的 PioB 是一种外膜孔隙蛋白，具有铁转运蛋白的功能，但并没有明显的氧化还原活性辅基。操纵子 *pio* 编码的 PioC 是一种高电位铁硫蛋白（high potential iron sulfur protein，HiPIP），负责将电子运送到细菌的光合反应中心（Jiao and Newman，2007）。对于 *R. ferrooxidans* SW2，*foxEYZ* 是其催化 Fe^{2+}氧化的操纵子。操纵子编码的 FoxE 是一种在溶液中以三聚体或四聚体存在的细胞色素蛋白，被认为是一种铁氧化还原酶。它的每个单体中的两个血红素会与组氨酸和甲硫氨酸进行六配位。其中的血红素具有正电位，可以将电子从 Fe^{2+}转移到光合反应中心（Saraiva et al.，2012）。FoxE 作为 Fe^{2+}氧化还原酶在 *R. ferrooxidans* SW2 的细胞周质中发挥作用，这可能是 *R. ferrooxidans* SW2 具有阻止 Fe^{3+}在细胞周质沉淀的机制。*foxY* 和 *foxZ* 在 *R. ferrooxidans* SW2 氧化 Fe^{2+}中的作用尚不清楚。序列分析预测 FoxY 可能包含与氧化还原活性辅基吡咯并喹啉醌结合的基序，说明 FoxY 在 *R. ferrooxidans* SW2 介导的 Fe^{2+}氧化中的作用可能是协助 FoxE 将电子转移到循环电子转移链。FoxZ 序列分析显示其为具有转运功能的细胞质膜蛋白（Croal et al.，2007）。当 *R. ferrooxidans* SW2 以 Fe^{2+}和/或 H_2 为电子供体时，*foxE* 和 *foxY* 基因共转录，而 *foxZ* 仅在 *R. ferrooxidans* SW2 以 Fe^{2+}为电子供体时进行转录。虽然 *R. palustris* TIE-1 中的操纵子 *pioABC* 和 *R. ferrooxidans* SW2 中的操纵子 *foxEYZ* 同为催化 Fe^{2+}氧化的作用，但它们并不是同源物（Kappler et al.，2021）。

5.1.5 铁氧化菌矿化产物与细胞空间分布关系

铁氧化菌在中性环境中将 Fe^{2+}氧化为 Fe^{3+}后，Fe^{3+}极易沉淀。随着铁氧化菌代谢活动的进行，Fe^{3+}矿物会不断在细胞外部积累（Kappler and Newman，2004; Hegler et al.，2008）。Fe^{3+}矿物的零点势能较高导致其表面通常带正电荷，而铁氧化菌细胞表面由于羟基、羧基的存在常带负电荷，从而使得铁氧化菌矿化形成的 Fe^{3+}矿物易于将细胞包裹，阻止细胞所需营养物质的跨膜运输，使得细胞代谢活动降低直至细胞死亡。例如，硝酸盐还原铁氧化菌 *Acidovarax* sp. strain BoFeN1 矿化形成的 Fe^{3+}产物，会随着氧化过程的进行包裹整个细胞（Kappler et al.，2005b）。

然而，微好氧铁氧化菌和光合铁氧化菌可以通过自身调控避免细胞表面被矿物包裹（图 5.4），其方式主要有以下几种：①细胞胞外形成茎状或鞘状有机质为 Fe^{3+}矿物成核和结晶提供胞外位点。例如，微好氧铁氧化细菌 *Mariprofundus ferrooxydans* 可以在胞外形成大量由富羧基多糖组成的茎状物，其矿化产物纤铁矿可以附着在茎状物上，从而避免细胞被矿物包裹（Chan et al.，2011）。②细胞氧化形成的 Fe^{3+}以无机复合物或胶质集合体的形式存在。例如，在不同 $NaHCO_3$浓度梯度（2～10 mmol/L）培养实验中，Fe^{2+}被 *Ralstonia* HM08-01 氧化后可以形成可溶性或胶质态的 Fe^{3+}（Swanner et al.，2011）。③细菌调节细胞周围的微环境，如 pH 等。光合铁氧化菌 *Thiodictyon* sp. strain F4 可以在细胞周围形成一个 pH 由低到高的梯度环境，从而改变 Fe^{3+}在细胞表面的溶解度，使 Fe^{3+}形成后不会立即沉淀在细胞表面，而是在离细胞一定距离的位置结晶并沉淀（Hegler et al.，2010）。④细菌通过改变细胞表面的电荷状态阻止矿物对细胞的包裹（Schädler et al.，2009）。⑤细胞通过分泌有机聚合物（extracellular polymeric substances，EPS）等，作为 Fe^{3+}离子结晶和沉淀的模板，或与 Fe^{3+}离子络合形成复合物（Wu et al.，2014）。

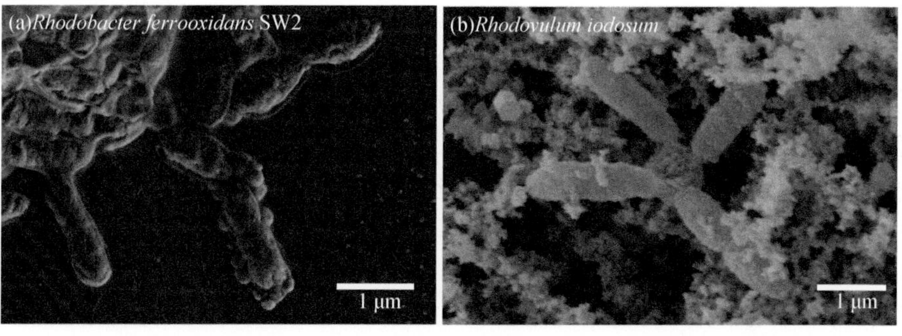

图 5.4　淡水厌氧光合铁氧化菌 *Rhodobacter ferrooxidans* SW2（a）和海洋厌氧光合铁氧化菌 *Rhodovulum iodosum*（b）矿化产物与细胞相互关系的扫描电子显微镜图

我们利用三种不同染料/探针分别对厌氧光合铁氧化菌 *R. iodosum* 的细胞

DNA、胞外分泌物 EPS 和可溶解/络合的 Fe^{3+}进行了标记，并通过激光共聚焦显微镜（cofocal laser scanning microscope，CLSM）观察这三者之间的空间分布关系（Wu et al.，2014）。结果显示 Fe^{3+}的荧光信号与 EPS 的反射信号在空间上基本重合，而与细胞之间无明显空间分布关系，暗示 Fe^{3+}与 EPS 络合形成 Fe^{3+}-EPS 的复合物，并且 Fe^{3+}-EPS 复合物并不吸附在细胞表面上。

5.1.6　铁氧化菌矿化过程中的 Fe 同位素分馏

同位素分馏包括平衡分馏（equilibrium fractionation）、动力学分馏（kinetic fractionation）和非质量相关分馏（mass-independent fractionation）。平衡分馏是指在一定温度下，不同物质或矿物相间同位素交换反应达到平衡时，它们之间的同位素分馏。温度越高，两化合物之间的同位素平衡分馏越小。动力学分馏是指同位素在物相之间的分配随时间和反应进程而不断变化，如云团蒸气的凝聚、地表水的蒸发等过程，其中反应产物一旦生成后就脱离了体系或停止了与反应体系中其他物质之间的同位素交换作用。一般情况下，同位素的质量差越大，同位素分馏的效应也越大，即同位素交换反应服从质量相关定则，如三同位素体系中的同位素比值是各同位素质量倒数之差的函数。而对于不服从质量相关分馏的同位素分布被称为非质量相关分馏，如在放电生产臭氧的过程中氧同位素的分馏（郑永飞和陈江峰，2000）。不同铁氧化菌在矿化过程中的 Fe 同位素分馏具有不同的模式和分馏值。嗜酸菌 *Acidothiobacillus ferrooxidans* 在低 pH（<3）条件下介导的 Fe^{2+}氧化过程中，Fe^{2+}_{aq}与 Fe^{3+}_{aq}之间的 Fe 同位素分馏值为 2.2‰，此分馏值明显小于 Fe^{2+}_{aq} 与 Fe^{3+}_{aq} 之间的化学平衡分馏值 2.9‰，这可能反映了微生物作为可以与 Fe 进行络合的“配位体”在 Fe 同位素分馏过程中造成的影响（Johnson et al.，2002；Welch et al.，2003；Balci et al.，2006）。并且，在分别以 $FeSO_4$ 和 $FeCl_2$ 为 Fe^{2+}源的实验中，Fe^{3+}_{aq} 与 $FeSO_4$之间的 Fe 同位素分馏值（0.69‰）和 Fe^{3+}_{aq} 与 $FeCl_2$之间的 Fe 同位素分馏值（0.86‰）不同，说明反应体系中不同阴离子的存在会对 Fe 同位素分馏过程造成影响（Balci et al.，2006）。而在中性 pH 条件下，厌氧光合铁氧化菌 *Thiodictyon* sp. strain F4 的矿化产物与 Fe^{2+}_{aq} 之间的 Fe 同位素分馏值为 1.5‰，实验中观察到的 Fe^{3+}矿物与 Fe^{2+}_{aq} 之间的 Fe 同位素分馏过程可能是“生物配位体”控制的平衡分馏，或是 Fe^{3+}矿物与 Fe^{2+}_{aq} 之间的平衡分馏，以及 Fe^{3+}矿物快速沉淀造成的动力学分馏相叠加的结果（Croal et al.，2004）。另外，由于前寒武纪古海洋环境中存在大量的无定型硅（2.2 mmol/L），研究人员进行了大量关于 Si 元素对铁氧化菌矿化过程中 Fe 同位素分馏影响的研究。在无 Si 的培养体系中，Fe^{2+}_{aq}与 *R. iodosum* 矿化产物的瑞利分馏值不同，分别为 0.96‰～1.18‰和 1.96‰～1.98‰，可能是中间态含铁矿物的存在导致 Fe^{2+}_{aq} 与 Fe^{3+}矿化产物之间发生多步同

位素分馏（Swanner et al., 2015）。而在有 Si 存在的培养体系中，Fe_{aq}^{2+}与 *R. iodosum* 矿化产物的瑞利分馏值是一致的（2.3‰），这种差异也表明 Si 元素对整个 Fe 同位素分馏过程具有重要影响（Wu et al., 2017）。

铁氧化菌矿化产物与Fe_{aq}^{2+}之间也可以达到 Fe 同位素平衡。例如，硝酸盐还原铁氧化菌 *Acidovorax* sp. strain BoFeN1 的矿化产物与Fe_{aq}^{2+}之间被认为达到了 Fe 同位素平衡，其分馏值为 3.0‰（Kappler et al., 2010），接近非生物实验中Fe_{aq}^{2+}与水合氧化铁之间的 Fe 同位素平衡分馏值（约 3.2‰）（Wu L et al., 2011）。并且，*Acidovorax* sp. strain BoFeN1 氧化 Fe^{2+}过程中，无论细胞是否被矿物包裹，细胞周质中 Fe^{2+}/Fe^{3+}值一直保持一致（Miot et al., 2009a）。因此，*Acidovorax* sp. strain BoFeN1 的矿化产物与Fe_{aq}^{2+}之间能够达到 Fe 同位素平衡，可能是由于其在细胞周质内将 Fe^{2+}氧化为 Fe^{3+}，而不是在胞外进行 Fe^{2+}的氧化过程（Kappler et al., 2010）。虽然我们并没有观察到厌氧光合铁氧化菌 *R. ferrooxidans* SW2 是否也是在细胞周质内将 Fe^{2+}氧化为 Fe^{3+}，但 Fe 同位素分析结果显示 *R. ferrooxidans* SW2 的矿化产物水合氧化铁可以在 22 天内与Fe_{aq}^{2+}达到 Fe 同位素平衡。*R. ferrooxidans* SW2 早期氧化速率较高，存在明显的动力学效应，后期较低的氧化速率、较小粒径的氧化产物和溶解-氧化-再沉淀的矿化过程都有助于矿化产物水合氧化铁与Fe_{aq}^{2+}之间的 Fe 同位素交换，甚至可以补偿前期由于动力学效应引起的不平衡分馏，最终使得水合氧化铁与Fe_{aq}^{2+}之间到达 Fe 同位素平衡状态（2.96‰）（图 5.5）。

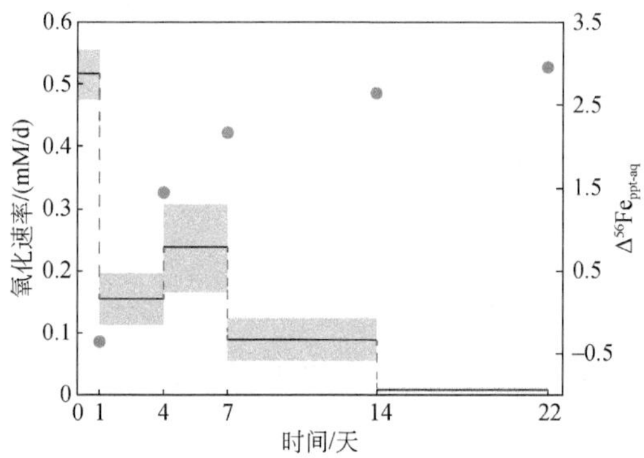

图 5.5　厌氧光合铁氧化菌 *R. ferrooxidans* SW2 的氧化速率随时间的变化（黑线和灰色区域分别为三个平行样的平均氧化速率和误差）以及其矿化产物水合氧化铁与Fe_{aq}^{2+}之间 Fe 同位素分馏系数$\Delta^{56}Fe_{ppt-aq}$（橘色实点）随时间的变化（修改自 Han et al., 2022）

5.2　铁还原菌的胞外矿化过程

美国学者 Lovley 等（1987）首次报道了在土壤中发现的铁还原菌（GS-15）。铁还原菌利用有机质或者 H_2 作为电子供体进行 Fe^{3+}还原［式（5.8）和式（5.9）］。异化铁还原微生物在细菌和古菌中都有分布，包括细菌域中的 8 个门和古菌域的 7 个目，其中比较常见和重要的铁还原菌属为地杆菌属（*Geobacter*）和希瓦氏菌属（*Shewanella*）（Lovley and Phillips，1988；Myers and Nealson，1990；Lovley et al.，1996，2004；Coates et al.，1999）。

$$C_6H_5COO^- + 30Fe^{3+} + 19H_2O \longrightarrow 30Fe^{2+} + 7HCO_3^- + 36H^+ \quad (5.8)$$

$$4FeOOH + CH_3CHOHCOO^- + 7H^+ \longrightarrow 4Fe^{2+} + CH_3COO^- + HCO_3^- + 6H_2O \quad (5.9)$$

5.2.1　铁还原菌可利用的电子供体及电子受体

铁还原菌能够利用一系列的有机质作为电子供体，包括乙酸（acetate）和乳酸（lactate）及更复杂的有机分子，如脂肪酸、碳水化合物、氨基酸和芳香族化合物等（Lovley et al.，1989a，1989b；Lovley and Lonergan，1990）。其中，部分铁还原菌无法完全降解有机电子供体，只能将其降解为乙酸，而 *Geobacter* 则可以将有机碳氧化为二氧化碳（Lovley et al.，2011）。近年的研究结果表明，微生物还原 Fe^{3+}的过程也可以耦合甲烷[式(5.10)]和铵盐[式(5.11)]的氧化过程(Ettwig et al.，2016；Huang et al.，2018)。

$$CH_4 + 8Fe^{3+} + 2H_2O \longrightarrow CO_2 + 8Fe^{2+} + 8H^+ \quad (5.10)$$

$$NH_4^+ + 6FeOOH + 10H^+ \longrightarrow NO_2^- + 6Fe^{2+} + 10H_2O \quad (5.11)$$

最初的研究发现铁还原菌可以利用溶解态 Fe^{3+}或者结晶程度较低的 Fe^{3+}矿物，如水合氧化铁。另外，在中性环境中，柠檬酸（citrate）、次氮基三乙酸酯（nitrilotriacetate）等与 Fe^{3+}结合，形成的可溶性 Fe^{3+}化合物可以作为铁还原菌的末端电子受体（Lovley and Woodward，1996）。后续研究发现，结晶程度相对较高的 Fe^{3+}矿物，如针铁矿、纤铁矿、六方纤铁矿、四方纤铁矿、施氏矿物、赤铁矿和磁铁矿，也能够被铁还原菌利用（Cutting et al.，2009；Byrne et al.，2015a）。铁还原细菌还可以利用黏土矿物中的 Fe^{3+}，如蒙脱石、伊利石、绿脱石等（Dong et al.，2003a，2003b；Jaisi et al.，2005；Liu et al.，2014），以及 Fe-Si 共沉淀矿物（Kukkadapu et al.，2004；Percak-Dennett et al.，2011）和 Fe 的硫酸盐矿物，如黄钾铁矾（Ouyang B et al.，2014）。

铁还原菌还原矿物的速率与矿物的结晶程度呈现反比例关系，即矿物结晶程度越低，铁还原菌还原矿物的速率越高（Roden and Zachara，1996；Cutting et al.，

2009；Byrne et al.，2015b）。矿物表面微小的变化，如晶格缺陷等，都可以增强铁还原菌对矿物的利用速率和程度（Notini et al.，2019）。密度泛函理论（density functional theory，DFT）计算证实矿物表面缺陷会减少 Fe^{3+}与晶格中氧原子之间的配位，从而降低 Fe^{3+}矿物与 Fe^{2+}之间电子转移的活化能（Alexandrov and Rosso，2015）。Fe 同位素的研究结果也表明，表面存在缺陷的 Fe^{3+}矿物与 Fe^{2+}之间的电子转移会更快（Notini et al.，2018）。

5.2.2　铁还原菌的矿化产物

伴随着铁还原菌还原 Fe^{3+}的过程，Fe^{2+}被释放后会以溶解态的形式存在，或重新沉淀为新的 Fe^{2+}矿物，又或与剩余 Fe^{3+}底物反应，二次矿化为其他含铁矿物。铁还原菌可以介导水合氧化铁二次矿化为针铁矿、蓝铁矿、绿锈、菱铁矿和磁铁矿（Lovley et al.，1987；Coleman et al.，1993；Fredrickson et al.，1998；Zachara et al.，2002；Kukkadapu et al.，2004；Peretyazhko and Sposito，2005；Borch et al.，2007；Wu W et al.，2011；王芙仙等，2018）。

铁还原菌矿化产物的种类与其反应体系的条件有关。例如，当铁还原菌 *Shewanella putrefaciens* strain W3-18-1 以丙酮酸盐为电子供体时，矿化产物为球形菱铁矿；以尿苷为电子供体时，矿化产物为绿锈；以乳酸为电子供体时，矿化产物为绿锈和磁铁矿（Salas et al.，2009）。在以碳酸氢钠为缓冲液的反应体系中，反应底物的还原程度会更高，菱铁矿为主要的矿化产物；而在 HEPES（4-羟乙基哌嗪乙磺酸）或 PIPES（1,4-哌嗪二乙磺酸）缓冲溶液中，反应底物的还原程度相对较低，主要矿化产物为磁铁矿；而当反应体系中含有磷酸盐时，矿化产物中还会有蓝铁矿生成（Fredrickson et al.，1998；王芙仙等，2018）。

铁还原菌矿化产物的物理化学特性高度依赖于它们的形成条件，如反应体系的温度、压力、初始细胞浓度等。我们的研究发现，温度的升高（20～37℃）会加快铁还原菌的矿化速率，并可以增大矿化产物磁铁矿的粒径（李陛等，2011）；而静水压力的升高（0.1～50 MPa）则会减慢铁还原菌细胞的生长速度和磁铁矿的矿化过程，但同时也会增强矿化产物磁铁矿的粒径和结晶程度（Wu et al.，2013）。不同细胞浓度的铁还原菌可以矿化生成多种粒径的磁铁矿：细胞浓度较高的 *Geobacter sulfurreducens* 会矿化形成粒径较小的磁铁矿（约 12 nm），并且其粒径分布范围更窄；而细胞浓度较低时，矿化生成的磁铁矿粒径会较大（约 40～50 nm）（Byrne et al.，2011）。其中的机制被认为与磁铁矿颗粒的成核速率有关，较高的细胞浓度会增加 Fe^{3+}的还原速率，因此磁铁矿的成核速率更高，反而不利于矿物的粒径增长，所以矿化生成的磁铁矿粒径较小。相似的是，我们通过对比不同细胞浓度条件下水合氧化铁的还原和转化过程，发现含有较高细胞浓度的反应体系

中 Fe^{2+}的浓度的确会更高［图 5.6（a）和（b）］（Han et al.，2020a）。虽然细胞浓度的增加会增强水合氧化铁的还原程度，但穆斯堡尔谱的结果证实其矿物转化的程度反而较低［图 5.6（c）和（d）］。并且，我们发现初始 Fe^{2+}浓度在水合氧化铁（Fh）的矿物转化过程中起了重要作用。在初始 Fe^{2+}/Fh 比例过高或过低的条件下，水合氧化铁都无法转化为磁铁矿（图 5.7）。这可能是由于初始 Fe^{2+}_{aq} 浓度过低时不

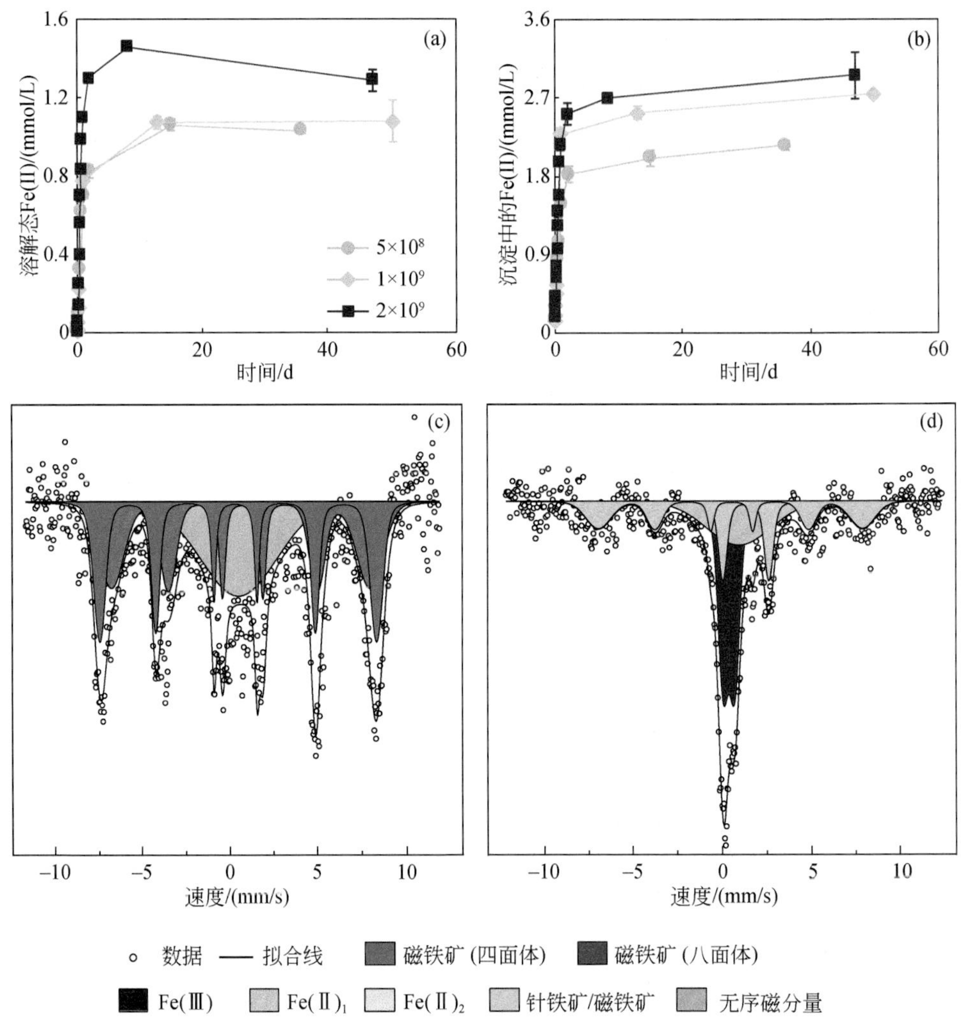

图 5.6　*Shewanella oneidensis* MR-1 细胞浓度分别为 $2×10^9$ cells/mL，$1×10^9$ cells/mL 和 $5×10^8$ cells/mL 介导水合氧化铁还原实验中上清液 Fe^{2+}_{aq} 浓度（a）和沉淀中 Fe^{2+}浓度（b）随时间的变化以及细胞浓度为 $2×10^9$ cells/mL（c）和 $1×10^9$ cells/mL（d）时矿化产物的穆斯堡尔谱（修改自 Han et al.，2020a）

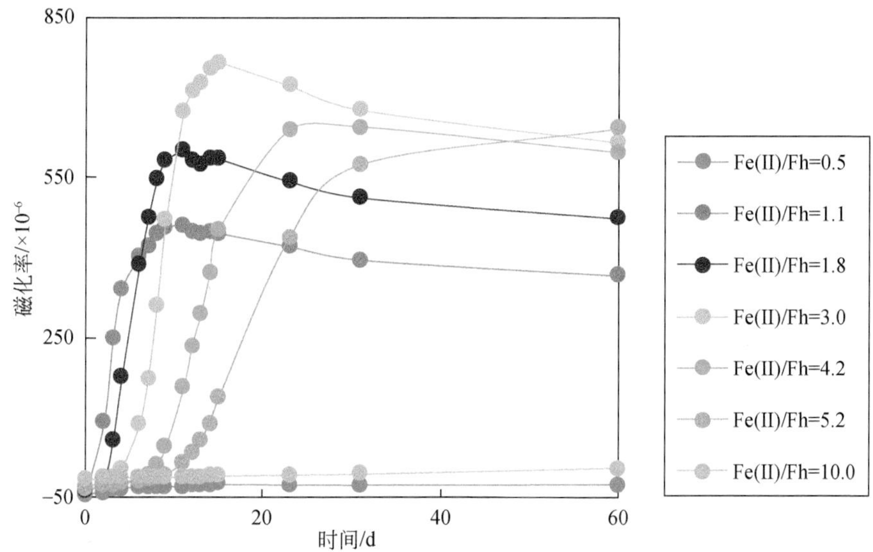

图 5.7　不同初始 Fe^{2+}/Fh 比例条件下，Fe^{2+}_{aq} 介导的水合氧化铁二次矿化过程中磁化率随时间的变化（修改自 Han et al.，2020a）

利于磁铁矿的成核，水合氧化铁转变为磁化率比较低的 Fe^{3+}矿物，如针铁矿和纤铁矿；而当初始 Fe^{2+}_{aq} 浓度过高时，水合氧化铁的还原速率过快，造成水合氧化铁表面成核位点太少，而无法形成磁铁矿（Han et al.，2020a）。

如 5.1.4.1 所述，我们合成了四种水合氧化铁底物（生物成因 vs. 化学成因；与有机质结合 vs. 无有机质结合），并分别以 Fe^{2+}_{aq} 和铁还原菌 *Shewanella oneidensis* MR-1 为化学和生物方式诱导四种水合氧化铁底物的还原和矿物转化过程（Han et al.，2020a）。实验结果显示 Fe^{2+}_{aq} 催化实验中，不存在有机质的化学成因（aFh）和生物成因（bFh-bleach）水合氧化铁完全转化为磁铁矿。然而，仅部分与腐殖酸结合的水合氧化铁（aFh-HA）二次矿化为磁铁矿，存在有机质的生物成因水合氧化铁（bFh）在 64 天的反应时间后，只有极少部分（17%）转化为针铁矿，而没有磁铁矿的生成。这说明有机质延迟，甚至抑制了水合氧化铁和 Fe^{2+} 之间的反应，从而对水合氧化铁起到了稳定的作用。尽管 aFh-HA 与 bFh 中的 C/Fe 摩尔比是相似的，但与腐殖酸相比，生物有机质阻碍水合氧化铁二次矿化的程度更大。即使使用漂白剂去除 bFh 中 97%的生物有机质，其中残留的生物有机质或漂白剂对水合氧化铁矿物表面的改变，仍然延迟了水合氧化铁向磁铁矿的转化。然而，在微生物还原实验中，四种水合氧化铁均不同程度地转变为磁铁矿，这表明即使与有机质结合，水合氧化铁也仍具有生物可利用性（图 5.8）。并且，通过对微生物还原实验中 Fe^{2+}生成速率和磁化率进行拟合和一阶求导，我们发现从铁还原菌还原水合氧化铁释放 Fe^{2+}，到磁铁矿生成沉淀之间存在几天，甚至几个月的明显延迟，推测这可能是由于细菌细胞及其附带有机质，如 EPS，对水合氧化铁表面的钝化，以及对 Fe^{2+}的吸附或络合，阻碍了水合氧化铁与 Fe^{2+}之间的反应，从而导致磁铁矿形成的延迟。

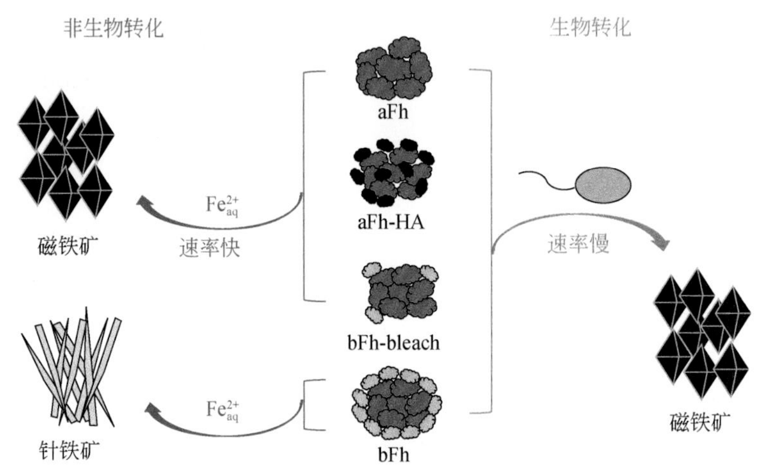

图 5.8　非生物和生物还原条件下四种水合氧化铁底物的矿物转化示意图（修改自 Han et al.，2020a）

5.2.3　铁还原菌的电子传递链

铁还原菌细胞内膜-周质-外膜结构中存在各种不同特征的细胞色素蛋白，构成一条贯穿整个细胞膜套的电子传递链，可以实现胞内代谢过程与胞外铁氧化物氧化还原反应之间的耦合。构成铁还原菌跨膜电子传递链的蛋白质具有进化的多样性，需要通过功能基因分析、生物化学、电化学和反应动力学等多种方法综合研究。目前已有多种铁还原菌的跨膜电子传递链被提出（Coursolle and Gralnick，2010；吴云当等，2016）。以希瓦氏菌 *Shewanella oneidensis* MR-1 为例，其跨膜电子传递由六个细胞色素蛋白 CymA、Fcc3、STC、OmcA、MtrA、MtrC 及孔蛋白 MtrB 组成的金属还原通道实现。CymA 氧化细胞质膜上的氢醌释放电子，电子经细胞周质中的 Fcc3 和 STC 传导给位于细胞外膜的 MtrA、MtrB 和 MtrC 形成的跨外膜蛋白质复合体，最后将电子传导到细胞表面（Hartshorne et al.，2009；邱轩和石良，2017）。同样研究比较深入的 *Geobacter sulfurreducens* 则是通过细胞质膜上的 ImcH 和 CbcL、周质中的 PpcA 和 PpcD、外膜上的 OmaB、OmaC、OmcB、OmcC 等细胞色素蛋白和孔蛋白 OmbB 和 OmbC 组成的蛋白质复合体进行跨膜电子传递(刘娟等,2018)。希瓦氏菌的 MtrA、MtrB 和 MtrC 蛋白复合体与 *G. sulfurreducens* 的孔蛋白一色素蛋白复合体虽然功能相似，但并没有同源性，说明它们是通过独立进化获得了相似的功能（Shi et al.，2014）。

铁还原菌呼吸过程中涉及的膜蛋白可能受到上游基因的调控，如 Fe^{3+}吸收调控因子 *fur*（ferric uptake regulator）。*Shewanella piezotolerans* WP3 是从西太平洋约 2000 m 深沉积物中分离的一株耐冷耐压菌，具有极强的环境适应性和多样的呼吸系统，可利用氧化三甲胺（trimethylamine N-oxide，TMAO）、二甲基亚砜（dimethyl sulfoxide，DMSO）、延胡索酸、Fe^{3+}等作为终端电子受体。WP3 的基因组测序也显示其具有 55 个细胞色素蛋白，比 *Shewanella oneidensis* MR-1 多 13 个（Wang F et al.，2008）。WP3 独有的呼吸系统多样性和环境适应性极可能与其具有较多的细胞色素基因有关。我们以 *S. piezotolerans* WP3 的几株与铁还原电子传递链相关的基因突变株（主要包括 Δ*omcA-1*、Δ*omcA-2*、Δ*mtrA*、Δ*mtrB*、Δ*cymA*)，以及上游调控基因 *fur* 的突变株（Δ*fur*）和回补株（Δ*fur_C*）为研究对象，进行 Fe^{3+}还原和矿化的对比实验。我们发现上游调控基因 *fur* 对 WP3 的铁还原和矿化速度均有影响，其机理推测是 *fur* 调控细胞色素成熟基因的表达。但是与控制矿化不同，*fur* 基因突变对 WP3 的诱导矿化程度和矿化产物磁铁矿（含量、粒度和结晶度等）几乎无影响（图 5.9），这可能暗示 WP3 诱导矿化是在 WP3 还原 Fe^{3+}

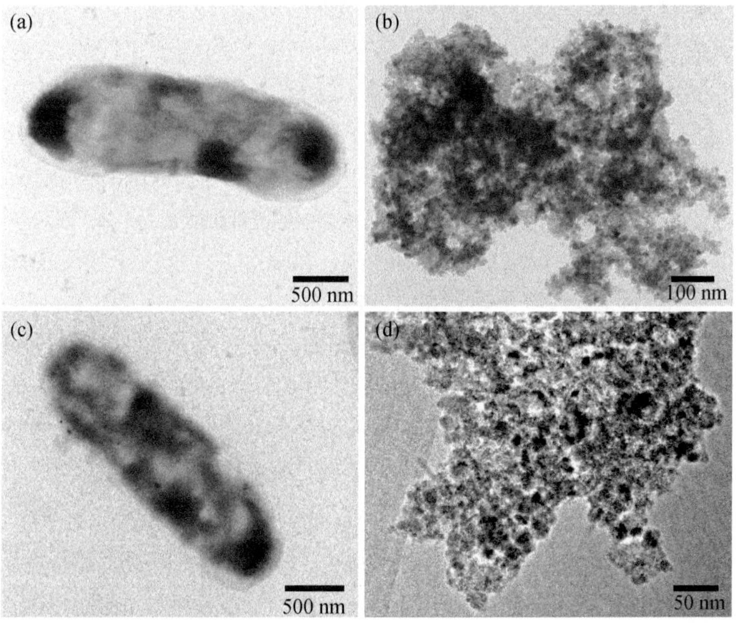

图 5.9 *S. piezotolerans* WP3 菌株（a）及其矿化产物磁铁矿（b）和 *S. piezotolerans* WP3 上游调控基因 *fur* 的突变株（c）及其矿化产物磁铁矿（d）的透射电子显微镜图

形成 Fe^{2+}后，Fe^{2+}吸附并诱导水合氧化铁向磁铁矿转化的非生物过程（Wu W et al.，2011）。Thompson D K 等（2002）、Wan 等（2004）的研究则认为铁还原细菌 *S. oneidensis* MR-1 中的调控因子 *fur* 可能是通过调控外膜蛋白 OmcA 等控制细胞的生长和 Fe^{3+}的还原能力。

5.2.4　铁还原菌的胞外电子传递形式

由于在中性环境中 Fe^{3+}矿物的溶解性较差，并且电子“跳跃”的最大距离只有 1.8 nm（Gray and Winkler，2009），铁还原菌进化出多种电子传递机制实现细胞与矿物表面之间进行微米、毫米，甚至厘米距离的电子传递（图 5.10）。①细菌外层相关的蛋白质可以与 Fe^{3+}矿物表面直接接触进行电子传递，这种机制依赖于细胞内代谢产生的电子通过细胞表面细胞色素蛋白的转移，随后胞外电子得以向 Fe^{3+}矿物表面转移（Shi et al.，2009）。②铁还原菌能够通过菌毛（也被称为纳米导线）进行细胞外的电子转移（Reguera et al.，2006）。很多细菌、古菌都可以形成细胞外的导电结构（Lovley et al.，2020）。目前，被广泛研究的地杆菌生成的菌毛可以介导长达 20 μm 的胞外电子转移（Yang et al.，2012；Smith et al.，2013）。希瓦氏菌也可以利用由外膜和细胞质延伸形成的胞外附属物实现相似距离的电子传递（El-Naggar et al.，2010；Pirbadian et al.，2014）。③氧化还原活性分子，如溶解态或固相有机质、氧化还原活性矿物颗粒、含硫化合物、铁还原菌自身或其他微生物生成的氧化还原介质，都可以作为传递电子的电子穿梭体（Kappler et al.，2004；Roden et al.，2010；Lohmayer et al.，2014），其机制是铁还原菌首先还原电子穿梭体，随后被还原的电子穿梭体将电子转移到末端电子受体（如难溶的 Fe^{3+}矿物），而电子穿梭体又被重新氧化，从而维持电子的循环传递过程。例如，*S. oneidensis* 可以通过分泌氧化还原活性介质核黄素，从而促进细胞与 Fe^{3+}矿物之间的电子传递（Marsili et al.，2008；von Canstein et al.，2008）。具有电子接受能力的含铁矿物，如磁铁矿也可以作为电子转移的中间导体（Kato et al.，2012）。例如，Liu F 等（2015）发现与没有磁铁矿的反应体系相比，在有纳米磁铁矿的反应体系中，*G. sulfurreducens* 中负责电子转移的细胞色素蛋白 OmcS 的表达较低，表明像磁铁矿这样的固体矿物可能会具有类似可以进行胞外电子传递的细胞色素蛋白的功能（Liu F et al.，2015）。④铁还原菌通过释放 Fe^{3+}螯合剂，提高 Fe^{3+}的溶解度，使其更易被铁还原菌所利用（Nevin and Lovley，2002；Taillefert et al.，2007）。⑤最近的研究发现蒽醌-2,6-二磺酸（anthraquinone-2,6-disulfonic acid，AQDS）可以通过分子扩散作用和电子跃迁实现电子的长程转移（至少 2 cm）（Bai et al.，2020a，2020b）。

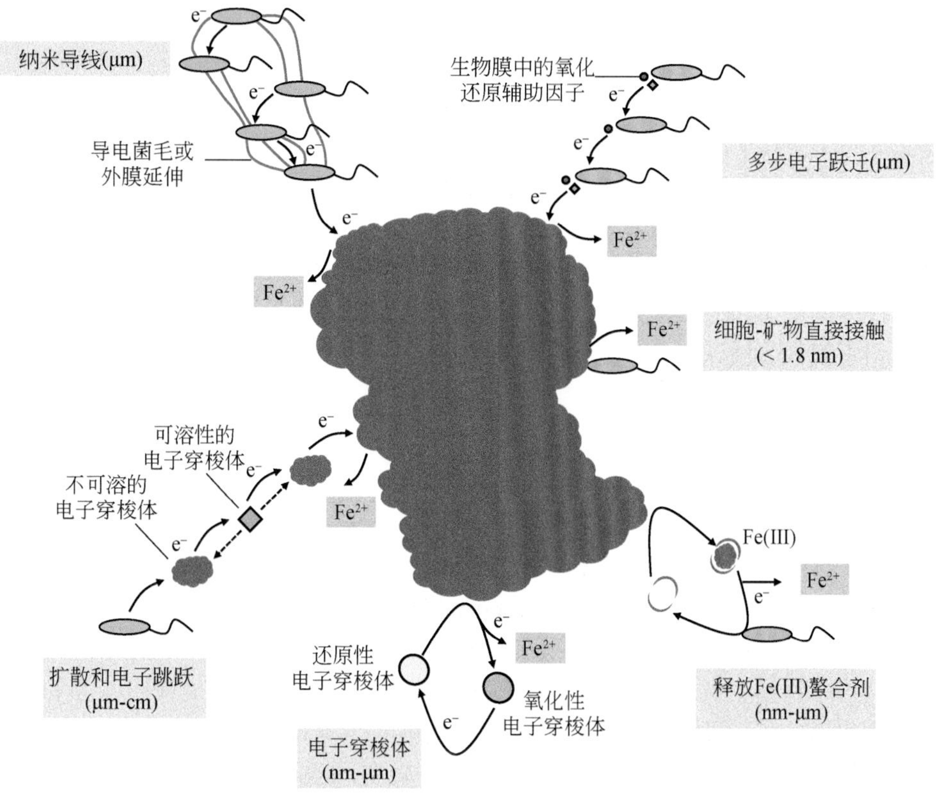

图 5.10　异化铁还原菌与 Fe^{3+}矿物之间的电子传递机制（修改自 Kappler et al.，2021）

5.3　本 章 小 结

20 世纪初，人们对于自然界中 Fe 元素的地球化学循环的普遍认知局限于化学介导的方式，如分子氧（O_2）、亚硝酸盐（NO_2^-）、锰（Mn）及各种硫化物和有机碳。直到 20 世纪末，嗜中性铁代谢细菌的发现和相关成果的发表，使人们进入了了解微生物介导 Fe 元素循环的“黄金时代”。目前，人们在微生物胞外诱导铁循环的多样性、生理学、生态学研究以及地质方面的应用都取得了很大进展。铁氧化菌和铁还原菌种类繁多，生存环境多样，其胞外矿化过程受到很多因素的影响，如光照强度、温度、压力、pH、初始细胞浓度、矿化底物、其他离子及有机质等因素，都可以改变其矿化途径和矿化产物的形成。它们可以在不同氧气浓度和酸碱度的自然环境中参与 Fe 元素的循环过程，并且最近的研究表明它们的代谢活动与现代温室气候息息相关，如铁还原菌可以耦合甲烷的氧化和 CO_2 的形成

以及铁氧化菌对 CO_2 的固定。

铁氧化菌和铁还原菌的矿化产物不仅在现代环境治理和材料应用方面发挥着重要作用，在地质历史时期的环境记录中也扮演着重要的角色（详见第 8 章）。一些铁氧化菌可以矿化形成扭曲茎、管状鞘、束状等特殊的结构，为地质记录中微生物的识别提供了标识。例如，古元古代晚期铁岩、中元古代早期串岭沟组铁岩、埃迪卡拉纪奇格布拉克组石英脉及显生宙热液沉积系统中存在的大量铁质丝状微结构，被认为是地质记录中铁氧化细菌的形貌学标识（Little et al.，2004；Zhou X et al.，2015）。前寒武纪铁建造中磁铁矿的晶格常数、化学计量比特征及非常轻的铁同位素组成等被认为是铁建造中的铁还原微生物的矿物学和地球化学标识（Li Y-L et al.，2013）。

尽管人们已经认识到微生物诱导 Fe 元素循环的广泛性和重要性，然而 Fe 元素的生物地球化学循环过程仍然是一个迷人而复杂的研究课题。相比于铁还原菌，铁氧化菌（特别是厌氧光合铁氧化菌）的分离鉴定及基因组学研究相对较少。虽然初步的研究表明操纵子 *pioABC* 和 *foxEYZ* 是厌氧光合铁氧化菌 *Rhodopseudomonas palustris* TIE-1 和 *Rhodobacter ferrooxidans* SW2 催化 Fe^{2+}氧化的操纵子，但其矿化过程中的电子传递机制仍需深入研究。对于细胞与金属氧化物之间的电子转移机制的遗传学和基因组学技术的研究，可以更好地帮助我们理解复杂环境中生物与非生物化学反应诱导的 Fe 元素循环。即使较小的环境波动也会改变微生物或化学反应之间的平衡以及 Fe 元素氧化还原之间的转变，因此，利用遗传学和基因组学技术进一步地研究微生物与矿物之间的关系，才能更深入地了解化学和微生物诱导的 Fe 元素循环的动态平衡。这也为揭示微生物如何适应不断变化的地球化学环境，并为了适应周围环境而采取的代谢策略提供更多的信息。探索自然环境中地球化学的波动与铁代谢菌落之间的关系，也可以帮助我们更全面地了解生态结构和铁代谢菌落的生存策略和代谢变化的灵活性。

自然环境中的 Fe 元素循环过程会涉及诸多复杂的因素，如实验室很难实现的较大的反应体系，以及自然环境中存在的更多的化学元素对 Fe 元素循环的制约，都增加了实验室模拟现代及古代环境中 Fe 元素循环的复杂性和挑战性。因此，综合利用生命科学、材料科学、环境科学和地球科学等多个相关学科的方法，才能全面理解微生物介导 Fe 元素循环，最终“识得庐山真面目”。

更多铁氧化物、铁氧化菌、铁还原菌和铁同位素的知识可以阅读图书 *The Iron Oxides：Structure，Properties，Reactions，Occurrences and Uses*（2003）、*Introduction to Geomicrobiology*（2007）、*Fundamentals of Geobiology*（2012）、*Dissimilatory Fe (III) and Mn (IV) Reduction*（2004）、*Iron Geochemistry：an Isotopic Perspective*（2020）。

（韩晓华　执笔）

第 6 章　动物地磁导航及感磁机制

地球上所有生物的起源和演化都是在地磁场的保护中进行的。在长期的演化过程中，许多动物获得感知地磁场的能力，并利用地磁场进行定向和导航，这被称为动物地磁导航（Wiltschko and Wiltschko，1995）。动物地磁导航是一类特殊的生物感磁行为，也是生物响应地磁场最显著的现象之一。已有研究表明，软体动物门、节肢动物门和脊椎动物门中有很多动物使用地磁定向和导航（Wiltschko and Wiltschko，1995，2012；Begall et al.，2013；Formicki et al.，2019）。本章主要讨论动物感磁行为、感磁机制假说、感磁神经通路，以及实验平台和方法。动物地磁导航研究是生物地磁学的重要内容。阐明动物地磁导航的行为和机制不仅有助于揭示地磁场影响动物的方式，还可为仿生导航技术的研究提供重要的理论基础。

6.1　动物感磁行为研究进展

动物的感磁行为可分为自发感磁反应和主动感磁行为。

自发感磁反应，又称磁排列（magnetic alignments，MA），指某些动物，主要是大型哺乳动物，在休息或移动时会自发地将其身体的长轴沿着或垂直于地磁场方向排列，这是动物对地磁场最简单的定向响应。这种感磁行为最早由德国研究团队发现，研究人员分析全球各地的牛群、鹿群在吃草和休息时其身体的取向时发现：绝大部分牛和鹿的体轴大致呈南-北方向排列，与地磁场方向基本一致。在进一步排除风向、日照等其他环境因素的影响后，他们认为地磁场是影响这些动物定向的重要因素。这暗示着大型哺乳动物也能够感知地磁场（Begall et al.，2008）。目前已发现很多动物都具有类似的磁排列行为，如野猪在觅食或休息时、红狐在捕猎时、小狗在大小便时都会将其身体长轴沿着地磁场方向排列（Begall et al.，2013，2014；Burda et al.，2009；Hart et al.，2012；Phillips et al.，2002；Schlegel and Renner，2007）。

目前动物磁排列行为的生物学意义还不明确。有研究人员认为磁排列可能有助于反刍动物同步群体的运动方向，当危险来临时有助于高效地、有协调地逃离捕食者。在需要多种感官线索协调处理的情况下，无处不在的地磁场就提供了一个固定的外部参考方向，可有效提高动物们的选择注意力，减少磁场方向和其他感官信息之间的差异。现今很多动物具有的磁排列能力可能来自其使用磁罗盘进行长距离迁移的祖先（Begall et al.，2013）。磁排列是一个自发的、固定的方向响应，而不是目标性的行为，因此不会受到位置变化（位移）的影响，这是与动物地磁导航最显著的区别。

人们最为熟悉的信鸽、候鸟等使用的地磁导航则属于主动感磁行为。动物地磁导航一般发生在动物迁徙、洄游、归巢或觅食的过程中。地磁导航需要动物体内特定的感磁受体接收地磁场信息，然后将磁信号转化为细胞的电信号，再通过神经通路传导到中枢神经系统进行信息整合处理，最后由大脑发出指令指挥动物飞行的方向或路线，从而帮助其完成迁徙或洄游等生理需求。地磁场是一种可靠的、无处不在的信息源，可为动物提供方向、位置等信息。磁场极性或磁倾角可为动物提供方向，即“罗盘”信息；强度可以反映精细的地表位置，可为动物提供“地图”信息。

6.1.1 动物体内的“磁罗盘”和“磁地图”

磁罗盘广泛存在于几乎所有的动物门类，例如：鱼纲（大麻哈鱼、珊瑚鱼）、两栖纲（蝾螈）、爬行纲（海龟）、鸟纲（信鸽）和哺乳纲（鼹鼠、蝙蝠），以及节肢动物门的甲壳纲（龙虾）和昆虫纲（蝴蝶、蜜蜂、白蚁）等（Wiltschko and Wiltschko，2005；Lohmann et al.，2007；Caspar et al.，2020；Tian et al.，2019；Lambinet et al.，2017a；Bottesch et al.，2016；Winklhofer，2010；Wajnberg et al.，2010；Cain et al.，2005）。

根据动物感知地磁场信息的不同，磁罗盘可分为“极性罗盘”和“倾角罗盘”两类。研究发现：鸟类、昆虫等多具有“倾角罗盘”，可以感知磁力线的轴向，即向赤道或向两极方向；而鱼类、哺乳动物等多具有“极性罗盘”，如同人类使用的指南针，可以辨别磁场的南、北方向（Marhold et al.，1997；Wang et al.，2007）；还有少数两栖动物同时具备这两类磁罗盘（Fischer et al.，2001；Wiltschko and Wiltschko，1972；Vacha，2006；Johnsen and Lohmann，2005；Vacha et al.，2008；Lohmann，2010）。鸟类是目前动物感磁研究最为广泛和深入的动物。因此下面重点介绍鸟类地磁定向和导航的研究进展。

早在 19 世纪 50 年代，俄罗斯动物学家米登多夫（Middendorff）曾推测地磁场可能是信鸽和迁徙性鸟类用来导航的线索。20 世纪 50 年代，研究人员发现候鸟在迁徙季节即使处于封闭的房间或笼子里也会有向迁徙方向飞行的行为；捕获的家鸽在距离巢穴一定路程后放飞，它们大多会有向巢穴或靠近巢穴方向飞行的行为（Matthews，1951）。基于鸟类的这些行为，1966 年埃姆伦发明了埃姆伦漏斗装置（Emlen funnels）。该装置后来成为研究鸟类地磁定向和导航的重要实验设备，后人曾对该装置进行多次改造和完善（图 6.1）（Wiltschko and Wiltschko，2005；Emlen and Emlen，1966）。德国学者 Wiltschko 等（1968）正是利用埃姆伦漏斗装置首次证实了欧洲知更鸟体内具有感磁罗盘。他们发现，欧洲知更鸟在其迁徙季节具有向迁飞方向不断尝试飞行的行为，当鸟类周围磁场的方向发生 180°倒转时，知更鸟的迁飞方向也相应地发生倒转。

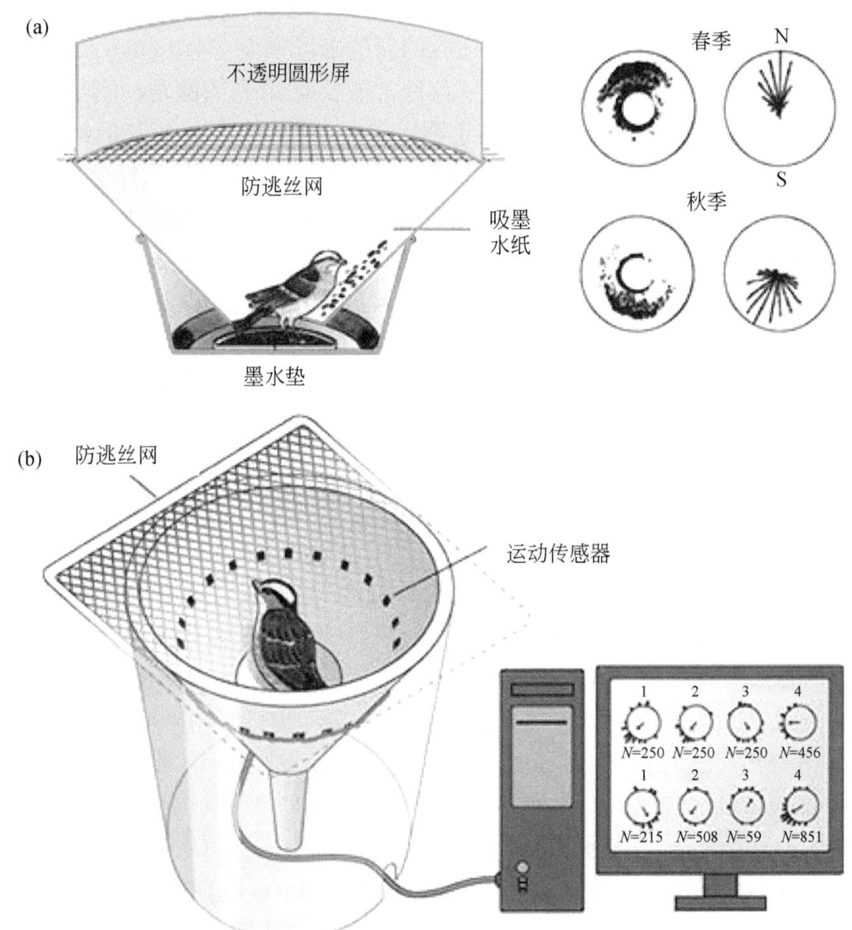

图 6.1　鸟类地磁定向和导航研究常用埃姆伦漏斗装置（修改自 Moore and Bartell，2013）

（a）早期使用的埃姆伦漏斗示意图和鸟类在迁徙季节的定向分布图。漏斗底部有一个墨水垫，在顶部放置一个丝网防止逃逸和观察天象。根据鸟类的迁徙习性，北半球的鸟类通常在秋季南飞，在春季北飞，因此当鸟类被捕获放进漏斗装置中，它会不断向迁飞方向跳跃，从而在侧壁感应纸上留下墨水足迹，研究人员通过对墨水足迹进行统计分析可以判断其迁飞方向。（b）后期发展的自动记录鸟类迁飞方向的埃姆伦漏斗进一步研究发现，欧洲知更鸟使用的感磁罗盘是“倾角罗盘”，即可以感知向赤道或向两极方向（Wiltschko and Wiltschko，1972）。后来很多鸟类都被证实具有类似的倾角罗盘，不仅限于迁徙鸟类，还包括很多非迁徙鸟类，如家鸽、鸡、鸭、斑胸草雀等（Freire and Birch，2010；Freire et al.，2005；Keeton，1971；Voss et al.，2007；Walcott et al.，1979）。鸟类的感磁罗盘具有阈值窗口和光依赖性特征。磁场阈值窗口不是固定不变的，可通过提前暴露于一定强度的磁场中适应一段时间后加以改变，即阈值可逐渐调整到已适应的新的磁场强度（Wiltschko et al.，2006；Winklhofer et al.，2013）。鸟类的感磁罗盘通常需要蓝/绿光的激发，而波长 590 nm 以上的黄光和红光可能会干扰鸟类的正确定向（Wiltschko et al.，2010）。这种光依赖性暗示鸟类可能使用基于感光蛋白的自由基对感磁，详见 6.2.1 节内容。此外，蝴蝶、蛾、蝗虫和蜻蜓等昆虫类，在季节性大规模迁徙中也使用“倾角罗盘”定向（Merlin et al.，2012；Reppert et al.，2010）。磁场的变化会影响群居性昆虫，如蚂蚁，在觅食过程中的方向和决策等的选择（Pereira et al.，2019）。

已有的动物感磁罗盘研究主要集中在鸟类、鱼类、龙虾、海龟、昆虫等动物类群，而对哺乳动物的研究较少，主要是由于哺乳动物缺乏类似鸟类的迁徙行为。目前发现鼹鼠和田鼠等少数动物类群在地下筑巢定向时会使用磁罗盘定向（Marhold et al.，1997; Kirschvink et al.，1986）。长期在地下生活的鼹鼠（*Cryptomys* spp.）视力严重退化，它们可依靠地磁场信息定向筑巢。例如，研究人员发现在模拟法兰克福当地磁场环境下，鼹鼠偏好在东南方向筑巢。而当磁北沿逆时针方向旋转 90°后，鼹鼠的筑巢方位相应地旋转 90°；当磁北沿逆时针方向旋转 180°后，筑巢方位也相应旋转 180°。上述行为很好地证明了鼹鼠体内存在“极性罗盘”，可感知磁场方向的变化（Marhold et al.，1997；Kimchi and Terkel，2001；Kimchi et al.，2004）。田鼠（*Clethrionomys glareolus*）也可利用磁罗盘来定向筑巢。与鼹鼠不同，它们在筑巢和休息时偏好沿着地磁场南北轴呈双向分布（Oliveriusova et al.，2014）。此外，C57BL/6 品系的实验小鼠也具有感磁罗盘。通过将小鼠的避光行为与磁场方向建立联系，可训练小鼠利用磁罗盘定向筑巢，具体行为表现为小鼠倾向在特定磁场方向筑巢（Muheim et al.，2006；Phillips et al.，2013）。

蝙蝠是唯一能够真正飞翔的哺乳动物，分为大蝙蝠和小蝙蝠。大蝙蝠一般生活在热带、亚热带地区，视力极佳，一般不使用回声定位，也不具迁徙习性；而小蝙蝠种类很多，生活区域宽广，呈典型的夜行生活，视力基本退化，通常依靠回声定位飞行定向和捕食。很多种类的小蝙蝠具有类似鸟类的长距离迁飞的习性，有些小蝙蝠迁飞距离可超过上千千米（Moreno-Valdez et al.，2004；Hutterer et al.，2005；Krauel and McCracken，2013）。由于蝙蝠回声定位的探测距离有限（约 20 m），并且开启回声定位是一个耗能过程，显然单独依靠回声定位无法完成上千千米的迁徙定向和导航（Altringham，1996；Lawrence and Simmons，1982）。因此研究人员推测小蝙蝠在其迁飞过程中必然需要参考其他导航信息。

近年来研究证实蝙蝠在归巢、栖息和觅食时会使用磁罗盘定向（Holland et al.，2006; Wang et al.，2007; Tian et al.，2019）。我们研究发现，迁徙性中华山蝠（*Nyctalus plancyi*）在模拟磁场的强度为当地的地磁场 2 倍的磁场环境里，其悬挂栖息时偏好在磁场的北方。当磁场的垂直分量发生反转，但磁北不变时，蝙蝠的悬挂方位仍保持不变。而当磁场的水平分量发生反转时，即磁极发生倒转，蝙蝠就会相应地改变悬挂方位，即重新悬挂在倒转后的磁北方向（图 6.2），这表明蝙蝠在栖息时使用极性罗盘定向（Wang et al.，2007）。对于蝙蝠这类夜行动物，日落线索（特别是偏振光）似乎对校准其体内的磁罗盘系统至关重要。研究揭示：在日落时，大鼠耳蝠（*Myotis myotis*）使用偏振光来校准它们的磁罗盘，迁徙性蝙蝠侏儒伏翼（*Pipistrellus pygmaeus*）则需使用日落方向来校准其磁罗盘系统，并且这种能力不是与生俱来的，需要通过学习获得（Lindecke et al.，2015，2019; Greif et al.，2014）。

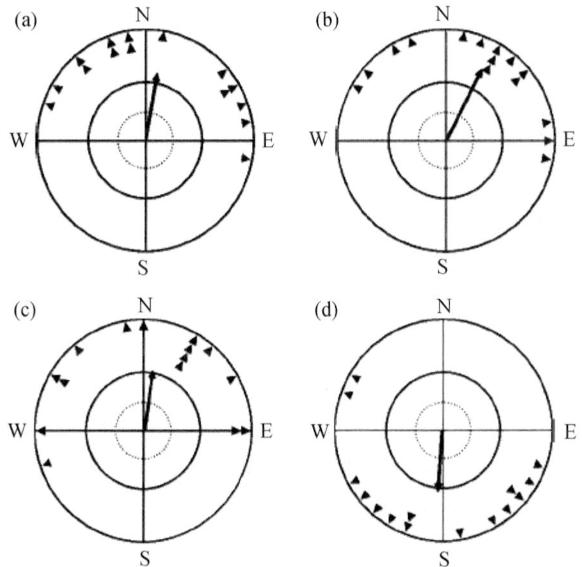

图 6.2　中华山蝠（*N. plancyi*）在模拟磁场中的栖息定向结果（Wang et al.，2007）

（a）和（c）指示中华山蝠在当地的地磁场强度 2 倍的模拟磁场内的定向；（b）指示中华山蝠在垂直分量反转的磁场内的定向；（d）指示中华山蝠在水平分量反转的磁场内的定向。每个磁场条件连续观察 15 天。N 指地理北，S 指地理南。圆圈边缘的箭头表示每个测试晚蝙蝠群栖息悬挂位置

有趣的是，我们发现蝙蝠在觅食时也使用地磁场信息定向。当蝙蝠在十字形通道中觅食时，表现出偏好沿着地磁场方向觅食的行为，而当地磁场方向被旋转

90°时，蝙蝠的觅食定向也相应地发生 90°旋转。该研究提供了哺乳动物蝙蝠觅食过程中使用地磁场线索的新证据（Tian et al.，2019）。

不同于鸟类的倾角罗盘，鼹鼠、蝙蝠等动物使用极性罗盘来感知周围地磁场的南、北方向进行定向（Kimchi and Terkel，2001；Lohmann et al.，1995；Quinn，1980；Wang et al.，2007）。

对于迁徙动物来说，地磁场的强度、磁倾角和磁偏角组合是地球上不同位置的重要“地磁标签”。动物地磁导航主要是基于动物识别当前位置的地磁场与目的地磁场之间的差异来实现的（Kramer，1952；Lohmann et al.，2004；Wiltschko and Wiltschko，1995）。

最令人信服的动物能够识别“磁地图”证据主要来自虹鳟鱼、海龟、龙虾等动物。海龟和虹鳟鱼主要生活在广阔的海洋中，它们在成年后需要洄游到它们的出生地进行繁殖。洋流或海洋里的化学线索不足以指导它们长距离洄游。通过研究发现，海龟和虹鳟鱼实际上能够感知地磁场的方向和强度，从中获得方向和位置信息来指导它们洄游。研究人员在实验室内利用人工模拟磁场开展类似位移的实验，即模拟洄游或归巢目的地附近的地磁场信息来观察动物的感磁行为变化（Lohmann et al.，2004，2007；Putman et al.，2014；Cain et al.，2005）。如图 6.3 显示，被捕获龙虾通常会表现出向“被捕捉地”，即“家”的方向运动的行为。无论是在“家”北方或南方的磁场条件下，龙虾的平均定向都朝向“家”的方向，这证明他们体内具有“磁地图”，能够感知地磁场的变化，并利用磁地图回“家”（Boles and Lohmann，2003）。

长距离迁徙的鸟类也有识别“磁地图”的能力。鸟类可以利用地球上不同位置的重要 “地磁信息标签”，结合其他线索非常精确地返回到其出生地点几米的范围内。鸟类这种定期精准返回某一特定区域（如出生地、越冬地或觅食地等）的特性被称为“地点忠实性”（Thorup et al.，2007；Mouritsen，2018）。首次迁徙的杜鹃可顺利找到合适的过冬场地（Thorup et al.，2007，2020）；欧洲知更鸟飞越地中海到达北非（Wiltschko and Wiltschko，2005）；北极燕鸥每年完成地球两极之间几万千米的大迁徙（Egevang et al.，2010）；北极游隼在南北长达几千千米的长距离往返迁徙（Gu et al.，2021）。这些鸟类的长距离迁徙过程中都可能利用了地磁导航。研究发现：即使在迁徙过程中发生很大的偏航，鸟类也能够调整自己的飞行方向，从它们所经历的磁场信号所暗示的位置 “返回”其正确的迁徙路线上（Kishkinev et al.，2021）。

那么这些鸟类怎么知道何时何地应该停止迁徙呢？研究人员利用近一百年的迁徙鸣禽——欧亚芦苇莺（*Acrocephalus scirpaceus*）的环志回收数据研究揭示，迁徙鸟类利用地磁倾角作为到达终点的停止信号，即芦苇莺在遇到第一个正确的

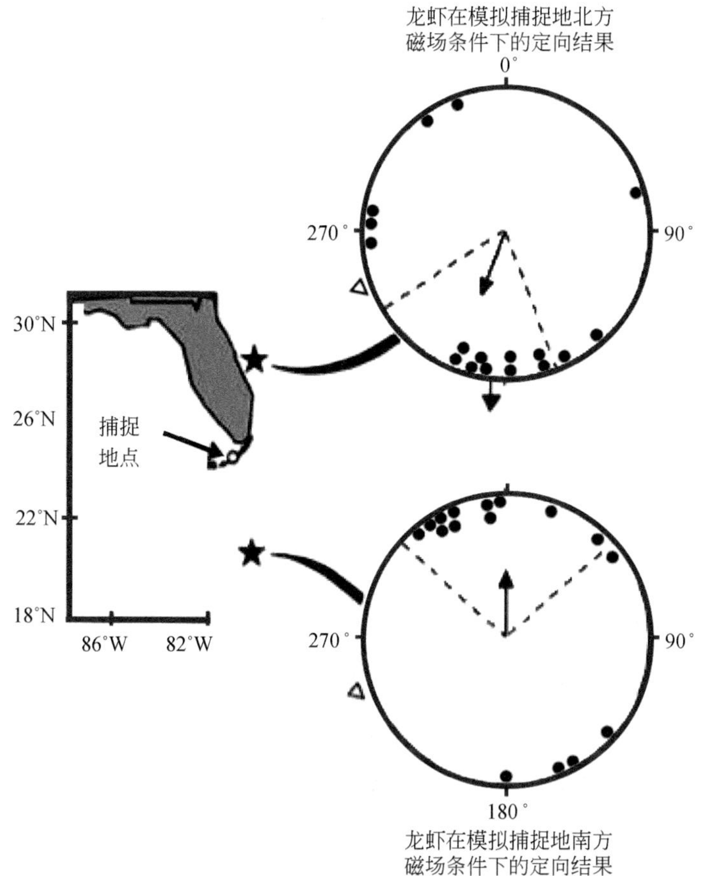

图 6.3　室内人工磁场模拟不同地点磁场条件下龙虾的定向结果，即从捕捉地点获得的龙虾暴露在室内模拟星号处地磁场环境中的平均定向结果（修改自 Boles and Lohmann，2003）

磁倾角位置时就会停止迁徙（图 6.4）。这说明当研究鸟类迁移类群目的地变化的驱动因素时，地磁场的长期变化可能也是需要考虑的因素之一（Wynn et al.，2022）。首次进行迁徙或洄游的动物可以准确地导航到目的地的行为说明动物体内的“磁地图”似乎是遗传的，这意味着磁地图可能在系统发育上广泛存在（Boles and Lohmann，2003；Fischer et al.，2001；Scanlan et al.，2018；Putman et al.，2014）。

地磁导航可能只是动物长距离迁移或洄游中广泛使用的主要导航线索之一，在自然界里，动物生活在复杂的环境中，动物需要地磁场线索结合其他感官线索来共同完成定向或导航。多种线索的等级和排列可能由动物根据当时所处的环境决定（Wiltschko et al.，2013；Wiltschko and Wiltschko，1995）。

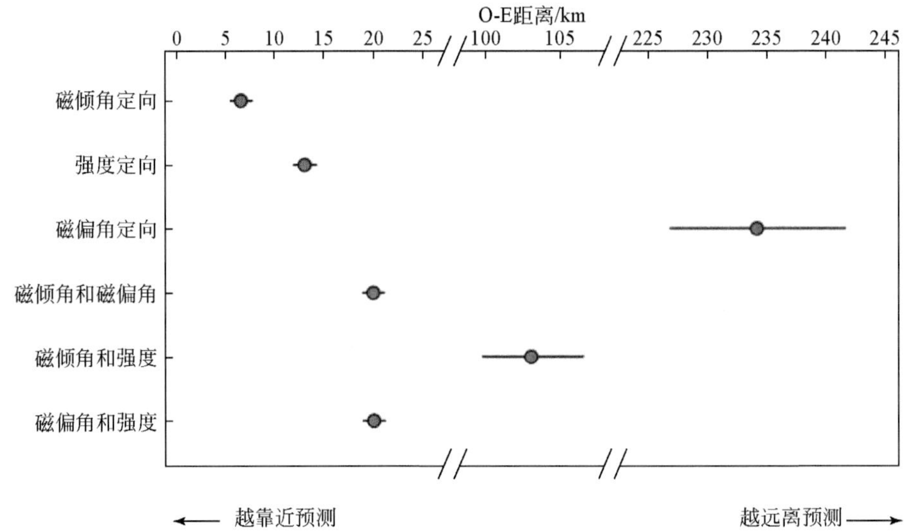

图 6.4 不同的地磁导航信息假设与观察到的环志数据吻合程度的对比结果，当使用磁倾角定向时，预测值与观察值差异最小（修改自 Wynn et al.，2022）

6.1.2 地磁倒转/强度减弱对动物定向行为的影响

古地磁学研究表明，在地磁极性倒转或地磁漂移期间，偶极场强度会下降到原来强度的 10%～20%，甚至更低。自始新世早期（52～50 Ma 前）以来，蝙蝠已经历了上百次的地磁极性倒转和地磁漂移事件，最近一次是约 78 万年前的松山-布容倒转，而之后也有十多次的地磁漂移事件。地磁场强度和方向的巨变可能会给地磁导航的动物带来巨大的挑战。研究表明蝙蝠是使用磁罗盘定位的，那么蝙蝠体内的磁罗盘如何应对过去地磁场的变化，以及它们未来能否适应类似的巨变？

针对该问题，我们利用室内线圈模拟类似地磁倒转期间的弱磁场，研究迁徙性蝙蝠在远低于当今地磁场强度的极弱磁场中的栖息定向行为。实验模拟的弱磁场强度可类比地磁倒转期间的地磁场强度，从正常地磁场强度逐渐降低至 1/5 强度的地磁场。研究发现，蝙蝠能够感应到仅为 1/3、1/4、1/5 强度的极弱磁场（相比地磁场强度 51 μT），并利用磁罗盘准确定向到磁北方向悬挂；即使在极低的 1/5 强度磁场下进行极性倒转，蝙蝠的定向也会相应地发生倒转，重新定位到新的磁北方向（图 6.5）。该结果清楚地揭示出这种迁徙性蝙蝠具有出色的感磁能力。该研究首次发现哺乳动物蝙蝠的感磁罗盘具有响应弱磁场的能力，感应磁场强度的范围为 10～100 μT。研究表明：①蝙蝠在现今全球地磁场范围（23～66 μT）内应该可以正确感磁定向，不会在低强度磁场区域迷失方向；②蝙蝠应该能够应对其演化过程中可能遭遇的地磁倒转期间的弱磁场，表明蝙蝠的感磁罗盘与地磁场可能是共演化的，从而使得动物具备这种灵敏的感磁能力（Wang et al.，2007；Tian et al.，2015）；③与鸟类可感知低至 4 μT 的弱磁场（Winklhofer et al.，2013）能力相似，哺乳动物蝙蝠也具有出色的感磁能力，这使得蝙蝠能够应对未来地磁场倒转或漂移时的巨变。

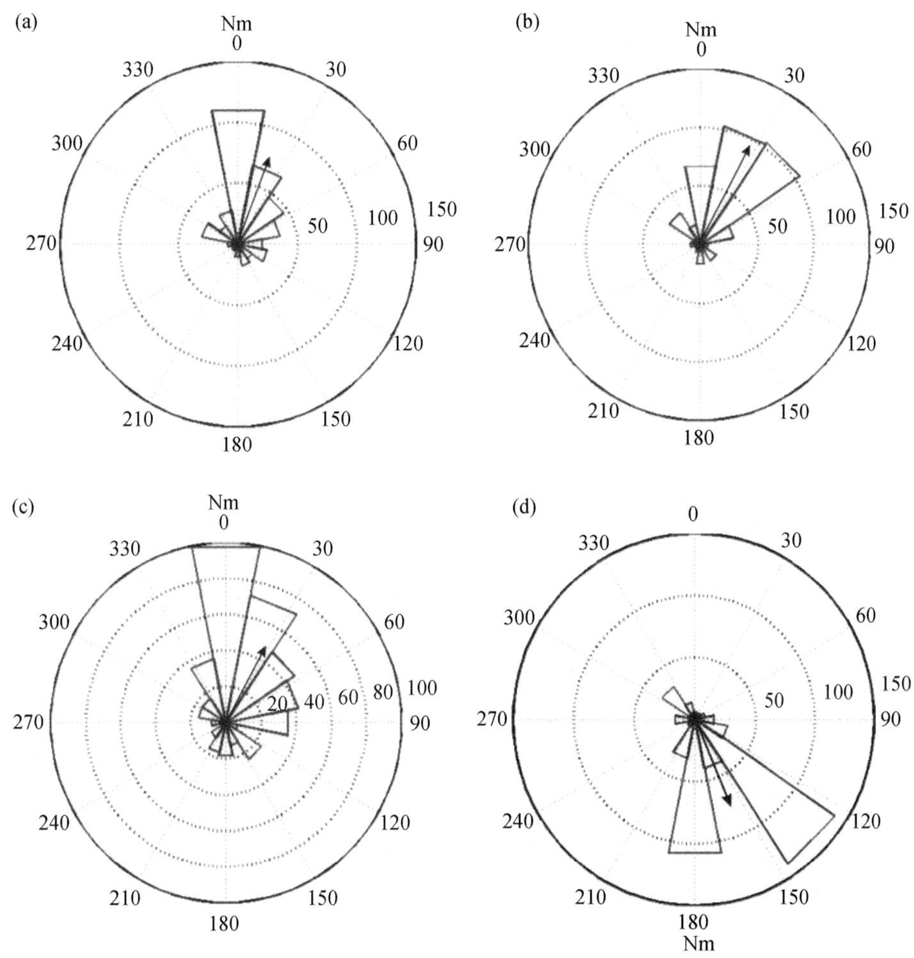

图 6.5　蝙蝠在一系列极弱磁场中的平均定向示意图

（a）1/3 地磁场强度的弱磁场；（b）1/4 地磁场强度的弱磁场；（c）1/5 地磁场强度的弱磁场；（d）1/5 地磁场强度且极性倒转的弱磁场（Tian et al.，2015）。蓝色扇形区表示实验周期内蝙蝠的定向分布，黑色箭头表示该磁场条件下蝙蝠的平均定向；Nm：磁北

6.2 动物感磁机制研究进展

尽管感磁能力在很多动物中都存在，但是动物是如何感知地磁场的，至今还是未解之谜。地磁场可以穿透整个生物体，也就意味着感磁受体可能位于生物体的任何部位，因此感磁受体的定位非常困难。目前，动物感磁机制主要包括电磁感应、基于磁铁矿颗粒感磁和基于感光蛋白的自由基对感磁三大假说（Mouritsen，2018；Naisbett-Jones et al.，2020；Lambinet et al.，2017b）。我国学者也提出了MagR/Cry复合物的生物指南针假说（Qin et al.，2016；Zhou et al.，2023）。感磁受体、磁信息传导通路和感磁脑区的定位是解析动物感磁机制的重要研究内容。

6.2.1 动物感磁机制假说

电磁感应假说是基于法拉第电磁感应定律的。物理学上，电磁感应定律是指当闭合环路中的导电体位于变化的磁场或在静止的磁场中做切割磁力线运动时，导电体中就会产生感应电流。研究人员认为，海洋中的鳐鱼和鲨鱼等头部的劳伦氏壶腹（ampullae of Lorenzini）的导管内腔充满了高导电性的胶状物质，可作为电感受器。当鱼类在海水中运动时产生感应电流，劳伦氏壶腹可感知微弱电流的变化来进行定向（图6.6）。电磁感应假说的成立一般需要具备两个条件：一是动物尺寸要足够大，二是周围要有高导电率的介质，如海水等（Johnsen and Lohmann，2005；Paulin，1995）。因此，陆生动物体内难以出现这种高灵敏度的电感知器官，目前利用电磁感应的动物多限于海洋动物。但是近年来也有研究指出，鸽子可能通过内耳半规管内的电磁感应来检测周围磁场变化，因为在鸽子内耳的一群电感应毛细胞群中发现有类似鲨鱼体内电磁接收离子通道剪接异构体的存在。半规管具有作为生理发电机必要的尺寸和特性，毛细胞有电受体的作用，这使得人们对电磁感应假说又有了新的认识（Nimpf et al.，2019）。

磁铁矿颗粒感磁假说认为：动物体内某些特殊的细胞可能含有生物矿化形成的磁铁矿颗粒，细胞内的这些磁颗粒通过骨架蛋白与细胞膜上的机械敏感性离子通道相连。当磁颗粒受到外界磁场的作用产生磁扭矩，使得与之相连的骨架蛋白受力而开放或关闭跨膜离子通道，从而引发细胞膜内外的电位差产生电信号，这样就将地磁场信息转化为生物电信号传导到动物大脑解码，最终指导动物进行地磁定向或导航（Yorke，1979；Shcherbakov and Winklhofer，1999；Kirschvink et al.，2001）（图6.7）。

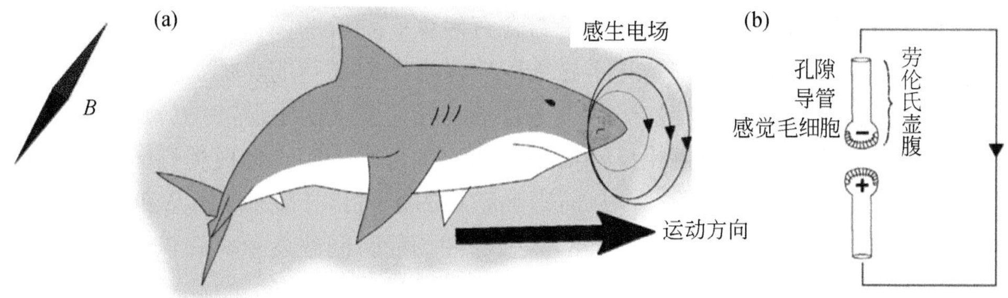

图 6.6　基于电磁感应的感磁机制示意图（修改自 Kobylkov，2020）

在导电的海水中垂直于地球磁场运动的鲨鱼，在其腹背方向会产生电场。这个电场可以通过它的电感受器官——劳伦氏壶腹感应到

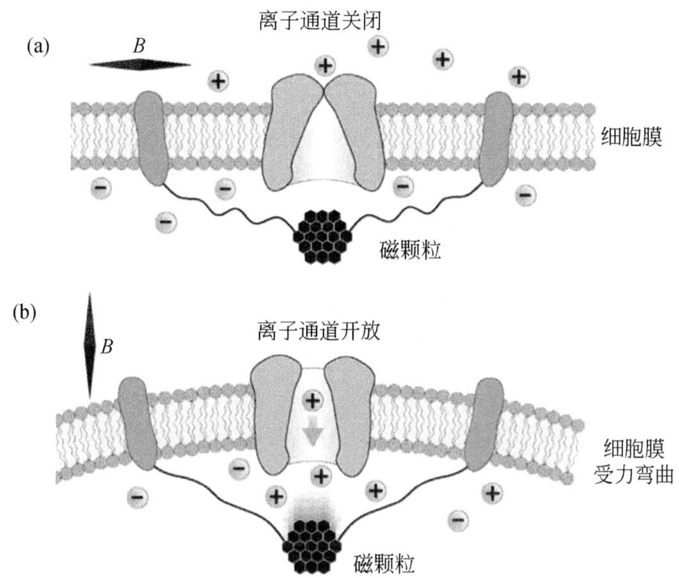

图 6.7　动物体内基于磁铁矿磁颗粒感磁的模型（修改自 Kobylkov，2020）

（a）生物体内矿化生成的磁铁矿颗粒附着在细胞膜上，磁颗粒不受地磁场作用时，离子通道关闭；（b）地磁场可以诱导磁颗粒产生磁矩，进而通过连接蛋白对细胞膜产生机械力，使细胞膜弯曲，激活机械敏感性离子通道开放

尽管行为学研究已证实哺乳动物使用极性罗盘定向，但其体内感磁受体并不清楚。因为极性罗盘能够区分地磁场的南、北极，所以人们推测哺乳动物更倾向于使用磁铁矿感磁。定位哺乳动物体内磁铁矿颗粒是解析感磁机制的关键。相比于体型小的昆虫，鼹鼠和蝙蝠的体型较大，直接使用传统的生物组织切片和免疫组化技术定位磁颗粒非常困难。多学科交叉融合为解决该问题提供了新思路。例如，多种磁学测量技术联用为快速确认动物体内是否存在磁颗粒提供了新思路。

脉冲场重磁化实验是检测动物体内是否含有磁铁矿颗粒的高灵敏性的磁学方法。实验基本原理为：如果动物是基于磁铁矿感磁定向或导航的，那么当给动物施加一个强的偏置磁场后，再施加平行于偏置场的任何强度的短脉冲场应该不会影响其体内磁颗粒的磁化方向；相反，如果施加一个足够强的，但反平行于偏置场的脉冲场将会逆转磁颗粒的极性，从而影响动物的定向和导航行为（Walker et al.，2002；Kalmijn and Blakemore，1978）。强脉冲场能瞬间改变单畴磁铁矿的磁化方向或破坏超顺磁磁铁矿簇，从而干扰磁铁矿感磁受体的定向，引起动物定向行为的改变。研究人员基于动物受脉冲场磁化前后的定向行为的变化结果，可判断动物是否使用磁铁矿感磁。

目前已发现鱼类、昆虫和鸟类都表现出脉冲场介导的重磁化行为响应，暗示着这些动物体内可能都存在磁铁矿感磁机制（Naisbett-Jones et al.，2020；Kirschvink and Kirschvink，1991；Wiltschko W et al.，2009；Wiltschko R et al.，2009）。该磁学方法也被用于哺乳动物蝙蝠的感磁机制研究中。研究人员利用短而强的脉冲场分别平行和反平行磁化处理大棕蝠（*Eptesicus fuscus*），其归巢定向行为结果显示：平行脉冲组和对照组的定向结果无差异；而反平行脉冲组的定向受到显著影响，在南-北轴向上表现出双向定向行为，说明一部分蝙蝠由于受到脉冲场的影响而改变了归巢方向（图 6.8）。只有反平行组受到脉冲重磁化的影响，这说明脉冲场改变了动物体内的可自由旋转的磁性颗粒的极性，表明蝙蝠可能使用磁铁矿颗粒作为感磁受体（Holland et al.，2008）。赞比亚鼹鼠（*Cryptomys anselli*）的筑巢定向也会被类似的脉冲场干扰，说明其体内也含有磁铁矿感磁受体（Marhold et al.，1997）。然而，对鼹鼠进行射频磁场干扰实验却发现它们的

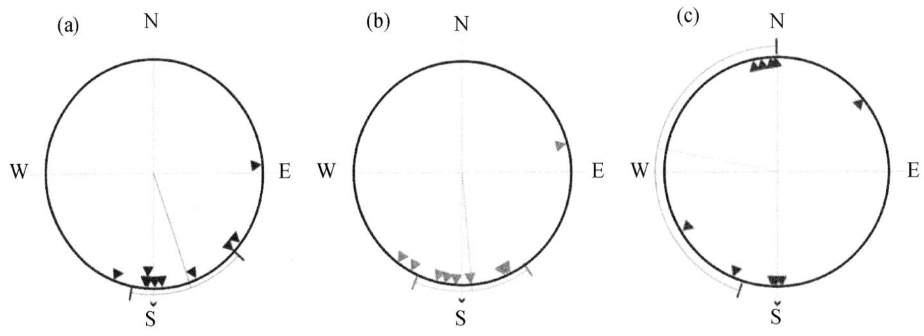

图 6.8　脉冲磁场（峰值振幅约 0.1 T）处理下，蝙蝠的归巢方向结果图

（修改自 Holland et al.，2008）

（a）地磁场对照组；（b）平行脉冲磁场组；（c）反平行脉冲磁场组。平均方向和 95%置信区间显示。圆圈边缘的箭头表示主方向

定位行为并不受影响，因为射频磁场干扰实验会影响耦合自由基对的自旋，从而干扰利用自由基对感磁的动物的定向行为，所以该研究表明鼹鼠应该是依赖于磁铁矿感磁的，而与自由基对感磁无关（Thalau et al.，2006）。虽然哺乳动物体内感磁的磁颗粒具体定位还未知，但这些行为学研究结果对于认识哺乳动物感磁机制大有裨益。

基于感光蛋白的自由基对感磁假说认为：鸟类视网膜特定部位中的光敏蛋白（隐花色素）受到光激发时产生自由基对，该自由基对由于量子纠缠具有自旋单态和三重态；而不同能级态的反应产率由外界地磁场的方向调控，并通过某种方式将该信息传递给动物大脑，使动物能够利用地磁信息进行定向（图 6.9）（Hill and Ritz，2010；Hore and Mouritsen，2016）。

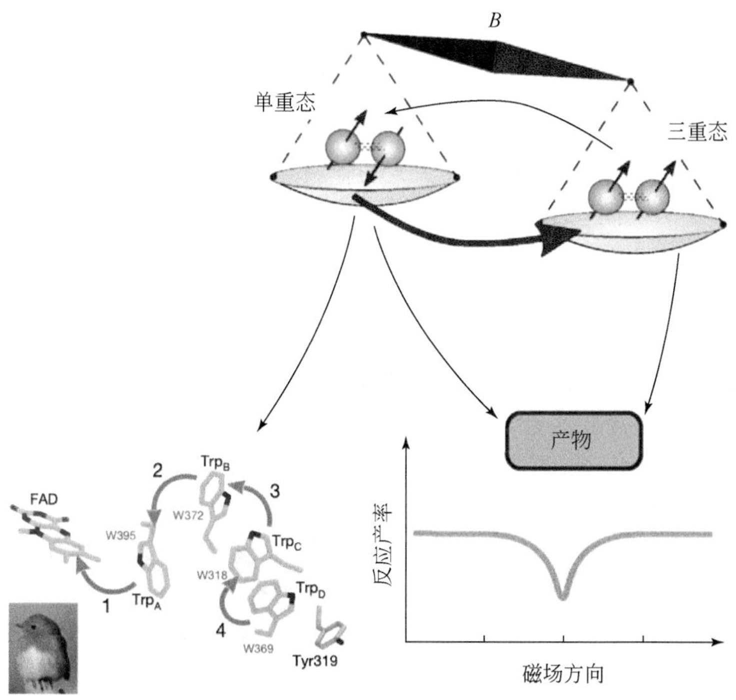

图 6.9　基于自由基对的感磁机制模型（修改自 Kobylkov，2020；Xu J J et al.，2021）

位于候鸟视网膜中的隐花色素蛋白（Cry4）对磁场很敏感，其结合的黄素腺嘌呤二核苷酸（FAD）受蓝光激发后发生还原反应，可依次夺取其附近色氨酸（Trp）的电子，从而形成具有磁敏性的自由基对［$FAD-TrpH^{+}$］。自由基对可以存在于两个量子态（单重态和三重态）。地磁场（*B*）的方向可能会影响这些量子态之间的相互转换率（体外实验已证明）。虽然自由基对的单重态和三重态都能产生产物，但分子基态的逆向反应是自旋选择性的，即只能从单重态发生。因此，反应产率（绿线）在很大程度上依赖于地磁场的方向，从而形成化学指南针的基础——“量子指南针”

根据系统发育分析显示，动物隐花色素可分为 3 种：果蝇样 I 型、哺乳动物类 II 型，以及最近在鸟类、两栖动物、鱼类和爬行动物中发现的 IV 型隐花色素（CRY4）。在自由基对感磁模型中，隐花色素与黄素腺嘌呤二核苷酸（FAD）的结合是关键，只有二者结合，当光诱导时电子传递到 FAD 才能产生长寿命的自旋相关自由基对。CRY4 定位在视网膜双锥细胞中，它可以区分光的强度、偏振和磁场变化。而且，CRY4 是唯一在生理条件下能够结合 FAD 的，这是作为季节性迁移的光依赖感磁受体的必需条件（Gunther et al.，2018；Mouritsen，2018；Worster et al.，2017；Kutta et al.，2017）。近期研究证实，夜间迁徙的欧洲知更鸟的 CRY4 在体外具有磁敏感性，并且比来自鸡和鸽子的 CRY4 更为敏感（Xu J J et al.，2021）。希望将来能够有新的技术，可以直接验证 CRY4 蛋白质在动物体内是否具有感磁功能。

基于感光蛋白的自由基对感磁假说有一定的行为学证据支持。首先，鸟类的感磁定向需要依赖于一定波长的光激发。例如，候鸟地磁定向时通常需要有蓝/绿光（波长在 370～565 nm 区间）的存在。信鸽归巢会受到红光（波长 660 nm）的干扰，但不受绿光（565 nm）和白光的影响；蝾螈需要蓝光（波长＜475 nm）才能向海岸正确定向；果蝇对磁刺激的响应也需要紫外/蓝光（波长＜420 nm）（Wiltschko and Wiltschko，2001；Wiltschko et al.，1998；Phillips and Borland，1992；Gegear et al.，2008）。低强度的射频磁场会破坏欧洲知更鸟、斑胸草雀、家鸡、啮齿动物等动物的磁罗盘定向（Engels et al.，2014；Ritz et al.，2004；Pinzon-Rodriguez and Muheim，2017；Wiltschko et al.，2010）。这些行为学研究有力地支持了鸟类地磁导航可能是基于感光蛋白的自由基对感磁。鸟类体内也存在磁铁矿感磁的可能性，所以使用自由基对感磁的鸟类，可能也会使用地磁场强度等信息作为导航"磁地图"的组成部分（Wiltschko and Wiltschko，2012）。

需要指出的是，尽管上述几种感磁机制假说均具有一定的实验数据的支持，但目前还没有任何一种假说在动物体内得到证实。越来越多的研究表明，仅以单一假说并不能解释动物所有的感磁行为，一些动物可以联合使用多种感磁机制。

6.2.2　人类是否具有感磁能力？

人类是否具有感知地磁场的能力？人体内是否存在感磁的磁铁矿颗粒或者感光蛋白感磁受体？这些都是生物地磁学关注的重要问题。

早在 20 世纪 80 年代，英国科学家罗宾 • 贝克（Robin Baker）在曼彻斯特大学开展了著名的人类感磁能力实验。研究发现，即使在没有视觉线索的情况下，被长距离位移的志愿者依然能指对他们起点的方向，但是该定向能力会被志愿者头上所携带的磁铁干扰（Baker，1980，1987）。尽管由于早期实验设备的落后和后来存在难以重复的实验争议，但是该实验是首次探索人类感磁能力的启蒙研究。后来很多学者对人体其他系统的磁响应研究也为人类感磁能力提供了新证据。例如，磁场会影响人类的睡眠和大脑活动，对人类的动态心电图产生影响（Ruhenstroth-Bauer et al.，1987，1993；Carrubba et al.，2007）。研究发现人脑电波对外界磁场的某种变化具有响应。当实验磁场和环境磁场（即受试者生活的当地磁场）方向一致时，磁场的水平分量旋转会引起人脑的脑电 alpha-波（8～13 Hz）的减少，但对其他磁场变化没有响应。这种对磁场极性的神经电生理响应说明人类可能使用体内磁铁矿磁颗粒感磁（Wang et al.，2019）。目前生物成因磁颗粒在人类的心脏、肝脏、脾、肾上腺、筛骨和大脑中都有发现。生物成因磁颗粒也在神经退行性疾病、癌症、动脉粥样硬化等病人组织中被发现，并且患病组织中磁颗粒的含量远高于正常人的组织（Grassi-Schultheiss et al.，1997；Kirschvink，1981；Kirschvink et al.，1992；Collingwood et al.，2005；Brem et al.，2006；Hautot et al.，2003；Bartzokis et al.，2007）。目前这些生物成因磁颗粒的功能和成因都不清楚。此外，Foley 等（2011）为了测试人类视网膜中的隐花色素是否具有感磁功能，通过转基因方法将人类视网膜中大量表达的隐花色素 CRY2 基因在果蝇体内表达，结果发现果蝇表现出感磁行为，并且以一种依赖光的方式实现。该研究结果表明，人类的 CRY2 具有作为感磁分子的潜能，这对人类感磁机制提出了新的认识。

人类其他感官高度发达，因此感磁能力即使存在也可能处于“屏蔽”状态而不能被人类所使用。另外，研究中难以排除来自环境或实验设备本身的电磁场干扰，所以研究人类感磁更为困难。

6.2.3　动物感磁神经和感磁脑区研究

动物感磁神经通路和感磁脑区的研究是认识感磁机制的关键。电生理和神经免疫组化方法是目前主要的研究手段。然而，由于电生理和神经解剖方面的工作远远落后于动物地磁导航的行为学研究，目前仅在少数几个物种中取得一些进展。下面主要总结鸟类和鼹鼠体内的感磁神经环路研究成果。

鸟类基于感光受体和磁铁矿磁颗粒的磁感知神经通路主要如下：①眼睛视网膜上光依赖的磁感受器——隐花色素通过视觉通路与大脑联系，获取磁场方向信息；②上喙或内耳中的磁铁矿磁颗粒作为磁感受器，通过三叉神经眼分支 V1 或内耳听壶传入神经，将感知的磁场强度等信息传至脑干前庭区域，获得磁“导航图”信息。

鸟类主要有四个脑区参与磁信息处理：三叉神经核、前庭核、Wulst 视区 N 簇和海马体（图 6.10）。电生理研究发现，原鸽（*Columba livia*）基底视束核对周围地磁场的方向变化有响应，该核团负责接收视网膜神经节细胞的投射。当视神经被切除后，该核团对地磁场变化的响应就消失了。这说明视神经参与鸟类的地磁导航过程（Semm et al.，1984；Semm and Demaine，1986）。Mora 等（2004）通过行为学研究发现信鸽可以探测到很强的磁异常（约 100 μT），但是当切断三叉神经眼分支 V1 通路，这种感磁能力就消失了。磁场条件的变化会引起在靠近 V1 神经输入脑区 PrV 和 SpV 的神经元活跃度升高。但是如果将磁场去除或切断通往该脑区的通路 V1，则神经元的活跃度大大降低。在变化的磁场条件下，神经回路研究显示，V1 神经末梢和活跃神经元在空间和区域上重叠。因此，可以肯定眼分支 V1 和感磁相关（Heyers et al.，2010）。另外，对迁徙性鸟类——食米鸟（*Dolichonyx oryzivorus*）的三叉神经电生理研究发现：该神经节里有几个特殊神经元对地磁场强度 0.5%的变化（200 nT）都有反应，认为该神经分支负责感磁信息的传递（Semm and Beason，1990）。此外，在迁徙的黑顶林莺（*Sylvia atricapilla*）脑区，磁场强度信息传至三叉神经脑干区会激活一群形态上独特的神经元群体，这些神经群投射到端脑前额叶。这种投射不同于已知的三叉神经传导通路，该回路基于已知鸟类的端脑前额皮层连接性，可能将磁性“地图”信息传输到大脑多感官整合中心进行解析，该区域参与空间记忆形成、认知/控制执行等行为（如导航）（Kobylkov et al.，2020）。上述研究说明鸟类的三叉神经核参与磁信息的处理。

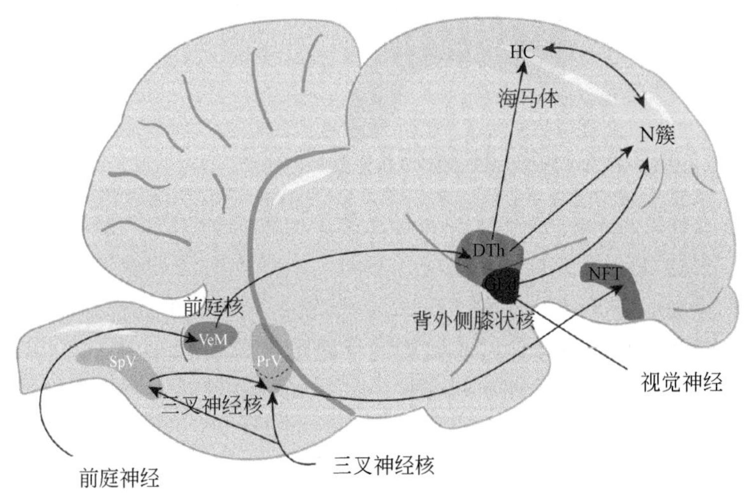

图 6.10　鸟类处理感磁信息的脑区：三叉神经核、前庭核、Wulst 视区 N 簇和海马体

（修改自 Malkemper et al.，2020）

Wu 和 Dickman（2011，2012）通过即刻早期反应基因 c-fos 免疫标记和电生理学方法研究发现，当信鸽处于旋转磁场刺激时，其前庭核内侧神经元有响应。Nimpf 等（2019）重复该实验也获得一致性的结果，并且还发现对于信鸽前庭核内侧神经元的磁诱导激活，光不是必要的，这表明磁接收的主要传感器位于内耳内，依赖于磁铁矿感磁或电磁感应。上述研究表明，前庭核是鸟类感磁信息的主要处理中心。由于三叉神经和视神经是独立的神经传输系统，推测鸟类体内的磁铁矿感磁受体和感光蛋白感磁受体都参与了地磁导航。

N 簇（cluster N）位于鸟类的前脑区，是在夜间迁徙的鸣禽中发现的神经细胞异常活跃的脑区（Liedvogel et al.，2007）。Mouritsen 等（2005）最早发现，庭园林莺（*Sylvia borin*）和欧洲知更鸟（*Erithacus rubecula*）在夜间迁徙时，N 簇区域的神经元中指示神经活跃度的 ZENK 和 C-FOS 的表达增加。当切断欧洲知更鸟三叉神经眼分支时并不影响知更鸟的感磁罗盘；而切断了与感光联系的前脑区 N 簇，鸟类的感磁罗盘则受到影响（Zapka et al.，2009）。这些研究表明 N 簇是处理与光相关的磁罗盘神经通路的一部分。神经元示踪实验发现，N 簇通过丘脑途径连接到视网膜，这是鸟类的上升视觉投影途径之一（Heyers et al.，2007；Karten and Nauta，1968）。Wulst 视区中的神经元能够投射到许多前脑区域，如夜兽和纹状体区域以及海马体（Atoji and Wild，2012）。

海马体位于鸟类大脑的背部，就像它的哺乳动物同源物一样，被认为在鸟类空间认知和记忆整合中起着关键作用。行为学研究表明，海马体损伤会损害鸟类的归巢能力（Bingman et al.，1988；Bingman and Mench，1990）。电生理学研究发现，鸽子海马体中有 3 个神经元（共检测 44 个神经元）对磁场变化有响应（Vargas et al.，2006）。旋转磁场实验显示斑胸草雀（*Taeniopygia guttata*）大脑海马区背部内侧的神经元被激活（Keary and Bischof，2012）。因此，研究人员推测海马体可能与代表地图和罗盘信息的结构相互作用，以计算和不断控制导航目标和方向（Mouritsen et al.，2016）。

除了鸟类，洄游性鱼类的地磁导航机制研究也极受关注（Shcherbakov et al.，2005；Walker et al.，1984；Hellinger and Hoffmann，2009）。Walker 等（1997）在对洄游性的虹鳟鱼（*Oncorhynchus mykiss*）的电生理研究中发现：在三叉神经眼分支内的一些细胞的放电速率随外界磁场的变化而发生改变，追踪这些电信号发现它们回到嗅觉器官里。通过解剖和电镜观察，在虹鳟鱼头部筛骨区域发现单畴磁铁矿颗粒，同时分析发现鱼头部嗅板内含有磁铁矿颗粒；磁铁矿颗粒所在的细胞受到 ros V 神经支配，而电生理结果也支持 ros V 对磁场强度的异常变化有响应。这些结果说明，含有磁铁矿的细胞可能作为感磁受体来感知地磁场信息，并通过 ros V 传导到大脑中枢；鱼类的嗅觉神经也可能是地磁信息的重要传入通路。

相对于鸟类和鱼类的地磁导航研究，哺乳动物的地磁导航神经机制研究进展相对较少。综合前人研究发现，哺乳动物的上丘脑、海马体及其邻近脑区可能参与磁信息的处理。通过 c-fos 免疫标记分析发现，在开放场实验中，赞比亚鼹鼠（*Cryptomys anselli*）的上丘脑神经元对磁刺激有积极响应，并且该区域的神经元对周期性变化的磁场方向响应比对稳定磁场的响应更为明显。这说明上丘脑参与了磁信息变化的处理过程（Nemec et al.，2001，2005）。海马体也是一个参与学习和记忆的关键脑区，是导航环路的重要组成部分。Burger 等（2010）发现变化磁场或屏蔽地磁场环境会显著抑制安塞尔鼹鼠（*Fukomys anselli*）导航神经环路中的海马体、背顶盖、后压扣带回皮层等区域的神经元活性，由此筛选出多个磁响应脑区，为哺乳动物感磁脑区的定位及神经环路图的构建奠定了良好的基础。未来结合基于 Nissl 和 Klüver-Barrera 染色技术建立的安塞尔鼹鼠脑图谱，可能更有助于揭示感磁脑区及其功能验证（Dollas et al.，2019）。

此外，Phillips 等（2001）发现蝾螈（*Notophthalmus viridescens*）的感磁部位是松果体，它们能直接感光。当给蝾螈的松果体附上滤光片，而对双眼不做任何处理，使其接受自然光，结果显示蝾螈的磁罗盘定位仅依赖于松果体所接受的光谱性质，而与双眼接受的光谱性质无关，说明蝾螈的感光磁罗盘位于松果体内。在夜晚，磁场水平分量倒转会引起 SD 大鼠头部松果体内 5-羟色胺-N-乙酰转移酶（NAT）和褪黑素的分泌降低，这也说明动物体内的松果体可能参与地磁信息的传递或处理过程（Welker et al.，1983）。

除了脊椎动物，海洋中的一些软体动物也可利用地磁场定向。例如，软体动物 *Tritonia diomedea* 具有单一的神经系统，通过电生理研究显示：这种动物的 LPd5 和 RPd5 两个神经元随着外磁场的变化产生增强的电信号。这是首次确认对地磁场响应的单一神经细胞，为地磁导航感磁受体的神经回路研究提供了新的途径（Lohmann and Willows，1987；Wang et al.，2004）。而在模式生物秀丽隐杆线虫（*Caenorhabditis elegans*）体内也发现了磁感觉神经元：钙成像显示秀丽隐杆线虫在垂直的穴居迁移过程中，即使没有突触输入，感觉神经元也对磁场变化产生反应（Vidal-Gadea et al.，2015）。然而，这一发现目前存在争议，因为其他实验室没有能重复出该实验结果（Malkemper et al.，2023；Landler et al.，2018）。

综上所述，尽管免疫示踪和电生理研究已经发现了鸟类和其他感磁动物的基本感磁神经通路和感磁脑区，但是动物的感磁信息是如何传导和整合的，迄今仍不清楚。新兴的先进技术，如全脑成像、自由运动动物的电生理学记录、双光子或多光子成像等，可能会推动感磁神经环路的研究，有助于破解动物感磁之谜。

6.3　动物地磁定向研究平台和研究方法

动物感磁行为研究一般分野外和实验室研究，既可在野外自发性扩散、归巢或迁移的背景下研究动物的定向，也可在实验室内使用人工模拟磁场进行定向研究。二者各有优缺点，可相互佐证、互为补充。野外研究可以在不同的生态和行为背景下研究自由运动的动物行为表现，但是需要先进、轻便的野外追踪设备，对设备的要求很高。野外环境复杂，结果往往难以提取单一磁场因素的贡献，因此往往还需要实验室模拟磁场的进一步验证。实验室模拟磁场可提供一个均匀、稳定的磁场环境，可将磁场的方向和强度等参数进行单一控制，因此磁场条件可被精确地操纵，并尽可能地排除其他线索的干扰，可重复开展小型哺乳动物的感磁行为研究。这类模拟磁场系统在动物感磁行为研究中发挥着重要的作用。

模拟磁场系统主要由三轴 Helmholtz 或 Merritt 线圈组成。线圈形状可以是方形或圆形。如果需要均匀场大的空间时，方形线圈系统更容易构造和控制；而对于体积相对较小的系统，圆形线圈更容易加工。我们与仪器公司共同参照双绕线圈设计原理（Kirschvink，1992b），研制出三轴双绕线圈：由两组绕组参数完全相同的线圈组成，每套线圈的每个轴上由 4 个串联线圈组成。磁场产生的原理如下：对照磁场和实验磁场是由两个参数完全相同的绕组同向串联或反向串联的方式组成，当通入电流时，只有一套绕组产生实验组所需磁场，另一套绕组内由于电流方向相反，产生的磁场相互抵消，可作为地磁场对照组（图 6.11）。这是目前动物地磁导航研究的重要实验设备。

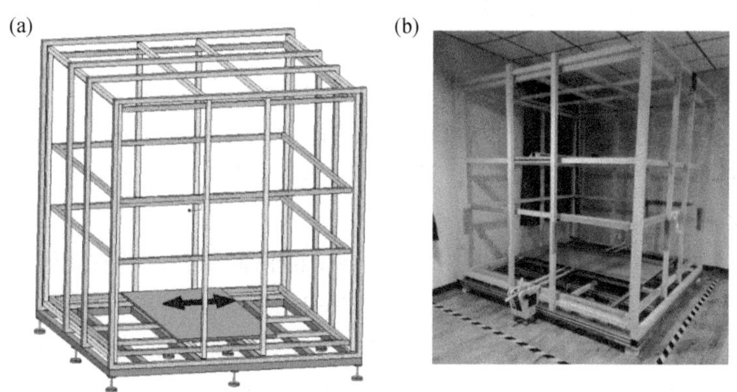

图 6.11　生物地磁实验室双绕线圈结构示意图（a）和装置实物图（b）

动物体内感磁受体的定位研究既重要又困难。因为感磁受体不同于其他感官受体，后者必须与外界相应的刺激因子接触，而磁力线可以自由穿过动物身体，所以感磁受体可能位于动物体的任何部位。如果动物是使用磁铁矿磁颗粒感磁的，由于动物体内的纳米磁性颗粒含量通常极低，且颗粒尺寸又极小（小于 50 nm），使用光学显微镜和透射电子显微镜直接观察定位非常困难，而使用生化方法和外加磁场来富集细胞内的磁铁矿纳米颗粒，又难以避免污染和小尺寸的磁颗粒被溶解等难题。因此，我们利用学科交叉的优势，即基于磁性矿物本身的磁学特性，采用多种岩石磁学测量技术和生物组化技术相结合，共同建立了一套定位动物体内磁颗粒的研究方法，可较为快速定位生物体内的磁性矿物的大致位置和辨别磁性颗粒的基本成分。我们首先利用已知头部具有磁铁矿颗粒的信鸽样品来建立实验方法，即采用对磁性颗粒含量灵敏的室温和低温岩石磁性测量技术结合普鲁士蓝染色技术来鉴别生物组织中的磁性颗粒。研究综合使用的磁学参数主要如下：室温等温剩磁（IRM）曲线和交流场（AF）退磁曲线；零场冷却（ZFC）和有场冷却（FC）后的饱和剩磁低温退磁曲线（检测磁铁矿低温特性-Verwey 转变）；5～300 K 区间 300 K 下饱和等温剩磁循环曲线等。结果显示信鸽上喙组织样品中存在软磁性矿物——磁铁矿，并且表现出超顺磁颗粒的磁学特征，并且实验对比发现雌鸽组织内的磁铁矿含量高于雄鸽的。进一步对该组织进行切片和普鲁士蓝染色，证实有深蓝色的含铁矿物复合体的存在。该研究支持了信鸽除自由基对感磁外，也存在磁铁矿感磁的可能性；同时也证实了综合磁学方法可以探测生物组织内微量的磁颗粒（Tian et al.，2007）。基于上述实验方法，我们进一步对蝙蝠体内的感磁颗粒进行定位研究。对 6 种蝙蝠（迁徙性和非迁徙性各 3 种）体内的磁颗粒开展了详细的磁学特征分析发现：蝙蝠头部含有软磁性矿物颗粒；并且迁徙性蝙蝠脑组织内的磁颗粒含量高于非迁徙性蝙蝠的磁颗粒含量（图 6.12）。低温岩石磁学测量分析进一步揭示该磁性颗粒成分可能为磁铁矿。研究首次从磁学角度揭示出蝙蝠头部含有磁性颗粒，且成分可能为磁铁矿（Tian et al.，2010）。这一研究结果与脉冲场重磁化行为学实验结果相一致（Holland et al.，2008），表明磁颗粒可能是蝙蝠地磁导航的重要磁受体，这为认识哺乳类动物地磁导航机理奠定了重要基础。

目前，研究人员已在多种动物体内发现了磁铁矿颗粒的存在，如蜜蜂的腹部、蚂蚁的触角、鲑科鱼类的筛骨、鸟类的筛骨和上喙组织等（Gould et al.，1978；Abracado et al.，2005；Walcott et al.，1979；Kirschvink et al.，1985）。哺乳动物，如啮齿动物（Mather，1985）、海洋哺乳动物（Bauer et al.，1985；Zoeger et al.，1981），甚至人类（Kirschvink et al.，1992）体内也发现有磁颗粒的存在。上述这些磁颗粒多集中在动物头部区域（Kirschvink et al.，2001）。磁颗粒的发现为基于

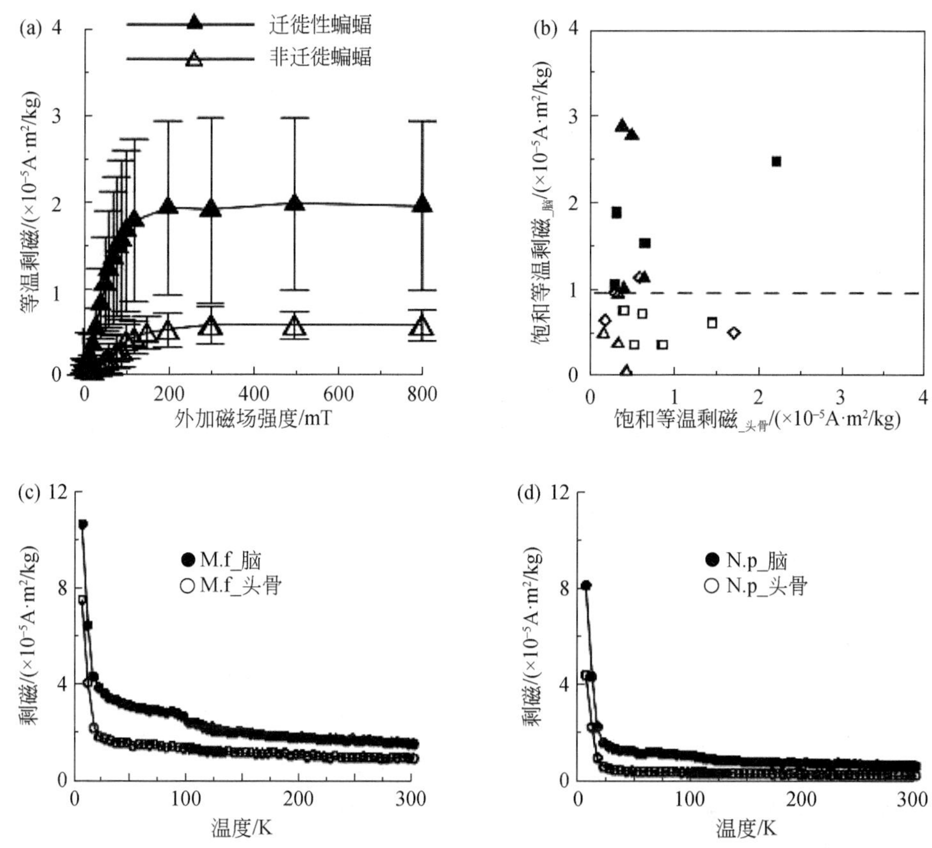

图 6.12　用岩石磁学方法检测蝙蝠体内是否存在铁磁性矿物

（a）迁徙性蝙蝠和非迁徙性蝙蝠脑组织样品的等温剩磁（IRM）平均值比较图；（b）迁徙性蝙蝠（实心符号）与非迁徙性蝙蝠（空心符号）脑组织样品的饱和等温剩磁（SIRM）分布图；（c）和（d）迁徙性蝙蝠和非迁徙性蝙蝠脑组织样品的剩磁升温曲线，在 15 K 之下的剩磁衰减表明大量超顺磁性颗粒的存在，在约 100 K 附近剩磁衰减表明含有磁铁矿（Tian et al.，2010）

磁铁矿感磁机制的研究提供了重要线索。

6.4　本 章 小 结

本章重点介绍了动物感磁行为和感磁机制的研究进展，并指出某些动物可能同时使用一种以上的感磁机制；同时介绍了我们在动物感磁研究中建立的实验平台和磁颗粒定位方法。然而目前动物感磁研究还存在很多问题。例如：①由于室内模拟磁场的精度和均匀性、研究方法的差异等原因，很多动物感磁研究结果难以重复；②难以避免的“磁污染”和周围环境电磁干扰等问题。研究人员综合使用单细胞光-电联合显微镜（CLEM）、电子能量损失能谱（EELS）及能量滤波透射电子显微镜（EFTEM）分析发现，鸽子不同组织内较大磁矩的磁性细胞并不含生物成因的磁铁矿，细胞的磁性主要是来自胞外铁、钛和铬的污染物。同样将单细胞技术应用于鳟鱼的磁性细胞研究，也无法识别任何与生物成因磁铁矿一致的细胞内结构（Edelman et al.，2015）。Maher 等（2016）通过联合使用磁学测量、高分辨率透射电子显微镜（HRTEM）、电子能量损失光谱（EELS）和能量色散 X 射线（EDX）等多种交叉手段，分析 37 个人类大脑样本中的磁性纳米颗粒，也发现在测试的人脑组织中存在的磁铁矿纳米颗粒更倾向于是外部来源，而不是生物体内源性生成的。这些质疑性的结果指示未来需要使用新的方法对磁铁矿感磁受体进行研究。此外，含铁等磁性材料的实验室设备以及含有钢筋建筑材料的实验大楼都会对实验磁场产生干扰。例如，研究发现人类使用的电器设备所产生的电磁噪声能够干扰鸟类的正确感磁定向。当欧洲知更鸟暴露在背景电磁噪声环境时，它们无法正确使用磁罗盘进行定向。当使用屏蔽方法将频率从 50 kHz 到 5 MHz 的电磁噪声衰减了大约两个数量级后，知更鸟的磁定向能力恢复。但当屏蔽被移除或增加人工产生的宽带电磁噪声时，鸟类又再次失去了它们的磁定向能力。该研究充分表明候鸟在城市电磁噪声存在的情况下，有时会受到干扰而无法使用它们的磁罗盘进行正确定向（Engels et al.，2014）。因此，在任何实验中，实验者都要提供实验磁场的监测数据及背景场实测数据，这样读者可对实验磁场环境条件有合理的评估。识别含铁矿物的普鲁士蓝染色方法不能准确区分细胞类型，因此后来研究认为之前发现的鸟类上喙组织内的磁性颗粒实际是富铁的巨噬细胞含有的，可能不能作为感磁受体（Eder et al.，2012）。

选择合适的实验动物和行为范式也是动物感磁研究的难点。鸟类一直是研究动物感磁的重要实验对象。但是随着研究的深入，鸟类研究也面临着难以圈养繁殖和难以进行基因改变等难题。此外，鸟类的感磁行为范式已经使用了 50 多年，但是由于鸟类感磁行为实验中个体定向相对分散，通常需要进行大量的重复实验、采集数据，再经统计学分析才能获得结论。那么，是否有其他更合适的动物模型呢？龙虾、鱼等是否可作为研究磁罗盘的代表性动物？模式生物线虫、果蝇等是否可以替代？同时，是否可利用 CRISPR 基因编辑技术在这些模式物种上开展体内基因编辑获得突变体来进行感磁功能验证研究？这些问题都值得进一步探讨。相信未来随着新技术和新方法的发展，以及多学科的交叉融合，将能够更深入地解析动物地磁定向和导航的机理。

（田兰香　执笔）

第 7 章　亚磁场的生物学效应

通常磁场强度低于 5 μT 的极弱磁场称为亚磁场（hypomagnetic field，HMF）。亚磁场环境是星际空间的重要特征之一（莫炜川等，2012；Kokhan et al.，2016）。现今的月球和火星都没有发电机磁场。随着深空探测的快速发展，未来载人太空活动会显著增加，亚磁暴露对航天员健康的影响是不可忽视的重要问题。古地磁学研究表明：地质历史时期，地磁场至少发生过几百次极性倒转。在极性倒转期间，地磁场的强度会显著减弱，仅为倒转前强度的 10%～20%，甚至更低（Merrill and McFadden，1999；Valet et al.，2005）。在一些极性倒转期间地球上的生物处于亚磁场的环境中。亚磁环境还存在于多种人造磁屏蔽空间，如磁屏蔽实验室、潜艇舱体等（Xu and Zeng，1998；Harakawa et al.，1996；Canova et al.，2021）。生物对亚磁场的感应行为和机制研究是生物地磁学和空间生物学的重要内容。

许多研究表明，亚磁场对生物的影响是广泛的。亚磁场的生物学效应包括亚磁场对微生物、植物和动物的影响，其中亚磁场对动物的效应研究从细胞、组织、器官到动物个体等不同层次和水平展开（Binhi and Prato，2017；Binhi，2021；Zhang Z Y et al.，2021；Erdmann et al.，2021a）。本章首先简要介绍亚磁场对微生物和植物的影响，然后介绍亚磁场对动物的影响及其可能的作用机制，重点介绍我们在亚磁场暴露对哺乳动物体内激素水平、大脑海马神经发生和肠道微生物菌群的影响等方面的研究进展。希望通过亚磁场生物学效应的介绍，读者可以更加深入地认识地磁场对地球生命的重要性，同时也为评估空间亚磁场环境对航天员健康的影响提供重要的实验依据。

7.1　亚磁场对微生物的影响

亚磁场对微生物的影响研究主要集中在亚磁场暴露影响微生物对抗生素的耐药性、生长增殖速率和环境适应性等方面。

研究发现，在 20 nT 的亚磁场环境中连续培养的多种细菌（如金黄色葡萄球菌），细胞的通透性会发生改变，进而导致细胞的形态结构和着色能力变化（Verkin et al.，1976）。26 株大肠杆菌经亚磁场环境培养 6 天后，1/3 以上的菌株对氧氟沙星、卡那霉素、四环素、氨苄青霉素和头孢他啶等抗生素的抗药性显著增加；亚磁场还可增强假单胞菌菌株对氨苄西林和四环素的抗药性，以及肠杆菌菌株对氨苄西林、卡那霉素和氧氟沙星的抗药性（Creanga et al.，2004；Poiata et al.，2003）。上述研究表明，连续的亚磁场暴露会导致细菌对抗生素的耐药性增强。

亚磁场对微生物生长速率和适应性影响的研究主要以芽孢杆菌、趋磁细菌、真菌和水熊为研究对象。研究发现，枯草芽孢杆菌暴露于 97.5～1115 nT 的亚磁场 24 小时后，其生长速率和细胞分裂能力增加，芽孢生成减少（Obhodas et al.，2021）。对趋磁细菌的研究发现，0.5 μT 的亚磁场暴露可以显著降低静息态细胞数量，增加细菌磁小体颗粒的尺寸和磁性，影响与磁小体合成相关基因的表达（Wang X K et al.，2008）。亚磁场暴露还会影响小型真菌的生长形态特征，即出现螺旋生长的外观，而不是原有的分支生长模式（Panina et al.，2019）。

水熊被认为是地球上对极端环境耐受力最强的生物之一，常被用于天体生物学实验中，来测试开放空间极端环境下生命的生存极限。研究发现，亚磁场暴露显著影响两种水熊 *Echiniscus testudo* 和 *Milnesium inceptum* 的生命活动，即降低它们在生物脱水、无水和恢复活跃状态时的存活率（Erdmann et al.，2021b）。

7.2　亚磁场对植物的影响

目前，亚磁场对植物的影响研究主要集中在植物的生长、种子的萌发、根系向地性及营养元素吸收等方面。研究结果多为现象描述，对其作用机理知之甚少。

以植物生长和种子萌发为例，亚磁场暴露会影响豌豆根系细胞的增殖分裂活力、RNA 和蛋白质的合成动力及功能组织结构，促进豌豆种子萌发时上胚轴的伸长，同时伴随表皮细胞的伸长和细胞渗透压的升高（Mo et al.，2011；Fomicheva et al.，1992a，1992b；Beljavskaja et al.，1992；Negishi et al.，1999）。通过对亚细胞结构层面的分析发现，经亚磁场处理后，豌豆根系分生组织细胞出现大量脂质体积聚，溶胞区（空泡，细胞脂质体和壁旁体）发育形成超微结构，并伴随脂质体内植物铁蛋白的减少和细胞 Ca^{2+}稳态的破坏。同时，细胞内的线粒体尺寸和相对体积增加，线粒体嵴减少，基质电子通透化，因此线粒体被认为是响应亚磁场最敏感的亚细胞结构（Belyavskaya，2001）。亚磁场还可改变拟南芥根部营养离子的浓度，如 NH_4^+、K^+、Ca^{2+}、Mg^{2+}、Cl^-、NO_3^-、Fe^{2+}、Zn^{2+}和相关转运蛋白基因的表达（Islam et al.，2020a；Narayana et al.，2018）。对植物生长发育而言，亚磁场通过下调拟南芥与开花相关基因的表达，延迟植株开花时间（Xu et al.，2012，2013）；处于抽薹到开花发育时期的拟南芥暴露于亚磁场中，植株内碳原子数在 21 到 28 之间的表面烷烃含量会逐渐增加，一些脂肪酸含量在抽薹和结实等发育阶段显著增加，这些变化可能与亚磁场引起 3-酮脂酰辅酶 A 合成酶（KCS）基因表达的变化相关（Agliassa et al.，2018；Islam et al.，2020b）。而连续 6 周亚磁场暴露可显著增加苹果的含水量、硬度和细胞膨胀压力，减缓苹果内淀粉酶促分解的过程，抑制淀粉转化为单糖，显著降低苹果的果糖含量和呼吸强度，进而延长苹果的贮存时间，这可能为苹果存储提供新的途径（Zagula et al.，2020）。这些研究有助于认识亚磁场环境对植物种子萌发、生长发育等的作用，可为未来空间绿色生命维持系统的研制提供重要参考。

7.3　亚磁场对动物的影响

近年来，亚磁场对动物的影响备受关注，国内外学者从不同水平开展亚磁场对动物的影响研究，取得了一系列进展。这里将着重介绍亚磁场暴露对动物细胞、生理系统、生长发育以及学习记忆功能等影响。

7.3.1　亚磁场对动物细胞的影响

细胞培养磁屏蔽技术的改进和人们对亚磁场生物效应的关注促进了亚磁场对动物细胞影响的研究。早期发现亚磁场可改变仓鼠细胞的生长速率，引起人成纤维细胞和淋巴细胞染色质过度浓缩，这种生物效应在细胞分裂的 G1 期（DNA 合成前期）最为显著（Belyaev et al.，1997）。同时，亚磁场暴露还会改变白血病细胞的细胞周期动力学，使处于细胞周期中 G1 期细胞百分比下降，而处于 S 期（DNA 合成期）的细胞百分比上升，指示亚磁场可能通过影响细胞周期而改变细胞的分裂速率（Eremenko et al.，1997）。在 0.5 μT 亚磁场环境中处理人静脉内皮细胞 24 小时后，细胞分裂能力和内皮型一氧化氮合酶基因（eNOS）的表达水平下降（Martino et al.，2010a）。对肿瘤系细胞研究发现，0.2～0.5 μT 的亚磁场处理可降低癌变人纤维肉瘤细胞系（HT1080）和结直肠癌细胞系（HCT116）细胞的生长速率，抑制细胞增殖，且生物效应具有时间累积性（Martino et al.，2010b）。近期研究发现，亚磁场抑制小鼠体内移植的人纤维肉瘤细胞（HT1080）和胰腺癌细胞（AsPC-1）两种肿瘤的生长，为治疗癌症提供了一种新的策略（Luukkonen et al.，2020）。在 200 nT 的亚磁场中培养的小鼠原代胚胎成纤维细胞会产生黏附，降低细胞的增殖能力，增加细胞死亡率。在双细胞小鼠胚胎实验模型中，亚磁场暴露会导致细胞质膜通透性增加，从而造成双细胞小鼠胚胎的发育在囊胚阶段前就停止，这主要是由于肌动蛋白再分配产生细胞骨架的重组及囊裂球的空间取向受到亚磁场的干扰（Osipenko et al.，2008）。亚磁场暴露会加速人类精子在体外的葡萄糖消耗，但是会降低黑腹果蝇的精子运动速率（Truta et al.，2012）。上述研究表明亚磁场可以影响细胞的代谢活动和细胞周期。

国内学者在亚磁场影响细胞方面也有很多成果。例如，亚磁场暴露使细胞微管蛋白构象发生无序变化，导致微管蛋白自组装紊乱（Wang D L et al.，2008）。200 nT 以下的亚磁场暴露会促进人神经母细胞瘤 SH-SY5Y 的 G1 期向前移动，从而显著促进细胞增殖（Mo et al.，2013）。进一步的转录组分析显示，亚磁场引起 SH-SY5Y 细胞差异表达的基因主要集中在大分子定位、蛋白质转运、RNA 加工和脑功能等几个重要过程中，且在亚磁场暴露的最初 6 小时，丝裂原活化蛋白激酶 1（MAPK1）和隐花色素（CRY2）基因分别表现明显的上调和下调，这表明 MAPK 途径和隐花色素参与了早期的亚磁场生物反应（Mo et al.，2014）。之后发现，亚磁场还抑制 SH-SY5Y 细胞的黏附和迁移能力，同时降低细胞内 F-肌动蛋白量，导致肌动蛋白体外组装动力学异常，细胞突起数目减少，细胞体积变小，形状更圆（Mo et al.，2016）。研究还发现，亚磁场增加 C57BL/6 品系小鼠大脑神经干细胞和前体细胞的增殖水平及初级神经球的尺寸（Fu et al.，2016a），降低小鼠骨骼肌细胞葡萄糖消耗量和线粒体的活力及膜电位，导致细胞活力下降（Fu et al.，2016b）。成骨细胞系 MC3TM-E1 细胞在增殖过程中暴露于 500 nT 的亚磁场内，细胞生长没有表现出严重的毒性生理效应，但是细胞内铁含量和碱性磷酸酶活性降低，矿化和钙沉积延缓，进而表现出成骨细胞分化的损伤（Yang et al.，2018b）。

近期研究发现，在小于 50 nT 的亚磁场环境中培养的人支气管上皮细胞经 X 射线暴露后，细胞存活率显著增加，细胞内 DNA 双链断裂的修复能力更强，表明亚磁场可能会提高细胞对空间辐射损伤的修复效率，从而减轻辐射的基因毒性作用（Xue X W et al.，2020）。综上，亚磁场对不同类型细胞的增殖作用不同，有的表现出抑制效应，有的表现出促进效应，而且对不同类型细胞的亚细胞结构也会产生不同的影响。这些生物学效应的差异可能与细胞的类型相关，也可能与亚磁场的磁场强度和暴露时长不同有关。

理论上讲，磁场可以改变生物体内自由基的含量，如活性氧（reactive oxygen species，ROS）（Barnes and Greenebaum，2015）。细胞内的 ROS 有多重生物作用。适宜浓度的 ROS 可作为细胞的第二信使分子参与细胞信号通路的级联反应；而超过生理调控水平的 ROS 则会损害细胞内的生物大分子，造成细胞的凋亡或死亡（Shadel and Horvath，2015；Ray et al.，2012）。目前，亚磁场对动物细胞 ROS 水平影响的研究也取得重要进展。研究发现，2 μT 以下的亚磁场可抑制人纤维肉瘤癌细胞 HT1080、人神经母细胞瘤 SH-SY5Y、胰腺癌细胞 AsPC-1 和牛肺动脉内皮细胞 PAEC 内 ROS 的产生（Martino and Castello，2011；Zhang et al.，2017b）。小鼠腹膜中性粒细胞暴露于 20 nT 的亚磁场 1.5 小时后，细胞内 ROS 水平也显著降低；未活化的中性粒细胞经亚磁场预孵育后，细胞内的 NADPH 氧化酶活性降低，超氧阴离子自由基的产生减少，表明线粒体电子传输链参与了亚磁场效应，预示线粒体可能是亚磁场的靶向作用点（Novikov et al.，2019，2020）。

在红细胞中，氧化应激会导致血红蛋白含量的变化和溶血现象。有研究发现，将大鼠红细胞暴露于亚磁场环境 4 小时，以叔丁基过氧化氢作为氧化应激诱导剂，在高浓度氧化应激诱导剂下，红细胞产生更多的氧自由基并释放出更多的血红蛋白，表明在特定氧化应激条件下，亚磁场可破坏红细胞的功能状态，加快细胞死亡（Nadeev et al.，2018；Terpilovskii et al.，2019）。因此推测亚磁场可能破坏了细胞内氧化应激的平衡，进而引起与 ROS 相关的生理代谢异常。

7.3.2 亚磁场对动物生理系统的影响

研究发现，亚磁场暴露组的小鼠血清、胫骨、肝和脾脏的铁含量大于地磁场暴露组的小鼠（Xue Y R et al.，2020）。亚磁场会严重影响动物骨骼系统的发育。低于 0.3 μT 亚磁场暴露可以加剧后肢空载大鼠的骨矿物质密度损失，并改变股骨的生物力学特性，推测可能是亚磁场引起骨骼系统微量元素浓度的变化，导致大鼠产生氧化应激反应，促进了破骨细胞的成熟、活化及骨吸收（Jia et al.，2014）。另外，亚磁场加剧了骨矿物质的流失，对松质骨的微观结构产生了更大的损伤，从而对小鼠股骨的生物力学性能产生不良影响（Yang et al.，2018a）。研究还发现，亚磁场对微重力诱导的骨损失恢复也具有不良影响，主要是由于亚磁场暴露后小鼠骨骼内骨矿物质含量较低，股骨微结构比在地磁场环境下更差，股骨弹性力学性能也较差（Xue Y R et al.，2020）。

亚磁场对动物的心血管系统也有显著影响。对健康成人心血管系统研究发现，受试者在亚磁场暴露 60 分钟后，其毛细血管血流速度增加约 17%，心率和舒张压均显著降低，心脏运动间隔的平均持续时间增加；亚磁场环境还促进人心血管和微循环系统的循环（Gurfinkel et al.，2014，2016）。成年雄性 C57BL/6 小鼠在亚磁场中暴露一个月，运动耐力显著降低，其骨骼肌中柠檬酸水平和肌膜下线粒体数量下降，线粒体的形态学也发生变化，这表明亚磁场抑制了肌肉线粒体的功能，并可能导致其与耐力密切相关的能量代谢下降（Hu et al.，2020）。因此，长期停留在亚磁场环境中可能会对人类的心血管系统健康和工作能力产生不良影响。

研究还发现，人血液的凝固时间在亚磁场环境中增加，同时伴随铜元素损失的增加（Ciortea et al.，2001），血清中天冬氨酸转氨酶和丙氨酸转氨酶的酶活明显降低，溶血作用加强（Ciorba and Morariu，2001）。而研究人员在心血管患者中检测到血液系统对日地物理因素的高敏感性：太阳活性的增加与血液流动性降低和凝血能力增加的趋势相关。上述研究表明地磁场是维持血液系统正常功能的关键因素之一（Trofimov and Sevostyanova，2008）。在亚磁场环境中的鲫鱼（*Carassius carassius*）肠道中的蛋白酶、糖苷酶和钙蛋白酶活降低，钙依赖的蛋白酶活几乎完全丧失（Kuz'mina et al.，2015；Kantserova et al.，2017）。地磁屏蔽环境中的成年褐飞虱（*Nilaparvata lugens*）表现出食欲降低，体重减轻的症状，同时 5 龄期若虫体内的隐花色素 Cry 和食欲相关的神经肽基因表达发生改变，血糖水平较高，进而引起昆虫对食物的厌恶（Wan et al.，2021）。

综上所述，亚磁场环境对动物生理活动的影响与血常规参数、细胞内矿物质元素、免疫和氧化应激、代谢酶活的改变等密切相关。

7.3.3 亚磁场对动物生长发育的影响

亚磁场对动物生长发育的影响受到研究人员的广泛关注，尤其是发现亚磁场暴露会导致动物胚胎畸形率、流产率和幼崽死亡率的升高。20 世纪 70 年代，苏联科学家发现在亚磁场环境中饲养的兔子，其个体发育水平普遍低于正常地磁场组，而幼崽的死亡率高于地磁场组，开启了亚磁场对动物生长发育影响的研究（Kopanev et al.，1979）。将处于卵裂前期的蝾螈幼体一直暴露在磁屏蔽环境中，直至幼虫神经节完全发育。发现蝾螈幼体的躯体缺陷发生率明显升高，表现为双头和肠突出、脊柱弯曲、眼睛畸形及身体发育迟缓等症状，这是较早发现地磁场屏蔽影响动物的胚胎生长发育的研究（Asashima et al.，1991）。Mo 等（2012）发现磁屏蔽室（残余场＜200 nT）中饲养的非洲爪蟾的胚胎发育出现明显异常。Morokuma 等（2017）发现涡虫切除头尾后转移到国际空间站弱磁场暴露 5 周后，部分个体再生为极其罕见双头表型，截断这种双头虫，仍再次出现双头表型。而且，涡虫返回地球 20 个月后，其生理行为等方面仍表现出显著差异。

7.3.4 亚磁场对动物学习认知的影响

亚磁场暴露不仅影响动物早期胚胎发育，还引起动物出现热痛觉敏感升高、焦躁不安等症状。亚磁场暴露还会扰乱生物的昼夜节律，对睡眠障碍、代谢改变和神经系统疾病等健康问题产生深远影响（Xue et al.，2021）。尤其是亚磁场对动物的学习记忆等认知行为的影响引起人们的极大关注。研究发现，在 4 μT 以下的亚磁场环境中，实验小鼠压力诱导的镇痛被显著抑制，对痛觉表现显著的超敏应激反应（del Seppia et al.，2000；Choleris et al.，2002；Prato et al.，2005，2009；Koziak et al.，2006）。亚磁场中孵化的一日龄小鸡，其长时程记忆能力和稳定性都显著下降，而外源注射高剂量去甲肾上腺素可使小鸡的长时程记忆恢复到正常水平，表明亚磁场暴露可诱发脑部去甲肾上腺素功能系统的紊乱，适当药理拯救可以抵消这种影响（Xiao Y et al.，2009；Wang et al.，2003）。野生型果蝇（*Drosophila melanogaster*）在亚磁场环境中连续生长 10 代后，其学习和记忆能力逐渐受到损害，至第 10 代成完全非学习形态和健忘症，然而返回地磁场连续 6 代之后则完全治愈了亚磁场引起的健忘症。该研究表明亚磁场对学习记忆造成的损伤在返回地磁场环境后可获得恢复（Zhang et al.，2004）。在经过 0.4 μT 的亚磁场短暂暴露后，引起志愿者完成相关认知任务的错误比例和用时都增加（Sarimov et al.，2008；Binhi and Sarimov，2009）。成年雄性小鼠暴露在亚磁场环境中 72 小时后，与焦虑相关的行为显著增加（Ding et al.，2019）。

总结前人研究可知，亚磁场暴露会显著影响人和动物的学习、记忆等认知行为，但是该作用的神经细胞分子机制尚不清楚。针对该问题，我们重点开展长期连续亚磁场暴露对哺乳动物体内激素、中枢神经系统和肠道菌群的影响研究。

7.3.5　亚磁场对哺乳动物激素含量的影响

亚磁场暴露会引发动物体内重要激素水平的变化。我们将 3 周龄雄性大鼠在亚磁场环境［（0.48±0.08）μT］中连续暴露 6 周，结果发现，对比正常地磁场组，从亚磁场暴露第 2 周开始，大鼠血清中的 4 种激素（雄激素、雌激素、游离甲状腺素和生长激素）含量均显著降低。而返回地磁场 1 周后这些激素水平开始回升，第 2 周后基本恢复到正常地磁场的水平（图 7.1）。这说明亚磁场对大鼠体内激素含量产生影响需要一定的暴露时长。返地磁场实验表明亚磁场暴露所引起的激素水平下降效应是可逆的，可通过返地磁场得到恢复（田兰香和潘永信，2019）。前人也曾报道亚磁场暴露的小鼠血清中的去甲肾上腺素浓度显著降低，热痛觉敏感性增加（Mo et al.，2015）。这些激素的变化可能会引起动物很多代谢和生理功能的异常。

7.3.6　亚磁场对哺乳动物中枢神经系统的影响

动物大脑内的海马组织在动物感磁、学习记忆和空间定向中起着重要的作用，因此，我们推测海马组织可能是揭示动物认知功能障碍的神经机制的关键脑区。哺乳动物成年以后，海马组织齿状回区域仍存在神经干细胞和前体细胞的自我更新、分裂，以及新生神经元的分化和树突发育，并贯穿动物的整个生命周期，该过程称为成体海马神经发生（adult hippocampus neurogenesis，AHN）。其中，新生的成熟神经元可整合到已存在的海马神经环路中，补充和替代衰老或损伤细胞，参与动物的学习、记忆及脑损伤修复调控过程，维持成体海马组织结构和功能的可塑性（Dupret et al.，2007；Sahay et al.，2011）。成体海马神经发生受动物生理条件和外界因素的共同影响，外界因素如跑步、丰富的环境及有益于学习和记忆的锻炼活动等都能促进海马神经生成（Brown et al.，2003；Kempermann et al.，1997；

Malberg et al.，2000），而老龄化、抑郁及长期的慢性压力则会抑制海马神经发生水平（Gould and Tanapat，1999；Kuhn et al.，1996；Warner-Schmidt and Duman，2006；Snyder et al.，2011）。

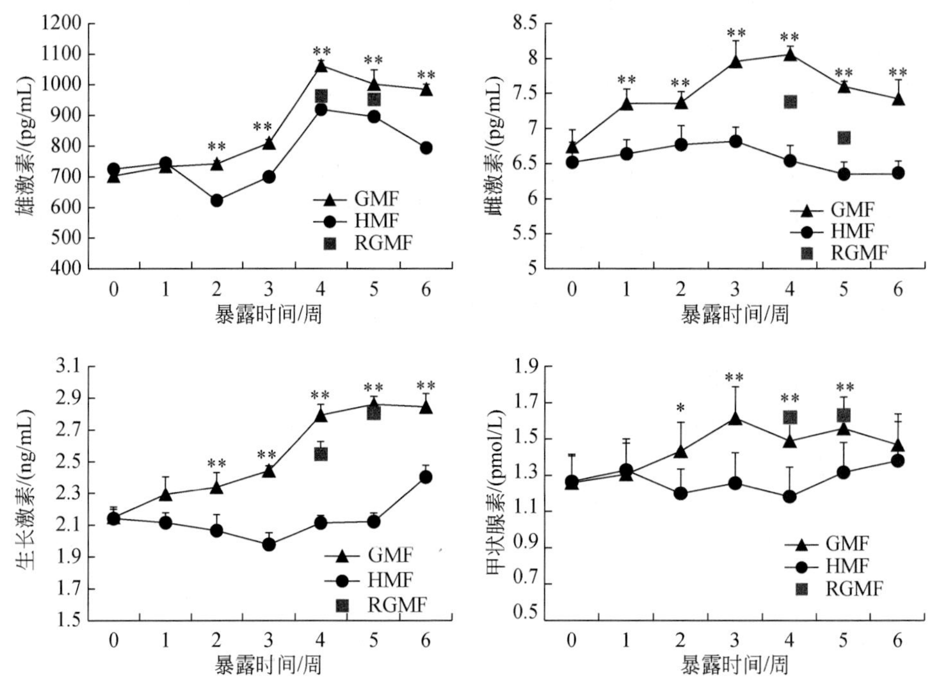

图 7.1 对比地磁场（GMF）、亚磁场（HMF）和返地磁场（RGMF）不同磁场条件下不同暴露时长（0～6 周）大鼠血清中 4 种激素的含量变化

$n=6$ 只/组。0 周代表地磁场适应周。显著性水平为 $0.01 \leqslant p \leqslant 0.05$（*），极其显著性水平 $p<0.01$（**）（引自田兰香和潘永信，2019）

地磁场是地球上生物生存和生活的重要环境因子，地磁场减弱（即亚磁场环境）是否会对海马神经发生产生影响还未知，因此我们开展亚磁场对哺乳动物成体海马神经发生作用的研究。该研究将不仅有助于揭示亚磁场影响动物学习认知功能的细胞分子机制，还将为评估包括人类在内的哺乳动物受到亚磁场暴露风险及应对策略提供重要参考。

我们通过实验室内模拟的亚磁场环境对成年 C57BL/6 小鼠开展长期连续暴露实验，主要对其成体海马神经发生的过程开展研究。通过免疫荧光共定位技术分析发现：相比地磁场组小鼠，经亚磁场连续暴露 6 周的小鼠的海马神经干细胞的增殖和新生神经元的分化能力显著降低，新生神经元的树突总长度和分支结构复杂度及突触棘密度也显著降低。行为学分析发现，亚磁场组小鼠在海马功能依赖

的新位置、新物体识别中均表现出明显的认知缺陷，表明连续 6 周以上的亚磁场暴露会减弱小鼠成体海马神经发生并损伤其认知功能（图 7.2）。

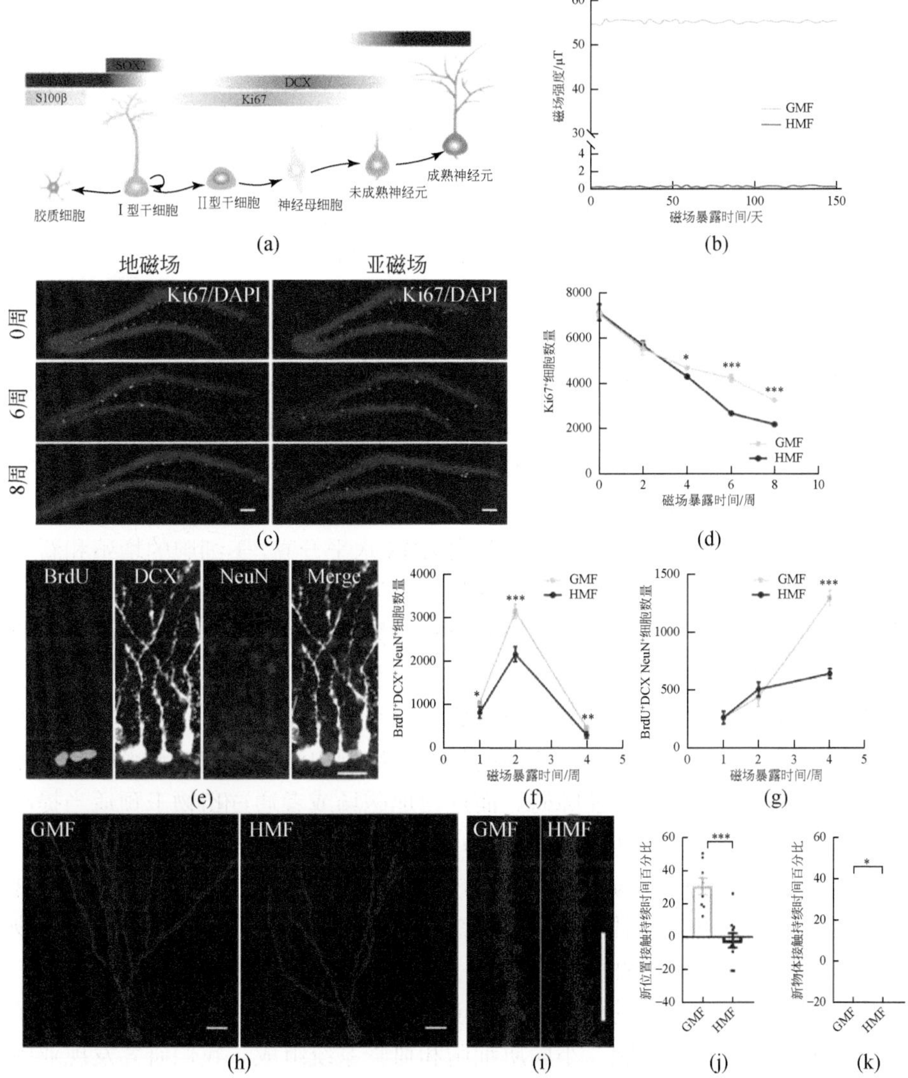

图 7.2　亚磁场暴露减弱小鼠成体海马神经发生及海马依赖的认知行为（Zhang B et al.，2021）
（a）成体海马神经发生；（b）实验模拟的亚磁场和地磁场强度值；（c）成年小鼠经 GMF 和 HMF 暴露 0 周、6 周、8 周后，海马齿状回（DG）区域增殖细胞（$Ki67^+$）的免疫荧光照片，比例尺= 100 μm；（d）GMF 和 HMF 暴露小鼠海马 DG 区增殖细胞（$Ki67^+$）数量统计结果；（e）成体海马 DG 区新生的未成熟神经元（$BrdU^+DCX^+NeuN^+$）和成熟神经元（$BrdU^+DCX^-NeuN^+$）免疫荧光照片，比例尺= 20 μm；（f）GMF 和 HMF 暴露小鼠海马 DG 区新生未成熟神经元的数量统计图；（g）GMF 和 HMF 暴露小鼠海马 DG 区新生的成熟神经元的数量统计图；（h）GMF 和 HMF 暴露小鼠，DG 区经逆转录病毒注射后 RFP^+新生神经元代表图，比例尺= 50 μm；（i）GMF 和 HMF 暴露小鼠，DG 区逆转录病毒注射后 RFP^+新生神经元突触棘代表图，比例尺= 10 μm；（j）GMF 和 HMF 暴露小鼠对新旧位置识别差异的结果；（k）GMF 和 HMF 暴露小鼠对新旧物体识别差异的结果

亚磁场对成体海马神经发生的影响是否可逆？我们通过返回地磁场实验进行验证。研究发现，早在返回地磁场 2 周后，海马神经干细胞的数量就显著增加，返回地磁场 4 周后新生神经元的数量恢复到地磁场组水平，但星形胶质细胞的数量不受影响。新生神经元的树突长度和复杂性在返回地磁场 4 周后显著恢复，在返回地磁场 8 周后完全恢复。行为学分析发现，返回地磁场可以挽救暴露于亚磁场环境所引起的海马依赖学习缺陷。因此，返回地磁场能够改善长期暴露亚磁场环境引起的神经发生减弱和认知功能缺陷。

那么体内神经干细胞响应地磁场变化并且可以调控小鼠成体海马神经发生的因子到底是什么？针对该问题，我们首先通过海马神经干细胞转录组分析发现，亚磁场暴露显著升高了抑制干细胞增殖和分化相关基因的表达，同时降低了与低氧应激、ROS 代谢和产生相关基因的表达。结合前人发现的 ROS 可作为第二信使调控神经干细胞增殖、分化的认识，我们推测亚磁场是通过影响干细胞内 ROS 的含量来调控成体海马神经发生。体内 ROS 荧光原位检测结果证实了亚磁场暴露的确显著降低了海马神经干细胞内的 ROS 水平。进一步通过注射药物抑制超氧化物歧化酶（superoxide dismutase，SOD）的酶活性来提高 ROS 水平，结果发现药物处理的亚磁场组小鼠海马神经干细胞内 ROS 水平升高，干细胞的增殖和新生神经元的分化、树突发育以及海马依赖的认知行为均获得恢复，这表明适当升高小鼠海马干细胞内的 ROS 水平可以恢复亚磁场暴露对小鼠成体海马神经发生的抑制作用和认知功能损伤。然而，原地磁场组由于注射药物造成过高的 ROS 水平，进一步引起细胞凋亡的显著升高和小鼠成体海马神经发生异常。该研究证实长期亚磁场暴露通过降低小鼠海马齿状回的神经干细胞内源性 ROS 水平引起成体海马神经发生的损害和认知功能障碍。而返回地磁场或者通过药物干预适当提高神经干细胞内的 ROS 水平可以解除亚磁场引起的不良影响。该研究首次在动物个体水平证实地磁场 / 亚磁场与 ROS 调控的成体海马神经发生之间的关系（图 7.3），确认亚磁场的生物学效应具有时间累积性和可逆性，为研究亚磁场的神经生物学效应机制提供了新认识（Zhang B et al.，2021）。

成体海马神经发生还受到局部微环境（神经源性生态位）的调节。神经源性生态位主要由星形胶质细胞、小胶质细胞和血管系统组成。我们研究发现亚磁场暴露 8 周显著诱导了小鼠海马齿状回区域的部分小胶质细胞的激活，引起其胞体增大且分支变短变粗；并且星形胶质细胞的数量显著增加。这些都表明亚磁场暴露引起神经源性生态位的异常（图 7.4）。神经源性生态位的异常会显著降低海马神经干细胞的增殖和分化，进而造成动物认知功能障碍和引起焦虑样行为。除海马成体神经发生外，海马区的氧化还原水平也是影响海马体功能的一个重要因素。我们通过免疫荧光和 PCR 阵列分析技术研究发现：亚磁场暴露 8 周显著提高了小鼠大脑整个海马区的 ROS 水平（图 7.5），这可能与亚磁场调节与氧化还原平衡相关基因的表达水平相关。例如，研究发现亚磁场暴露引起NADPH 氧化酶 4（Nox4）、谷胱甘肽过氧化物酶 3（Gpx3）等 6 个基因表达呈现显著差异。高水平的 ROS 可能导致海马细胞氧化应激，引起前面我们发现的小胶质细胞活化等炎症相关反应，这可能也是长期亚磁场暴露导致认知障碍和焦虑样行为的原因之一。上述研究充分表明，地磁场是通过调控适当的内源性 ROS 水平来维持海马正常的生理功能（Zhang and Tian，2020；Tian et al.，2022）。

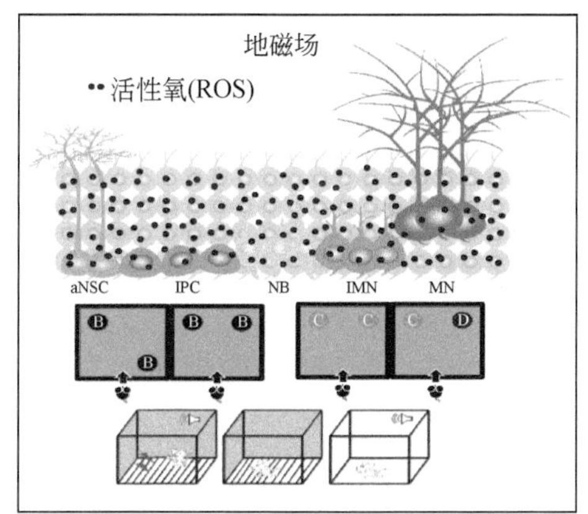

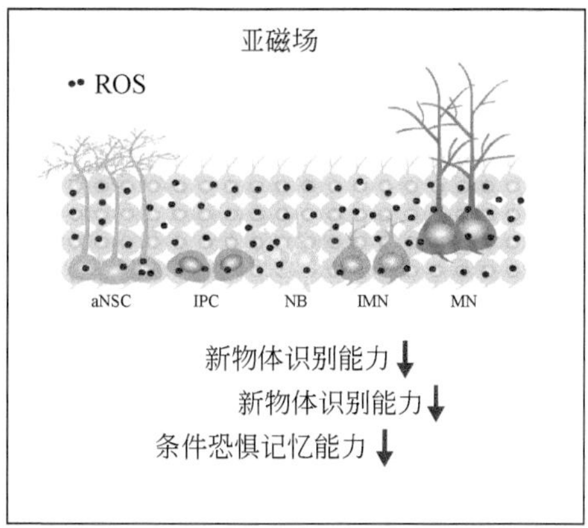

图 7.3　亚磁场暴露通过降低小鼠海马齿状回神经干细胞内源性 ROS 水平引起成体海马神经发生损害和认知功能障碍（Zhang B et al.，2021）

aNSC. 成体神经干细胞（adult neural stem/progenitor cells）；IPC. 中间神经祖细胞（intermediate progenitor cell）；NB. 成神经细胞（neuroblast）；IMN. 未成熟神经元（immature neuron）；MN. 成熟神经元（mature neuron）

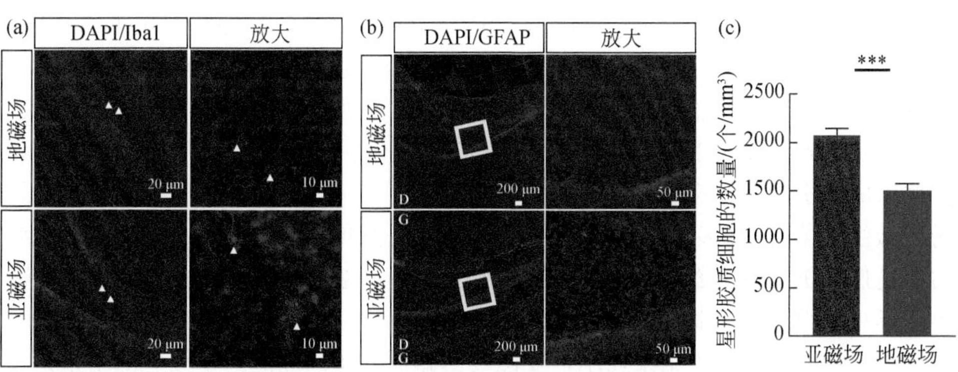

图 7.4　地磁场和亚磁场暴露 8 周对小鼠海马齿状回神经源性生态位影响的对比结果（Luo et al.，2022）

（a）亚磁场暴露引起部分小胶质细胞的激活（图中箭头所示胞体增大并且分支变短变粗）；（b）地磁场/亚磁场组海马齿状回区星形胶质细胞的免疫荧光图片；（c）齿状回区星形胶质细胞数量的统计结果。***$p<0.001$，$n=4$ 只/组；Iba1. 小胶质细胞标记物；DAPI. 细胞核标记物

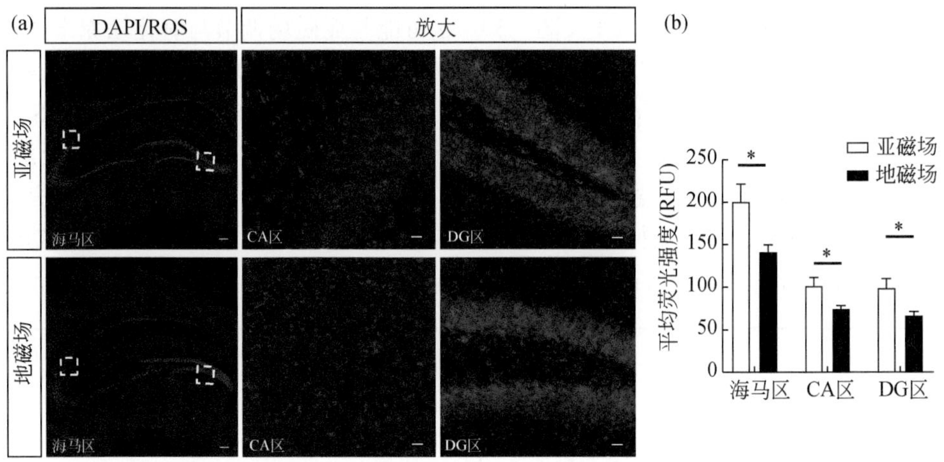

图 7.5　地磁场和亚磁场暴露 8 周对小鼠整个海马区活性氧（ROS）水平影响对比结果（Tian et al.，2022）

（a）地磁场/亚磁场组小鼠海马区的 ROS 染色（红色）的代表性荧光照片，DAPI 染色（蓝色）用于标记所有细胞核；（b）地磁场/亚磁场组小鼠海马区 ROS 水平定量统计结果。$^*p<0.05$，$n=4$ 只/组；DAPI. 细胞核标记物

7.3.7　亚磁场对肠道菌群的影响

肠道菌群被认为是调节宿主健康的关键因素之一。许多环境因素都会影响肠道菌群的组成和结构（Paik et al.，2022；Dupont et al.，2020；Chevalier et al.，2020；Rothschild et al.，2018）。前人研究发现，亚磁场暴露会降低从人体中分离出的大肠杆菌菌株对抗生素的耐药性，并对枯草芽孢杆菌的生长、增殖率、产孢率和钾含量都产生负面影响（Creanga et al.，2004；Poiata et al.，2003；Obhodas et al.，2021）。但是，长期的亚磁场暴露是否会在一定程度上改变哺乳动物的肠道微生物菌群尚不清楚。我们研究了亚磁场暴露 8 周对雄性小鼠肠道菌群多样性和肠道功能的影响，并发现亚磁场暴露显著改变了小鼠肠道微生物菌群的β多样性和菌群组成，引起了许多代谢功能的变化；但是，当小鼠返回地磁场环境 4 周后，肠道微生物菌群的β多样性与地磁场组再无明显差异（图 7.6）。此外，一些重要的短链脂肪酸，如丁酸，其浓度低于地磁场组，这表明长期亚磁场暴露会改变小鼠肠道菌群的多样性和部分功能。

进一步的免疫荧光结果显示，亚磁场暴露促进了结肠隐窝干细胞的增殖，并伴有 ROS 水平的增加（图 7.7，图 7.8）。结肠隐窝基部的干细胞通过增殖、分化形成多种功能的上皮细胞，因此在肠上皮屏障功能完整性中起着关键作用。这些结果表明，长期亚磁场暴露会影响小鼠肠道微生物菌群、结肠局部的活性氧水平和干细胞的增殖，从而可能进一步影响宿主的健康状态。返回地磁场环境可以恢

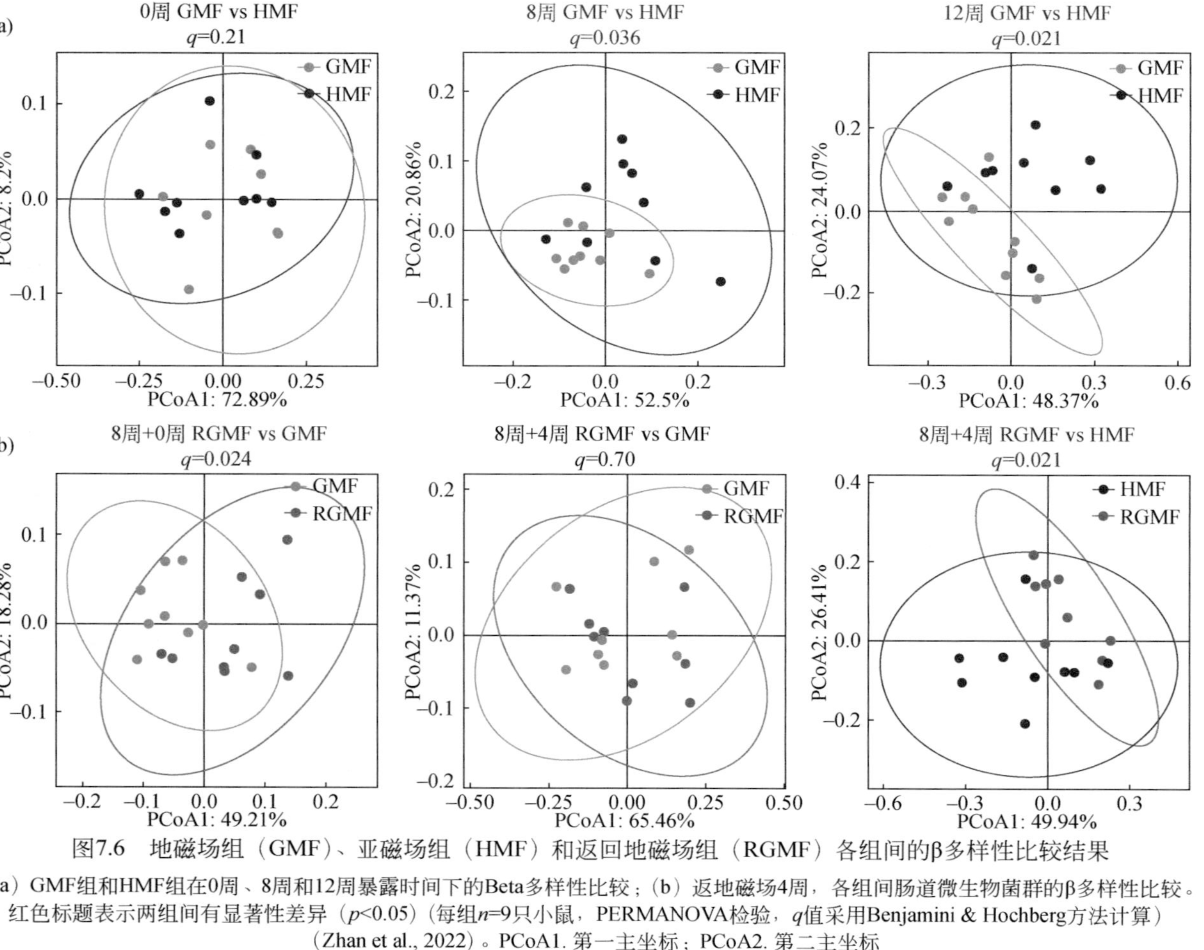

图7.6　地磁场组（GMF）、亚磁场组（HMF）和返回地磁场组（RGMF）各组间的β多样性比较结果

（a）GMF组和HMF组在0周、8周和12周暴露时间下的Beta多样性比较；（b）返地磁场4周，各组间肠道微生物菌群的β多样性比较。红色标题表示两组间有显著性差异（p<0.05）（每组n=9只小鼠，PERMANOVA检验，q值采用Benjamini & Hochberg方法计算）（Zhan et al., 2022）。PCoA1. 第一主坐标；PCoA2. 第二主坐标

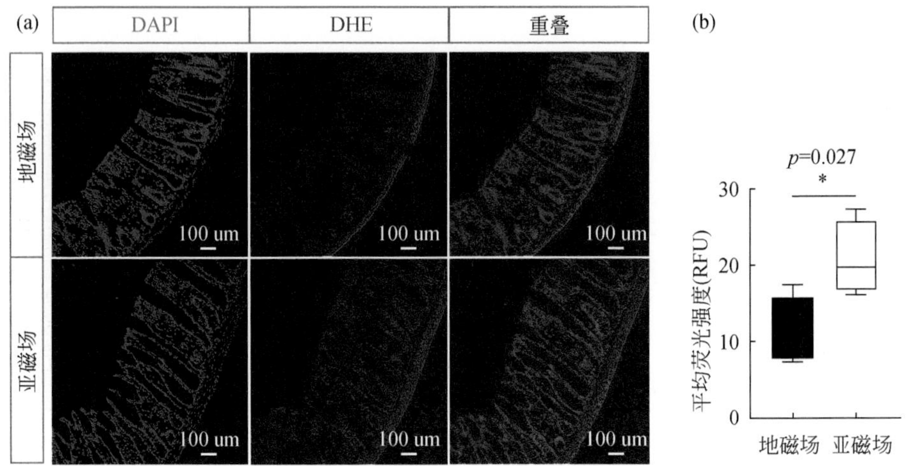

图 7.7 地磁场和亚磁场暴露 8 周对小鼠结肠组织活性氧水平影响的结果（Zhan et al.，2022）

（a）地磁场/亚磁场暴露 8 周对小鼠结肠上皮组织内活性氧（ROS）水平影响的代表性荧光照片，DAPI 染色（蓝色）用于标记所有细胞核；（b）地磁场/亚磁场组小鼠结肠上皮组织内活性氧（ROS）水平的统计结果。*$p<0.05$，n=4 只/组；DAPI. 细胞核标记物；DHE. 二氢乙啶（ROS 荧光探针）

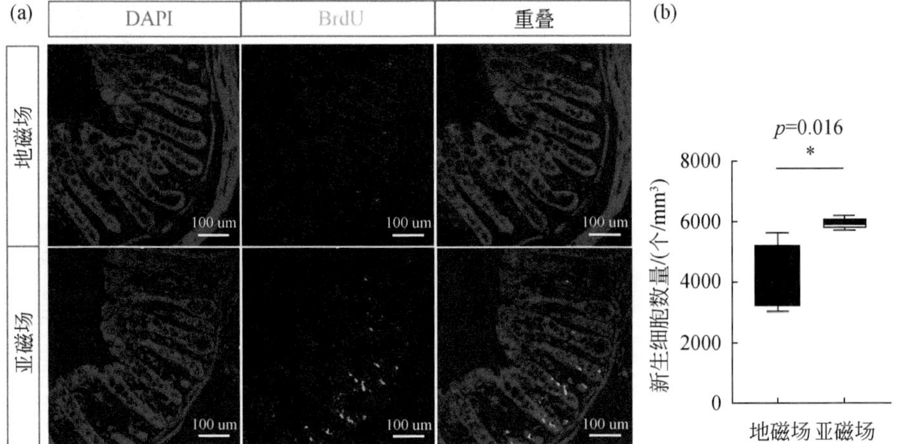

图 7.8 地磁场和亚磁场暴露 8 周对小鼠结肠新生细胞数量影响的结果（Zhan et al.，2022）

（a）地磁场/亚磁场暴露 8 周对小鼠结肠细胞增殖影响的代表性荧光照片，DAPI 染色（蓝色）用于标记所有细胞核；（b）地磁场/亚磁场组小鼠结肠细胞增殖数量的统计结果。*$p<0.05$，n=4 只/组；DAPI. 细胞核标记物；BrdU. 5-溴脱氧尿嘧啶核苷，标记增殖细胞

复小鼠肠道微生物菌群的这些变化，从而减轻亚磁场暴露对肠道微生物菌群造成的影响。

7.4　本章小结

地磁场是地球上生物生存不可或缺的重要环境因子之一。在长期的演化过程中，地球生物已经适应了地磁场环境。因此，一旦地磁场减弱，会对哺乳动物地磁定向导航、生理活动、神经干细胞发育及肠道菌群等诸多方面产生影响。据研究，亚磁场对不同类型细胞 ROS 含量的影响可能与其造成的生物学效应密切相关（Zhang and Tian，2020）。细胞内 ROS 主要来源于线粒体有氧代谢的副产物，其含量受到严格调控（He et al.，2017）。我们的研究发现，亚磁场暴露会降低神经干细胞内的活性氧水平，抑制海马成体神经发生和认知功能。然而，过高水平的 ROS 又会引起氧化应激和细胞凋亡，从而损伤海马成体神经发生和认知功能。因此，细胞 ROS 的浓度通常决定了其会产生有益还是有害的生物学效应。地磁场环境维持细胞内 ROS 在可控的生理范围内，这对于细胞稳态的维持和功能至关重要。然而，地磁场的变化引起不同水平生物学效应背后的机理很复杂，ROS 可能仅是其中一种机制。

我们发现亚磁场效应具有累积性，这意味着需要一定的暴露时长才会对动物个体产生显著影响。因此，在载人深空探测时，太空旅行者除了考虑强辐射和微重力的影响外，也应该重视亚磁场的长期影响。从亚磁场返回地磁场环境的可恢复性结果表明太空旅行者也许可在宇航舱内建立地磁环境恢复室，来缓解亚磁场暴露的健康风险。这些研究成果为评估亚磁场暴露对健康的风险提供了重要参考。

（田兰香、张兵芳　执笔）

第 8 章　生物源磁性矿物在古地磁学和古环境研究中的应用

化石磁小体这一名词最早是由美国学者 Joseph Kirschvink 和其学生 Shih-bin Chang 于 1984 年提出的（Kirschvink and Chang，1984）。趋磁细菌来源的化石磁小体，其尺寸范围一般为 30～120 nm，属于单畴矿物，形态主要为子弹头状、棱柱状与立方八面体状等（图 8.1）。除此之外，研究人员还发现巨型化石磁小体，有纺锤状、巨针状与矛头状等，但它们可能是由原生生物合成的。化石磁小体蕴涵了丰富的古环境变化信息，并且是记录沉积物剩磁的理想材料，因此研究人员开展了广泛的研究工作。化石磁小体广泛分布于全球海洋和湖泊沉积物中（Roberts et al.，2012）。最近有报道化石磁小体还存在于铁锰结壳或结核中（Oda et al.，2018；Jiang et al.，2020；Yuan et al.，2020）。

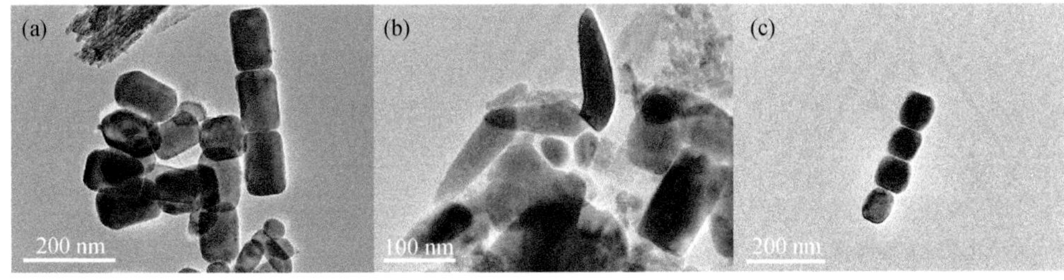

图 8.1　伊比利亚边缘海 MD01-2444 钻孔沉积物磁选物中的化石磁小体透射电镜照片

另一类生物源磁性矿物是细菌胞外诱导矿化的产物。1836 年，德国学者 Christian Ehrenberg 通过在显微镜下观察淡水泉和泥炭地中的富铁微生物席，发现了铁氧化菌矿化生成的柄状氧化铁结构（Ehrenberg，1836），现在被认为是微好氧铁氧化菌的生物特征（Chan et al.，2016b）。后续更多的研究发现铁氧化菌可以矿化形成更多特殊结构的矿化产物，如扭曲茎、管状鞘和束状等结构，为微生物成因沉积构造识别提供了标识。Lovley 等（1987）在波托马克河河口的沉积物中发现了可以在厌氧环境中进行代谢的异化铁还原菌，并且其可以利用多种电子供体，如醋酸盐、氢气、丙酸盐、丁酸盐、乙醇、甲醇和三甲胺等。铁氧化菌及铁还原菌矿化形成的磁性矿物种类丰富，如沉积物中常见的纤铁矿、磁铁矿、蓝铁矿和菱铁矿等（图 8.2）。

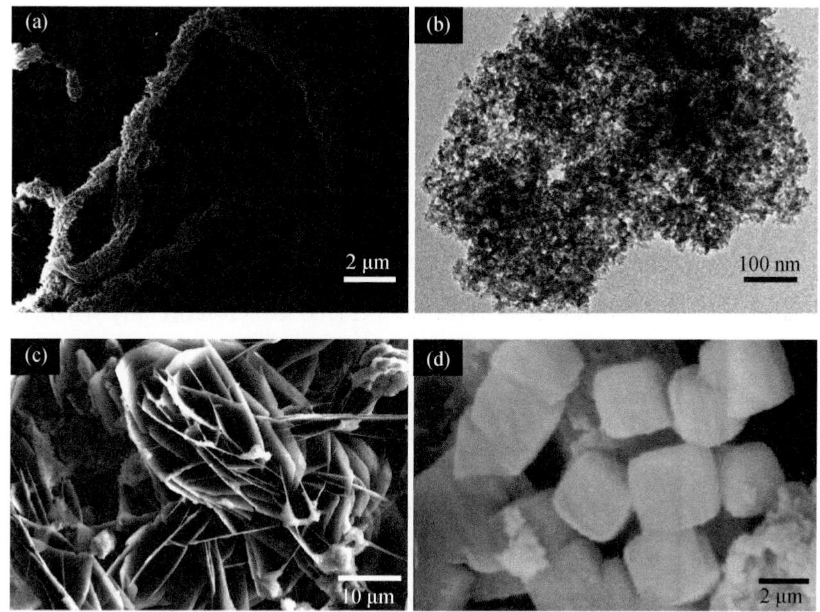

图 8.2　扫描电子显微镜下铁氧化菌和铁还原菌矿化形成的矿物

（a）微好氧铁氧化菌 Zetaproteobacteria. HIM 矿化形成的纤铁矿（Byrne et al.，2018）；（b）和（c）分别为铁还原菌 *Shewanella oneidensis* MR-4 矿化形成的磁铁矿和蓝铁矿（王芙仙等，2018）；（d）铁还原菌 *Shewanella alga* NV-1 矿化形成的菱铁矿（Roh et al.，2003）

除上述细菌参与合成的磁性矿物外，有些无脊椎软体动物也能在体内控制磁性矿物的合成。德裔美国学者 Heinz Lowenstam 发现石鳖主侧齿的主要成分为磁铁矿，坚硬的磁铁矿使其较其他食草动物在获取嵌在礁石中的藻类时更有优势（Lowenstam，1981）。

本章前半部分主要介绍沉积物中化石磁小体的磁学识别方法，阐述化石磁小体在古地磁学和古环境研究中的应用。在古环境应用方面，将重点介绍第四纪、新生代早期海洋和湖泊沉积物中涉及化石磁小体的古环境研究工作，包括化石磁小体与古氧气浓度、气候冷暖、风尘沉积、成岩作用之间的关系。本章后半部分介绍胞外矿化对沉积物磁性的贡献，并对胞外矿化微生物参与地球早期典型沉积岩铁建造的过程进行概述，主要围绕铁建造的磁性矿物组成及铁代谢微生物对铁建造中磁性矿物形成的潜在贡献展开，对铁建造中含铁磁性矿物的前驱矿物、三种 Fe^{2+}氧化形成铁建造中 Fe^{3+}的模式（UV-光氧化、蓝细菌产氧氧化和厌氧光合作用氧化），以及铁还原细菌在铁建造中含 Fe^{2+}磁性矿物形成过程中的潜在贡献进行详细介绍。

8.1　化石磁小体的主要磁学识别方法与应用

8.1.1　等温剩磁组分分解

如第 3 章、第 4 章所述，等温剩磁（IRM）获得曲线蕴涵了样品中磁性矿物组成的信息。关于量化沉积物中不同成因磁性矿物的方法，Egli（2004）提出对 IRM 或非磁滞剩磁（ARM）获得/退磁曲线进行分解来拟合样品中不同的磁性组分。磁小体的尺寸分布范围较窄，磁小体组分矫顽力谱的分散系数（DP）一般小于 0.2。根据前人的研究，不同的磁性组分可通过特定的数学函数分布来拟合，包括对数正态分布、偏斜高斯函数分布及 Burr 函数分布等。在使用上述任何一种方法拟合不同的磁性组分时，每个组分均是被同一种函数拟合。由于这类方法是针对每一个样品进行独自拟合，被称为基于单样品的分解方法［图 8.3（a）］。除此之外，基于端元分解也是一类非常有效的获得不同磁性组分比例的方法。它将端元本身的磁学特征作为拟合其他非端元样品的基本组分，通过拟合每个待处理样品，获得样品中不同端元所占的比例。

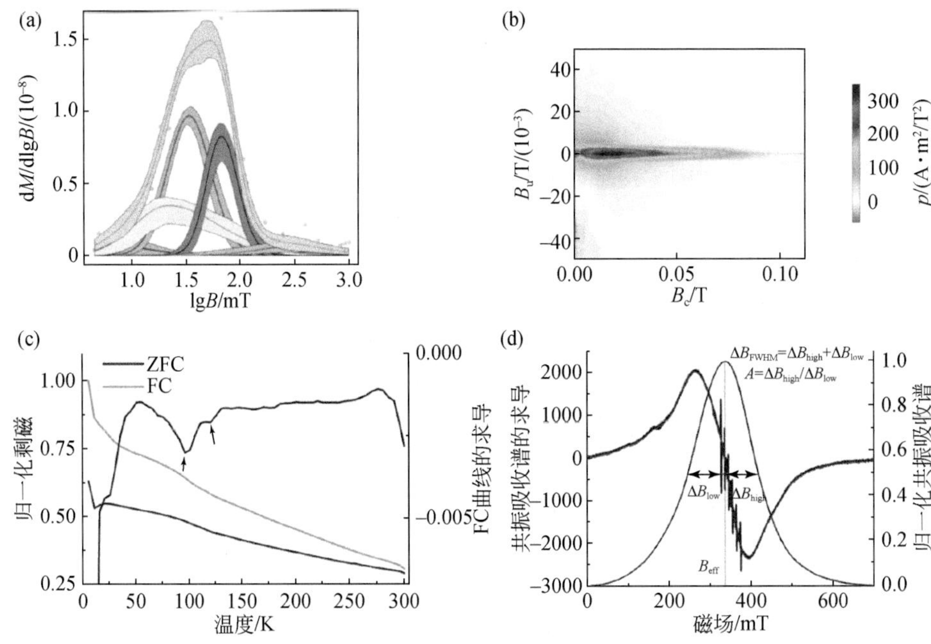

图 8.3　鉴别化石磁小体的常用磁学方法（修改自 Goswami et al.，2022）

（a）IRM 矫顽力谱分解；（b）FORC 图；（c）低温 ZFC-FC 曲线；（d）铁磁共振（FMR）波谱；ZFC. 零场冷却；FC. 有场冷却

8.1.2　χ_{ARM}/SIRM 值

非磁滞剩磁对细颗粒的磁性矿物十分敏感。非磁滞剩磁磁化率与饱和等温剩磁之比，χ_{ARM}/SIRM，是一个反映磁性颗粒尺寸的指标。当沉积物中磁性颗粒以单畴为主时，它的值较大。Yamazaki（2008）将每个样品的χ_{ARM}/SIRM 与其 FORC 图进行对比，发现当χ_{ARM}/SIRM 值较小时，FORC 图在 H_u 轴上展布逐渐变大，当χ_{ARM}/SIRM 值较大时，FORC 图在 H_u 轴上的展布逐渐变小。因此，χ_{ARM}/SIRM 在一定程度上能够反映沉积物中化石磁小体的含量。

8.1.3　FORC 测量

如第 4 章所述，FORC 图中横轴 B_c 代表矫顽力，纵轴 B_u 反映静磁相互作用[图 8.3（b)]。对于静磁相互作用非常弱、各向异性强的样品，FORC 图会显示出中央脊（central ridge）。含有大量化石磁小体的样品，FORC 图的中央脊特征非常明显（Roberts et al.，2012）。随着静磁相互作用的增强，FORC 图在纵向上展布变大（Roberts et al.，2000）。Reinholdsson 等（2013）发现在胶黄铁矿化石磁小体较多的层位，样品的 FORC 图显示明显的中央脊特征。而对于自生成因的胶黄铁矿，FORC 图表现出“牛眼状”，表明矿物间静磁相互作用较胶黄铁矿化石磁小体偏大，且矫顽力约为 60 mT。

8.1.4　低温退磁曲线测量

低温退磁测量方法见第 3 章。对于自然沉积物样品，δ 比值通常介于 1 和 2 之间。如果样品中含有化石磁小体，从端元的角度考虑，含有越多化石磁小体的样品的 δ 比值越大。此外，生物成因磁铁矿的 Verwey 转变温度往往在 100 K 附近（Moskowitz et al.，1993；Pan et al.，2005b）。因此，样品的 FC 曲线的一阶导数曲线若含有双 Verwey 转换温度特征，说明样品中可能含有化石磁小体和非生物来源磁铁矿（Chang et al.，2016a）[图 8.3（c)]。

8.1.5　铁磁共振波谱分析

第 4 章已详细介绍过判别趋磁细菌时涉及的铁磁共振波谱（FMR）参数，如 A、g_{eff}、B_{eff}、ΔB_{low}、ΔB_{high} 与 ΔB_{FWHM} 等 [图 8.3（d)]。在使用铁磁共振波谱鉴别沉积物中的化石磁小体时，仅凭 $A<1$ 和 $g_{eff}<2.12$ 不足以确保化石磁小体的存在。因此，前人（Kopp et al.，2006）在 Weiss 等（2004）的基础上又提出了一个经验参数α，定义为$\alpha=0.17A+9.8\times10^{-4}\Delta B_{FWHM}/\text{mT}$。例如，在满足 $A<1$ 和 $g_{eff}<2.12$ 条件的同时，他们测量的所有趋磁细菌的α值均小于 0.25，而含有大量生物成因

磁铁矿的样品的α值在 0.25 和 0.30 之间。当α值较大时，沉积物中的化石磁小体含量较低。随后又有学者提出以碎屑和胞外自生磁铁矿为主的沉积物的$\alpha>0.4$，而富含化石磁小体的沉积物的$\alpha<0.35$（Kodama et al.，2013）。

8.1.6　自然环境中趋磁细菌的磁学性质及化石磁小体的识别与量化

自 Blakemore 于 1975 年在 *Science* 杂志上报道趋磁细菌以来，这类微生物引起了众多微生物学家、古地磁学家和材料学家的极大兴趣。早期人们将可培养趋磁细菌作为研究对象，获得了它们的一些基本磁学信息。但可培养趋磁细菌的种类十分有限，尤其是大量合成子弹头形磁小体的硝化螺旋菌门及δ-变形菌纲（除 BW-1 外）的趋磁细菌，至今仍不能在实验室进行培养。为了解自然界中趋磁细菌的磁学特征，首先需要富集沉积物中的趋磁细菌。我们曾对德国巴伐利亚州基姆湖（Chiemsee）表层沉积物中趋磁细菌的磁学性质开展详细研究。为了富集足够数量的趋磁细菌，将含有趋磁细菌的泥浆滴在载玻片上，在泥浆的旁边滴一滴清水。在水平方向磁场的作用下趋磁细菌会不断地向清水边缘聚集，重复此操作数月后，在光镜下观察已富集的趋磁细菌的形态，在电镜下观察其磁小体形态并测量它们的岩石磁学性质。如图 8.4 所示，富集得到的趋磁细菌主要为球菌和大杆菌。两个趋磁细菌富集样品的饱和磁化强度（M_s）分别为 6.7×10^{-8} A·m^2 和 2.8×10^{-8} A·m^2。

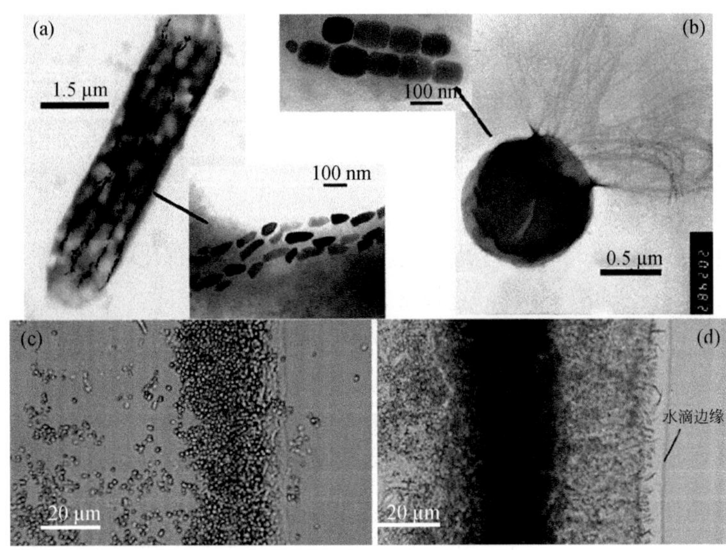

图 8.4　趋磁细菌及其磁小体的微观形貌（修改自 Pan et al.，2005b）

（a）大杆菌及其子弹头状磁小体的电镜图片；（b）趋磁球菌及其磁小体的电镜图片；（c）（d）光镜下富集的趋磁细菌图片

由于每个趋磁细菌的磁矩约为 10^{-15} A·m^2，所以两个样品中趋磁细菌的数量分别约为 6.7×10^7 个和 2.8×10^7 个。两个样品的剩余磁化强度与饱和磁化强度之比（M_{rs}/M_s）分别为 0.47 和 0.51，属于典型的无静磁相互作用单畴磁铁矿的特征。低温磁学结果表明，趋磁细菌样品的 Verwey 转变温度较化学计量磁铁矿偏低，约为 90～110 K。该研究首次发现自然界中趋磁细菌样品的低温磁学 δ 比值大于 2，符合前面提到的 Moskowitz 检验，即样品中的趋磁细菌均含有完整的磁小体链（Pan et al.，2005b）。

20 世纪 90 年代，Spring 等（1993）对淡水沉积物中的趋磁细菌进行了系统分类。然而，关于沉积物中化石磁小体的磁学性质，当时的研究很少。2005 年，我们对基姆湖富含化石磁小体的表层沉积物进行了系统的岩石磁学研究，结果表明表层 5 cm 的磁性矿物以化石磁小体为主。沉积物的化学性质在垂直方向上发生的变化，导致细粒磁铁矿随深度的增加逐渐被溶解，因此，生物成因磁铁矿对湖泊沉积物剩磁记录的贡献可能会随着埋藏时间的增加而减小。富含趋磁细菌的自然风干和冻干沉积物样品的低温岩石磁学 δ 比值分别为 1.25 和 1.47，均为 1.2～2（图 8.5）。δ 比值较低可能是由碎屑磁铁矿的存在、磁小体链结构发生破坏以及磁小体发生低温氧化造成的。研究表明，非磁滞剩磁磁化率（χ_{ARM}）以及非磁滞剩磁（ARM）和饱和等温剩磁（SIRM）的退磁曲线矫顽力谱能够反映单畴（SD）磁铁矿的相对含量。因此，岩石磁学方法是快速识别沉积物中是否存在化石磁小体的有效手段。同时，透射电镜观察分析的辅助对于明确地识别化石磁小体是必不可少的（Pan et al.，2005a）。

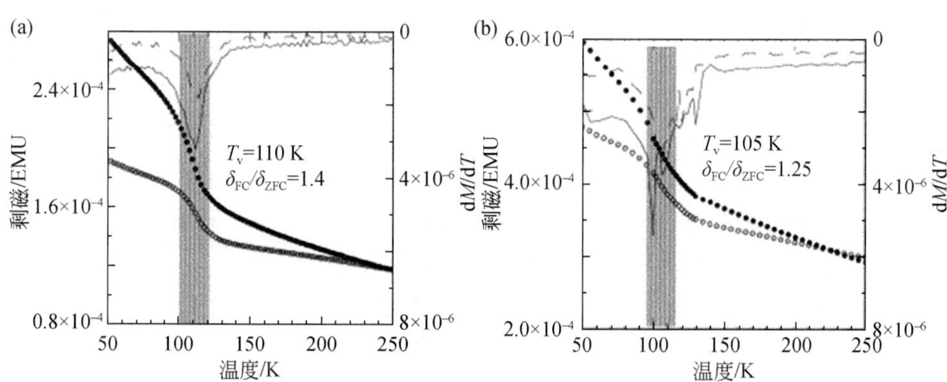

图 8.5　沉积物样品的低温磁学曲线（修改自 Pan et al.，2005b）

（a）冷冻干燥的沉积物样品的低温磁学曲线（实点及空圈）及其一阶求导曲线（虚线）；（b）空气中自然风干样品的低温磁学曲线（实点及空圈）及其一阶求导曲线（虚线）

相较于电子显微学方法，磁学方法能够利用生物成因磁铁矿与非生物成因磁铁矿磁学性质的不同，对其进行辨别和量化。关于量化沉积物中不同成因磁性矿物的方法，前面已经提到，包括基于单样品的分解方法和基于端元的分解方法。除了 IRM 端元分解外，FORC-PCA 也是一个效果很好的端元分解的方法，其本质与 IRM 端元分解相同，只是分解的目标由 IRM 获得曲线变为一阶反转曲线（FORC）。

尽管这些分解方法已被广泛地应用于环境磁学研究，但是它们的分解效果是否可靠尚未得到广泛的验证。自然界沉积物中磁性矿物的来源主要有三大类：碎屑成因、生物成因及自生成因。针对基于数学函数的单样品分解方法和基于端元的分解方法，为了验证哪种更能真实地反映样品内不同磁性组分的含量，我们在实验室内人工制备了趋磁细菌 MSR-1 和安山岩粉末不同质量比例的混合样品。对这些样品进行岩石磁学测量，得到它们的 IRM 获得曲线，并对其分别使用上述两类方法进行检验。

研究发现，使用单样品分解时，安山岩端元被分解为 4 个组分，而 MSR-1 被分解为 2 个组分。如果将两个端元进行物理混合，混合样品中应含有 6 个组分，但是使用 IRM 分解方法处理这些混合样品却只得到 4 个甚至 3 个组分。这说明使用基于数学函数的分解方法不能反映混合样品中真实的组分含量。已知混合样品中的两个端元分别是 MSR-1 和安山岩，那么两个端元的矫顽力谱分别来自 MSR-1 和安山岩，通过调节这两个端元的比例来拟合 5 个混合样品。基于端元的分解方法获得的组分含量与真实的组分含量非常接近。通过对这 7 个样品进行 FORC 的测量，发现 MSR-1 样品的 FORC 图中央脊非常明显，而安山岩样品的 FORC 图不仅含有中央脊，也表现出多畴（MD）的特征。在对样品进行 FORC-PCA 分析时，将 MSR-1 和安山岩分别作为两个端元。FORC-PCA 给出的结果与每个混合样品中两个端元真实的比例非常接近。因此，两种基于端元的分解方法之间具有很好的一致性。

然而，基于端元的 IRM 分解方法有一个缺点，即无法获得混合端元内部的不同磁性组分的信息。基于单样品的分解方法虽然能够计算出不同磁性组分的含量信息，但是由于某些矫顽力组分发生重叠，其含量会被高估。

因此，我们提出了一个新方法，即混合分解方法：首先，对 IRM 获得曲线进行端元分解，获得每个样品中不同混合端元的相对含量。然后，对每个混合端元再进行基于单样品的分解，得到混合样品中不同组分的比例。最后将混合端元内各组分的比例与样品中每个混合端元的相对含量相乘，最终得到样品中真实组分的比例（图 8.6）。在未来使用混合分解方法分析天然样品时，首先根据样品不同的岩性，尽可能找到样品中潜在的混合端元，然后再对混合端元采取基于单样品的分解方法，从而获得真正的端元（He et al.，2020）。

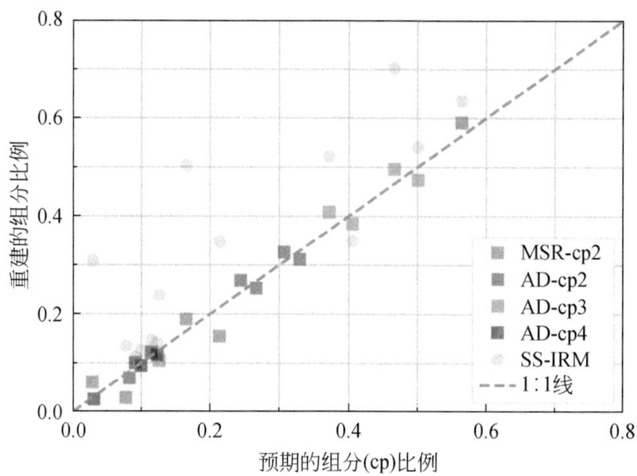

图 8.6　使用混合分解方法重建的样品各组分比例与其预期比例的关系图（修改自 He et al.，2020）

通过该方法计算的各组分含量（彩色方块）与理论值非常接近，灰色圆点是仅用单样品分解（SS-IRM）获得的各组分的含量，橙色方块、蓝色方块、绿色方块、红色方块分别代表趋磁细菌 MSR-1 的第 2 组分、安山岩第 2 组分、安山岩第 3 组分和安山岩第 4 组分

8.2　化石磁小体在古地磁学研究中的应用

8.2.1　化石磁小体对沉积剩磁的贡献

沉积剩磁是指磁性颗粒在水体沉降的过程中，受地磁场的影响，会趋于沿地磁场方向排列，从而在被埋藏后记录了沉积时地磁场的方向，称为碎屑剩磁或沉积剩磁。1979 年，Joseph Kirschvink 和他的导师 Heinz Lowenstam 认为趋磁细菌合成的磁小体尺寸为单畴，因此应该能够携带剩磁（Kirschvink and Lowenstam，1979）。1986 年，Nikolai Petersen 等（Petersen et al.，1986）在南大西洋安哥拉海盆始新世至第四纪沉积物中发现了大量化石磁小体，它们的形态与现今趋磁细菌合成的磁小体的形态几乎一致。岩石磁学结果表明这些化石磁小体能够贡献沉积物的剩磁。Mitchell 等（2021）通过对意大利两个晚白垩世平行剖面进行高分辨率磁性地层学研究，发现地层中的主要载磁矿物为化石磁小体，记录了 86～78 Ma 期间地磁场变化。除磁铁矿化石磁小体外，胶黄铁矿化石磁小体也能够记录沉积剩磁。

图 8.7 为罗马尼亚上新世沉积物中胶黄铁矿化石磁小体的形貌特征。古地磁学、岩石磁学研究认为 5.3～2.6 Ma 的沉积物中胶黄铁矿化石磁小体能够记录沉积物的原生剩磁（Vasiliev et al.，2008）（图 8.8）。

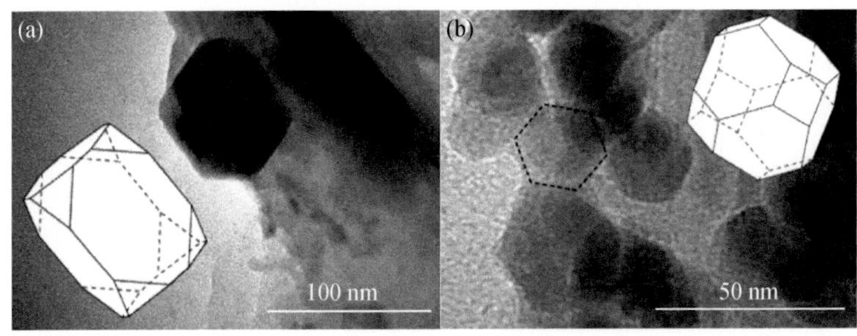

图 8.7　Bădislava 上新世沉积物中的胶黄铁矿化石磁小体（修改自 Vasiliev et al.，2008）

（a）棱柱状；（b）立方八面体状

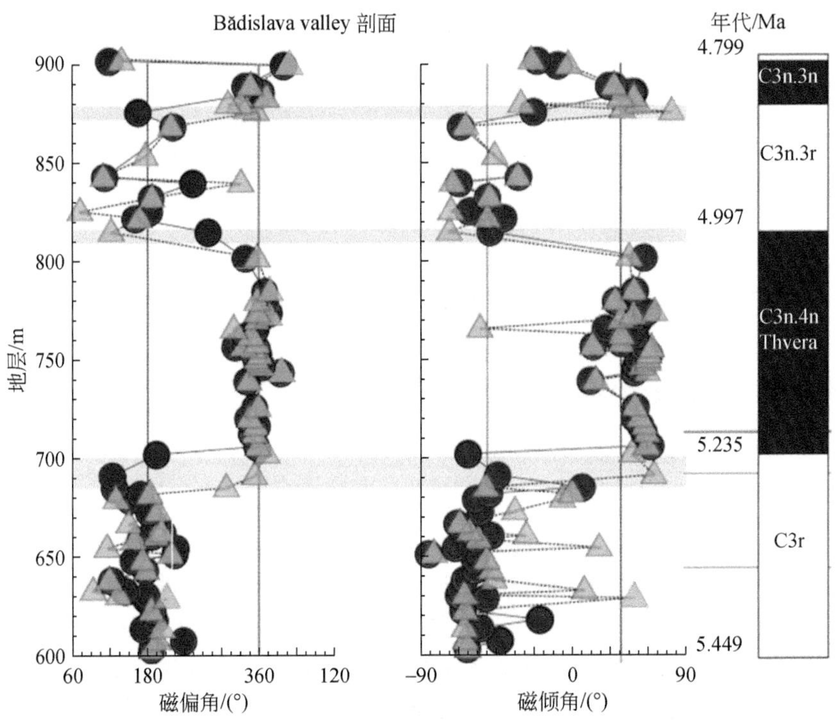

图 8.8　Bădislava 上新世沉积物磁偏角与磁倾角变化图（修改自 Vasiliev et al.，2008）

蓝色三角形代表次生成因的胶黄铁矿记录的剩磁，红色圆圈代表胶黄铁矿化石磁小体记录的剩磁变化

在早期研究沉积剩磁获得机制的过程中，古地磁学家通常在实验室内利用再沉积实验来模拟自然环境中沉积物的沉降过程。在再沉积实验中，亥姆霍兹线圈产生的磁场被用来模拟地磁场。沉积物在水体中沉降的同时，这些颗粒会受到线圈所产生的磁场的影响。为了验证磁小体能否准确地记录磁场的方向和强度，可在实验室内利用亥姆霍兹线圈模拟不同强度和方向的磁场，并对磁场中的趋磁细

菌进行再沉积实验。例如，我们在 0～120 μT 强度下对可培养趋磁细菌 AMB-1 开展的再沉积试验证实磁小体能够忠实地记录外加磁场的方向。研究发现，当 AMB-1 的浓度成倍升高时，AMB-1 之间的静磁相互作用导致非磁滞剩磁（ARM）和等温剩磁（IRM）并不能以相应的倍数增长。ARM/IRM 比值较 FORC 图能够更好地反映样品的静磁相互作用强弱。

对不同磁场强度下的 AMB-1 样品进行剩磁测量发现，两个反映磁场相对大小的指标 NRM/SIRM 和 NRM/ARM（NRM 是指天然剩磁）均能很好地反映磁场强度的变化（图 8.9）（Paterson et al.，2013）。而自然界中不可能存在这种理想化的情形，因为贡献沉积物剩磁的磁小体会被埋藏在沉积物中，进而会受到岩性的影响。然而，沉积物的岩性复杂多样，如黏土、钙质软泥等。沉积物的岩性是否会对趋磁细菌记录的剩磁产生影响呢？

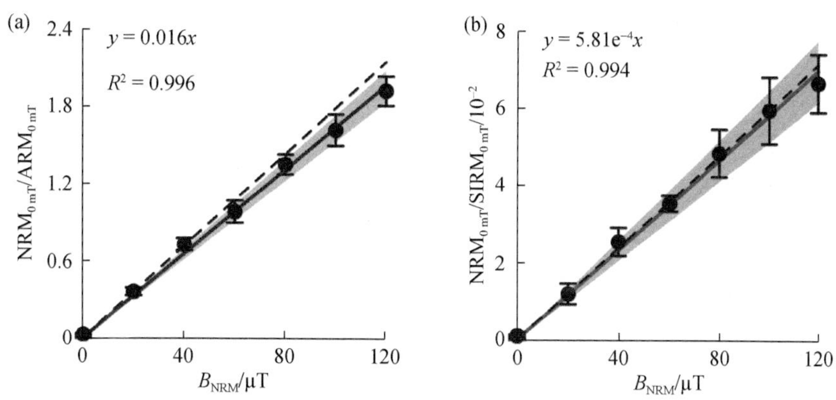

图 8.9　相对古强度指标与不同强度的外加磁场的关系图（修改自 Paterson et al.，2013）

（a）$NRM_{0\,mT}/ARM_{0\,mT}$ vs. B_{NRM}；（b）$NRM_{0\,mT}/SIRM_{0\,mT}$ vs. B_{NRM}

为回答这一问题，法国学者 Jean-Pierre Valet 等（Valet，2017）利用可培养趋磁细菌 MSR-1 研究 0～100 μT 磁场强度下黏土和碳酸钙分别对磁小体记录剩磁的影响。研究发现不同浓度的碳酸钙和黏土分别对磁小体和碎屑磁铁矿记录剩磁的影响不同。当碳酸钙的浓度小于 45%时，它不会抑制磁性颗粒的排列。当高于这个浓度范围时，剩磁获得效率会急剧下降。对于黏土来说，在较小的浓度时，随着黏土浓度的增加，磁性颗粒记录的沉积剩磁逐渐减小。可见，不同的沉积物岩性对剩磁记录的效率影响较大。

除利用可培养趋磁细菌进行再沉积实验外，也有学者对富含野生型趋磁细菌的沉积物进行再沉积实验研究。例如，尽管沉积物中趋磁细菌的排列效率不到 1%，但是再沉积试验表明在 0～160 μT 的磁场范围内富含趋磁细菌的沉积物仍然能够忠实地记录剩磁（Mao et al.，2014）。此外，Zhao X 等（2016）利用同一池塘的沉积物研究微生物的扰动与剩磁获得的关系。对于微生物浓度不同的沉积物样品，微生物浓度越高，其在 60 μT 磁场下获得的剩磁越大，将外加磁场撤去后，微生物浓度越高的沉积物样品剩磁衰减越快。该实验证实了生物扰动促进混合层中沉积后剩磁（PDRM）的形成，并逐步取代沉积剩磁（DRM）的过程。

8.2.2　化石磁小体记录剩磁的复杂性

生物成因磁铁矿的产生与垂直方向上的沉积物地球化学分带有关，如果趋磁细菌生活在混合层的下部，会对沉积剩磁的信号产生影响，并增加古地磁数据解释的复杂性。趋磁细菌主要生活在有氧-无氧过渡带，而大多数情况下，有氧无氧过渡带位于沉积物与水体界面附近。随着不同沉积环境中氧气渗透能力的不同，有氧-无氧过渡带所处的深度也不尽相同。因此，趋磁细菌在垂向上的分布范围可能会影响沉积剩磁的记录。

例如，赤道西太平洋 ODP 805 钻孔沉积记录显示位于铁氧化还原界线附近的化石磁小体能够在碎屑磁铁矿锁定剩磁后仍能使沉积物获得剩磁（Tarduno et al.，1998）。趋磁细菌是一种微好氧或厌氧微生物，然而大量的化石磁小体却出现于南太平洋 76 m 厚偏氧化的红层沉积物中（Yamazaki and Shimono，2013）。这些化石磁小体的形态以近等轴状为主，而拉长状的化石磁小体在弱氧化的环境中逐渐增多。由于这些红层沉积物沉积速率较低，沉积物中的化石磁小体可能会使红层沉积物获得滞后的剩磁，从而影响原生剩磁的记录。另外，西班牙瓜达尔基维尔（Guadalquivir）盆地晚中新世海洋沉积物可靠的磁性地层学结果可能得益于大量化石磁小体的存在（Larrasoaña et al.，2014）。瓜达尔基维尔盆地古地磁结果表明沉积物存在 15°～20° 的磁倾角浅化。由于趋磁细菌主要生活在沉积物表层，磁倾角浅化可能源自埋藏时的压实作用。另外，古地磁方向的变化指示剩磁记录存在约 60～70 ka 的滞后，表明化石磁小体携带了生物地球化学剩磁。太平洋和南海的洋底铁-锰结壳记录表明结壳表面的电化学反应、胶体化学反应以及浮游颗粒在腐蚀和降解的过程中，会使结壳表面附近的氧气浓度进一步降低，有利于趋磁细菌在铁锰结壳表面生存，从而磁小体能够在结壳形成的过程中记录生物地球化学剩磁（Yuan et al.，2020）。

然而，其他学者对化石磁小体能否使沉积物获得滞后的剩磁却持有不同的观点。如前文所述，南大洋远洋沉积物样品中化石磁小体为主要的载磁矿物，占沉积物剩磁的 55%～80%。ODP 相邻钻孔的剩磁记录对比结果表明化石磁小体贡献的剩磁主要位于浅层沉积物中（Roberts et al.，2011）。同样，南海钻孔沉积物中化石磁小体相对于碎屑磁性矿物记录的剩磁不存在滞后效应（Ouyang T et al.，

2014）。化石磁小体的矫顽力范围一般为 40～80 mT，而碎屑磁铁矿的矫顽力往往小于 30 mT。因此，5～25 mT 和 35～80 mT 两个区间的 NRM/ARM 和 NRM/IRM 被分别用来计算碎屑磁铁矿和化石磁小体记录的相对古强度。研究发现南海沉积物中化石磁小体贡献沉积物天然剩磁的效率是碎屑磁铁矿的 2～4 倍。沉积物中不同来源的磁铁矿的浓度和贡献剩磁的效率表明，天然剩磁有一大部分来源于非地磁场因素的贡献。因此在用海洋沉积物进行古强度重建时，应考虑化石磁小体和碎屑磁铁矿各自不同的剩磁贡献效率。但是在剩磁方向的记录上，两个组分记录的磁倾角变化一致，表明沉积物中的化石磁小体和碎屑磁铁矿同时记录了剩磁（Ouyang T et al.，2014）。此外，赤道东太平洋 780 ka 以来的钻孔沉积物中化石磁小体记录剩磁的效率与碎屑磁铁矿也不同。通过 NRM/ARM 的计算，化石磁小体的剩磁记录效率也是单畴碎屑磁铁矿的 2～4 倍。该研究同样表明化石磁小体相对碎屑颗粒在沉积过程中具有更高的排列效率（Chen et al.，2017）。关于生物成因磁铁矿记录剩磁的效率也存在不同的观点。赤道太平洋钻孔 IODP U1331、U1332、U1333 以及南大西洋钻孔 DSDP 522 钻孔沉积记录均显示，相对古强度指标 NRM/IRM 的大小与反映磁性矿物粒径大小的指标 ARM/IRM 的变化呈负相关，即当沉积物中粒径较细的矿物（如化石磁小体）越多时，NRM 获得剩磁的效率越低（Yamazaki et al.，2013）。然而，伊比利亚边缘海富含化石磁小体的沉积物记录表明生物成因磁铁矿和碎屑成因磁铁矿记录剩磁的效率并没有显著的区别（Channell et al.，2013）。

关于生物成因磁铁矿记录剩磁过程与机制仍需进一步研究，这对于全面认识沉积物天然剩磁获得机理十分重要。无论如何，如果能够准确定量沉积物中碎屑成因和生物成因磁性矿物的相对含量，将有助于提高包括相对古强度和地磁场古方向变化序列的重建精度。

8.3　化石磁小体在古环境研究中的应用

8.3.1　影响趋磁细菌及其磁小体合成的环境因素

研究趋磁细菌受环境因子变化的影响，有助于我们间接了解环境因子与磁小体之间的关系。本书第 2 章和第 3 章有过相关讨论。影响趋磁细菌的环境因子主要有氧气浓度、pH、温度、Fe 浓度和盐度等。如第 4 章所述，氧气浓度变化会对趋磁细菌磁小体的合成产生影响：在氧气浓度越大时，趋磁细菌合成的磁小体尺寸越小，出现孪晶的频率越大。此外，趋磁细菌的矫顽力（B_c）、剩磁矫顽力（B_{cr}）、剩磁与饱和磁化强度比值（M_{rs}/M_s）以及 Verwey 转变温度也都随着培养基中氧气浓度的升高而逐渐降低（Li and Pan，2012）。

趋磁细菌 BW-1 是一株在美国死亡谷国家公园分离的可培养趋磁细菌。根据培养条件的不同，它能分别合成磁铁矿或胶黄铁矿。当培养条件为偏还原环境时，BW-1 合成胶黄铁矿磁小体，当培养条件为偏氧化环境时，它则合成磁铁矿磁小体（Lefèvre et al.，2011c）。在美国罗得岛州的一个池塘中，合成磁铁矿磁小体的趋磁细菌生活在上层水体中，合成胶黄铁矿磁小体的趋磁细菌生活在水体较深处，而这两类趋磁细菌在中间层位能够共存（Chen A P et al.，2014）。可见，合成胶黄铁矿的趋磁细菌很可能适宜生活在偏厌氧的环境中。当 *M. gryphiswaldense* MSR-1 培养基的温度为 28℃且 pH 为 6 或 9 时，趋磁细菌合成的磁小体晶型不再规则。不同的培养温度（10℃、20℃、28℃）对磁小体的合成并未产生明显的影响。当 *M. gryphiswaldense* MSR-1 的培养温度为 4℃或 35℃时，磁小体的合成受到抑制。对含有 *M. gryphiswaldense* MSR-1 的缺铁培养基再补充 Fe^{3+}时，磁小体的形态呈正偏态分布并含有不规则的形状。当细胞对 Fe^{3+}的吸收率增大时，合成的晶型由立方八面体转变为立方体。较慢的吸收率有助于形成正常的磁小体形状和尺寸（Moisescu et al.，2014）。趋磁细菌在合成磁小体的过程中，会利用水分子中的氧元素合成磁铁矿。而早在 20 世纪 70 年代，有学者认为趋磁细菌在合成磁小体的过程中，氧同位素并不能发生分馏（Chang and Kirschvink，1989）。但是在 1999 年，美国学者分别在不同温度下对趋磁细菌 MV-1 和 MS-1 进行培养试验，并测量其磁小体氧同位素的变化。结果表明，磁小体氧同位素的分馏与培养的水体温度有关（Mandernack et al.，1999）。因此，化石磁小体的氧同位素值有潜力反映趋磁细菌生活时的水体温度。

位于德国兰茨胡特附近的 Niederlippach 淡水池塘沉积物中含有种类丰富的趋磁细菌。该池塘长约 28 m、宽 7 m。流经森林的溪流汇入池塘，接近汇入口处池塘水深较浅（约 10 cm），出口处水深最深（约 65 cm）。研究人员在池塘两侧铺设钢轨，架设的木桥在钢轨上可沿池塘长轴方向来回移动。由滑轮与绳索牵动的木箱每月在池塘指定区域无扰动地获取沉积物样品。我们将池塘划分为 9 个区域，并对每一区域表层 1 cm 沉积物中的趋磁细菌含量变化进行为期 2 年的野外观测。借助趋磁细菌的趋磁性，每月使用趋磁细菌观测装置（magnetodrome，由光学显微镜、磁场控制软件与亥姆霍兹线圈等装置组成）收集并统计定量液滴中不同形态的趋磁细菌的数量。根据趋磁细菌的形态，我们将其分为球菌、螺旋菌与杆菌。同时每月还监测池塘底部水温度与氧气浓度的变化。两年的野外观测数据表明，池塘 9 块区域表层沉积物中相同形态的趋磁细菌含量呈现一致的变化规律。除个别区域的趋磁螺旋菌外，池塘底部水温度和氧气浓度对趋磁细菌含量的变化未见明显影响。表层沉积物中单畴磁铁矿（以磁小体为主）的相对含量与池塘水深有关，较大水深处的表层沉积物中含有更多的单畴磁铁矿，然而单畴磁铁矿的含量与活的趋磁细菌的浓度无关（He et al.，2018）。

我们对北京、山东和海南等地淡水和咸水环境中趋磁细菌多样性和地理分布特征进行研究，发现趋磁细菌的群落结构与水体盐度呈正相关（Lin et al.，2012c）。此外，第 3 章中也提到γ-变形菌纲的三株野生型趋磁细菌磁小体的长度和宽度均随水体盐度的增大而变大（Liu et al.，2022a）。多细胞趋磁原核生物仅能生活在盐度为 40‰～55‰的环境中。过低或过高的盐度导致细胞渗透压的改变而使它们不能存活（Martins et al.，2009）。不过，嗜盐趋磁细菌可以耐受 80.8‰的盐度（Nash，2008）。由于趋磁细菌具有趋磁性，磁场是否会对趋磁细菌产生影响？前人研究发现在地磁场被屏蔽的亚磁场环境中，AMB-1 合成的磁小体尺寸比生活在地磁场中的 AMB-1 合成的磁小体偏大（Wang X K et al.，2008）。如果将 AMB-1 在 200 mT 的强磁场中培养，磁小体的数量将会增加（Wang and Liang，2009）。

8.3.2　化石磁小体在古环境研究中的应用

8.3.2.1　化石磁小体与氧化还原环境变化

趋磁细菌主要生活在有氧无氧过渡带（OATZ），因此，化石磁小体有潜力作为反映底层水氧气浓度的代用指标（Stolz et al.，1986）。另外，有机质含量的高低与不同形态的化石磁小体的比例有一定的关系。例如，在含有不同有机质含量的赤道太平洋、北太平洋表层沉积物中，当有机质含量较高时，沉积物中拉长状化石磁小体的比例增加；当有机质含量较低时，近等轴状化石磁小体的相对含量增加（Yamazaki and Kawahata，1998）。上述观点与 Hesse（1994）对塔斯曼海沉积物的研究结论基本一致。

在百年尺度上，有学者研究了化石磁小体与沉积物中氧化还原环境之间的关系。例如，康斯坦茨湖沉积物的铁磁共振（FMR）波谱和磁化率显示化石磁小体的相对含量不断发生变化。研究表明，化石磁小体的含量变化能够反映湖水底部的氧化还原环境变化。1955～1991 年期间，当有机质含量增加时，单畴磁铁矿含量增加。化石磁小体含量较多时对应 1955～1991 年期间因湖水富营养化导致的沉积物表层溶解氧含量降低、硫化还原环境形成的时期。而当寡营养环境出现时，OATZ 位置变深，导致趋磁细菌的含量下降（Blattmann et al.，2020）。

对于第四纪沉积物，北大西洋地区有关化石磁小体的研究较少。在北大西洋 MD01-2444 钻孔沉积物中，无论是在冰期还是间冰期，均发现大量的化石磁小体（Channell et al.，2013）。然而，前人没有就化石磁小体与古环境之间的关系进行进一步探讨。古气候学家、古地磁学家以及古海洋学家均已对该钻孔样品进行过详细的研究，为该研究积累了宝贵的数据资料。我们从 MD01-2444 钻孔中选取了两段气候冷暖变化显著的沉积物样品。首先对其中 7 个代表样品进行磁选，并通过透射电子显微镜观察磁选物的形貌特征。样品中的化石磁小体形态主要为子弹头状、棱柱状以及立方八面体状。将不同形态的化石磁小体各自所占的比例与前人已发表的反映表层海水温度和底部水氧化还原程度的生物标志化合物指标进行对比发现，近等轴状的化石磁小体（即立方八面体状和宽长比大于 0.7 的棱柱状化石磁小体）的比例在偏氧化和较冷的环境中增大，而子弹头状化石磁小体的比例在偏还原的环境中升高。在电镜下能够观察的样品数量有限，因此，岩石磁学方法有助于进一步佐证电镜下的发现（图 8.10）。我们的研究认为化石磁小体的形态有潜力表征底层水的氧化还原状态（He and Pan，2020）。

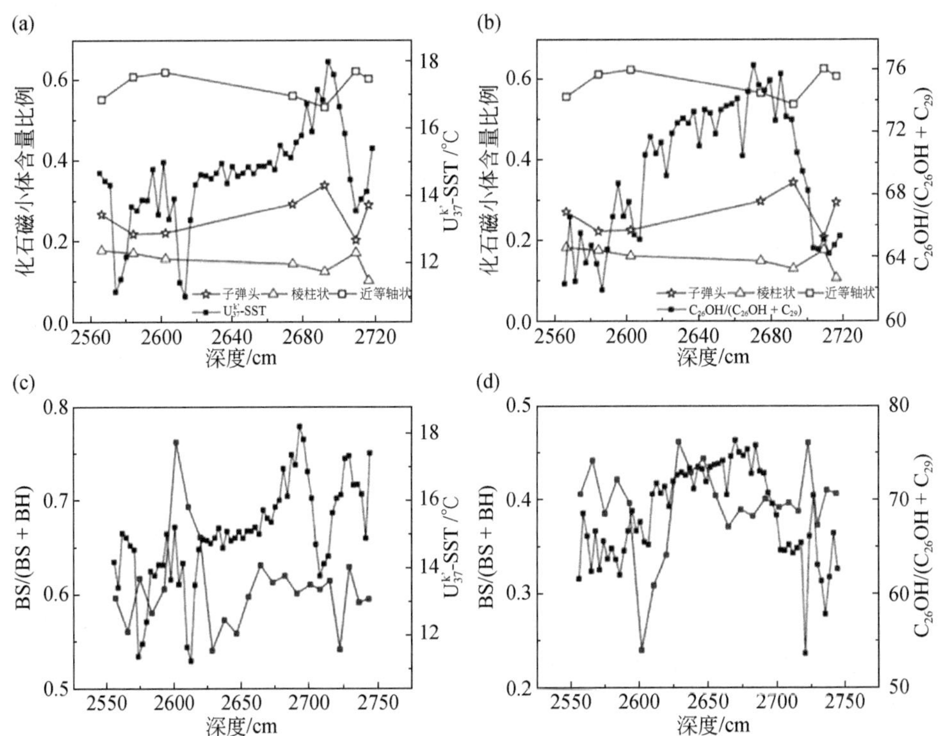

图 8.10　MD01-2444 钻孔沉积物中不同形态的化石磁小体的比例、生物标志化合物、岩石磁学参数之间的关系图（修改自 He and Pan，2020）

（a）（c）不同形态的化石磁小体的比例，BS/(BS+BH)和 $U^{k'}_{37}$ -SST 随钻孔深度的变化；（b）（d）化石磁小体的比例，BH/(BS+BH)和 $C_{26}OH/(C_{26}OH+C_{29})$随钻孔深度的变化。BS. 生物成因软磁组分；BH. 生物成因硬磁组分

古新世-始新世极热期（PETM）是发生在新生代早期距今约 56 Ma 的气候事件，平均温度较现在高 5～10℃。IODP 1236 钻孔沉积物样品中化石磁小体的尺寸

从 PETM 起始期至极盛期逐渐增大，结合前面提到的可培养趋磁细菌 AMB-1 的磁小体尺寸随培养基氧气浓度的升高而减小的结果，他们推测从 PETM 起始期至极盛期底层水氧气浓度逐渐降低（Chang L et al.，2018）。此外，不少研究还发现 PETM 期间沉积物中的化石磁小体含量增加。例如，美国新泽西地区 PETM 期间 Ancora 钻孔沉积物中化石磁小体的含量急剧增高可能与 PETM 期间生产力增加、沉积速率变大、高温及大洋环流变化所导致的底层水呈半氧化状态有关（Kopp et al.，2007）。同样，新泽西地区威尔逊（Wilson）湖泊沉积物中化石磁小体的含量也在 PETM 期间升高（Lippert and Zachos，2007）。在此期间，季节性径流的增强、水体分层和营养物质的增加导致大洋沿岸呈短暂的富营养化状态，使 OATZ 上移至水体中。

波罗的海腐泥沉积物中胶黄铁矿化石磁小体的平均粒径为 55 nm×75 nm。胶黄铁矿化石磁小体的矫顽力（10～15 mT）普遍小于磁铁矿化石磁小体（30 mT）和碎屑成因的胶黄铁矿（40～60 mT）。另外，沉积物烧失量大小与腐泥的磁性强度成正比。烧失量越大意味着沉积物中有机质含量越高。他们认为胶黄铁矿化石磁小体的含量与有机质供应和保存及氧化还原条件有关。因此，胶黄铁矿化石磁小体有潜力成为反映低氧水平的指标，从而有助于理解过去水体富营养化和缺氧的时空分布特征（Reinholdsson et al.，2013）。

8.3.2.2　化石磁小体与气候变化

在地质历史时期，气候不断发生着冷暖波动变化。化石磁小体的丰度如何响应气候冷暖变化这一问题早在 20 世纪 90 年代就有学者开始研究。例如，Hesse 在 1994 年发现布容期内西南太平洋塔斯曼海沉积物中的磁性矿物以化石磁小体为主，其中冰期时沉积物中化石磁小体的浓度降低，推断表层沉积物孔隙水氧气浓度的降低导致化石磁小体含量降低。尽管在冰期时研究区沉积物中有机质含量较高，但他认为此时化石磁小体浓度的降低并非源于矿物的溶解（Hesse，1994）。如上文所述，任何一个岩石磁学指标都不能完美地表征沉积物中化石磁小体的含量，因此，应尽可能选用多个指标进行综合分析。在北大西洋地区，我们对伊比利亚边缘海沉积物进行岩石磁学研究，通过综合对比浮游有孔虫氧同位素指标与其他可能反映化石磁小体含量的岩石磁学指标，同样发现化石磁小体的含量在暖期时升高，在冷期时降低。此外，位于南大西洋的巴西东海岸 GL-1090 钻孔沉积物中化石磁小体的含量也在冷期时降低（Mathias et al.，2021）。

内蒙古达里湖位于我国季风区与非季风区的分界线附近，该地区对气候变化非常敏感。研究发现达里湖全新世大暖期沉积物中磁性矿物以细颗粒的单畴磁铁矿为主，通过电镜观察证实这些细颗粒的磁性矿物绝大部分是化石磁小体。化石磁小体的含量在全新世暖期升高的原因可能是地表径流的增强导致更多的营养物质和有机碳输入至湖泊中，从而促进了趋磁细菌的繁盛，使沉积物中化石磁小体的含量增加（Liu S et al.，2015）。在蒙古的 Hovsgul 湖泊沉积物中也有关于化石磁小体的报道。研究者根据不同成因的磁性矿物磁学性质的不同，将沉积物中的磁性矿物分为碎屑矿物、生物成因磁铁矿和胶黄铁矿三个端元。研究结果表明生物成因磁铁矿端元含量/胶黄铁矿端元含量可作为反映气候冷暖的代用指标（Fabian et al.，2016）。

在 PETM 时期，Larrasoaña 等（2012）通过研究 ODP 738C 钻孔沉积物发现化石磁小体含量不仅在 PETM 期间较高，在 PETM 之前与之后其含量均较高。始新世-渐新世气候转型期（EOT）发生在距今约 34 Ma，地球的气候系统从之前的温室状态转变为冰室状态。Lu 等（2021）发现赤道东太平洋沉积物中的化石磁小体含量在 EOT 之后降低。

然而，并非所有的研究都表明化石磁小体在暖期时的相对含量增加，而在冷期时的相对含量降低。例如，在澳大利亚西北边缘海 78 万年以来 MD00-2361 钻孔沉积物中，暖期时化石磁小体的相对含量降低，冷期时化石磁小体的相对含量反而升高。在暖期时，由于更多的粗颗粒碎屑物质被河流搬运至边缘海，化石磁小体的含量被粗颗粒碎屑物质稀释。而在冷期时，由于地表径流干涸，搬运至钻孔位置附近的粗颗粒陆源碎屑物质逐渐减少，从而表现出冷期沉积物中含有相对较多的化石磁小体（Heslop et al.，2013）。

8.3.2.3　化石磁小体与风尘沉积

在南大洋 ODP 738B 钻孔始新世远洋碳酸盐沉积物中，化石磁小体为主要的载磁矿物，贡献约 55%～80%的剩磁。研究发现该钻孔中风尘物质的含量与表层海水富营养浮游植物类群的比例增长趋势一致，而沉积物中化石磁小体含量变化滞后于表层海水富营养浮游植物类群比例的变化。Roberts 等（2011）认为风尘沉积的增加引起的“铁肥”效应导致表层水体的富营养化，表层海水的大量浮游植物死亡后使更多的有机碳输入至海底。此外，更多含铁的风尘输入至海底，经过还原作用，产生更多溶解态的铁离子，可供趋磁细菌吸收利用。丰富的有机质也将作为趋磁细菌的食物供其利用。丰富的有机碳和可溶性铁离子含量的升高使趋磁细菌繁盛，进而使沉积物中化石磁小体的浓度增加。随后一系列的研究均证实了远洋地区风尘沉积的“铁肥”效应促进化石磁小体丰度增加这一假说（Larrasoaña et al.，2012；Savian et al.，2016；Zhang Q et al.，2021）。例如，中始新世气候适宜期（MECO）发生在约 40 Ma。Savian 等（2016）通过研究位于赤道太平洋的 ODP 711A 钻孔沉积物发现化石磁小体在 MECO 期间增多，可能与风尘沉积导致的“铁肥”效应刺激趋磁细菌的繁盛有关。在边缘海地区，由于沉积物中有机质含量较高，有机质不再是影响趋磁细菌生长的限制因子，因此“铁肥”效应刺激趋磁细菌繁盛这一现象可能并不适用于边缘海地区。Zhang Q 等（2021）对北太平洋晚中新世以来的沉积物中化石磁小体含量与海洋表层初级生产力、亚洲风尘输入之间的关系进行研究发现，8.0～6.0 Ma 期间，亚洲风尘输入和海洋表层生产力变化趋势与化石磁小体通量变化趋势一致；然而，自北半球冰盖扩张以来，尽管亚洲粉尘输入仍保持上升趋势，但化石磁小体通量与表层海水生产力均呈下降趋势，原因可能是北太平洋海水分层加剧使海水底部营养物质上涌受限。

8.3.2.4　成岩作用对化石磁小体保存/溶解的影响

成岩作用是指沉积物被埋藏后，在变质作用发生之前，在较低的温度、压力条件下矿物发生的物理及化学变化。成岩作用会对磁性矿物产生一定的影响，其中一种情况是在硫化还原环境下将磁铁矿还原为黄铁矿。因此，在考虑化石磁小体的古环境意义时，需考虑成岩作用对其丰度产生的影响。例如，有关日本海郁陵海盆沉积物的研究发现，在有机质含量较低的深海氧同位素（MIS）2 阶段（冷期）期间化石磁小体含量较高，而在有机质含量较高的 MIS 1 和 MIS 3（暖期）期间，化石磁小体的含量较低，说明高有机质含量会使化石磁小体发生溶解（Suk，2016）。此外，水体条件、早期成岩作用和影响微生物代谢的沉积后过程（如表层初级生产力、输入到海底的碳、有机碳的分解）均会对磁小体的保存或溶解产生影响（Mathias et al.，2021）。

近年来有研究发现，还原环境对具有不同磁学性质的生物成因磁铁矿产生的影响也不同。例如，在巴西 Mamanguá Ría 的沉积物纵剖面中，BS（生物成因软磁组分）和 BH（生物成因硬磁组分）均出现在微氧环境中，并随着沉积深度的增加，BS 组分较 BH 组分先消失。然而，在硫化还原环境中，尽管两个组分对应的磁性矿物都逐渐溶解，但是 BS 组分较 BH 组分更易遭受溶解（Rodelli et al.，2019）。前人的研究认为 BS 组分一般对应近等轴状化石磁小体，而 BH 组分对应拉长状化石磁小体（Egli，2004）。这说明近等轴状化石磁小体较拉长状化石磁小体更易遭受溶解。然而，来自日本海沉积物的研究结果却表明，当子弹头状化石磁小体比例下降时，六面体棱柱状化石磁小体的比例逐渐占主导。磁铁矿的（111）面最容易被溶解，而（110）面最难被溶解。并且，棱柱状化石磁小体较立方八面体状和子弹头状化石磁小体含有更多的（110）面。因此，这可能是六面体棱柱状化石磁小体最能抵抗还原环境溶解的原因。建议今后在利用化石磁小体作为古环境代用指标时，应考虑溶解对不同形态的化石磁小体比例变化的影响（Yamazaki，2020）。

部分化石磁小体即使在硫化还原区仍能保存下来，原因是硅酸盐矿物将其包裹，从而使其免受还原作用的影响（Chang et al.，2016b）。尽管化石磁小体会受成岩作用的影响，在一定条件下，它们的含量与古降水量的变化仍存在一定的联系。例如，美国宾夕法尼亚州伊利（Ely）湖沉积物的岩石磁学结果表明样品中富含化石磁小体（Kim et al.，2005），并且沉积物样品的饱和等温剩磁（SIRM）变化具有 94 年的变化周期（Kodama et al.，2013）。该湖泊附近的美国东部 230 年的历史降水记录也呈现出 90 年的变化周期。这一结果表明，尽管伊利湖沉积物遭受了成岩作用，仍有大量的化石磁小体被保存下来，并成功记录了古降水变化的信号。

早在 1989 年，国外学者就从现代微生物席中观察到了趋磁细菌并从中提取出了化石磁小体（Stolz et al.，1989）。微生物席是主要由细菌和古菌等微生物组成的多层席状群落。微生物席生长在不同物质的交界面上，大部分在水下或潮湿的表面，因此它能够为趋磁细菌的生存提供适宜的条件。叠层石是由蓝细菌（蓝藻）为主的微生物因黏附和沉淀矿物质而形成的一种生物沉积构造，具有层状结构，代表微生物光合作用的化石残骸。磁学结果和电镜观察表明加拿大冈弗林特（Gunflint）化石磁小体可能存在于距今 20 亿年的燧石质叠层石中（Chang and Kirschvink，1989）（图 8.11）。但这些疑似的化石磁小体由于成岩作用的影响，受到一定程度的溶蚀，从而其判别特征并不明确。

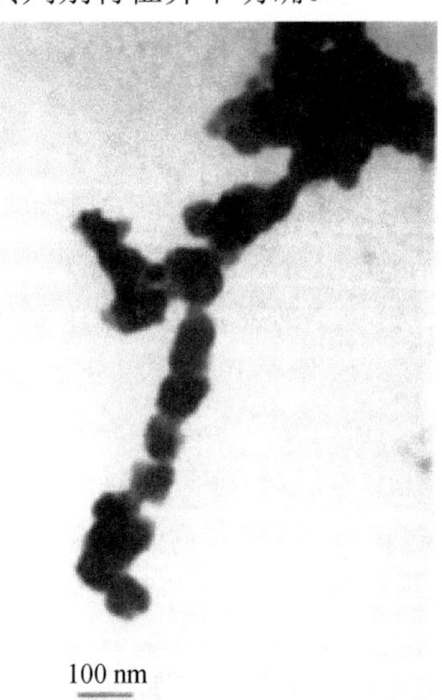

图 8.11　来自加拿大冈弗林特燧石质叠层石中的疑似化石磁小体
（修改自 Chang and Kirschvink，1989）

从上面的研究实例也可以看出，关于成岩作用对化石磁小体的影响方面研究所取得的认识仍存在争议和不确定性。因此，在未来的工作中，有必要进一步系统研究成岩作用对化石磁小体丰度和多样性的影响。

8.4 胞外矿化产物对沉积物磁性的影响

通常实验条件下，胞外矿化形成的磁铁矿为超顺磁颗粒（＜35 nm），对于沉积剩磁基本没有贡献。然而，在特定化学环境、温度范围和长时间培养条件下，胞外矿化可以形成单畴，甚至尺寸更大的磁铁矿颗粒。例如，铁还原菌 *Geobacter metallireducens* GS-15 在低 CO_2 浓度、充足 Fe 源条件下分别培养 558 小时和 668 小时后，其矿化形成的片状磁铁矿粒径范围为 10～200 nm［图 8.12（a）］（Vali et al. 2004）。嗜热铁还原菌株 TOR-39 在 65℃条件下培养 22 天后，矿化形成的磁铁矿粒径平均值为（56.2±24.8）nm（Zhang et al.，1998），而在 55℃条件下培养 2 年后，矿化形成的磁铁矿粒径为（292±51）nm［图 8.12（b）］（Li，2012）。Abrajevitch 等（2016）采集天然地下水环境中的铁还原菌与锰还原菌，并对其在实验室培养 2 年后的矿化产物进行岩石磁学分析，发现其中一个样品的 FORC 图中有明显的闭峰分布［图 8.12（c）］，这表明其矿化产物中有大量单畴颗粒，是非常重要的剩磁载体。他们还发现胞外矿化产物中普遍含有纤铁矿和针铁矿。纤铁矿和针铁矿在地层中经历数百万年后，会转变为磁铁矿、磁赤铁矿和赤铁矿等载磁矿物。

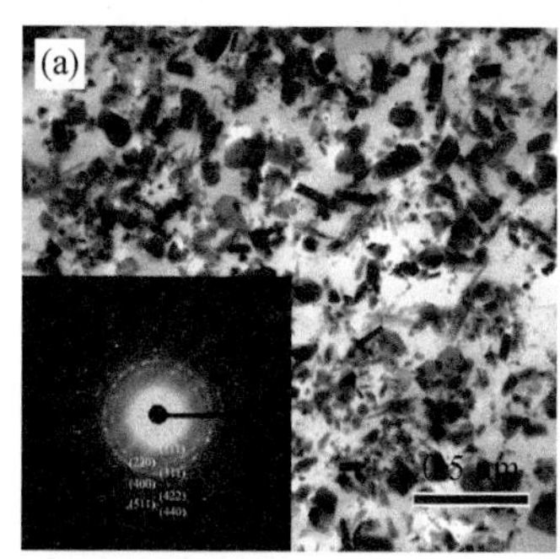

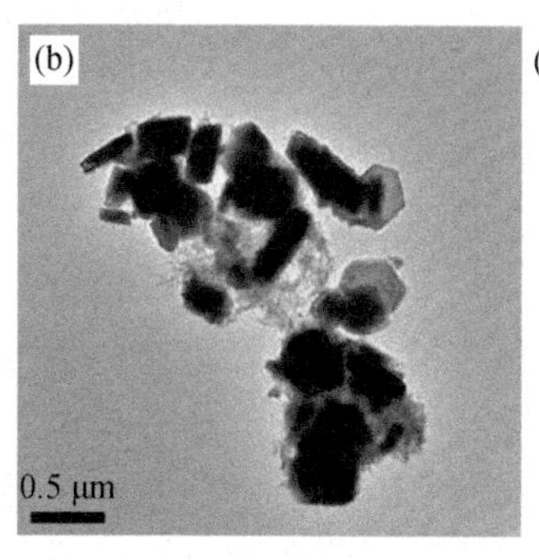

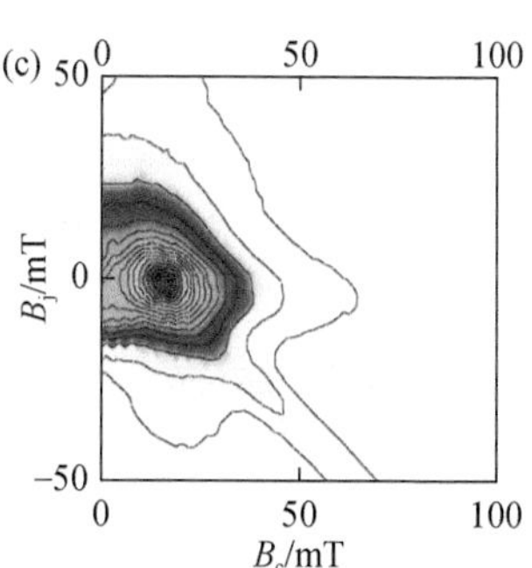

图 8.12 铁还原菌矿化产物及其磁学特征

（a）铁还原菌 *G. metallireducens* GS-15 培养 668 小时后矿化形成的片状磁铁矿（Vali et al.，2004）；（b）嗜热铁还原菌株 TOR-39 培养 2 年后矿化形成的片状磁铁矿（Li，2012）；（c）天然地下水环境中铁还原菌在实验室培养 2 年后矿化产物的 FORC 图（Abrajevitch et al.，2016）

黄土中磁赤铁矿的形成主要有两种途径：一种是含铁氢氧化物的直接转化，如针铁矿与有机质的高温反应、纤铁矿的脱羟基反应和水铁矿的氧化反应，都可以生成磁赤铁矿（Barrn and Torrent，2002；Banerjee，2006）；另一种途径是磁铁矿的低温氧化。成土过程中的化学作用和/或生物作用会导致含铁硅酸盐和黏土矿物分解生成细粒磁铁矿。因为细粒磁铁矿具有较大的比表面积，很容易被低温氧化，形成磁赤铁矿。古土壤中富集具有纳米孔结构的磁性矿物，该结构的磁铁矿可能为异化铁还原菌还原水铁矿的产物，同样具有纳米孔结构的磁赤铁矿可能是这种磁铁矿的氧化产物（Maher and Thompson，1995；Chen et al.，2005）。目前的研究发现，土壤中趋磁细菌的分布非常局限，而异化铁还原菌在富铁的土壤环境中普遍分布（Maxbauer et al.，2016；Kappler et al.，2021）。目前我们对异化铁还原菌参与黄土沉积物中磁性矿物的形成和转化过程研究较少，将来需要继续深入研究生物成因纳米级磁性矿物对黄土沉积物磁学性质的贡献。

硝酸盐还原铁氧化菌 *Acidovorax* sp. strain BoFeN1 可以将绿锈氧化形成（55±15）nm 粒径的磁铁矿（Miot et al.，2014）。但在含氮成岩作用区，该生物诱导矿化过程是否存在还需进一步证实。同等生物量条件下，胞外矿化形成磁铁矿的数量比趋磁细菌矿化形成磁铁矿的数量可能高几千倍（Lovley，1991），并且在自然环境中，较长的反应时间更有助于磁铁矿颗粒生长时间的延长，因此胞外矿化形成的磁铁矿可能是沉积剩磁的重要贡献者之一。

在铁还原区，铁还原菌是胞外诱导矿化产生磁铁矿最重要的微生物类群。铁还原菌可导致水合氧化铁、针铁矿和纤铁矿的溶解。此外，由孔隙水中溶解态的 Fe^{2+}参与形成的亚铁磁性矿物和顺磁性矿物可进一步影响剩磁记录。铁还原菌还存在于深海环境中。例如，从西太平洋约 2000 m 沉积物中提取出的 *Shewanella piezotolerans* WP3 菌株，能够通过还原水合氧化铁在体外诱导磁铁矿的形成（Xiao et al.，2007）。尽管实验室的静水压力实验证实该菌株在 5000 m 水深时体外诱导磁铁矿的产量受到一定程度的抑制，但该细菌仍能广泛参与深海环境中铁元素的生物地球化学循环（Wu et al.，2013）。Gibbs-Eggar 等（1999）对瑞士日内瓦湖沉积物研究发现沉积物中含有大量的超顺磁颗粒，通过透射电镜观察，推测这些细颗粒磁性矿物与细胞外诱导产生的磁铁矿形态相似。尽管超顺磁性颗粒在常温下不能携带剩磁，这些细颗粒磁铁矿对沉积物的磁性仍有重要贡献。

在硫酸盐还原区，硫酸盐还原菌在胶黄铁矿或黄铁矿的形成中扮演重要的角色。胶黄铁矿在生长到临界体积后即可获得剩磁，即化学剩磁。胶黄铁矿的形成时间会对原生剩磁产生不同影响。如果胶黄铁矿的形成时间与沉积时间相近，将获得原生剩磁的记录。当胶黄铁矿在沉积较长一段时间后形成并记录与沉积时不同的磁场方向时，化学剩磁将会对原生剩磁记录产生影响。当过量的 S^{2-}与 Fe^{2+}结合时，将会产生黄铁矿。黄铁矿在常温下不记录剩磁。化学剩磁在记录地磁场强度方面的效率也可能不同于其他剩磁获得机制（Pucher，1969；Dunlop，1981）。

当沉积物中含有多种磁铁矿来源（包括碎屑、胞内矿化、胞外矿化和自生源）时，明确它们各自不同的剩磁记录效率尤为重要。硫酸盐-甲烷转换区的位置取决于海水中硫酸盐在沉积物中的下渗深度以及深部层位的甲烷通量。在意大利的 Valle Ricca 剖面，硫酸盐还原菌和甲烷氧化古菌的硫酸盐还原作用以及甲烷厌氧氧化作用会使孔隙水中 S^{2-} 浓度增加，后者与铁氧化物反应产生胶黄铁矿等铁硫化物，进而使沉积物发生重磁化（van Dongen et al.，2007）。

由于胞外矿化形成的磁性矿物颗粒通常缺乏特定的晶体形态，并且具有广泛的粒度分布和多变的矿物学特征，其矿物晶格中也多包含其他元素。未来需结合更多生物指标理解胞外磁性矿物颗粒对沉积物剩磁的贡献。

8.5　胞外矿化作用对铁建造中磁性矿物的贡献

8.5.1　铁建造分布年代和成因类型

铁建造（iron formations，IF）是形成于古太古代至新元古代（3.8～0.56 Ga）缺氧古海洋环境中的沉积岩，总铁含量大于质量分数 15%（通常为 20%～40%），是全球规模最大、储量最多的铁矿类型，具有重大的经济价值（图 8.13）（Klein，2005；Bekker et al.，2010）。并且，铁建造是地球环境演化的特殊产物，记录了地球早期大气和海洋的氧化还原状态、化学组分等大量信息，是研究地球环境演化等重大问题的独特载体（储雪蕾，2004；张连昌等，2012；Konhauser et al.，2017）。其中，西格陵兰伊苏亚（Isua）和加拿大魁北克努夫亚吉图克表壳岩带（Nuvvuagittaq supracrustal belt）铁建造形成于 3.8～3.7 Ga，是目前发现的最古老的铁建造（Moorbath et al.，1973；Mloszewska et al.，2012）。新太古代至古元古代（2.8～1.8 Ga）是铁建造集中沉积的时段，位于澳大利亚哈默斯利（Hamersley）、巴西米纳斯吉拉斯州、南非德兰士瓦（Transvaal）超群、乌克兰克里沃罗格和加拿大拉布拉多海槽的铁建造都形成于这个时期，其储量都大于 10^{14} t，是目前世界最重要的铁矿来源（Konhauser et al.，2017）。

大部分的沉积型铁建造显示出独特的富铁层和富硅层相互交叠的结构，从米级厚度到厘米级厚度，甚至有毫米级厚度，这类铁建造被称为条带状铁建造（banded iron formations，BIF）（Trendall，1970；Morris，1993）。保存较好的 BIF 中的矿物组合主要有燧石、磁铁矿和赤铁矿，并含有不同含量的富铁硅酸盐矿物（如绿泥石、铁滑石、铁蛇纹石和铁钠闪石）、碳酸盐矿物（菱铁矿、铁白云石、方解石和白云石），以及硫化物（黄铁矿和磁黄铁矿）（Konhauser et al.，2017）。我们通过岩石磁学和扫描电镜分析，揭示出南非巴伯顿绿岩带无花果树群（约 32

亿年）恩圭尼亚组的 BIF 样品中磁性矿物主要为赤铁矿和磁铁矿。基于矫顽力谱分析，富铁层中的磁铁矿主要是多畴及假单畴颗粒，而富硅层中磁铁矿主要为假单畴及超顺磁性颗粒。测试样品的莫林（Morin）转变温度为 250～260 K，说明 BIF 样品主要的磁性矿物为赤铁矿（0.5～6 mm）。富硅层样品出现约 107 K 和约 125 K 两个 Verwey 转变温度，表明其中可能存在生物成因和非生物成因两种类型磁铁矿（章敏等，2019）。大部分 BIF 缺乏波浪或风暴作用的结构，并且分层特征在横向分布较宽，所以一般认为 BIF 沉积在相对较深的水域环境中（Krapež et al.，2003）。另外一些缺乏条带状特征的铁建造被称为粒状铁建造（granular iron formations，GIF）（Simonson，1985）。最早的 GIF 出现在 2.9 Ga（Siahi et al.，2017），并在 1.88 Ga 达到沉积顶峰，直到约 543 Ma 消失（Bekker et al.，2014）。GIF 中的颗粒具有不同的形状、粒径（直径为微米至厘米）和矿物组成特征（燧石、铁氧化物、含铁碳酸盐或硅酸盐矿物）。GIF 中波浪和水流形成的沉积构造和丘状交叉层理的存在，表明这些颗粒是在接近或高于风暴和顺风波基底的近岸浅水环境中沉积形成（Pufahl and Fralick，2004）。

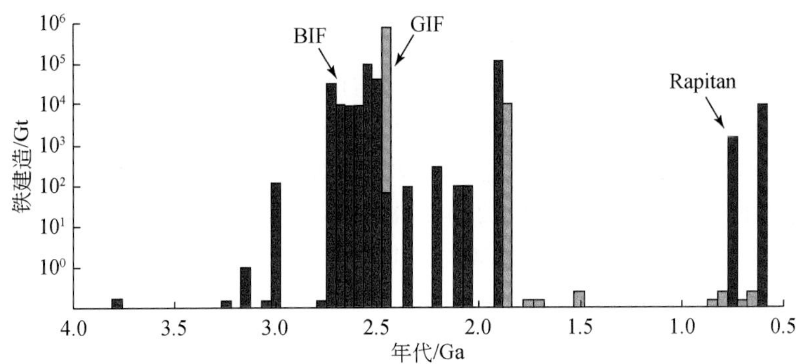

图 8.13　铁建造的时间分布图（修改自 Bekker et al.，2010；Konhauser et al.，2017）

BIF. 条带状铁建造；GIF. 粒状铁建造；Rapitan. 新元古代（0.8～0.6 Ga）拉皮坦型铁建造，其成因与“雪球事件”密切相关

除了根据沉积特征的分类方法，Gross（1980）根据铁建造的形成环境将其分为两大类：阿尔戈玛型（Algoma-type）和苏必利尔型（Superior-type）。前者沉积规模相对较小，总储量不超过 10^{10} t，通常形成于火山弧和扩张中心附近，与海底火山作用密切相关。阿尔戈玛型铁建造中缺乏水流、潮汐或波浪等产生的沉积构造，可能沉积于大陆远端的深水环境（Bekker et al.，2010）。相比之下，苏必利尔型铁建造的沉积规模相对较大，上述提到的储量大于 10^{14} t 的铁建造均属于苏必利尔型。该种类型的铁建造在被动大陆边缘的沉积环境中较多，通常与火山岩缺乏直接的地层关系，其具有与碳酸盐岩和黑色页岩互层的接触关系，这些沉积特

征都指示苏必利尔型铁建造主要形成于浅海大陆架的沉积环境中（Gross，1980）。一般认为，在 1.85 Ga 后，地球上的苏必利尔型铁建造销声匿迹。直到新元古代冰期（840～560 Ma），全球再次出现条带状铁建造沉积，一般被认为与斯图尔特（Sturtian）冰期和拉张性岩浆作用有关（Kirschvink，1992a；Hoffman et al.，1998；Slack and Cannon，2009）。

铁建造中铁（Fe）的来源一直是备受争议的问题。目前多数证据，包括铁建造中铕（Eu）元素、钕（Nd）同位素和稀土元素+钇（REE+Y）的配分特征等，都支持铁建造中大部分的 Fe 来自于洋中脊、热点等深海热液中的 Fe^{2+}（Dymek and Klein，1988；Jacobsen and Pimentel-Klose，1988；Viehmann et al.，2015），这些 Fe^{2+}可以通过海水上涌或直接由热液柱带至大陆架。由于缺乏可以进行光合产氧作用的微生物，早期地球大气中的氧气主要来自于水蒸气的光化学解离，而当时还原性的热液流体、岩石风化等造成氧气消耗的速率远远超过产氧速率，使得地球早期环境呈现一种极端缺氧的状态（Holland，1984）。伴随着可以进行光合产氧作用微生物的出现，经过古元古代大氧化事件（great oxidation event，GOE）和新元古代氧化事件（Neoproterozoic oxidation event，NOE），地球大气中的氧含量才达到现今的水平（Lyons et al.，2014）（图 8.14）。

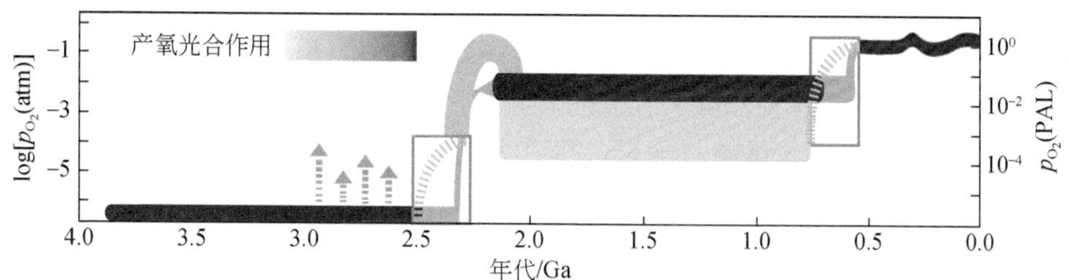

图 8.14　地球大气氧含量演化示意图（修改自 Lyons et al.，2014）

橘色曲线代表了两次经典的氧气脉冲式增加。右轴 p_{O_2} 为相对于现代大气水平的氧浓度（present atmospheric level，PAL）；左轴为 log p_{O_2}。深蓝色箭头表示太古宙后期可能产生的氧浓度波动

目前，人们普遍认为铁建造中的含铁矿物不是原生的，而是经历了后续成岩作用和变质作用的改造。成岩作用和变质作用造成的温度和压力的升高，通过交代和重结晶作用改变铁建造中含铁矿物的晶体尺寸和原始纹理（Klein，2005）。例如，西澳哈默斯利（Hamersley）马拉曼巴组铁建造中矿物的电镜结果显示，其中 120～200 nm 赤铁矿球状颗粒可能是胶质状的 Fe^{3+}氢氧化物通过结构有序化和脱水作用二次矿化形成的（Ahn and Buseck，1990）。同样地，2.73 Ga 加拿大阿比蒂比（Abitibi）绿岩带和 2.46 Ga 南非库鲁曼组 BIF 中赤铁矿的高分辨率显微镜观察结果也证实其中 3～5 nm 的超细粒赤铁矿和亚微米赤铁矿是由 Fe^{3+}氢氧化物直

接脱水形成（Sun et al.，2015）。除了 Fe^{3+}氢氧化物，由于前寒武纪海洋中溶解 Si 的浓度高达 2.2 mmol/L，Fe^{3+}-Si 胶体可能也是铁建造中含铁矿物的前体矿物之一（Percak-Dennett et al.，2011）。另外，亚稳态含铁矿物绿锈也可能是太古宙海洋环境中 Fe 元素储存的主要形式之一，它可以自身二次矿化为更稳定的其他矿物，如 Fe^{3+}氢氧化物、菱铁矿和含铁硅酸盐等（Halevy et al.，2017）。实验室模拟结果也表明，氧气驱动的非生物过程以及硝酸盐还原铁氧化菌和厌氧光合铁氧化菌驱动的生物过程都可以将绿锈氧化为磁铁矿、水合氧化铁、针铁矿和纤铁矿（Legrand et al.，2004；Pantke et al.，2012；Miot et al.，2014；Han et al.，2020a）。绿锈的不稳定性使其很难在地质记录中保存下来，但是相对于其他含铁矿物，绿锈的密度相对较低，因此，密度梯度驱动的沉积构造有可能是指示绿锈存在的一个重要指标（Halevy et al.，2017）。因此，绿锈也被认为是铁建造中含铁矿物的重要前体矿物之一。

另外，二价铁矿物菱铁矿和铁蛇纹石［$Fe_3Si_2O_5(OH)_4$］也被认为是铁建造中赤铁矿和磁铁矿的重要前体矿物。2.6～2.45 Ga 时期澳大利亚哈默斯利（Hamersley）铁建造的岩相学结果表明，其中磁铁矿的生成与变质作用中菱铁矿的分解有关（Rasmussen and Muhling，2018）。3.45 Ga 马布尔巴燧石段铁建造、2.48 Ga 布鲁克曼铁建造以及 1.88 Ga 加拿大 Gunflint 铁建造中广泛分布的铁蛇纹石及其沉积结构证实了铁建造中的赤铁矿可能替换了原生的铁蛇纹石矿物（Rasmussen et al.，2014a，2014b；Johnson et al.，2018；Muhling and Rasmussen，2020；Rasmussen and Muhling，2020）。并且，铁蛇纹石向 Fe^{3+}矿物的转化过程是一种无机化学过程，可能与含氧、高温（＞200℃）地下水有关（Rasmussen et al.，2005，2014a）。基于岩相学的观察，Rasmussen 等（2017）提出了一种新的铁建造的沉积模式：酸性热液携带亚铁离子和二氧化硅至海洋大陆架，在与更冷、碱性更强的海水混合后，亚铁离子和二氧化硅的溶解度下降，有利于铁硅酸盐纳米颗粒在海底快速成核，并形成大面积沉淀。同时，铁硅酸盐纳米颗粒也是溶解二氧化硅的成核位点，可以促进富铁软泥的硅化和胶结。在这种沉积模式中，酸碱度的变化对铁建造的沉积起着关键作用，并非主流认为的古海洋的氧化还原状态变化在起作用。

8.5.2　铁氧化菌对铁建造中磁性矿物形成的潜在贡献

铁建造中含铁矿物的平均价态为 2.4^+（Klein and Beukes，1992），因此在早期地球缺氧、高铁（0.03～0.5 mmol/L）、低硫（＜200 μmol/L）的环境中（Holland，1973；Morris，1993；Habicht et al.，2002；Kasting et al.，2006），Fe^{2+}是如何被氧化为 Fe^{3+}，并形成大规模铁建造沉淀，一直是人们关注的热点问题。前人针对前寒武纪古海洋环境中 Fe^{2+}的氧化过程提出了以下几种模式（图 8.15）。

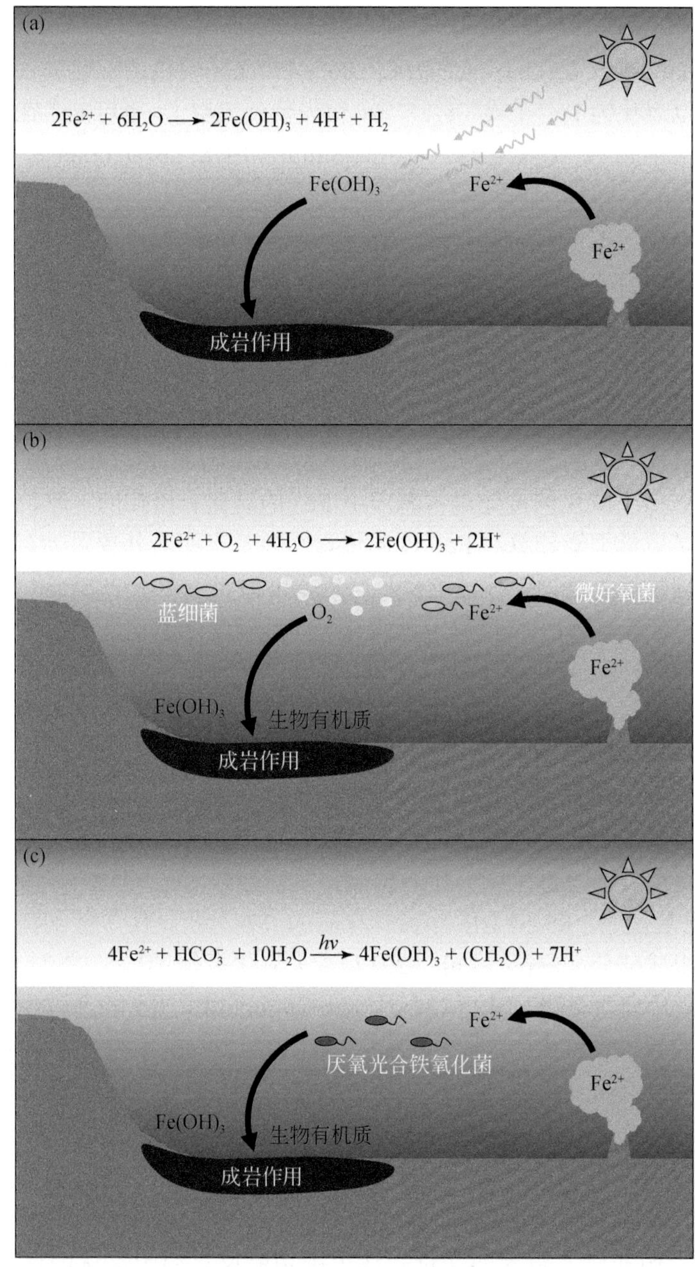

图 8.15　铁建造沉积过程中可能涉及的 Fe^{2+}氧化过程示意图（修改自 Koehler et al.，2010）

（a）热液携带的 Fe^{2+}在 UV 照射作用下的非生物氧化和含铁矿物沉积过程；（b）热液携带的 Fe^{2+}被蓝细菌产生的 O_2 氧化生成含铁矿物沉积，或者被微好氧菌氧化生成与生物有机质结合的含铁矿物沉积；（c）厌氧光合铁氧化菌直接氧化 Fe^{2+}，生成与生物有机质结合的含铁矿物沉积

UV-光氧化 Fe^{2+}：早期地球大气缺乏臭氧层，紫外辐射比现今地球相对较强，古海洋中的 Fe^{2+}或者 $Fe(OH)^+$通过吸收 200～400 nm 波段的辐射失去一个电子，同时自身可以氧化为 Fe^{3+}［式（8.1），*hv* 代表紫外辐射］，之后 Fe^{3+}在中性环境中通过水解反应生成 Fe^{3+}氢氧化物（Cairns-Smith，1978；Braterman et al.，1983；François，1986），即

$$2Fe_{aq}^{2+}+2H^{+}+hv\longrightarrow 2Fe_{aq}^{3+}+H_2 \tag{8.1}$$

虽然紫外辐射光氧化 Fe^{2+}模式与早期地球臭氧层缺乏、紫外辐射较强的环境相吻合，然而模拟前寒武纪古海洋中 Fe_{aq}^{2+} 在 UV-A（320～400 nm）和 UV-C（200～280 nm）照射条件下的氧化实验和热力学计算结果表明，在富含高浓度 Fe_{aq}^{2+}、$Si(OH)_4$ 和 HCO_3^- 的前寒武纪古海洋中，相比于铁硅酸盐和铁碳酸盐的沉积速率，紫外辐射光氧化 Fe^{2+}的速率可以忽略不计（Konhauser et al.，2007）。尽管最近的研究提出 UV 衍生氧化剂可能对古海洋中 Fe^{2+}的氧化有潜在的贡献，如过氧化氢（H_2O_2），但是质量平衡计算和 Fe、O 同位素结果都表明紫外辐射光氧化 Fe^{2+}反应难以解释地球早期大规模铁建造的沉积（Pecoits et al.，2015；Nie et al.，2017）。

蓝细菌产氧氧化 Fe^{2+}：目前大量研究表明地球早期铁建造的沉积可能与微生物活动密切相关（Konhauser et al.，2002；Kappler et al.，2005a）。最初苏必利尔湖地区的阿尼米基盆地 1.88 Ga BIF 中微体化石的发现让人们认识到微生物可能在铁建造沉积过程中起了重要作用（Cloud，1965）。基于微体化石可能是蓝细菌或其前身微生物的假设，Cloud（1973）提出这些原始产氧的光合细菌缺乏完善的氧调节酶，需要 Fe^{2+}作为氧气受体，因此当环境中的 Fe^{2+}和其他营养元素比较丰富时，蓝细菌或其前身微生物会相对繁盛，从而导致 Fe^{3+}矿物的形成和沉淀。并且，对阿尼米基盆地 1.88 Ga BIF 中微体化石的最新分析证实了蓝细菌是当时浅海群落的重要组成部分（Lepot et al.，2017）。大氧化事件（2.45～2.22 Ga）之前，古海洋透光层中氧气浓度可能已经高达 10～35 μmol/L，因此古海洋中的部分 Fe^{2+}可以被水中的分子氧氧化为 Fe^{3+}（Czaja et al.，2012；Olson et al.，2013）。另外，部分微生物可以直接利用海洋表层水中低浓度的氧气氧化 Fe^{2+}。例如，化能自养细菌 *Gallionella ferruginea* 能够在分子氧有限的海洋中氧化 Fe^{2+}（Holm，1989）。因此，来自阿尼米基盆地 1.88 Ga BIF 中的微体化石可能是化能自养铁氧化菌（Golubic and Seong-Joo，1999；Planavsky et al.，2009）。这一假设也得到了来自现代海洋中铁循环研究结果的支持。在美国切萨皮克湾中发现的铁氧化菌多生活在氧气浓度较低的环境中，可能广泛参与了含氧-无氧过渡带（＜3 μmol/L O_2，＜0.2 μmol/L H_2S）中 Fe 元素的氧化还原循环过程。虽然在含氧-无氧过渡带中也检测到了蓝细菌，但由于氧气浓度太低，并不能支持显著的非生物 Fe^{2+}氧化反应，

因此这里的蓝细菌可能通过共生关系为微好氧铁氧化菌提供氧气，而微好氧铁氧化菌则可以通过氧化 Fe^{2+}，降低环境中过高的 Fe^{2+}浓度对蓝细菌造成的毒性（Field et al.，2016）。

厌氧光合作用氧化 Fe^{2+}：Garrels 等（1973）最早提出厌氧光合铁氧化作用可能对铁建造中 Fe^{3+}矿物的沉积有所贡献。这一假设很好地解释了在没有氧气的情况下，利用光照和古海洋中丰富的 Fe^{2+}和 CO^{2-}沉积铁建造的可能性。分子系统发育学证据也表明这种不产氧光合作用的起源可能要比产氧光合作用更早（Xiong，2007；Xiong et al.，2000）。并且，目前发现的与太古宙海洋环境相似的现代湖泊中（印度尼西亚 Matano 湖和西班牙 LaCruz 湖），其透光带中非常富集光合铁氧化菌（Crowe et al.，2008；Walter et al.，2009）。2.5 Ga 哈默斯利 BIF 的地球化学分析结果也表明，前寒武纪古海洋中的营养元素（P）和微量元素（V、Mn、Co、Zn 和 Mo）浓度都可以支持铁氧化菌氧化 Fe^{2+}为 Fe^{3+}，并形成大规模铁建造沉淀，说明早期微生物活动对铁循环的重要性（Konhauser et al.，2002）。厌氧光合铁氧化菌的 Fe^{2+}氧化速率和基于化学分层的前寒武纪古海洋涡流-扩散模型计算结果也表明，来自大洋底部的 Fe^{2+}在到达上层有氧区前，就完全可以被厌氧光合铁氧化菌氧化（Kappler et al.，2005a）。绿锈是太古宙海洋中主要的含铁矿物之一（Halevy et al.，2017），我们的研究发现厌氧光合铁氧化菌还可以利用绿锈中的 Fe^{2+}，因此由厌氧光合铁氧化菌参与的绿锈的氧化过程也可能对前寒武纪铁建造的沉积有重要贡献（Han et al.，2020a）。最新研究提出的与氮氧化物还原相耦合的 Fe^{2+}氧化机制也为铁建造沉积提供了新的思路（黄柳琴等，2023）。

另外，温度控制的铁氧化菌 Fe^{2+}氧化过程与 Si 的非生物沉淀过程的交替也被作为解释铁建造出现条带状构造的一种模型（Posth et al.，2008）。厌氧光合铁氧化菌的活性和 Fe^{2+}氧化速率对温度有明显的依赖性。在 25～30℃条件下，厌氧光合铁氧化菌氧化 Fe^{2+}的速率最快；而高于或低于这个温度区间，厌氧光合铁氧化菌氧化 Fe^{2+}的速率会大幅降低。实验室模拟了暖期（26℃）和冷期（5℃）交替条件下类太古宙海洋环境中厌氧光合铁氧化菌的矿化过程，证实了其可以在暖期氧化 Fe^{2+}并形成 Fe^{3+}沉淀，而在冷期 Fe^{2+}的氧化会停止，Si 元素会因为温度的降低而过饱和，从而沉淀为无定形的类胶质层，因此以上沉积过程能够产生与前寒武纪 BIF 相似的沉积厚度和沉积韵律（Posth et al.，2008；Schad et al.，2019）。

铁建造记录的 Fe 同位素信息为古海洋铁库的氧化还原状态提供了重要参考依据。我们研究了在 20℃条件下由厌氧光合铁氧化菌 *Rhodobacter ferrooxidans* SW2 矿化产生的 Fe^{3+}氢氧化物与 Fe^{2+}之间的 Fe 同位素分馏过程。结果表明，厌氧光合铁氧化菌 *R. ferrooxidans* SW2 矿化产生的水合氧化铁与 Fe^{2+}之间可以达到 Fe 同位素平衡。在培养 22 天后，水合氧化铁与 Fe^{2+}之间的 Fe 同位素分馏值为

（2.96±0.17）‰（2se，*N*=2）（Han et al.，2022）。结合对于太古宙古海洋中厌氧光合铁氧化菌氧化速率和含铁矿物沉淀速率的估算，我们认为铁建造中主要含铁矿物的 Fe 同位素组成可能与水体达到了 Fe 同位素平衡。根据实验得到的 Fe 同位素分馏值和已发表的铁建造中磁铁矿、赤铁矿和全岩的 Fe 同位素数据，我们计算了铁建造形成时期古水体的氧化程度（图 8.16），并得出如下三个初步结论：①古海洋中非常还原的水体（氧化程度<25%）在 3.4 Ga 之前就已经消失，这与目前发现在 GOE 之前地球就存在微量氧气的研究结果一致；②古海洋中非常氧化的水体（氧化程度 71%）在 3.4 Ga 就已经存在，这说明地球早期厌氧光合铁氧化菌可能非常繁盛；③古海洋部分氧化的状态一直持续到新元古代，即使在 GOE 之后，古海洋也没有被完全氧化。

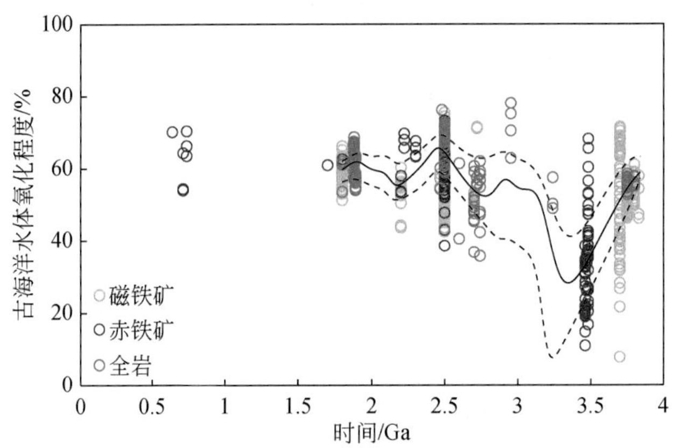

图 8.16　根据厌氧光合铁氧化菌 *R. ferrooxidans* SW2 矿化产生的 Fe^{3+}氢氧化物与 Fe^{2+}之间的 Fe 同位素分馏值［（2.96±0.17）‰］和已发表的铁建造中磁铁矿、赤铁矿和全岩的 Fe 同位素数据计算铁建造时期古水体的氧化程度

8.5.3　铁还原菌对铁建造中磁铁矿的潜在贡献

铁还原菌可以利用有机质作为电子供体将 Fe^{3+}还原为 Fe^{2+}，Fe^{2+}进一步与 Fe^{3+}矿物（如水合氧化铁）反应，从而生成磁铁矿［式（8.2）和式（8.3）］（Konhauser et al.，2005），即

$$CH_3COO^- + 8Fe(OH)_3 \longrightarrow 8Fe^{2+} + 2HCO_3^- + 15OH^- + 5H_2O \tag{8.2}$$

$$8Fe^{2+} + 16Fe(OH)_3 + 16OH^- \longrightarrow 8Fe_3O_4 + 32H_2O \tag{8.3}$$

分子系统发育学研究结果表明，地球早期可能存在比较古老的古菌可以利用氢气还原 Fe^{3+}以支持化能自养的代谢方式（Vargas et al.，1998）。铁建造的地球化学分析结果显示，其含碳层位富集相对偏轻的 C 同位素，这指示铁建造初始沉积

过程中可能存在微生物有机质（Garrels et al.，1973；Baur et al.，1985）。部分富磁铁矿的铁建造样品具有非常负的δ^{56}Fe 值，这也与异化铁还原菌矿化过程中 Fe 同位素的分馏结果相似（Johnson et al.，2008）。并且，西澳 Hamersley 中 Dales Gorge 段 BIF 中磁铁矿的晶格常数和 Fe^{2+}/Fe^{3+}化学计量比与异化铁还原菌矿化形成的磁铁矿的晶体化学特征相似（Li et al.，2011）。实验模拟发现水合氧化铁、针铁矿、赤铁矿与有机质在低级变质条件下（170℃，1.2 kbar①）也可以转变为磁铁矿，但由厌氧光合铁氧化菌矿化形成的生物成因水合氧化铁在低级变质条件下并没有转化为磁铁矿（Kohler et al.，2013；Posth et al.，2013；Halama et al.，2016）。同样地，我们也发现化学方法（Fe^{2+}_{aq}）并不能诱导生物成因水合氧化铁转变为磁铁矿，但异化铁还原菌可以诱导生物成因水合氧化铁转变为磁铁矿，这表明即使水合氧化铁与生物成因有机质结合也仍具有生物可利用性（Han et al.，2020b）。以上证据均支持铁还原菌可能对铁建造中磁铁矿的形成有潜在的贡献。铁建造中磁铁矿的形成可能经历三个阶段：首先铁还原菌通过氧化有机质，还原 Fe^{3+}形成磁铁矿；随后，磁铁矿晶体进一步生长和成熟化；最后在低级变质过程中，压力-温度的变化诱发了磁铁矿的进一步生长（Li Y-L et al.，2013）。

另外，铁建造中的磁铁矿还可以通过菱铁矿或其他含铁碳酸盐和硅酸盐的置换或热分解反应形成［式（8.4）和式（8.5）］（van Zuilen et al.，2002；Rasmussen and Muhling，2018）。作为另一种诱导磁铁矿生成的化学方式，洋底热液携带的 Fe^{2+}上涌至透光层被氧化为水合氧化铁，水合氧化铁可以再次与 Fe^{2+}反应生成中间产物绿锈，绿锈作为亚稳态矿物可以进一步二次矿化形成磁铁矿（Li Y-L et al.，2017）。

$$3FeCO_3 + H_2O \longrightarrow Fe_3O_4 + 3CO_2 + H_2 \tag{8.4}$$

$$6FeCO_3 \longrightarrow 2Fe_3O_4 + 5CO_2 + C \tag{8.5}$$

最近 Rasmussen 等（Rasmussen and Muhling，2018；Rasmussen et al.，2021）通过对铁建造进行一系列详细的岩相学分析，提出了一种新的富磁铁矿条带的生长模型：在富铁富硅的前寒武纪古海洋中沉积有孔隙率较高的铁蛇纹石软泥，铁蛇纹石泥浆空隙中的二氧化硅可以通过成岩胶结作用形成相对较厚的燧石条带［图 8.17（a）～（c）］；经过硅质胶结作用的泥浆层在埋藏过程中垂直方向的压缩会相对较小，而相比之下，没有硅质胶结作用的含铁硅酸盐泥浆在埋藏过程中经历了更大强度的压缩和脱水，导致分散的矿物颗粒被挤压聚集，形成富含铁硅酸盐和菱铁矿的薄层条带［图 8.17（d）（e）］；埋藏成岩和变质作用期间，富铁条带中的铁硅酸盐和菱铁矿被磁铁矿取代，并且这些富铁条带也为流体提供了渗透通

① 1 bar=10^5 Pa

路，有利于后期磁铁矿的形成和晶体的生长［图 8.17（f）（g）］。

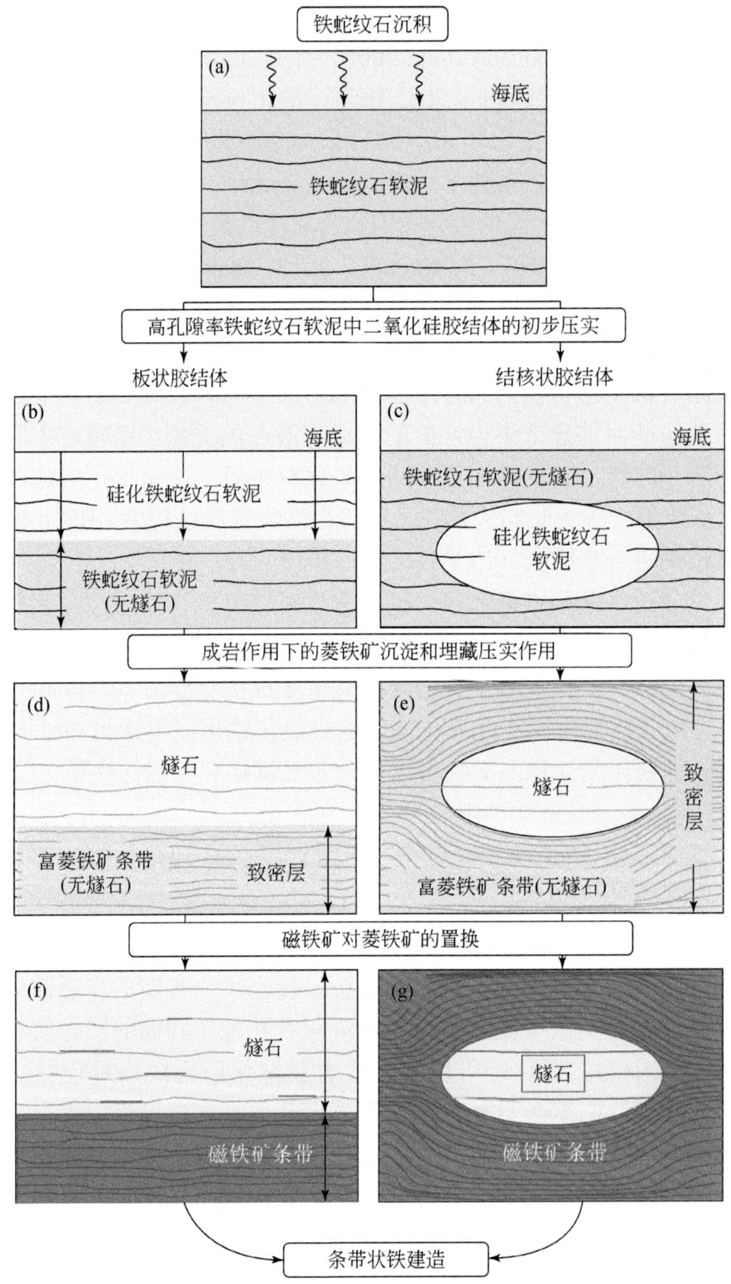

图 8.17　铁建造中富磁铁矿条带形成的示意图（修改自 Rasmussen and Muhling，2018）

磁铁矿是铁建造中主要的含铁矿物之一，然而当前对其成因仍未有定论，尤其是化学成因还是生物成因颇具争议。最近我们在实验室内比较了在 $NaHCO_3$ 缓冲液和 HEPES（4-羟乙基哌嗪乙磺酸）缓冲液中，由 Fe^{2+}_{aq} 和异化铁还原菌 *Shewanella oneidensis* MR-1 介导的三种水合氧化铁底物（无微量元素共沉淀、与 Zn 元素共沉淀、与 Ni 元素共沉淀）矿化形成的磁铁矿的微量元素信息。我们发现，无论是在 $NaHCO_3$ 缓冲液还是在 HEPES 缓冲液中沉淀的磁铁矿，非生物成因的磁铁矿更富集 Zn 元素，而生物成因磁铁矿更富集 Ni 元素（图 8.18）。这可能是由于相对于非生物成因磁铁矿，生物成因磁铁矿的 Fe^{2+}/Fe^{3+} 值更高；而前人的研究表明 Ni^{2+} 离子更易替换磁铁矿八面体中的 Fe^{2+} 位点，而 Zn^{2+} 离子更易替换磁铁矿四面体中的 Fe^{3+} 位点，因此造成 Zn 和 Ni 两种微量元素在非生物成因和生物成因磁铁矿中分配的不同，这可能是辨别铁建造中非生物成因和生物成因磁铁矿的重要化学指标之一（Han et al.，2021）。我们还发现，趋磁细菌胞内矿化生成的磁铁矿中微量元素的浓度远低于铁还原菌胞外矿化生成的磁铁矿中微量元素的浓度。根据前人已发表的磁铁矿微量元素数据结果，我们计算了加拿大魁北克努夫亚吉图克（Nuvvuagittuq）铁建造、西澳大利亚威力乌力（Weeli Wolli）铁建造和加拿大拉布拉多海槽索科曼（Sokoman）铁建造中磁铁矿颗粒与古海水之间的 Zn 和 Ni 分配系数，发现三组铁建造中的磁铁矿可能为非生物成因。

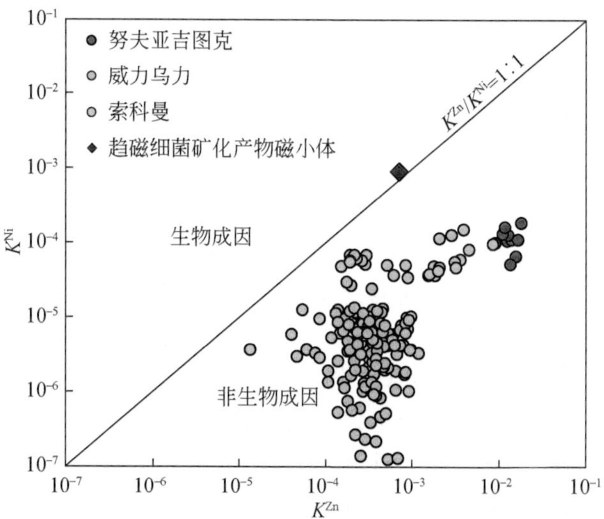

图 8.18　根据前人已发表的磁铁矿微量元素数据结果计算的加拿大魁北克努夫亚吉图克铁建造（紫色圆点）、西澳大利亚威力乌力铁建造（绿色圆点）和加拿大拉布拉多海槽索科曼铁建造（橙色圆点）中磁铁矿颗粒与古海水之间的 Zn 和 Ni 分配系数以及趋磁细菌矿化产物磁小体的 Zn 和 Ni 分配系数（红色菱形）（修改自 Han et al.，2021）

8.6 本章小结

化石磁小体携带了古环境与古地磁场的重要信息，准确定量识别沉积物或沉积岩中的化石磁小体有助于更好地理解古环境和古地磁场变化特征。本章介绍了识别沉积物中化石磁小体的磁学方法，并列举了化石磁小体在古地磁学与古环境研究中的应用。其中，在古地磁学研究方面，主要介绍了化石磁小体记录剩磁的能力。在古环境研究方面，本章概述了氧化还原的沉积环境、气候冷暖波动、风尘沉积以及成岩作用分别对磁铁矿化石磁小体丰度和多样性产生的影响。然而，相较于磁铁矿化石磁小体，前人针对胶黄铁矿化石磁小体的相关研究仍然较少。在本章的后半部分，我们介绍了胞外矿化产物对沉积物剩磁的影响、铁建造的类型，以及铁氧化菌和铁还原菌对铁建造中磁性矿物的潜在贡献。

尽管趋磁细菌的生态学研究已开展了近 30 年，不同种类的趋磁细菌与其环境因子之间的关系尚不十分明确。因此未来需要寻找更好的分析微环境的仪器或方法，来研究趋磁细菌所处的微环境变化。利用宏基因组推测代谢通路、单细胞同位素标记元素的代谢途径将有助于理解趋磁细菌如何适应并影响环境。因此，建立趋磁细菌多样性与环境因子之间的关系，有助于进一步完善化石磁小体的古环境意义。除“将今论古”外，另一思路是借助其他古环境代用指标来解释同一样品中化石磁小体的古环境意义。例如，生物标志化合物既可以反映氧化还原程度又可以反映温度变化。在将来的工作中，将化石磁小体的形态多样性与同层位的生物标志化合物指标进行综合对比分析，有助于正确认识化石磁小体的古环境意义。疑似最古老的化石磁小体可能存在于 2.0 Ga 的岩石中。因此，未来还需从更老的沉积岩中寻找化石磁小体，以更好地理解早期生命的起源与演化。

任何一种识别化石磁小体的磁学方法都不是完美的。例如，IRM 分解可能会存在多解性的情况。非磁滞剩磁磁化率和饱和等温剩磁的比值（χ_{ARM}/SIRM）越大，代表样品中细颗粒磁性矿物增多，但无法排除非生物成因细颗粒矿物对该比值的贡献。一阶反转曲线（FORC）图含有中央脊代表样品中含有静磁相互作用较弱的磁性组分，但不能保证一定含有化石磁小体。因为硅酸盐包裹的磁性矿物也会产生较弱的静磁相互作用（Li et al.，2020）。对于低温退磁曲线上的 Verwey 转变温度，如果化石磁小体被氧化的话，Verwey 转变的信号将被抑制。当无机成因的磁铁矿掺有 Ti、Co、Al 等其他金属元素时，它们的 Verwey 转换温度也会出现不同程度的降低。化石磁小体具有区别于无机成因矿物的形貌特征，因此很容易通过电镜照片将其识别出来。这就要求在使用其中一种或多种磁学方法来识别化石磁小体时，要使用电镜来确保样品中的确含有化石磁小体。

在生物源磁性矿物贡献剩磁方面，前人更多地关注化石磁小体对剩磁记录的影响，对早期成岩作用不同阶段中胞外矿化对剩磁记录的影响关注较少。未来需结合其他生物指标研究沉积物中胞外矿化产物的分布特征。铁建造不仅是记录前寒武纪大气和海洋环境信息的重要资料，也为可能参与其形成的生物过程提供了研究“窗口”。一般认为，铁建造中的铁氧化物是由洋中脊、热点等的深海热液中的 Fe^{2+}经氧化形成。微生物在铁建造沉积过程中的作用可能不仅仅参与了 Fe^{2+}的氧化过程，沉积在海底的生物有机质和含铁氢氧化物也同时为铁还原菌提供了必要的基质，使得这些微生物可以在铁建造的最终成岩作用之前对沉积物进行改造。相对于国外典型的铁建造，我国华北克拉通的铁建造沉积仍存在类型不清、形成时代不准及富矿成因不明等问题。并且，前寒武纪铁建造在沉积后可能会遭受后期成岩或变质作用的改造和蚀变等，增加了人们定量评价铁建造沉积过程中微生物矿化对其贡献的难度。因而，扩大高分辨率显微镜技术和微区激光拉曼等新技术的应用，精准识别微生物遗体在岩石矿物中遗留下的特殊生物结构构造，可能会为我们提供铁建造中微生物活动的新证据。除了典型的形貌特征，还需进一步探索新的识别铁氧化还原微生物功能群及其矿化产物的地质和地球化学标识，如元素组成、同位素分馏和岩石磁学特征等，可以为人们定量评价铁建造沉积过程中微生物矿化的贡献提供新的思路。

更多古地磁学、环境磁学与岩石磁学等相关知识可以参阅图书《古地磁学：基础原理方法成果与应用》、*Environmental Magnetism: Principles and Applications of Enviromagnetics*（2003）、*Rock Magnetism: Fundamentals and Frontiers*（1997）。微生物参与铁建造沉积的知识可以阅读图书 *Geomicrobiology: Molecular and Environmental Perspective*（2010）、*Introduction to Geomicrobiology*（2007）、*Fundamentals of Geobiology*（2012）。

（何况、韩晓华　执笔）

第 9 章　磁性纳米矿物的仿生矿化

磁性纳米矿物是一类重要的功能纳米材料，在生物医学、电子学及地球科学中都具有重要的应用价值。除了目前物理化学方法可以制备磁性纳米材料外，自然界的生物矿化现象可为磁性纳米材料的仿生合成提供一种新思路。

趋磁细菌能通过严格的基因和蛋白控制在细胞内生成呈链状排列的单畴磁性纳米矿物（磁小体）。这些磁小体具有种属特异性，在同一种趋磁细菌中产生的磁性纳米矿物（Fe_3O_4）具有粒度和形状均一、化学纯度和结晶程度高、晶形特殊等特点。

铁蛋白（ferritin）是生物体内一种重要的储铁蛋白，是一类非常小的生物矿化单元。铁蛋白广泛分布于动物、植物和微生物体内，具有极高的生物相容性和典型的核-壳结构。铁蛋白仿生矿化合成的磁性纳米矿物具有粒度和形状均一、单分散性、亲水性、天然蛋白质包裹等独特优点，因此在纳米材料和生物医学领域具有重大的应用前景。

磁性纳米颗粒的仿生矿化是基于生物地磁学中生物源磁性纳米颗粒的矿化机制而发展起来的，是生物地磁学从基础走向应用的一个桥头堡。本章主要阐述铁蛋白和趋磁细菌磁小体的仿生矿化。首先系统地介绍铁蛋白的结构、生物矿化机理和各种磁性铁蛋白的仿生矿化研究进展，接下来介绍趋磁细菌磁小体的仿生矿化，并提出未来展望。

9.1　铁蛋白的功能与结构

铁蛋白在生物体内是一种具有典型核-壳结构的生物矿化蛋白，可动态地调节体内铁和氧的代谢，及时消除生物体内二价铁离子（Fe^{2+}）的毒性，参与和维持铁的代谢平衡。在哺乳动物体内，大部分铁蛋白都分布于细胞质内，发挥着储存铁和维持细胞铁平衡的作用。另外，在细胞核、线粒体、血清内也有铁蛋白的分布。植物及昆虫的分泌液中都发现了铁蛋白，昆虫或蠕虫会分泌铁蛋白到分泌颗粒里面。因此，铁蛋白还具有保护细胞核内的遗传物质核酸及线粒体免受铁毒性和氧化损伤的功能（Arosio et al.，2009；高启禹等，2022）。铁蛋白对于生物体至关重要，Ferreira 等（2001）对小鼠的铁蛋白 H 亚基基因进行敲除，发现小鼠的晶胚在 3.5～9.5 天就发生死亡，表明铁蛋白 H 亚基对于胚胎的发育至关重要。研究人员构建了铁蛋白 H 亚基无效突变体小鼠，发现小鼠的大脑产生了氧化损伤的症状，表明铁蛋白 H 亚基可能具有抗氧化的作用（Thompson et al.，2003）。细胞核铁蛋白在许多类型的细胞中都被发现，如肝细胞、骨髓巨噬细胞、一些脑瘤细胞和神经胶质细胞等。细胞核铁蛋白具有保护和防止 DNA 免受紫外和氧化损伤的功能（Cai et al.，1998；Thompson K et al.，2002）。线粒体铁蛋白具有类似于 H 亚基铁蛋白的结构，在线粒体中发挥着解除铁毒性和抗氧化的功能，这是因为线粒体在代谢过程中会产生大量的活性氧（ROS）（Levi and Arosio，2004；杨陶然和王儒蓉，2022）。血清铁蛋白通常含铁量比较少，主要由 L 亚基铁蛋白构成。人们还发现在血癌、炎症病人体内，血清铁蛋白的含量增高，表明血清铁蛋白与免疫疾病及机体的铁代谢平衡密切相关（Wang et al.，2010；Kuang and Wang，2019）。

典型的哺乳动物铁蛋白壳是由 24 个结构相似的蛋白亚基自组装形成的。蛋白壳外直径约为 12 nm，内部空腔直径为 7～8 nm（即铁核的最大直径）。哺乳动物铁蛋白由 H（Heavy）和 L（Light）两种亚基组成，而植物和微生物体内的铁蛋白仅有 H 型一种亚基。H 和 L 两种亚基的分子量大约为 21 kD 和 19 kD。不同种哺乳动物之间 H 亚基氨基酸序列有约 90%的同源性，L 亚基氨基酸序列有约 85%的同源性，同种动物的 H 亚基和 L 亚基之间有 54%的保守性。铁蛋白亚基自组装时，H 亚基和 L 亚基可以任何比例自组装形成 24 聚体（从 H24L0 至 H0L24）（Arosio et al.，1978；Harrison and Arosio，1996）。H 亚基和 L 亚基的区别在于：H 亚基具有独特的铁氧化酶位点，可以将 Fe^{2+}快速地进行氧化；而 L 亚基的成核位点比 H 亚基更为复杂，能更有效地介导核的形成。所以 H 亚基和 L 亚基在铁蛋白储存铁的生物矿化过程中发挥着协同作用（Levi et al.，1988，1992）。在哺乳动物体内，铁蛋白中的 H 亚基和 L 亚基的比例受到严格的调控，随动物的种属、器官以及细胞的不同增殖分裂阶段而表现出不同的组装比例（Chou et al.，1986）。总体而言，在铁存储量比较丰富的器官（如肝脏和脾脏），L 亚基的比例高；而在铁存储量比较低的器官（如大脑和心脏），H 亚基的比例高。

铁蛋白壳的二级结构和三级结构在所有生物体内高度保守。在二级结构上，不同来源的铁蛋白的每个亚基氨基酸序列虽然有很大的差异，但是每个亚基都折叠成由 A、B、C、D 四个螺旋所组成的螺旋束，另外在末端有一个 E 螺旋与螺旋束呈 60°的夹角［图 9.1（a）］。

人 H 亚基铁蛋白的 X 射线晶体三维结构最早由 Lawson 等（1991）测出。随后 Hempstead 等（1997）又对人 H 亚基铁蛋白（HuHF）和马 L 亚基铁蛋白（HoLF）的晶体结构在 1.9 Å 分辨率下进行比较研究发现，虽然组成螺旋内氢键的氨基酸残基和参与局部侧链和主链相互作用的氨基酸残基保守性很低，但是连接所有的

4 个螺旋（A 和 B，A 和 C，C 和 D）的氢键是高度保守的，位于四螺旋束用来构成疏水核心的氨基酸残基也高度保守，参与维持亚基和蛋白壳稳定性的盐键和非螺旋部分同样很保守，HuHF 和 HoLF 只有在第四和第五螺旋束 DE 拐角处的构象有显著的区别。

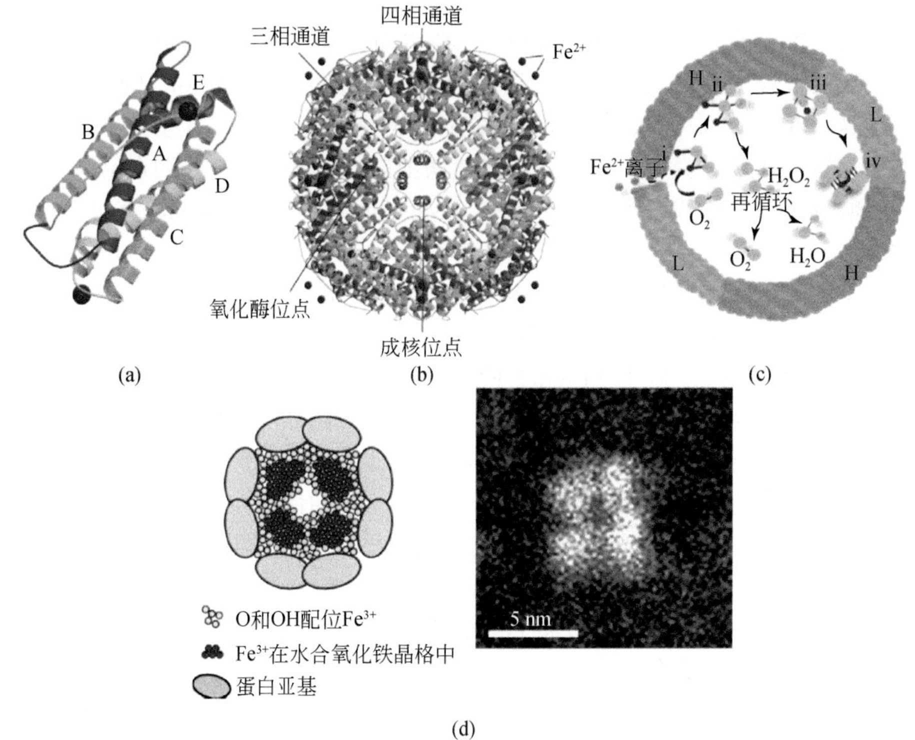

图 9.1 人 H 亚基铁蛋白的二级结构和三级结构以及生物矿化机理示意图

（a）铁蛋白的二级结构包括 A、B、C、D 四个螺旋所组成的螺旋束，末端有一个 E 螺旋与螺旋束呈 60°的夹角；（b）铁蛋白的三维笼形结构具有三相通道、四相通道、氧化酶位点和成核位点，图像修改自 RCSB 蛋白数据库（PDB）http://www.rcsb.org/pdb/explore/images. do?StructureId =1FHA；（c）铁蛋白的生物矿化机理示意图（图片修改自 Narayanan et al.，2019）；（d）球面像差校正扫描透射电子显微镜的高角度环形暗场（HAADF）图像显示铁蛋白水合氧化铁核由八个亚基组成（图片修改自 Pan Y H et al.，2009）

迄今为止，许多铁蛋白的 X 射线晶体结构已经被解析，如两栖动物的 L 亚基铁蛋白（Trikha et al.，1995）、鼠的 L 亚基铁蛋白（Granier et al.，2000）、荚膜红细菌（*Rhodobacter capsulatus*）铁蛋白（Cobessi et al.，2001）、棕色固氮菌（*Azotobacter vinelandii*）铁蛋白（Liu et al.，2004）、分泌型昆虫铁蛋白中的 H 亚基蛋白和 L 亚基蛋白（Hamburger et al.，2005）、人线粒体铁蛋白（Langlois，2004）。这些铁蛋白都由 24 个亚基组成，呈 432 点对称结构，4 个四相对称轴和 3 个三相对称轴横穿蛋白外壳，分别形成 8 个三相通道和 6 个四相通道［图 9.1（b）］。

哺乳动物铁蛋白的三相通道是亲水性通道，由 6 个酸性氨基酸组成（Asp-131 和 Glu-134），Asp-131 和 Glu-134 在所有的哺乳动物铁蛋白中都保守存在（Treffry et al.，1993）。铁蛋白的四相通道是由 16 个氨基酸构成疏水通道（Leu-165，169，173 和 Gln-62）（Takahashi and Kuyucak，2003）。铁蛋白还有一个保守的氧化酶位于 H 亚基铁蛋白上，这个氧化酶由 Glu-27、His-65 和 Glu-62 所组成的 A 位点以及 Glu-107、Glu-61 所组成的 B 位点构成（Stillman et al.，2001；Toussaint et al.，2007）。哺乳动物的铁蛋白具有特殊的成核位点，在 H 亚基和 L 亚基铁蛋白中，部分具有各自的成核位点。H 亚基铁蛋白成核位点由 Glu-61、Glu-64、Glu-67 构成（Lawson et al.，1991）。L 亚基铁蛋白的假定成核位点要比 H 亚基铁蛋白的更复杂，马脾 L 亚基铁蛋白的晶体结构表明，Glu-53、Glu-56、Glu-57、Glu-60 可能参与 L 亚基铁蛋白的成核（Granier et al.，2000）。

通常生物体内的铁蛋白具有一个反铁磁性的水合氧化铁核(田兰香等,2010)。Harrison 等（1967）首先用电子衍射和 X 射线衍射对铁蛋白核的晶体结构进行了研究，电子衍射环的晶面间距（d-value）分析表明，铁蛋白核的晶体结构类似于水合氧化铁（$Fe_2O_3 \cdot 5H_2O$）的结构。X 射线衍射证明其核是一种结晶性很差的无定形矿物。他们利用去核的空壳铁蛋白进行了不同 pH 和缓冲溶液的体外重构实验，发现铁蛋白对核的矿物相具有很强的控制作用，在没有铁蛋白存在的条件下会形成纤铁矿（lepidocrocite，γ-FeO(OH)）或者针铁矿（goethite，α-FeO(OH)），而有铁蛋白存在时始终形成水合氧化铁矿物相结构，没有发现其他矿物相成分的存在。Quitana 等（2004）的研究打破了这种传统认识，他们利用高分辨率透射电子显微镜和纳米电子衍射，对正常人体大脑中的铁蛋白与患有神经退化性疾病(阿尔茨海默氏病和进行性核上性麻痹）病人大脑内的铁蛋白进行了晶体结构比较研究，结果发现正常人脑内的铁蛋白核结构主要由水合氧化铁组成，有非常少量的赤铁矿和磁铁矿成分，但是神经退化性病人脑内的铁蛋白含有大量类似于方铁矿(wustite)或磁铁矿结构的铁核，暗示着铁蛋白与该疾病病人脑内磁铁矿增多有关。此后，同一个研究组用分析透射电子显微镜和纳米离子探针再次证实患神经退化性疾病人脑内的铁蛋白由不同的矿物相组成。

天然的铁蛋白核中通常还有一些磷酸盐分子，研究表明：由于铁蛋白核无机磷酸盐的含量不同，内部铁核的结构差异很大，从无定形的到不同结晶程度的都有。不同天然铁蛋白核的含铁量也不相同，从仅含几个铁原子到含 4500 个铁原子。但是由于水合氧化铁的结晶度差，目前关于水合氧化铁的精细结构仍不清楚，推测每个三价铁原子周围可能围绕着 6 个氧原子（Michel et al.，2007）。众多研究发现：铁蛋白核的结构、结晶度、尺寸、成分和磁学性质都与铁蛋白的生物来源相关。多数铁蛋白的核都含有数量不等的无机磷酸盐，例如，马脾铁蛋白核 P∶Fe 约为 1∶10，而豌豆铁蛋白核的 P∶Fe 约为 1∶2.8。铁蛋白核间的结晶度有很大差异，磷酸盐的含量是影响铁核结晶度的一个重要因素：含量越低或不含磷酸盐，水合氧化铁核的结晶度越高。例如，细菌铁蛋白核多为无定形状态，而动物铁蛋白核则具有一定的有序性。推测磷酸盐是结合在生长的铁核表面，随着更多铁的加入，部分磷酸盐开始整合进铁核内部。

9.2　铁蛋白的生物矿化过程和机理

铁蛋白的生物矿化是在液相中将二价铁离子结晶形成水合氧化铁核的过程。这个过程包括三个步骤：铁蛋白壳介导的亚铁离子的进入；铁蛋白壳上氧化酶位点与铁催化；铁蛋白壳控制的铁核的结晶。

（1）铁蛋白壳介导的亚铁离子的进入。铁蛋白壳存在亲水性的三相通道，这些通道由酸性氨基酸构成。铁蛋白的 X 射线晶体结构分析发现金属离子如 Cd^{2+}、Zn^{2+}等结合在三相通道中 6 个保守的羧基上，这表明三相通道是亚铁离子进入的通道（Hempstead et al.，1997；Lawson et al.，1991）。Levi 等（1996）将构成通道的酸性氨基酸 Asp-131 和 Glu-134 用 Ala 和 Ala 代替，或者用 Ile 和 Phe 代替，发现显著地抑制了铁蛋白对铁的摄入，进一步证实了三相通道就是亚铁离子进入铁蛋白空腔的通道。Douglas 和 Ripou（1998）对铁蛋白的静电势的计算结果进一步支持了这种结论，他们的研究结果表明，在铁蛋白的通道外围有许多的正电势，而三相通道有很强的负电势，这样就能形成一个强的电势梯度介导亚铁离子进入铁蛋白空腔。

（2）铁蛋白壳上氧化酶位点与铁催化。当亚铁离子进入空腔中时会到达铁蛋白 H 亚基上的氧化酶位点，迅速氧化成一个双三价铁的复合物。研究发现，将人 H 亚基铁蛋白的氧化酶位点上的氨基酸突变之后，铁蛋白的氧化活性下降，摄铁功能减弱（Treffry et al.，1993）。

（3）铁蛋白壳控制的铁核的结晶。在铁蛋白的 H 亚基上和 L 亚基上都有一些酸性的氨基酸，这些氨基酸被认为是铁蛋白的成核位点。当亚铁离子在氧化酶位点氧化成双三价铁复合物后，该复合物会在铁蛋白空腔迅速水解和成核。Santambrogio 等（1996）对成核位点的氨基酸突变实验表明，铁蛋白的成核效率下降，铁核变小。

Yang 等（1998）利用紫外-可见光分光光度计、氧电极和 pH 恒定仪监测了铁蛋白的生物矿化过程，测定了 $Fe(II)/O_2$、H^+/Fe^{2+}的计量比，推测铁蛋白的生物矿化反应机理包括铁氧化酶位点催化反应［式（9.1），式（9.2）］和矿物表面反应两个机制［式（9.3）］（Chasteen and Harrison，1999）。铁氧化酶位点催化反应在铁蛋白整个矿化过程中都存在［图 9.1（c）］。首先亚铁离子进入到蛋白壳后会在铁氧化酶位点形成一个双三价铁的复合物（μ-diiron ferric complex）。然后双三价铁复合物经过水解反应在铁蛋白空腔内的成核位点形成水合氧化铁核。而矿物表面反应机制是当核已经形成时（＞100 个铁原子），Fe(II)会在矿物表面直接发生水解反应。铁蛋白生物矿化有第三个机制：过氧化氢（H_2O_2）的解毒机制［式（9.4）］。这个反应机制的原理是在第一步铁氧化位点催化形成的 H_2O_2 也能够与 Fe^{2+}反应形成水合氧化铁核（Zhao et al.，2003；Narayanan et al.，2019）。水合氧化铁聚成核团簇向成核位置移动以进行矿化，形成完全生长的水合氧化铁晶体。球面像差校正扫描透射电子显微镜的高角度环形暗场（HAADF）图像显示铁蛋白水合氧化铁核由八个亚基组成［图 9.1（d）］，对应铁蛋白壳的八个三相通道（Pan Y H et al.，2009）。

$$\text{Protein} + 2Fe^{2+} + O_2 + 3H_2O \longrightarrow \text{Protein-}[Fe_2O(OH)_2]^{2+} + H_2O_2 + 2H^+ \tag{9.1}$$

（μ–双铁铁基复合物μ-diiron ferric complex）

$$\text{Protein-}[Fe_2O(OH)_2]_2 + H_2O \longrightarrow \text{Protein} + 2\,FeOOH(core) + 2H^+ \tag{9.2}$$

$$4Fe^{2+} + O_2 + 6H_2O \longrightarrow 4FeOOH(core) + 8H^+ \tag{9.3}$$

$$2Fe^{2+} + H_2O_2 + 2H_2O \longrightarrow 2FeOOH(core) + 4H^+ \tag{9.4}$$

9.3　磁性铁蛋白的仿生矿化

9.3.1　磁性马脾铁蛋白的仿生矿化

综上所述，铁蛋白的铁核形成是一个复杂的由蛋白控制的矿化过程，最后形成的铁核具有均一的尺寸、特定的形状、良好的亲水性，以及在铁核形成时就已经具备蛋白壳的包裹等诸多优点。但是，天然铁蛋白形成的铁核为反铁磁性、无定形的水合氧化铁，磁共振弛豫效能低，限制了铁蛋白在磁共振成像、癌症磁靶向和癌症磁热疗等生物医学中的应用。

提高铁蛋白的饱和磁化强度和磁化率，如将磁化率低的水合氧化铁内核替换为磁化率高的磁铁矿，获得磁性铁蛋白（magnetoferritin），是解决这一问题的关键。磁性铁蛋白是以空壳铁蛋白为生物纳米反应器，仿生合成的具有强磁性磁铁矿内核的生物大分子复合体。Meldrum 等（1992）首次利用空壳马脾铁蛋白在一定的 O_2 浓度条件下合成了磁性铁蛋白。这种磁性铁蛋白的合成需要两个步骤。首先，通过 pH 为 4.5 的巯基乙酸透析，将天然马脾铁蛋白中的水合氧化铁核去除。然后，在较高 pH（8.5）、温度（60～65℃）和 Ar 或 N_2 条件下，通过向脱铁的空壳铁蛋白溶液中厌氧添加 Fe^{2+}和空气，在铁蛋白空腔内重构磁铁矿核。与天然马脾铁蛋白的血红色相比，仿生矿化合成的磁性铁蛋白为黑色，均匀分散在溶液中。透射电子显微镜分析表明，磁性铁蛋白的纳米晶体为球形，具有磁铁矿结构。随后的穆斯堡尔谱研究结果表明，磁性铁蛋白核的穆斯堡尔谱与矿物磁赤铁矿（γ-Fe_2O_3）非常相似，而不是磁铁矿（Fe_3O_4）（Dickson et al.，1997；Moskowitz et al.，1997）。磁性马脾铁蛋白纳米颗粒具有超顺磁性，每个分子有 13200 玻尔磁子（6 emu/g），磁矩足以从单核细胞制备中免疫磁性分离淋巴细胞（Bulte J W et al.，1994；Zborowski et al.，1996）。其纵向（r_1）和横向（r_2）弛豫分别为 8 L/(mmol·s) 和 175 L/(mmol·s)。r_2/r_1 比值高达 22，表明磁性铁蛋白是一种潜在的磁共振成像（MRI）造影剂，可获得显著的负信号增强（Bulte J W M et al.，1994）。

Wong 等（1998）通过添加化学计量的氧化剂三甲胺-N-氧化物（Me_3NO）改进了磁性铁蛋白的合成方法。通过限制添加 Fe(II)/Me_3NO 的分步循环次数，能够合成具有不同载铁量和核粒径的磁性马脾铁蛋白。在受控的化学条件下使用 Me_3NO 作为氧化剂，可改善磁性铁蛋白合成中的微调和再现性。通过小角同步辐射 X 射线和中子散射研究这类磁性马脾铁蛋白，发现铁蛋白壳在载入铁量 150 个铁原子以上时发生蛋白质结构变化。这种变化可能归因于蛋白质空腔内氧化铁结合和有序化的影响（Melnikova et al.，2014）。进一步对以 Me_3NO 为氧化剂合成的磁性铁蛋白进行详细实验研究，发现合成的磁性纳米颗粒核的结晶度较低，磁矩显著降低（Martinez-Perez et al.，2010）。这些性质表明，传统的去核和重构两步仿生矿化合成程序不利于合成高磁矩的磁性铁蛋白纳米颗粒。

9.3.2　具有肿瘤靶向性的磁性重组人铁蛋白的仿生矿化

传统的磁性马脾铁蛋白需要强酸性和还原条件将天然的铁核去除，这种方式会对铁蛋白壳造成一定程度的损伤。另外，相对于人体来说，马脾铁蛋白作为异源蛋白，具有极强的免疫源性。虽然肿瘤细胞表面高表达 H 亚基铁蛋白受体（Fargion et al.，1988；Moss et al.，1992；Li L et al.，2010），但 Bulte 等（1995）应用马脾磁性铁蛋白作为磁共振对比剂，注射皮下移植人小细胞肺癌的裸鼠体内，发现马脾磁性铁蛋白主要聚集在网状内皮组织系统中，在肿瘤部位检测不到磁性铁蛋白的信号，因此限制了磁性铁蛋白在分子 MRI 中的应用。此外，传统方法合成的磁性马脾铁蛋白纳米颗粒易于聚集并具有静磁相互作用（Moskowitz et al.，1997），可能是由于在长时间内高 pH、高温情况下，铁蛋白结构遭受到一定程度的破坏所致。

为了省略传统的去核步骤和保证蛋白壳的结构完整性，Uchida 等（2006）通过基因工程技术在大肠杆菌中表达人 H 亚基铁蛋白和融合肿瘤靶向肽段精氨酸-甘氨酸-天冬氨酸肽（ACDCRGDCFC，RGD-4C）的 H 亚基铁蛋白，经过纯化后能够形成完整 24 聚体的笼形蛋白壳结构。由于蛋白壳只有少量的铁原子在纯化过程中进入，这两种铁蛋白几乎不具有天然的铁蛋白核，只需重构磁铁矿核这一步即可合成磁性铁蛋白，可极大地提高反应速度。进一步的体外肿瘤细胞靶向实验表明，融合肿瘤靶向肽段 RGD-4C 的人 H 亚基磁性铁蛋白能够特异性地结合肿瘤细胞表面高表达的 αvβ3 整合素，而没有融合靶向肽段的人 H 亚基磁性铁蛋白结合肿瘤细胞较少。Uchida 等（2008）进一步的体内外实验表明，他们所合成的人 H 亚基磁性铁蛋白能被巨噬细胞大量吞噬，只能作为磁共振对比剂进行动脉粥样硬化炎症组织的诊断。

理论上，快速增殖的人肿瘤细胞表面普遍高表达转铁蛋白受体 1 分子（transferrin receptor 1，TfR1），而转铁蛋白受体 1 被证实是人 H 亚基磁性铁蛋白与转铁蛋白的共受体（Li L et al.，2010）。所以重组人 H 亚基铁蛋白本身就是一个具有肿瘤靶向性的纳米蛋白笼。如果磁性铁蛋白的仿生合成可控，能够在充分保证铁蛋白壳的结构完整性的条件下重构 Fe_3O_4 核，那么磁性重组人 H 亚基铁蛋白就能作为肿瘤特异性的探针用于肿瘤的诊断或治疗。

经过大量实验，我们通过厌氧箱和 pH 滴定仪严格控制厌氧条件、温度、pH，以及加入亚铁离子和氧化剂 H_2O_2 的速度，合成单分散、粒径和形状均一和高结晶度的磁性铁蛋白纳米颗粒——M-HFn［图 9.2（a）］（Cao et al.，2010）。相比传统的马脾磁性铁蛋白的合成，该合成方法不需要去除铁核的步骤，而且能够实现连续可控地加入亚铁离子和 H_2O_2，整个反应可在 1 小时内完成，降低了蛋白壳被损伤的风险。电子能量损失谱（EELS）结果表明通过改进方法合成的人 H 亚基磁性铁蛋白的晶体化学结构是磁铁矿，而不是磁赤铁矿（Walls et al. 2013）。通过调控加入的铁原子数量，可以制备出具有不同粒径的磁铁矿核［图 9.2（b）～（e）］。即使当磁铁矿核生长到 2 nm 时，也不存在明显的晶格缺陷（Cai Y et al.，2015），表明铁蛋白壳在磁铁矿晶体的生长过程中发挥了良好的控制作用。当磁性铁蛋白的磁铁矿核的直径约为 4 nm 时，粒子之间没有静磁相互作用。低温下（5 K），饱和剩磁与饱和磁化强度（M_{rs}/M_s）的比值接近 0.5，剩磁矫顽力与矫顽力（B_{cr}/B_c）的比值为 1.12，表明合成的磁性铁蛋白以单轴各向异性为主（Cao et al.，2010）。因此，这些结构和磁性表明，磁性铁蛋白是研究超顺磁磁铁矿颗粒的理想材料。

通过测量 M-HFn 纳米颗粒的交流（AC）磁化率，获得 Néel-Arrhenius 方程中的指前因子 f_0 的值为（9.2±7.9）$\times10^{10}$ Hz。进一步的体外细胞和临床组织实验表明，通过改进方法合成的人 H 亚基磁性铁蛋白能够特异性结合肝癌、肺癌、结肠癌、宫颈癌、卵巢癌、前列腺癌、乳腺癌、胸腺癌等多种肿瘤细胞和组织高表达的 TfR1，并且在国际上首次体内实验证明通过该方法合成的磁性重组人 H 亚基铁蛋白能够跨越外周组织-血管和血脑屏障，主动靶向小于 2 mm 的微小乳腺癌和

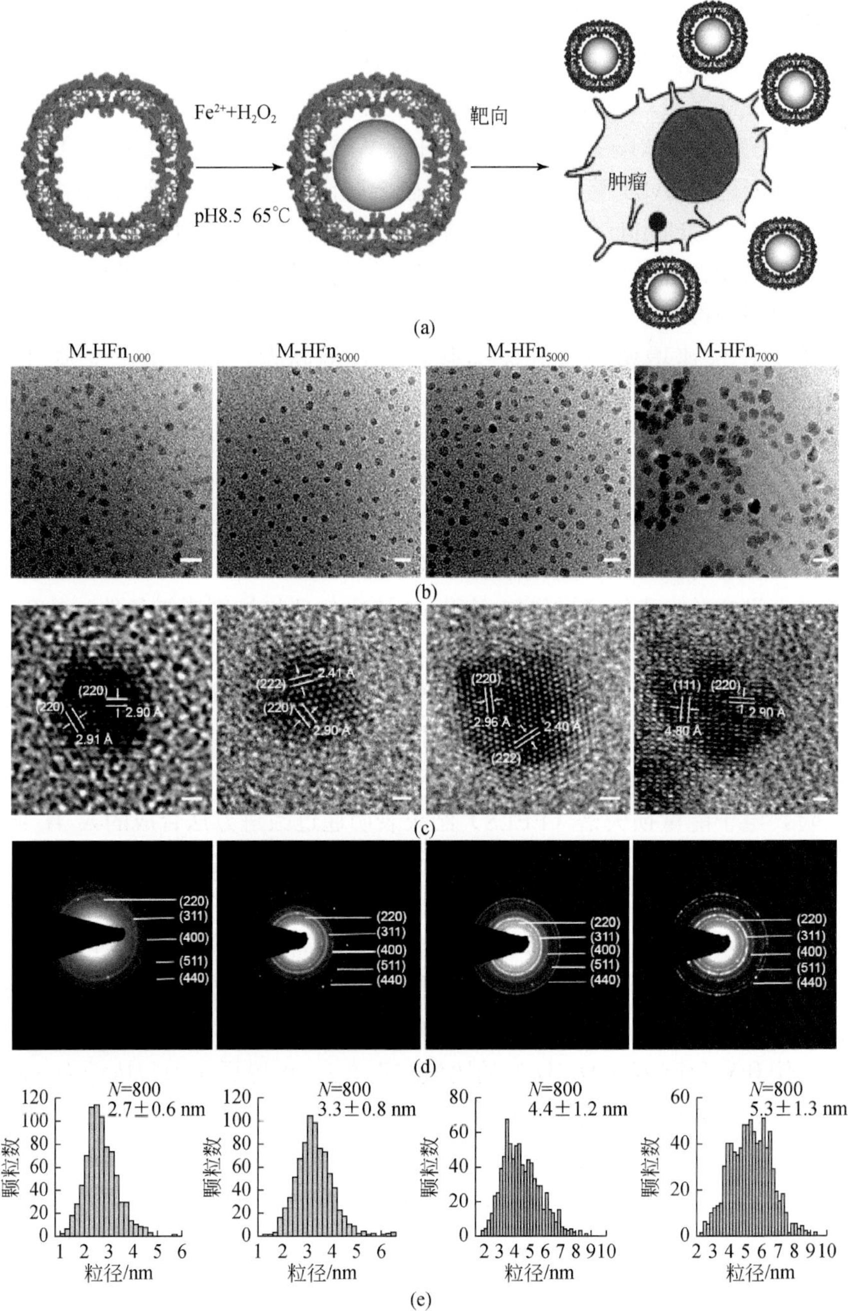

图 9.2　使用重组人 H 亚基铁蛋白作为生物模板合成肿瘤靶向性磁性铁蛋白

(a) 模型描述了肿瘤靶向性磁性铁蛋白纳米颗粒的一步合成法；(b) 高分辨率 TEM 图像；(c) 选区电子衍射图；(d) 尺寸分布图；(e) 展示不同铁原子负载的磁性铁蛋白纳米颗粒的单晶结构（图片改自 Cai Y et al.，2015）

神经胶质瘤（Fan et al.，2012；Cao et al.，2014）。医学应用方面详细内容将在第 10 章讨论。

9.3.3　磁性重组嗜热菌铁蛋白的仿生矿化

磁性纳米颗粒除了在医学上有重要的应用，在环境和地下工程中也有重要的应用价值。传统的磁性马脾铁蛋白和磁性人 H 亚基铁蛋白耐受的温度有限（<70℃），难以满足地下应用的高温需求，如地下深层油气储层的环境温度一般高于 80℃，且温度会随着深度的增加而升高。极端嗜热微生物（hyperthermophiles）最适的生长温度一般高于 80℃（Stetter，1996），与普通的嗜热微生物相比，当温度低于 60℃时，极端嗜热微生物会停止生长。例如，极端嗜热古菌 *Pyrococcus fumarii* 的最高生长温度高达 113℃，当温度低于 90℃时停止生长（Blochl et al.，1997）。*Pyrococcus yayanosii* CH1 是于 2007 年在深 4100 m 的大西洋热液口被发现的，其最适生存环境为 98℃、52MPa，是第一株专性嗜热嗜压微生物。嗜热微生物的生活环境、生理代谢、调控机制与普通的微生物有着巨大的差异。极端嗜热微生物对高温环境具有良好的适应性，因此来源于极端嗜热微生物的生物大分子（如酶和磷脂分子等）在极端高温环境具有良好的稳定性，在环境修复、工业生产和生物技术等应用领域有较大优势。

为了提高铁蛋白的热稳定性，我们利用两株嗜热菌 *Pyrococcus furiosus* 和 *Pyrococcus yayanosii* CH1 的铁蛋白基因在大肠杆菌中分别表达出两种嗜热菌铁蛋白 PfFn 和 PcFn。虽然 PcFn、PfFn 与人 H 亚基铁蛋白（HFn）的氨基酸序列只有 30%～40%的相似度，但是三种铁蛋白都呈现外径 12 nm 左右的纳米空腔结构［图 9.3（a）（b）］，两种嗜热菌铁蛋白均能耐受 110℃高温，易于通过高温纯化［图 9.3（c）（d）］。仿生矿化相同进铁量的磁性铁蛋白都具有高度单分散性，且合成的三种磁性铁蛋白的核粒径几乎相同（4.6～4.7 nm）。低温磁学参数测量结果表明，所合成的三种磁性铁蛋白都是典型的超顺磁性纳米颗粒，且具有相近的矫顽力和饱和磁化强度。通过比较 HFn、PfFn、PcFn 的氨基酸种类和含量，发现与 HFn 相比，PfFn 与 PcFn 含有更多的带电氨基酸（Glu、Arg、Lys），HFn 的带电氨基酸的含量为 16.4%，而 PfFn 与 PcFn 分别含有 24.1%和 24.3%的带电氨基酸。这些带电氨基酸能够在溶液中形成电子对网络，对极端高温起到适应性稳定作用。另外，HFn、PfFn、PcFn 三种铁蛋白的总氢键数量分别为每个蛋白 24 聚体 2618 个、2788 个和 3296 个。PfFn 与 PcFn 含有更多数量的氢键，对蛋白质以及利用蛋白质合成的磁性铁蛋白的热稳定性起到主要作用（Yu et al.，2019）。

尽管磁性铁蛋白具有良好的分散性、超顺磁性、粒径均一性等优势，但是磁性铁蛋白在交变磁场下的磁热效率过低，严重限制了其在肿瘤磁热疗领域的应用。

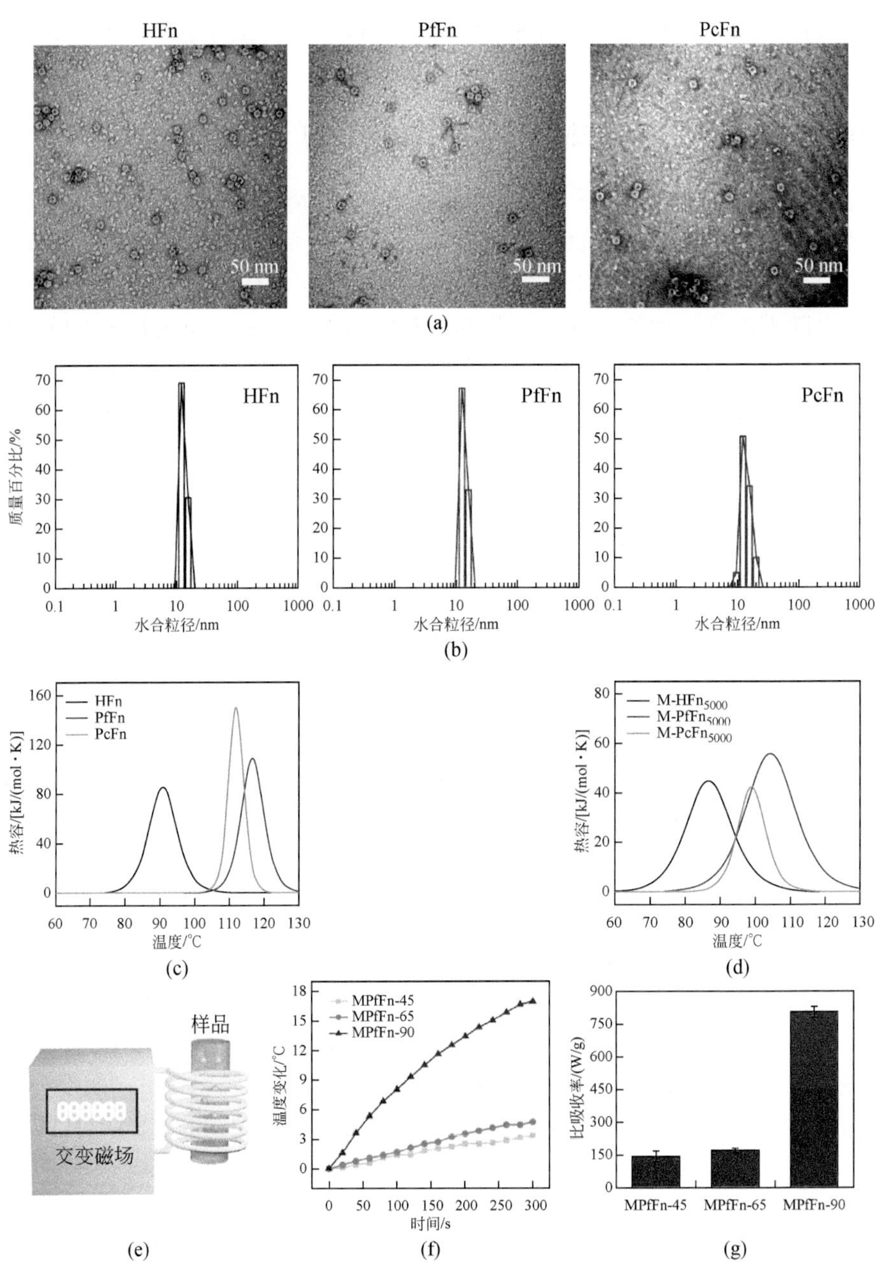

图 9.3　重组嗜热菌铁蛋白的耐热性结构及其磁性铁蛋白的磁热性能

（a）重组人 H 亚基铁蛋白（HF_n）和嗜热菌铁蛋白 PfFn 和 PcFn 的透射电镜负染照片；（b）水合粒径分布图；（c）这三种铁蛋白的差示扫描量热法（DSC）图；（d）利用这三种铁蛋白为模板仿生合成的磁性铁蛋白的 DSC 图；（e）～（g）展示在 45℃、60℃和 90℃高温下合成重组嗜热菌铁蛋白 M-PfFn 在交变磁场（485.7 kHz，49 kA/m）下的温度变化以及 SAR 值对比（图片修改自 Yu et al.，2019，2022a）

磁性纳米颗粒在交变磁场中的磁热效率与颗粒的粒径和磁学性质有密切关系。磁性铁蛋白的磁热效率主要受限于铁蛋白空腔的内径大小和热稳定性。前者将 Fe_3O_4 核限制在 8 nm 以内，后者将矿化温度限制在约为 65℃。为了突破传统铁蛋白矿化的条件限制，我们以重组嗜热菌铁蛋白 PfFn 为模板，利用 PfFn 超高的热稳定性（T_m=116.8℃），在 90℃的温度下合成了一种新型的磁性铁蛋白颗粒，每个蛋白分子具有 9517 的铁原子负载。与在 45℃和 65℃下合成的磁性铁蛋白相比，在 90℃高温下合成的磁性铁蛋白显示出更大的磁铁矿平均粒径（10.3 nm），且蛋白壳完整。这是由于嗜热菌铁蛋白壳具有较高的柔性。该磁性铁蛋白的饱和磁化强度为 49.6 emu/g，在 485.7 kHz 和 49 kA/m 的交变磁场中产生 805.3 W/g 的增强比吸收率 SAR［图 9.3（e）～（g）］。最大固有损耗功率（ILP）值为 1.36 nHm^2/kg，比传统的磁性重组人 H 亚基磁性铁蛋白的 ILP 值大 8～13 倍（Yu et al.，2019，2022a）。

9.4　趋磁细菌的仿生矿化

如本书第 2 章和第 3 章所述，趋磁细菌在胞内产生双层脂质膜包裹的纳米级结构磁铁矿（Fe_3O_4）和/或胶黄铁矿（Fe_3S_4）晶体。磁小体的生物矿化需要多个步骤，每个步骤都受本身的基因和蛋白质严格调控。因此，利用该细菌的大分子来仿生合成高质量的磁性纳米材料是生物地磁学、材料学和仿生学的研究前沿。趋磁细菌的仿生矿化可以大体分为两个方面：一方面是利用外界条件的改变或基因工程，在体内控制趋磁细菌仿生合成不同类型的磁性纳米材料（周子琦等，2019）；另一方面是将控制趋磁细菌的蛋白质进行异源表达，利用这些蛋白质在体外控制纳米矿物的晶体生长。Staniland 等（2008）首先在三种培养的趋磁细菌菌株中实现了体内磁小体的钴元素掺杂。通过简单地用奎宁酸钴取代不同数量的奎宁酸铁而实现 0.2%～1.4%钴元素的掺杂，使磁小体的磁晶各向异性和磁矫顽力得到极大增加。Li 等（2016）也做了磁小体中钴掺入实验，并进一步使用透射电子显微镜（TEM）、能量散射 X 射线光谱学（EDXS）、磁学测量以及元素和位点特异性 X 射线磁圆二色光谱综合分析了趋磁细菌 *M. magneticum* AMB-1 磁小体晶体中钴的占位、价态和分布。发现 Co^{2+}可以通过置换 Fe^{2+}离子进入晶格八面体位置（图 9.4）。磁小体尖晶石结构中的 Co^{2+}掺杂在不同磁小体的数量上有所不同，并且在单个磁小体磁铁矿晶体表面富集。另外一些研究发现趋磁细菌的磁小体还能够被掺入锰元素，大约有 2.8%的锰可以掺入到磁小体的磁铁矿晶格中。当锰、钌、锌和钒同时加入到 *M. magnetotacticum*（MS-1）的培养基中，只有锰元素可以掺入到磁小体的磁铁矿晶体中（Keim et al.，2009；Prozorov et al.，2014）。

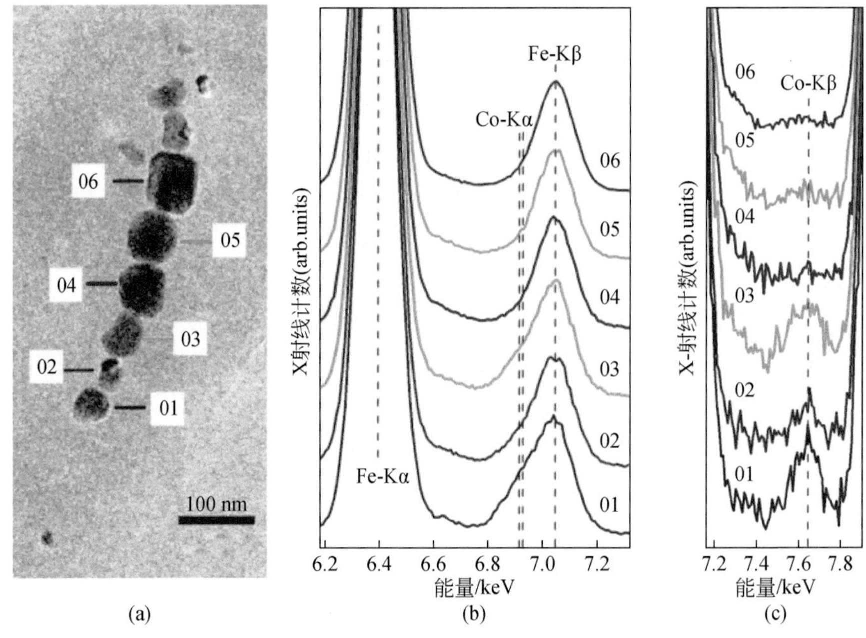

图 9.4 趋磁细菌掺钴磁小体的晶体结构

通过 X 射线吸收光谱（XAS）、X 射线磁圆二色性（XMCD）和磁性表征分析了趋磁细菌 *M. magneticum* AMB-1 的掺钴磁小体链中的六个单独的磁性晶体，表明钴离子通过置换 Fe^{2+}非均匀地掺杂到磁铁矿的 Oh 位（图片修改自 Li et al.，2016）

虽然磁小体的磁铁矿晶体的大小、形状和化学纯度可以通过基因工程和化学掺杂来调节，但由于大多数趋磁细菌难以培养和生长，很难生产出大量的功能材料，因此应用趋磁细菌磁小体的矿化蛋白来仿生矿化合成磁性纳米材料成为必然的选择。Mms6 蛋白是第一个在趋磁细菌 *M. magneticum* AMB-1 磁小体膜上发现的可控制晶体形状的蛋白质（Arakaki et al.，2003）。它在趋磁细菌体内与磁小体的磁铁矿晶体紧密结合，具有两亲性的氨基酸序列，一个 N 端疏水区和一个包含多种酸性氨基酸的 C 端亲水区［图 9.5（a）］。*mms6* 的基因序列在一些趋磁细菌株中是保守的，特别是在 C 端区域（Tanaka et al.，2011）。与野生型 *M. magneticum* AMB-1 相比，体内缺失 *mms6* 基因会导致生成较小的磁性晶体［(27.4±8.9) nm］，这些晶体由（210）、（211）和（311）的不常见晶面形成［图 9.5（b）］。为了研究 Mms6 介导的生物矿化的关键氨基酸残基，Yamagishi 等（2016）已经建立并分析了 *M. magneticum* AMB-1 的一系列基因缺失突变体（Yamagishi et al.，2016）。C- 末端区域和重复 GL 区域的缺陷导致磁性晶体的形态拉长，表明 N-末端和 C-末端对于蛋白质功能、结构形成或定位都是必不可少的。Asp123、Glu124 和 Glu125 是直接控制体内磁性晶体形态的关键氨基酸残基。尽管 Mms6 在控制晶体形态方面起着关键作用，但最近对基因缺失突变体的研究表明，其他 Mms 蛋白（Mms5、Mms7 和 Mms13）在趋磁细菌中也具有调节立方八面体磁铁矿晶体的协同功能（Arakaki et al.，2014）。

大量体外实验表明，Mms6 蛋白可以控制磁铁矿晶体的大小和形状。在 Mms6 蛋白存在的情况下，亚铁离子和铁离子的共沉淀产生了尺寸为 20～30 nm 的粒度均匀的磁铁矿纳米颗粒［图 9.5（c）］。这些磁铁矿纳米颗粒显示出类似于趋磁细菌 AMB-1 中磁小体的立方八面体形态。而没有这种蛋白质参与反应，共沉淀形成的磁铁矿颗粒形状极其不规则，粒径分布不均一（Arakaki et al.，2003）。与其他铁结合蛋白（如铁蛋白、脂质沉积蛋白和牛血清白蛋白）相比，只有 Mms6 能够缓慢地在黏性水凝胶 Pluronic F127 中介导约 30 nm 的均匀磁铁矿纳米颗粒的形成（Prozorov et al.，2007）。Amemiya 等（2007）开发了一种快速的 Mms6 仿生矿化方法，在高达 90°C 的温度和 Mms6 存在下，部分氧化氢氧化亚铁，以合成均匀的磁铁矿纳米颗粒。如果将全长 Mms6 蛋白和 Mms6 蛋白的 C 末端肽段共价结合到自组装 Pluronic F127 凝胶，可以在室温下合成 50～80 nm 均匀的钴铁氧体（$CoFe_2O_4$）纳米颗粒（Prozorov et al.，2007）。这种尺寸范围内的 $CoFe_2O_4$ 纳米颗粒很难用传统方法制备。

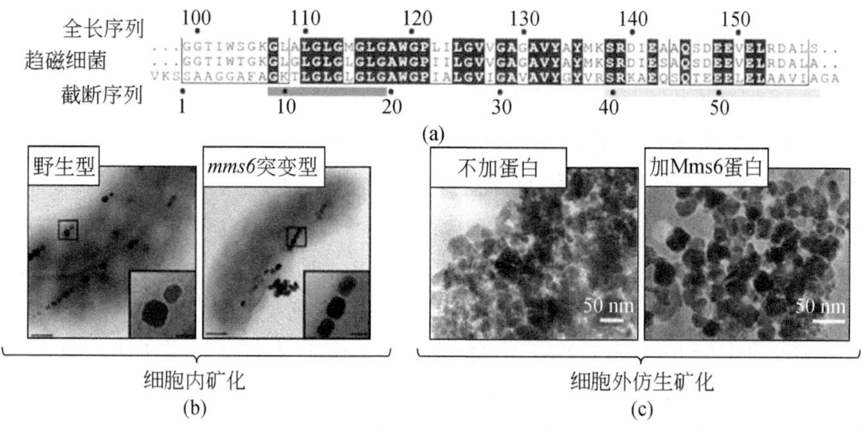

图 9.5　Mms6 的序列及仿生矿化功能

（a）来自不同趋磁细菌物种的 Mms6 的序列比对表明其是一个高度保守的蛋白；红色框中突出显示了保守残基，类似残基为红色；蓝色条突出显示甘氨酸–亮氨酸重复序列，黄色条突出显示亲水性和富含酸性的 C 端氨基酸区域；（b）通过敲除 AMB-1 中的 *mms6* 基因，证明 Mms6 的体内活性。*mms6* 突变株形成形状不规则和粒径较小的磁小体磁铁矿纳米颗粒；（c）Mms6 介导体外合成粒度和形状高度均匀的磁铁矿纳米颗粒（图片修改自 Staniland and Rawlings，2016）

近年来，科学家们利用 Mms6 开发了许多不同的仿生方法来合成尺寸、形状和功能可调的磁性纳米颗粒。例如，Mms6 蛋白可以通过与十八烷基三甲氧基硅烷单层的疏水相互作用附着到硅衬底上，可以介导磁铁矿晶体在特异性位点成核（Arakaki et al.，2009）。Mms6 蛋白不仅控制纯磁铁矿的大小和形状，而且还控制通过共沉淀法合成的钴元素掺杂磁铁矿纳米颗粒的大小和形状（Galloway et al.，2011）。使用水合氧化铁作为前体并优化反应条件，可在 Mms6 蛋白（M6A）中的活性序列 DIESAQSDEEVE 中合成粒径高达 60 nm 的磁铁矿（Lenders et al.，2014）。尤其是 Mms6 的磁铁矿结合肽段 M6A 可融合到小鼠 H 亚基铁蛋白的 C 端，使得铁蛋白在体内能够矿化形成磁铁矿纳米颗粒（Radoul et al.，2016）。由于磁铁矿纳米颗粒是良好的核磁共振成像（MRI）造影剂，为 MRI 提供了一个新的报告基因。

与其他无机阳离子的竞争性铁结合分析表明，Mms6 的矿化机制是由于其 C 末端区域是一个铁结合位点。Prozorov 等（2007）首先证明 Mms6 蛋白 C 末端 25 个氨基酸结构域（C25-Mms6）的功能与全长 Mms6 相同，可在 Pluronic 凝胶存在的情况下控制 $CoFe_2O_4$ 纳米颗粒的大小和形状。随后，Arakaki 等（2009）设计和模拟了 Mms6 功能的短合成肽，以确定其用于磁铁矿合成的功能氨基酸区域。他们的研究表明，Mms6 的 C 端酸性区域（包括 12 个氨基酸，M6A）中假定的铁结合位点在立方八面体磁铁矿晶体的形成中起着关键作用。荧光标记实验表明 M6A 肽定位于磁铁矿晶体表面。Mms6 能自组装为胶束，由 20～40 个单体组成，表面为亲水性 C-端，内部为疏水性 N-端。C 端结构域在形成和维持 200～400 kD 的胶束结构中起着关键作用（Wang et al.，2011）。根据溶液中的压力和离子强度，Mms6 蛋白也可在液/气界面上容易形成稳定的单分子层，这种自组装涉及分子内和分子间相互作用的交错结构，导致与铁结合的协调结构变化（Wang L et al.，2012）。Kashyap 等（2014）通过原位液体透射电子显微镜直接观察到 C 端区域的铁结合和 Mms6 介导的氧化铁成核。透射电子显微镜观察表明，蛋白质胶束表面首先形成无定形前体相，然后氧化铁在胶束上成核。Rawlings 等（2020）对 Mms6 C 段的氨基酸进行单个突变，揭示出 E40、E50 和 R55 的氨基酸位点参与结合铁离子。

趋磁细菌中磁小体的生物矿化受到多个关键的生物矿化蛋白的调控，除了 Mms6 蛋白，许多其他矿化蛋白也具有合成磁铁矿纳米颗粒的能力。例如，磁小体相关的 MamP 蛋白是一类新的 c 型细胞色素，仅在趋磁细菌中发现。MamP 的结构是由一个自插入的 PDZ 结构域与两个磁铬结构域融合而成，它能作为铁氧化酶催化 Fe(Ⅱ)在体内形成一个用于磁铁矿晶体生长的水合氧化铁前体（Siponen et al.，2013）。体外矿化实验表明，纯化的 MamP 能将 Fe(Ⅱ)氧化为 Fe(Ⅲ)，并最终在几种不同 pH 下产生与磁铁矿相关的混合价氧化铁（Jones et al.，2015）。MmsF 也是一种磁小体膜蛋白，在调节晶体大小和形态方面起主要作用。体内基因敲除实验表明，与野生型磁小体的磁铁矿晶体相比，从趋磁细菌菌株 AMB-1 的磁小体基因岛上删除 *mmsF* 基因会产生整体粒度偏小的磁铁矿晶体，其中 77.3%

的晶体在 35 nm 以下。将 *mmsF* 添加到 *mamAB* 基因簇的 18 个基因中可显著增强体内磁铁矿生物矿化和细胞磁响应，这表明 MmsF 是磁小体磁铁矿晶体成熟所需的关键生物矿化蛋白（Murat et al.，2012）。Rawlings 等（2014）在大肠杆菌中异源表达 MmsF，发现纯化的蛋白质可以自组装成水溶性蛋白体，通过动态光散射测定其平均大小为(100±25) nm，但通过 TEM 测定其仅为 36 nm。在 MmsF 存在下，通过亚铁离子和铁离子共沉淀可以在体外仿生矿化合成产生平均粒径为 56 nm 的均匀磁铁矿纳米颗粒。MmsF 合成的磁铁矿纳米颗粒的饱和磁化强度为 129 emu/g，远大于不含 MmsF 的磁铁矿的饱和磁化强度。Rawlings 等（2019）又将 Mms13 和 MmsF 的活性肽段与茎环卷曲螺旋支架蛋白形成可溶的、稳定的 α 螺旋发夹单体，当添加到磁铁矿合成中时，成功地控制了磁铁矿纳米颗粒的形成，与天然的 MmsF 调控相当。

9.5 本章小结

磁性铁蛋白与趋磁细菌磁小体的仿生矿化是基于生物地磁学和生物源磁性纳米颗粒的生物矿化而发展起来的，是生物地磁应用研究的一个重要方向，为磁性纳米颗粒的合成提供一种绿色合成的新思路。相比传统物理化学合成的材料，仿生矿化由于有生物大分子的严格调控，能够在矿物生长过程中调控矿物的晶型，形成粒度和形状均一的磁性纳米颗粒。另外，仿生矿化磁性纳米颗粒表面的生物大分子具有很多氨基酸残基（如氨基、羧基和巯基），这些基团便于进一步化学交联，进行功能化修饰。表面的蛋白质也可以进行基因工程编辑，形成融合蛋白展示在表面。

但是，目前应用于磁性纳米颗粒仿生矿化的蛋白质仍然非常有限，尤其是趋磁细菌的很多控制矿化的膜蛋白都没有得到应用。因此，未来需要建立更具有复合功能的仿生矿化体系，将不同的矿化蛋白质组合或融合在一起，综合调控磁性矿物的晶型和功能，合成更高质量的磁性纳米颗粒。

趋磁细菌在体内通过蛋白的严格调控生物矿化出高结晶度、粒径均一、生物膜包被的磁小体，给磁性纳米颗粒的生物矿化和仿生合成提供了一种理想方法。然而，目前能被用于仿生制备磁性纳米粒子的磁小体相关蛋白只有 Mms6 和 MmsF。随着趋磁细菌的生物矿化机理研究，将会有越来越多的矿化功能蛋白被发现。未来需要开发新的合成方法来探索应用这些矿化蛋白仿生矿化新型磁性纳米材料。此外，需要应用冷冻电子显微镜和蛋白质晶体学来解析更多的矿化功能蛋白质结构，理解其生物矿化机制，并设计用于合成高质量的磁性纳米材料。

重组人 H 亚基铁蛋白含有一个由 A 和 B 结合位点组成的二铁氧化亚铁酶中心，该中心由协调残基 His65、Glu27、Glu61、Glu62 和 Glu107 组成，Glu62 桥接这两个位点。根据 Roman（1978）最初提出的蛋白质催化模型，亚铁氧化物酶中心在核心形成的所有阶段都参与了 Fe(Ⅱ)的氧化。人 H 亚基铁蛋白还具有一组假定的核心成核位点，由 Glu61、Glu64 和 Glu67 的残基组成。Glu61 是成核位点和氧化铁酶中心之间的共享配体。过去，紫外光谱、停流动力学和电极血氧测定法通常用于研究铁蛋白的生物矿化机制。然而，利用这些技术来研究磁性铁蛋白的矿化和晶体生长是非常困难的，因为磁性铁蛋白的合成是在严格控制的厌氧条件下进行的。关于亚铁氧化物酶中心和成核位点是否参与了磁铁矿核心的矿化，人们知之甚少。另外，磁性铁蛋白矿化的前体和过程也是未知的。此外，铁蛋白的组装过程也不容易改变。因此，空腔的直径限制了磁铁矿核的尺寸。如果未来能够揭示磁性铁蛋白的矿化机制和组装过程，将更好地应用铁蛋白来调节磁性纳米颗粒的尺寸、结晶度和磁性。

多功能磁性纳米粒子的合成是先进材料中最热门的研究领域之一。多功能表面允许成像探针、生物和药物分子的合理结合，从而实现靶向特异性诊断和治疗（Hao et al.，2010；Lin et al.，2010）。可选择多种交联剂来修饰磁性纳米粒子的表面。1-乙基-3-(3-二甲氨基丙基）碳二亚胺(EDC)/*N*-羟基琥珀酰亚胺［1-ehyl-3-(3-dimethylaminopropyl) carbodiimide (EDC) /N-hydroxysuccinimide］(NHS）化学最常用于缀合存在于磁性纳米粒子和靶向分子表面的氨基和羧基官能团。这种方法首先需要靶向分子（如单克隆抗体、多肽、小分子）的羧基末端被 EDC 激活，形成一个不稳定的中间阶段。然后，通过在羧基末端形成 NHS 酯来稳定 EDC 激活的靶向分子。最后，NHS 靶向分子与磁性纳米颗粒的胺官能团共价连接（Xu et al.，2009）。

与化学合成的磁性纳米颗粒相比，仿生纳米颗粒是在表面具有氨基和羰基官能团的蛋白质或肽分子。位于表面的蛋白质和肽不仅可以通过化学连接与各种靶向分子进行修饰，还可以通过靶向分子进行基因工程（杨彩云等，2016）。例如，铁蛋白具有可用于铁蛋白修饰的三个独特界面：内表面和外表面，以及亚基之间的界面（Uchida et al.，2010；Kang et al.，2010）。表面界面采用 RGD 肽进行基因工程，用于靶向成像和治疗（Lin X et al.，2011；Zhen et al.，2013）。它还可以用富含脯氨酸（P）、丝氨酸（S）和丙氨酸（A）残基的 PAS 多肽序列进行工程改造，以增强阿霉素的包裹性，并延长血液半衰期，用于癌症治疗（Falvo et al.，2016）。最近，少数“沉默”氨基酸残基被删除，以改变亚基界面，并产生非天然的 48 聚体纳米笼铁蛋白（Zhang S et al.，2016）。未来，许多其他生物矿化蛋白应该与各种靶向分子和药物进行基因工程，用于靶向成像和治疗。

（曹长乾　执笔）

第 10 章　生物源磁性纳米矿物的生物医学应用

生物源磁性纳米矿物是指通过生物体内的代谢过程或人工仿生矿化合成所制备的磁性纳米矿物。磁小体和磁性铁蛋白具有尺寸小、比表面积大、有生物膜包被、粒度和形状高度均一等传统磁性材料所不具备的一些特性。铁作为生物体内最重要的元素之一，具有较好的生物安全性和多样的药物代谢途径。此外，由于其表面的生物膜或蛋白结构，生物源磁性纳米材料具有天然的生物相容性、肿瘤靶向性和表面可控修饰等特征。因此，该类材料已经在生物医学领域，如体内磁共振成像、体外病理诊断以及癌症靶向治疗等方面，展现出了巨大的潜力（Adetunji et al.，2021；Singh et al.，2021）。

本章将介绍磁小体和仿生合成的重组人源磁性铁蛋白的生物医学应用。包括以下三个部分：生物源磁性纳米矿物应用于磁共振影像增强；生物源磁性纳米矿物应用于肿瘤磁热治疗，磁性铁蛋白颗粒应用于肿瘤体外病理诊断。

10.1　生物源磁性纳米矿物应用于磁共振影像增强

10.1.1　磁共振成像的原理及造影剂

核磁共振是磁矩不为零的原子核，在外磁场作用下自旋能级发生塞曼分裂，共振吸收某一定频率的射频辐射的物理过程。因为氢原子核（^1H）只有一个质子，没有中子，是一种理想的磁性原子核，而且在人体中数量最多、磁化率最高、分布最广泛。因此，通常情况下，磁共振成像（MRI）指的就是 ^1H 的磁共振成像。

如图 10.1（a）所示，人体组织中含有大量的 ^1H，它们各自的磁场方向在自然状态下是无序排列的，因此它们产生的磁化矢量会相互抵消，不会形成宏观磁化矢量。但是，当人体组织进入磁场后，所有 ^1H 的磁化矢量会朝两种方向定向排列，如图 10.1（b）所示。一种情况是，^1H 的磁化矢量与主磁场平行且方向一致，此时它们处于低能级状态；另一种情况是，^1H 的磁化矢量与主磁场平行但方向相反，此时它们处于高能级状态。因为处于低能级的 ^1H 数量较多，人体组织会形成一个与主磁场方向一致的宏观纵向磁化矢量，这就是核磁在主磁场中的状态。

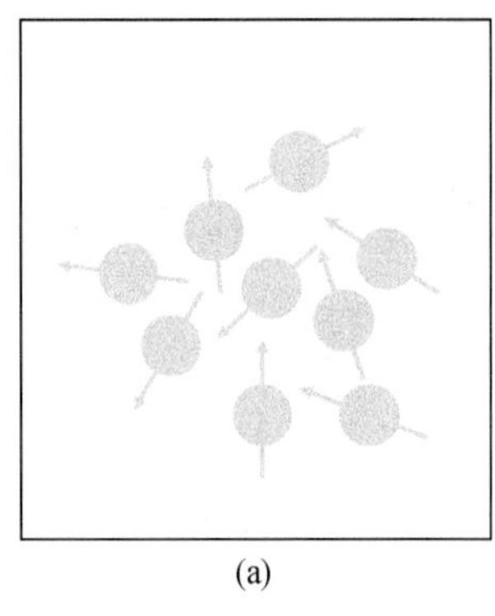

(a)

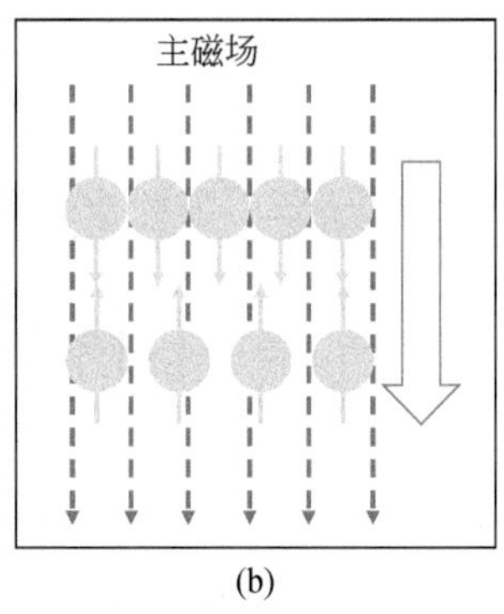

(b)

图 10.1 组织中的 ^{1}H 进入主磁场前后原子核的核磁状态变化

共振是我们日常生活及工作中普遍存在的物理现象，物理学定义为能量从一个振动着的物体传递到另一个物体，而后者以与前者相同的频率振动。以图 10.2 中的四个音叉为例，当我们敲击左侧的中号音叉时，它会发生特定频率的振动并发出声波。当声波传导到右侧时，仅中号的音叉会发生振动并发出声音，而振动频率不一致的小号和大号的音叉不会有任何反应，这就是共振现象。简而言之，共振就是能量从一个振动着的物体传递到另一个物体，使得后者以与前者相同的频率振动。同理，核磁共振意味着能量从一个特定频率的射频脉冲传递到质子，使质子从基态被激发到激发态。

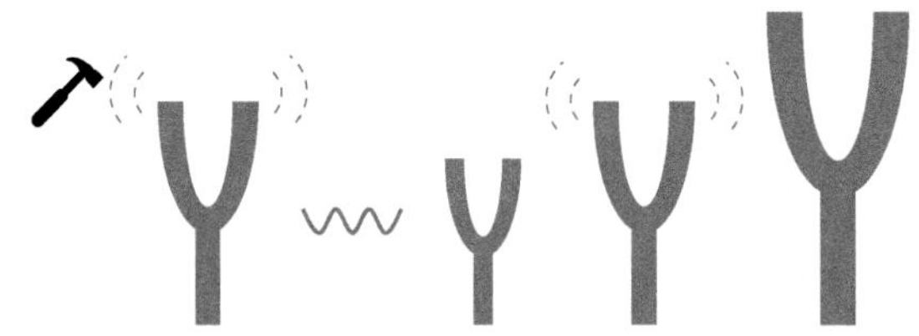

图 10.2 音叉共振现象

具体而言，如图 10.3（a）所示，当人体组织处在主磁场中时，低能级的质子比高能级的质子略多，这部分多余的低能级质子的磁化矢量用六条向上的箭头表示，它们的纵向磁化分矢量相互叠加，形成与主磁场方向相同的宏观纵向磁化矢量。如果人体组织接收一个频率与质子频率相同的射频脉冲，这部分能量将会传递给处于低能级的质子，使其跃迁到高能级，并导致它的宏观纵向磁化矢量发生改变［图 10.3（b）］，这就是核磁共振现象。从宏观角度来说，核磁共振现象导致宏观磁化矢量发生偏转，射频脉冲的能量越高，宏观磁化矢量的偏转角度越大［图 10.3（c）～（f）］。以 90° 脉冲为例，此时组织在射频脉冲的作用下所产生的宏观纵向磁化矢量减少到 0，而宏观横向磁化矢量增加到最大［图 10.3（e）］。当射频脉冲停止后，被激发到高能级状态的质子会逐渐回到低能级状态。这意味着人体组织的宏观纵向磁化矢量会逐渐增大，而宏观横向磁化矢量则逐渐减小。我们通常将宏观纵向矢量为 0 时设为起点，当宏观纵向矢量恢复到最大值的 63% 时设为终点，从起点到终点的时间间隔被定义为人体组织的纵向弛豫时间（longitudinal relaxation time），也被称为自旋-晶格弛豫时间（T_1）；另一方面，我们将宏观横向矢量为最大值时设为起点，宏观横向矢量衰减到最大值的 37%时作为终点，从起点到终点的时间间隔则被定义为人体组织的横向弛豫时间（transverse relaxation time），也被称为自旋-自旋弛豫时间（T_2）。

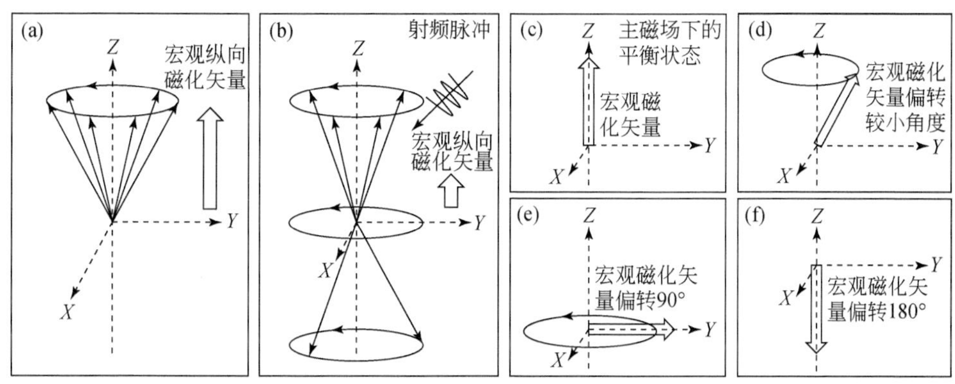

图 10.3　核磁共振现象

磁共振成像就是利用生物体中不同组织对主磁场和射频脉冲的反应不同，从而产生不同的共振信号进行成像的技术。这种信号的强度取决于组织内水分含量和水分子的弛豫时间。除了采用特定的射频脉冲外，通常还需要使用磁共振成像造影剂来增强信号。

磁共振造影剂本身不产生信号，信号的来源是氢原子核。当造影剂靠近质子时，它们的弛豫时间会变短，间接地影响这些质子产生的信号强度，从而提高正常组织和患病组织在图像中的对比度。根据造影剂是缩短纵向弛豫时间（T_1）还是横向弛豫时间（T_2）的特点，可以将它们分为 T_1 弛豫增强造影剂和 T_2 弛豫增强造影剂。T_1 造影剂主要是顺磁性物质，如铁、钆、锰等金属离子，它们的原子拥有几个不成对的电子和较大的磁矩，在外加均匀磁场中磁矩方向和磁场方向一致。这样相当于增加了周围主磁场的强度，从而增加了宏观纵向磁化矢量，即缩短了 T_1，使 T_1 加权像变亮，因此 T_1 造影剂又叫做正性增强造影剂。目前临床使用最为广泛的主要是含钆的金属有机络合物，如马根维显（钆喷酸葡胺注射液）。

负性增强造影剂是与正性增强造影剂形成对比的一种造影剂，通常是 T_2 造影剂，其主要成分是超顺磁性氧化铁纳米颗粒。目前，主要用于 MRI 造影剂的超顺磁材料是以 Fe_3O_4 和 γ-Fe_2O_3 两种铁氧化物纳米颗粒为主。因为其直径在纳米级范围内，可以通过静脉注射的方式将其注入体内。当这些磁铁矿纳米颗粒到达目标位置时，由于其强磁矩的作用，周围磁场的均匀性发生了改变，随后，当水分子穿过不均匀磁场时导致自旋失相位和横向弛豫加速，从而缩短了 T_2 时间，使得目标区域的 T_2 加权像变暗（Jun et al.，2008），最终增加了目标区域与周围组织的成像对比度，实现了对目标区域的诊断。图 10.4 展示了实验研究中常见的小动物核磁共振成像系统。

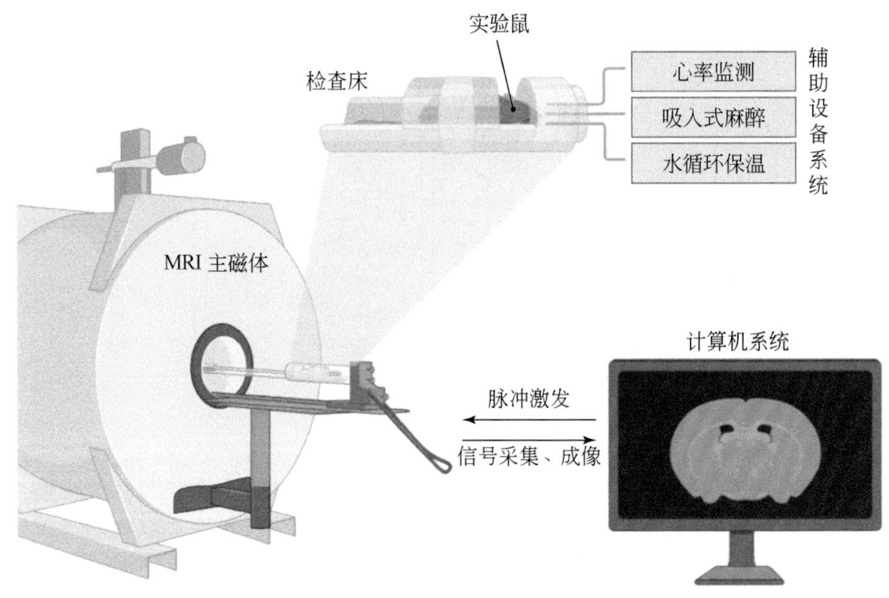

图 10.4　小动物核磁共振成像系统

图片使用 BioRender（https://biorender. com）绘制

10.1.2　一些临床应用的磁铁矿纳米颗粒造影剂

目前临床上使用的磁共振造影剂是含钆的螯合物，属于正性增强造影剂，但是，这类 T_1 造影剂有时会引起一些严重的并发症，如肾脏系统的纤维变性（Neuwelt et al.，2009；Penfield and Reilly Jr，2007）和脑沉积等不良反应（Kim et al.，2011）。因此，人们开始注重其他造影剂的研发和应用。

磁铁矿纳米颗粒是一种 T_2 造影剂，它可以有效地缩短横向弛豫时间。表 10.1 列出了已经上市的 T_2 造影剂，以及正在研发的处于不同临床研究阶段的磁铁矿纳米颗粒造影剂。例如，早期 Advanced Magnetics 公司和 Schering 公司已研发出了用于肝部造影的 Feridex®和 Resovist®等；Advanced Magnetics 公司和 Cytogen 公司生产了用于淋巴结造影的 Combidex®等。这些造影剂在肝造影、脾造影甚至血液造影等方面都发挥了重要作用。AMAG 制药公司（前身为 Advanced Magnetics）已经成功推出一款以磁铁矿纳米颗粒为主要成分的补铁产品 Feraheme®，该产品在人体中具有很长的血液循环时间，能够有效避免机体的网状内皮系统的摄取和清除。此外，人体内平均储存有 3～5 g 的铁，每天需要补充 20～25 mg（Hentze et al.，2004；Andrews，1999）。磁铁矿纳米颗粒可以通过生物降解参与到人体铁平衡的生理代谢过程，不会对机体造成过多的铁负担。因此，该材料不仅被美国 FDA 批准用于慢性肾病缺铁性贫血症的治疗，还用于血管造影的临床研究，这也证明了磁铁矿纳米颗粒作为药品的安全性较高。目前，该药品也正在进行临床试验，以评估它在肿瘤的淋巴转移磁共振成像中的应用效果。

表 10.1　处于不同临床研究阶段的磁性铁氧化物纳米颗粒造影剂

试剂名称	商品名称	颗粒尺寸	表面包覆	血液半衰期	临床用途	发展阶段
AMI-25	Feridex®/ferumoxides，AMAG Pharma，Feridex I.V.®，Berlex Laboratories，Endorem®，Guerbet	80～150 nm	葡聚糖	2 小时	肝脏造影	上市
SHU 555A	Ferucarbotran，Schering AG，Resovist®，Bayer Healthcare，Cliavist™，Medicadoc	60 nm	葡聚糖	2.4~3.6 小时	肝脏造影	上市
AMI-121	GastroMARK®，AMAG pharma，Lumirem®，Guerbet	300 nm	硅氧烷	—	肠胃制剂	上市
Code 7228	Feraheme®/ferumoxytol，AMAG Pharma	17～31 nm	羧甲基葡聚糖	15 小时	补铁制剂	上市
AMI-227 BMS 180549	Combidex®/Ferumoxtran-10，AMAG Pharma，Sinerem™，Guerbet	20～40 nm	葡聚糖	24～36 小时	淋巴结造影	临床三期
SHU 555C	Supravist™，Schering AG	≤20 nm	葡聚糖	6 小时	血管造影	临床一期
NC100150	Clariscan™，Nycomed Imaging（Part of GE Healthcare）	20 nm	碳水化合物聚乙二醇；聚乙二醇化的淀粉	6 小时	肝脏和淋巴结造影	临床前
Code 7228	Feraheme®/ferumoxytol，AMAG Pharma	17～31 nm	羧甲基葡聚糖	15 小时	血管造影	临床二期
无	Nano Therm®	15 nm	氨基硅烷	—	脑部肿瘤磁热疗	上市

注：表格修改自文献 Qiao 等（2009）及 Singh 和 Sahoo（2014）

因为磁铁矿纳米颗粒能够对原发性肿瘤、转移性肿瘤、炎症区域、新生血管等进行造影成像和定位，所以它也可以应用于临床诊断特殊病灶（Wang，2011）。人们发现磁铁矿纳米颗粒可以对肝脏进行核磁共振成像，并且能够区分 2～3 mm 的病灶。主要是因为它可以被肝脏网状内皮系统吞噬并富集在肝脏（Semelka and Helmberger，2001）。后来，人们发现磁铁矿纳米颗粒也可以用于脑部肿瘤的可视化磁共振成像（Wang J et al.，2012）。相比现在常用的钆造影剂，磁铁矿纳米颗粒更容易进入肿瘤细胞，增加了它在肿瘤细胞中的滞留时间，因此也提高了肿瘤成像效果。此外，研究表明，通过在磁颗粒表面连接多价的结合物，可以促使磁颗粒团聚成簇，进一步提高磁颗粒的 T_2 弛豫效果。例如，磁铁矿纳米颗粒表面共轭氯毒素后，可以特异性地聚集在 9L 神经胶质瘤中，并提升肿瘤的磁共振成像效果（Sun et al.，2008）。

磁铁矿纳米颗粒进入肿瘤组织的方式可分为主动靶向和被动靶向两种。主动靶向是指磁颗粒能自主地定向进入肿瘤组织；被动靶向则是利用实体瘤的高通透性和滞留效应，磁颗粒从血管自然扩散到肿瘤组织的过程。由此可见，被动靶向的效果与磁铁矿纳米颗粒的尺寸、表面包覆分子的性质以及在血液中循环的时间密切相关。磁铁矿纳米颗粒造影剂（如 Feridex 和 Resovist）都是通过被动靶向进入到肿瘤组织。研究发现，在一定范围内，磁颗粒的尺寸越大，磁共振成像效果就越好。此外，亲水性的表面包覆分子也能产生更高的质子弛豫。但是如果磁颗粒的尺寸太大，可能会导致其在血液中循环的时间缩短，导致磁共振成像效果不及预期。而生物源磁性纳米颗粒能够有效地解决上述矛盾，通过调控材料的尺寸和表面效应，实现更好的核磁共振成像效果。

10.1.3　磁小体用于磁共振成像造影剂

与人工合成的磁铁矿纳米颗粒不同，磁小体磁铁矿晶体是稳定的单磁畴结构，因此在环境温度下具有剩磁、化学纯度高、尺寸范围窄、晶体形态一致等特点。Herborn 等（2003）通过研究发现，在 1.5 T 场强下，磁小体的纵向弛豫率（r_1）和横向弛豫率（r_2）分别为 7.688 L/(mmol·s) 和 147.67 L/(mmol·s)，因此提出磁小体有望应用于活体中的磁共振成像。此后，Boucher 等（2017）通过对趋磁细菌进行遗传改造，获得了修饰有精氨酸-甘氨酸-天冬氨酸（RGD）肽段的磁小体，验证了这种功能化的磁小体能够通过主动靶向到达胶质瘤模型鼠的肿瘤细胞中，实现脑部肿瘤磁共振成像。Xiang 等（2017）也通过计算模拟筛选到一种新的能够靶向人上皮生长因子受体的多肽 P75，并成功将其修饰在了磁小体上；小鼠体内 T_2 磁共振成像实验表明，修饰后的磁小体显著提高了乳腺癌的诊断效果。使用磁小体作为造影剂的一个优势是剂量相对较低。Mériaux 等（2015）研究发现，磁小体造影剂可通过静脉注射进入血液循环并能在皮摩尔的范围内被检测到。在 17.2 T 时测得横向弛豫率 r_2 是同等剂量的商业氧化铁 ferumoxide 的四倍。通过在小鼠尾静脉注射低剂量（20 μmol Fe/kg）的磁小体，并施以 17.2 T 的外加磁场，通过体内 T_2*加权成像，在小鼠脑血管系统处获得了成像灵敏度的提高（图 10.5）。Kraupner 等（2017）将磁小体作为磁性示踪剂材料，用于新的磁性粒子成像诊断技术，并与商业示踪剂 Resovist®进行比较，结果发现应用磁小体可以提高该技术的分辨率。考虑到磁小体的优异结构和性能，Lee 等（2011）通过对合成的纳米磁铁矿立方体进行聚乙二醇-磷脂包覆，获得了类磁小体结构的磁铁矿颗粒，r_2 值高达 324 L/(mmol·s)，可以在体内和体外都实现对单个细胞的磁共振成像，这为利用磁共振成像在体示踪细胞、检测生理和病理状态下体内分子和细胞的变化情况提供了有价值的参考。

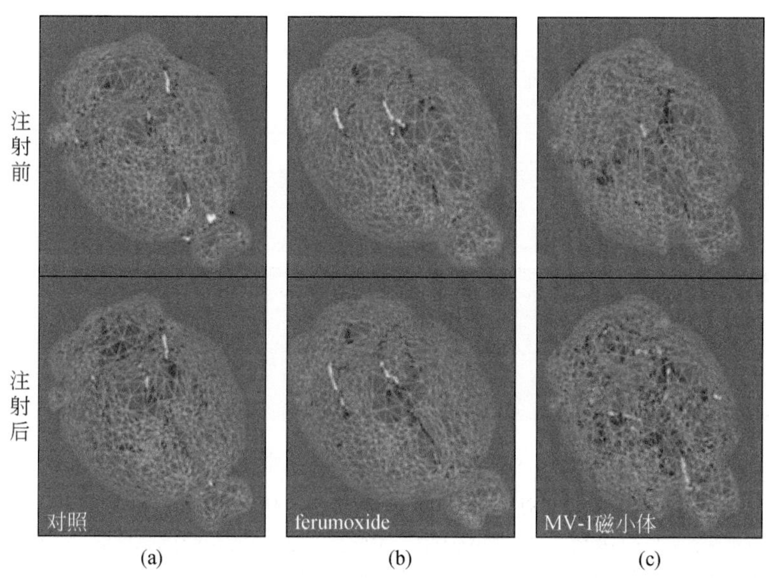

图 10.5　注射临床剂量磁小体造影剂后小鼠脑部三维血管造影的可视化

（a）注射 100 μL 生理血清；（b）以 20 μmol Fe/kg 注射 100 μL ferumoxide；（c）以 20 μmol Fe/kg 注射 100 μL MV-1 磁小体（图片修改自 Mériaux et al.，2015）

除此之外，第 9 章中提到的磁小体合成相关蛋白 Mms6，也为仿生合成磁性纳米颗粒提供了很好的模板材料。Ma 等（2022）提出了仿生合成类磁小体的新策略，他们在反相胶束体系中引入 Mms6 蛋白，构建了一个类似天然磁小体囊泡的纳米反应器，在体外重组了趋磁细菌磁小体生物矿化的微环境。通过这一方法，仿生矿化合成的类磁小体晶体具有与天然磁小体相同的立方八面体的晶型以及类似的磁学性质，以及高饱和磁化强度，并能快速响应外部磁场。此外，仿生合成的类磁小体还具有优异的单分散性、均一的小尺寸和良好的水溶性。体内 MRI 实验与组织分布实验结果表明，与其他磁性纳米矿物相比，仿生合成的类磁小体在肿瘤组织中的靶向性和穿透性比其他磁性纳米矿物提高了一个数量级（图 10.6）。

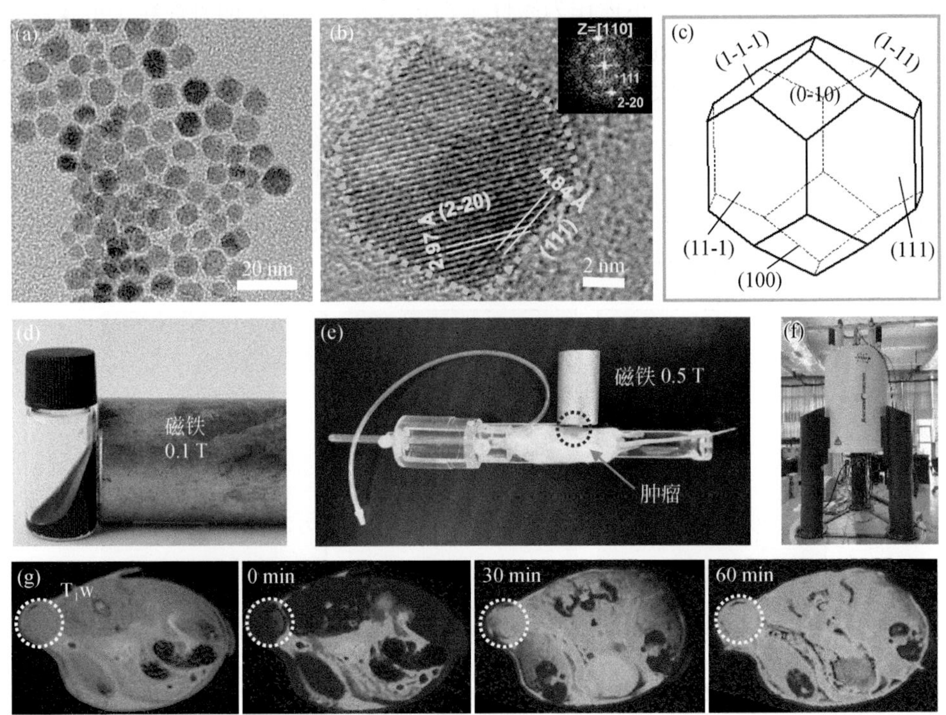

图 10.6 类磁小体具有与天然磁小体一样的晶体形貌与磁学特性，可以高效响应外加磁场，实现针对肿瘤组织的靶向富集与高效渗透

（a）（b）高分辨率透射电子显微图；（c）类磁小体的三维形态；（d）类磁小体对外部磁场（0.1 T）的快速响应；（e）小鼠 MRI 实验固定装置和 0.5 T 磁场处理装置，红色虚线圆圈表示肿瘤区域；（f）用于 MRI 的 14.1 T 核磁共振波谱仪；（g）荷瘤小鼠在静脉注射类磁小体 0~60 分钟后的动态 T_1 加权（T_1w）MRI 成像图，白色虚线圆圈表示肿瘤区域（图片修改自 Ma et al.，2022）

10.1.4 磁性铁蛋白纳米颗粒用于磁共振成像造影剂

铁蛋白具有天然的结合 TfR1 的特性（Li L et al.，2010；Fan et al.，2012；Montemiglio et al.，2019）。基于这一生物学功能，铁蛋白可以特异性地结合到高表达 TfR1 受体的肿瘤细胞上（O’Donnell et al.，2006；Fan et al.，2012；Candelaria et al.，2021），并可以基于 TfR1 介导的胞吞作用跨越血脑屏障（Cao et al.，2014；Lajoie and Shusta，2015）。自从磁性铁蛋白纳米颗粒成功地仿生合成以来，研究

者们一直没有停止过对其应用的探索。Bulte J W M 等（1994）首次使用马脾铁蛋白合成了磁性铁蛋白纳米颗粒（平均核粒径约 7 nm），并进行了弛豫效能测试，发现其横向弛豫率（r_2）高达 175 L/(mmol·s)，其 r_2/r_1 的比值是同等大小的商品化纳米磁性颗粒 Ferumoxtran-10 的近 10 倍，为磁性铁蛋白纳米颗粒作为磁共振成像 T_2 造影剂奠定了基础。随后，Uchida 等（2008）通过重组人源 H 亚基铁蛋白，合成一种磁性铁蛋白纳米颗粒，并进行了详细的弛豫效能测试。经过测试，得到的平均核粒径为 5.9 nm 的磁性铁蛋白的 r_2 值为 93 L/(mmol·s)，r_1 值为 8.4 L/(mmol·s)，其 r_2/r_1 值与商品化的 Ferumoxtran-10 相当。在体外与鼠巨噬细胞培养后，发现细胞能够大量吞入磁性人 H 亚基铁蛋白，因此，通过使用磁性铁蛋白，Uchida 等实现了对巨噬细胞的磁共振成像造影，这为磁性铁蛋白在医学应用的发展提供了新路径。随后，研究者通过更多的测试，进一步推动了磁性铁蛋白在医学应用的发展。例如，Terashima 等（2011）通过静脉注射磁性人 H 亚基铁蛋白，实现了对患有动脉粥样硬化模型小鼠的磁共振成像诊断；Li K 等（2012）通过在铁蛋白基因上融合绿色荧光蛋白基因，合成一种双功能的磁性铁蛋白纳米颗粒，实现了对肺癌细胞 A549 的荧光成像和磁共振成像双模态成像（Li K et al.，2012）；Zhao Y 等（2016）通过在磁性铁蛋白纳米颗粒的铁蛋白壳上标记放射性元素 ^{125}I，实现了单次注射下动物体内的单光子发射计算机断层成像和磁共振成像的双模态成像。

如何在铁蛋白的异源表达、蛋白纯化和仿生矿化合成磁性内核过程中，减少对铁蛋白空间结构的损伤，保持铁蛋白的肿瘤靶向性和跨越血脑屏障的生物学功能，是当前应用实践中的一个技术难题。我们在前人的研究成果的基础上，通过对合成技术参数的精细优化，合成了横向弛豫率高达 224 L/(mmol·s)的重组人源 H 亚基磁性铁蛋白纳米颗粒，并完美地保留了跨越血脑屏障以及肿瘤靶向性等生物学功能，从而使得磁性铁蛋白的更为广泛的医学应用成为可能。

我们与合作者研究发现，该方法合成的人源 H 亚基磁性铁蛋白纳米颗粒具有广谱的肿瘤靶向性，可以与多种类型的肿瘤相结合（Fan et al. 2012）。我们还发现，这种材料可以用于诊断微小肿瘤，以人乳腺癌的裸鼠皮下移植模型为例，利用这种材料可以大大提高 MRI 的分辨率，并能检测出直径不到 1 mm 且尚未生成血管的早期肿瘤（图 10.7）。此外，磁性铁蛋白纳米颗粒还能跨越体内的血-脑屏障，实现对神经胶质瘤的核磁共振成像（Cao et al.，2014）。

铁蛋白壳至少具有三种重要功能：①作为天然的纳米反应器仿生合成磁铁矿纳米颗粒；②作为靶向肿瘤的纳米载体，能特异性与肿瘤细胞结合；③具有跨越体内血管-组织和血-脑屏障的功能。因此，这种新材料在医学分子影像诊断领域具有很好的临床应用前景。

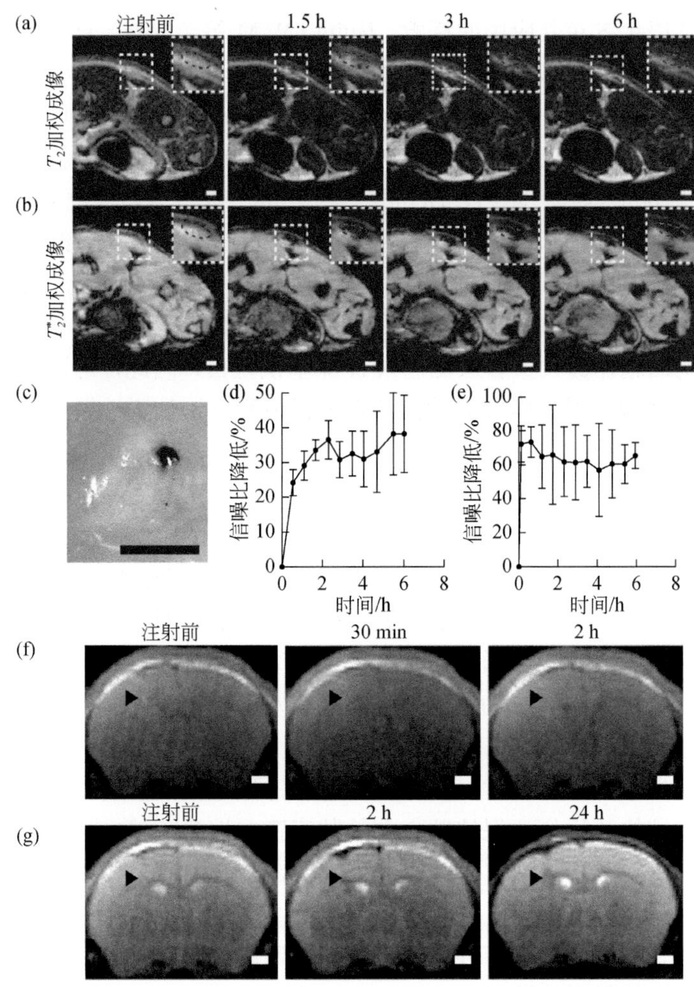

图 10.7　磁性重组人 H 亚基铁蛋白纳米颗粒用于诊断微小肿瘤

(a) 荷瘤小鼠肿瘤部位的 T_2 加权 MRI 影像图（比例尺为 1 mm）。(b) 荷瘤小鼠肿瘤部位的 T_2^*加权 MRI 影像图（白色虚线框住的部位是肿瘤及其周围的正常组织，右上角为其放大图片，虚线红色椭圆的部位为肿瘤，比例尺为 1 mm）。(c) MRI 6 小时后，解剖出来的 MDA-MB-231 肿瘤的照片，肿瘤约 0.6 mm（比例尺为 0.5 mm）。(d) 和 (e) 分别是连续扫描 6 小时后的 T_2 加权和 T_2^*加权影像图的信噪比降低的统计结果（n=4）。结果表明，在静脉注射磁性铁蛋白纳米颗粒 1.5 小时后，肿瘤部位的信号就明显降低，注射 6 小时后，T_2 加权和 T_2^*加权影像图的信噪比降低到注射前的（38±11）%和（67±6）%。此外，磁性铁蛋白纳米颗粒能够穿越血脑屏障，增强脑部微小神经胶质瘤的 MRI。(f) 荷瘤小鼠注射商品化造影剂 Gd-DTPA 前后的 T_1 加权 MRI 图（比例尺为 1 mm）。(g) 注射磁性铁蛋白前后的 T_2 加权 MRI 图。注射造影剂 Gd-DTPA 2 小时过后，几乎已经从血液中代谢掉，肿瘤部位的 MRI 信号检测不到，然而注射磁性铁蛋白纳米颗粒 2 小时后，肿瘤部位 T_2 信号明显降低，并能一直持续到 24 小时（比例尺为 1 mm）（图片修改自 Cao et al.，2014）

最近研究发现，铁氧化物材料同样可以被用作 T_1 造影剂。虽然大部分磁铁矿纳米颗粒因其较大的横向弛豫率（r_2）而被用作 T_2 造影剂，但随着技术的进步，人们发现尺寸小于 5 nm 的磁铁矿纳米颗粒也可以作为 T_1 造影剂。这些尺寸小的磁铁矿纳米颗粒通常是通过共沉淀或热分解合成的，合成后的氧化铁纳米颗粒可以通过聚乙二醇改性或通过两性分子包被来提高生物相容性（Lu et al.，2017b；Tromsdorf et al.，2009）。在使用磁铁矿纳米颗粒作为 T_1 造影剂时，应该注意以下几点：应当严格控制铁核的尺寸，以产生较高的纵向弛豫率（r_1）和低的 r_2/r_1 比值；应该抑制可能导致 T_2 增强的颗粒自聚集效应；应该避免单核吞噬细胞系统的非特异性吞噬清除并在血清中保持稳定，以延长循环时间，从而进行高分辨率成像（Daldrup-Link，2017）。

针对以上问题，我们通过基因重组的人 H 亚基铁蛋白仿生矿化合成了不同粒径的超细粒磁性铁蛋白氧化铁纳米颗粒（即赤铁矿/磁赤铁矿）。平均核尺寸为（2.2±0.7）nm 的磁性铁蛋白（简称为 M-HFn-2.2）在 7 T 磁场下的 r_1 值为 0.86 L/(mmol·s)、r_2/r_1 值为 25.1，可作为 T_1 造影剂在磁共振血管成像中使用。我们通过给小鼠单次尾静脉注射 0.54 mmol Fe/kg 小鼠体重的 M-HFn-2.2 纳米颗粒，能在注射后 3 min 就清晰地显示出小鼠体内的血管影像，并可持续显影 2 小时左右（图 10.8，图 10.9）；相比之下，马根维显造影剂的显影持续时间只有 15 分钟左右（Cai et al.，2019）。此外，M-HFn-2.2 的生物分布研究结果表明，注射后的 1 天内，肝脏、脾脏和肾脏已安全清除了注射的纳米颗粒，这说明了在使用该剂量下小鼠不存在铁中毒的风险。因此，我们的研究为开发生物医学应用的高性能铁基磁共振造影剂提供了以下启示：①可以获得具有较长血液循环时间的铁基造影剂；②使用较低的剂量就可以增强血管造影，无需再次注射；③增强了微小血管的磁共振成像；④提供了磁性铁蛋白用于 T_2 和 T_1 双模态磁共振成像加强诊断的可能性。

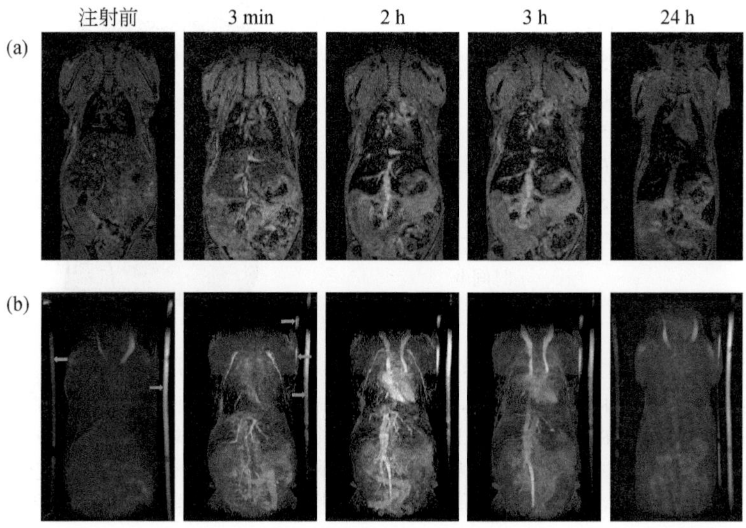

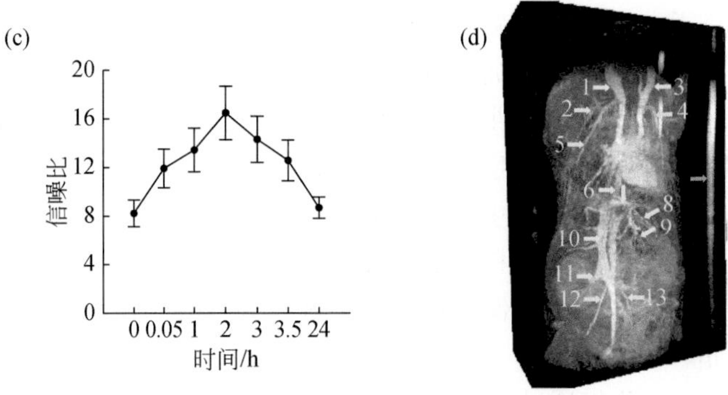

图 10.8　注射磁性铁蛋白 M-HFn-2.2 增强了磁共振血管造影

（a）分别以 0.54 mmol Fe/kg 小鼠体重剂量注射 M-HFn 后的小鼠的 T_1 加权 MR 图像的冠状切片。注射前图中的紫色箭头表示心脏的位置。3 分钟图像中紫色椭圆形显示了小鼠尾腔的造影增强；以该区域分析 MR 信号变化。（b）在注射前和注射 M-HFn 后的小鼠 MR 3D 图。前 3 分钟图像中的蓝色箭头显示的是循环水管。（c）小鼠注射 M-HFn 前和注射后的尾腔静脉信噪比的定量（n=3）。（d）蓝色箭头显示循环水管。图像中标记的数字显示了各血管细节，包括：1. 右颈静脉；2. 右腋动脉；3. 左颈静脉；4. 左乳动脉；5. 乳腺右动脉；6. 腹主动脉；7. 肝静脉；8. 脾静脉；9. 胃静脉；10. 尾腔静脉；11. 肾静脉；12. 左动脉；13. 左股动脉（图片修改自 Cai et al.，2019）

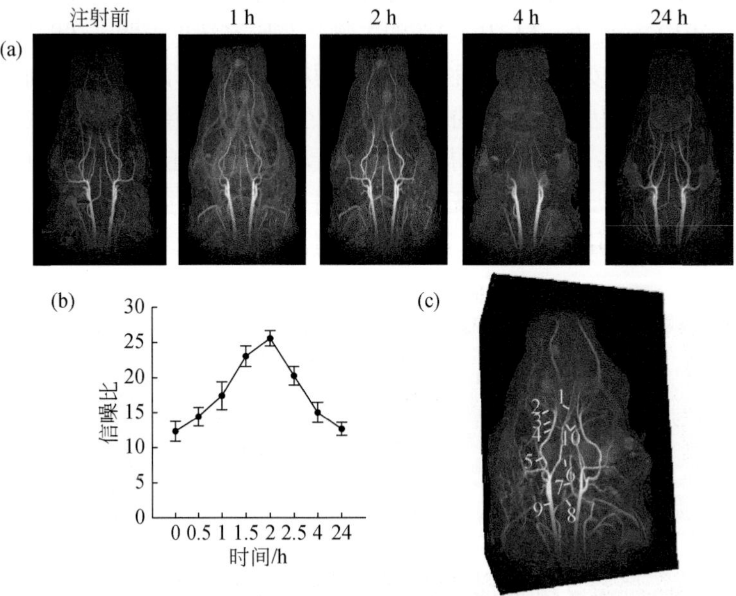

图 10.9　注射磁性铁蛋白 M-HFn-2.2 增强了大鼠脑的血管造影

（a）大鼠注射 M-HFn 前和注射后的 3D MR 图，前图中的紫色箭头显示了颈总动脉的位置；（b）在注射 M-HFn 前和注射后大鼠颈总动脉的 SNR（n=3）；（c）注射 M-HFn 2 小时后的 MRA 3D 体积图像。图像中的标记数字显示的血管细节包括：1. 脑动脉；2. 眼动脉；3. 大脑中动脉；4. 翼颚上颌动脉；5. 翼鄂下颌动脉；6. 小脑上动脉；7. 基底动脉；8. 椎动脉；9. 颈总动脉；10. 威利斯环（图片修改自 Cai et al.，2019）

10.2　生物源磁性纳米矿物应用于肿瘤磁热治疗

热疗（thermotherapy）是指利用物理能量对人体组织进行加热的一种治疗方式。热疗可靶向提升肿瘤组织的产热效率，使其温度高于正常组织，以达到治疗效果。细胞膜由磷脂和跨膜蛋白等组成，研究发现，当温度升高时，磷脂的运动会加速，影响其有序排列，使其通透性增加；随着温度的继续升高，跨膜蛋白可能会变性或从膜上脱落，导致跨膜蛋白功能失活，最终导致细胞膜结构发生不可逆的改变。而且，热疗处理后细胞骨架的完整性也将受到破坏，导致细胞的形态发生变化，同时各种细胞器的分布也会发生异常，最终导致细胞的变形坍塌。此外，肿瘤血管生成速度较快，血管较细且管壁较薄，血液流速相对较缓且缺乏有效的淋巴回流，因而不能及时地将热量传导出去，容易导致热量的积存，从而使肿瘤区域的温度相对正常区域更高。相对于传统的放疗和化疗，热疗通常不会导致脱发、免疫抑制等副作用，并且治疗区域更加可控，因此被国际医学界称为“肿瘤绿色疗法”。

磁热治疗作为热疗的一种形式，主要是通过磁颗粒在交变磁场中将磁能转化为热能并对周围介质产生热辐射，从而对肿瘤组织造成热损伤。与其他热疗方法相比，磁热治疗具有更强的组织穿透力，衰减较小，几乎不受机体厚度的影响。因此，磁热治疗在治疗机体深部肿瘤、多发性或无定形肿瘤方面具有显著的优势。磁热的原理是，当磁颗粒暴露在不断变化的磁场中，由于颗粒的磁滞损耗和尼尔扰动产生热量，热量的产生程度会受到磁颗粒自身的构成及外在磁场的影响（许黄涛等，2019；姬文婵等，2022）。此外，磁性纳米材料的肿瘤靶向性和在肿瘤部位的富集程度，也是影像肿瘤磁热疗效果的重要因素（谢俊等，2016）。生物源磁性纳米颗粒具备天然的肿瘤靶向性，或者易于修饰肿瘤靶向配体，在肿瘤磁热疗方面具有重要应用价值。

10.2.1　磁铁矿纳米颗粒在交变磁场下的产热机制

磁铁矿纳米颗粒是一种理想的磁热材料，为了提高其磁热效率，通常需要掺杂其他金属元素，如过渡金属、镧系、锕系等元素。磁性材料在交变场中的产热机制主要有涡流、磁滞和弛豫。因为纳米级的磁性材料在交变磁场下的涡流效应很小，热效率的影响很小，因此磁铁矿纳米颗粒的磁滞与弛豫产热机制是其主要的产热方式。磁滞产热是因为磁性物质磁矩在外界磁场方向变化时总是滞后的，外界磁场对其做功，从而一部分磁能以热能的形式储存在颗粒中［图 10.10（a）］。

弛豫产热主要是由于磁性物质的内耗。弛豫分为尼尔弛豫和布朗弛豫两种：如图 10.10（b）所示，尼尔弛豫是指当外界磁场方向改变时，磁颗粒自身不发生转动，但磁颗粒内部的磁化矢量方向发生改变，偏转至外界磁场方向；而布朗弛豫［图 10.10（c）］是指磁颗粒在布朗运动下整个颗粒发生旋转，磁极矩带动颗粒偏转至外磁场方向。

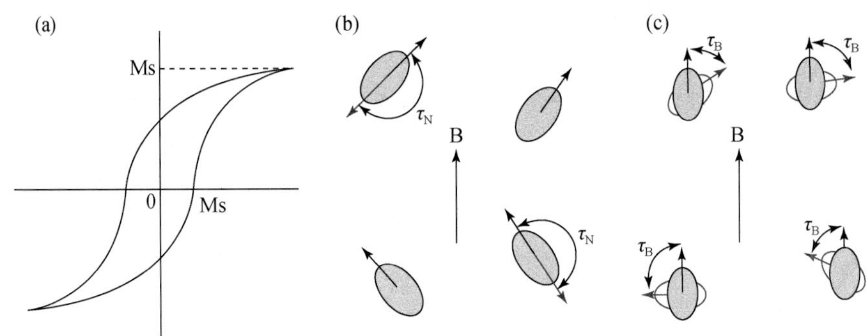

图 10.10　外磁场中磁性纳米颗粒的产热机制模式图

（a）磁滞回线；（b）尼尔弛豫；（c）布朗弛豫（图片修改自 Laurent et al.，2011）

10.2.2　临床应用磁铁矿纳米颗粒对肿瘤磁热疗的进展

21 世纪初，Jordan 等（2001）在柏林 Charité 医学院放射肿瘤学诊所成功搭建了世界上第一台临床磁热治疗系统的原型机。这是一种铁氧体高频发射电极，磁场频率固定在 100 kHz，磁场强度在 0～15 kA/m 范围内可调，垂直可调范围为 30～45 cm。后来，该团队成立了一家专注于肿瘤的磁热治疗的公司，并研发了 NanoTherm®磁性纳米颗粒，这是一种由氨基硅烷包覆的磁铁矿纳米颗粒，大小约为 12～15 nm。该团队还在大鼠身上构建了多形性胶质母细胞瘤模型，并对该材料的磁热治疗效果进行了系统分析。首先，在 120 只雄性 Fisher 大鼠的大脑中植入 RG-2 细胞以诱导肿瘤产生，并将动物随机分为 A 和 B 两组。第四天，分别在两组动物的肿瘤内注射不同的磁性液体，并立即使用频率为 100 kHz 且可调场强在 0～18 kA/m 范围内的交变磁场进行磁热治疗，其中 A 组注射葡聚糖包覆的 Fe_3O_4 纳米颗粒，B 组注射氨基硅烷包覆的 Fe_3O_4 纳米颗粒。随后，在荷瘤后的第六天进行第二次磁热治疗。结果发现，B 组动物的存活时间长于 A 组，高出了 4.5 倍。研究还发现，用氨基硅烷包覆的磁铁矿纳米颗粒在瘤内的停留时间更长，可以进行连续磁热疗而不需要重复注射。治疗后的组织学和免疫组织化学检查显示，颗粒沉积附近有大片肿瘤坏死区，且细胞的增殖率有所降低（Jordan et al.，2006）。基于这些研究成果，该团队还开展了全球首例针对神经胶质瘤的磁热治疗临床试验，试验对象主要是 14 名年龄大于 18 岁、预计寿命大于 3 个月的非多发性胶质瘤患者。他们通过使用电子计算机断层扫描生成脑部的 3D 图像，指导 NanoTherm®的瘤内注射（图 10.11），并通过二次扫描确认分布情况，同时还使用放疗作为辅助治疗。使用 NanoActivator®对病人进行磁热治疗（频率为 100 kHz，磁场强度为 2.5～18 kA/m），治疗次数取决于患者接受放射治疗的持续时间，每次治疗时间为 1 小时，两次治疗时间需间隔 48 小时。研究结果显示，所有患者都能承受住注射入瘤内的磁颗粒，没有表现出任何副作用（如头痛、恶心、呕吐或过敏反应等），也没有观察到对治疗区域的神经功能造成损伤。随着初步试验的成功，从 2005 年 4 月到 2009 年 9 月，他们进一步完成了 66 名病人的神经胶质瘤磁热疗的Ⅱ期临床研究。在这项研究中，磁热治疗的疗程为 6.5 周，每次治疗时间为 1 小时。初始两个疗程中测得的温度平均为 51.2℃（最高可达 82.0℃），同时还辅以放射治疗。研究结果显示，使用磁性纳米颗粒热疗结合低剂量的放射治疗方法是安全有效的，未出现严重的并发症。此外，59 名复发性胶质母细胞瘤患者距首次肿瘤复发的中位总生存期为 13.4 个月，其中 24 名接受磁热疗的患者的中位总生存期为 13.9 个月，35 名未接受磁热疗的患者的中位总生存期为 11.2 月。因此，与传统治疗方法相比，放射与磁热联合治疗的中位总生存期更长，表现出了更好的治疗效果（王宇瀛等，2010）。

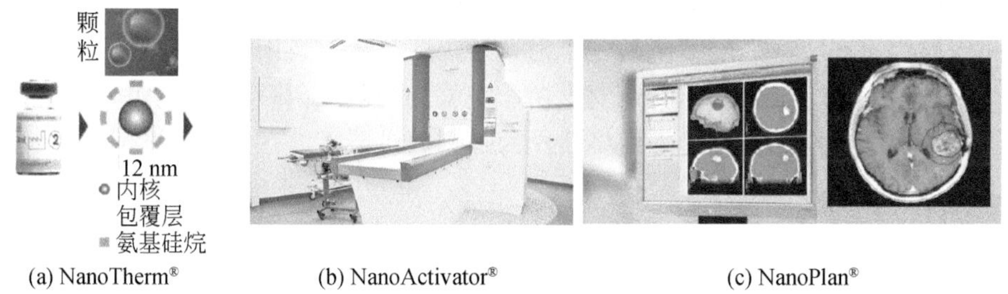

图 10.11　NanoTherm®治疗系统

（a）磁铁矿纳米颗粒制剂（NanoTherm®）；（b）交变磁场产生装置（NanoActivator®）；（c）软件分析平台（NanoPlan®）
（图片来源于 MagForce AG，The Nanomedicine Company）

10.2.3　磁小体用于磁热疗研究

磁小体具有单磁畴特性，因此是一种非常适合磁热转化的材料，已经开始应用于肿瘤磁热治疗。Alphandéry 等（2011）分别将散链的磁小体和磁小体链的悬浮液注射入小鼠皮下的 MDA-MB-231 乳腺癌肿瘤中，并施加峰值场强为 20 mT、频率为 198 kHz 的交变磁场，持续作用 20 min 后，肿瘤部位的温度升至 43℃。研究结果表明，磁小体链在磁热治疗中杀死肿瘤细胞的效率比散链的磁小体更高，

30 天内肿瘤完全消除。造成这种差异的主要原因是磁小体链的磁各向异性能更高、矫顽力更大。Liu R 等（2012）在同等实验条件下，比较了磁小体和化学合成磁性纳米材料，在产热效率和生物相容性方面，磁小体均具有明显优势。Alphandéry 等（2017）在磁小体的表面进一步修饰了聚 L-赖氨酸（PLL），使其在稳定性、生物相容性、产热效率等方面均得到了提高，应用于小鼠颅内 U87-Luc 肿瘤的磁热疗，抑瘤效果得到显著改善（图 10.12）。Mannucci 等（2018）将磁小体悬浮液注射到 U87MG 细胞组成的胶质母细胞瘤的异种移植小鼠模型中，并将小鼠暴露于交变磁场（强度为 29 mT，频率为 110 kHz）共进行了 6 次治疗，每次 20 min，共计治疗两周。组织学分析显示，磁小体能够积累到肿瘤的实质组织中，经过治疗后，磁小体周围坏死组织区域明显增大，肿瘤生长得到了显著抑制。此外，Gandia 等（2019）研究发现，完整的趋磁细菌 MSR-1 也可以用于磁热治疗。首先，他们在水中对 MSR-1 的磁热效率进行了测试，结果表明，在场强为 30 mT、频率为 300 kHz 的交变磁场下，这些趋磁细菌可以在不到 3min 的时间内将介质的温度升高到 40～45℃。随后，他们将 MSR-1 与人肺癌细胞 A549 共同孵育，发现 MSR-1 有肿瘤靶向能力，倾向于在癌细胞周围聚集。通过施加交变磁场，癌细胞的增殖也得到了明显抑制。最近，Chen 等（2022）进一步在活体实验中对趋磁细菌的磁热治疗研究进行了探索。他们发现，完整的 AMB-1 趋磁细菌的磁热转化效率比单独提取出来的磁小体链更高，并在交变磁场下显示出了卓越的加热能力。体内和体外实验证明，趋磁细菌具有作为天然磁性热疗材料用于治疗癌症的巨大潜力（Chen et al.，2022）。这些研究表明，完整的趋磁细菌有潜力成为肿瘤磁热疗的天然材料，可以利用其趋磁性将其作为磁靶向机器人，在生物医学领域发挥更大作用。

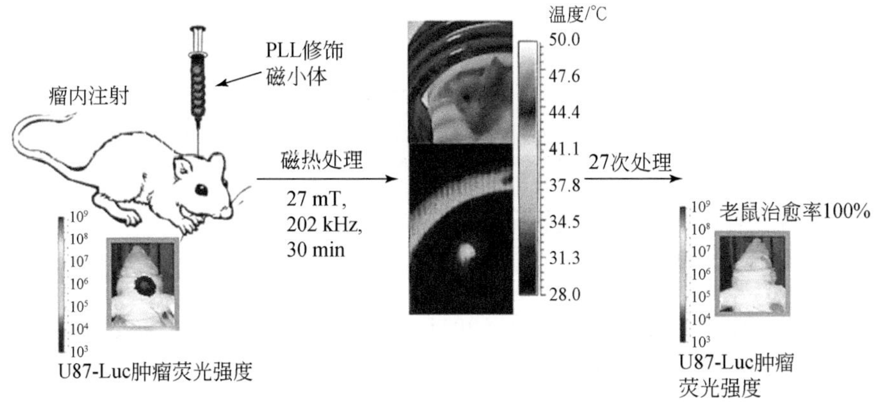

图 10.12　PLL 修饰的磁小体用于小鼠磁热疗（图片修改自 Alphandéry et al.，2017）

10.2.4 磁性铁蛋白纳米颗粒在磁热疗中的应用

磁热疗法作为一种新型肿瘤治疗手段，已在国际上针对脑神经胶质瘤和前列腺癌进行了Ⅰ、Ⅱ期临床试验。然而，目前在临床使用的磁颗粒需长时间多次治疗，而且没有肿瘤靶向性，难以应对多发性肿瘤以及发生转移的癌细胞。为了解决这一问题，需要研发具有更高产热效率且可靶向肿瘤的磁性纳米颗粒。磁性铁蛋白因其可调控的内核和具有肿瘤靶向能力的蛋白外壳，是一种理想的磁热治疗载体。Fentechi 等（2014）发现在磁性铁蛋白的内核中掺杂 5%的钴即可提高样品的磁热效果（ΔT 约为 5℃），并在体外实验中评估了其磁热治疗的性能。结果表明，钴掺杂的磁性铁蛋白能更好地抑制小鼠黑色素瘤 B16 细胞的增殖。

为了进一步提高磁性铁蛋白的磁热转化效率，我们通过仿生矿化合成方法制备了几种不同粒径的磁性铁蛋白，它们的平均粒径分别为（3.5±0.6）nm、（4.3±0.6）nm、（4.8±0.7）nm。在磁场强度为 19.5 kA/m，频率为 805.5 kHz 的条件下，1 mL 内核粒径为 4.8 nm 的磁性铁蛋白样品（浓度为 5 mg Fe/mL）在处理 300 s 后，样品溶液的温度升高了 14.2℃。研究表明，随着核粒径、样品浓度、磁场强度和频率的增加，磁性铁蛋白的产热性能也会相应提高。实验结果和理论计算结果均表明，磁性铁蛋白样品的产热机制主要是以尼尔弛豫产热为主（Xu and Pan，2019）。这为将磁性铁蛋白作为磁热疗法的应用提供了理论支持。

磁热疗法是一种前景可观的肿瘤治疗新方法，但目前的实验研究仍相对较少。要想推广这种先进的肿瘤治疗方式，须考虑以下几点。①磁热疗中使用的磁铁矿纳米颗粒需具有高性能、生物相容性优良且能主动靶向的特点。在达到较高的产热效率的同时，减少药物剂量、减轻体内毒副作用，并实现仅在肿瘤细胞内均匀加热，从而更有效地消除肿瘤细胞。②目前医疗界可接受的交变磁场不能提供足够的能量，而过高频率的交变磁场则会在机体组织内产生涡流效应，导致正常组织也升温。因此，选择和设计适当的交变磁场强度和频率也非常关键。③通过掺入钴元素等来提高磁性铁蛋白纳米颗粒的磁热效果，提高颗粒的稳定性和磁颗粒在肿瘤病灶组织中的聚集程度等。

10.3 磁性铁蛋白颗粒应用于肿瘤体外病理诊断

10.3.1 肿瘤的病理诊断

病理诊断是通过研究组织或细胞的形态结构、功能代谢等方面的变化，揭示疾病的发病机制和发展规律，进而阐明疾病本质。在肿瘤的临床诊断中，病理诊断是被广泛认可的肿瘤诊断“金标准”。病理诊断主要分为三类：细胞和组织病理、免疫组化病理和分子病理。细胞和组织病理是基于细胞和组织层面的，通过简单的染色技术和显微镜观察，可诊断疾病的性质，如炎症病变和肿瘤病变、良性肿瘤和恶性肿瘤。免疫组化病理是基于蛋白质层面的，可以确定肿瘤的组织来源、原发部位、病理分型、残留边缘癌细胞等。分子病理学是基于核酸分子水平的，可以诊断基因突变类型，指导后续靶向药物的选择。

免疫组化病理诊断在肿瘤诊疗中至关重要，为肿瘤的诊断和治疗提供了丰富的信息。免疫组化病理的基本原理是利用抗原与抗体间的特异性结合。利用标记于抗体上的报告分子（酶、荧光素、同位素、金属离子等），免疫组化病理诊断可以对组织内特定抗原进行定位、定性或定量检测。通常情况下，免疫组化病理诊断的步骤包括：首先用识别特定抗原的抗体（称为一抗）来孵育组织样本，然后利用信号标记抗体（称为二抗）作用于组织样本，最后使用光学显微镜观察标记信号（图 10.13）。一抗的作用是结合待检测的抗原，二抗的作用是标记一抗，并通过报告分子，将抗原可视化。可视化的信号包括酶催化的颜色变化和荧光信号等。

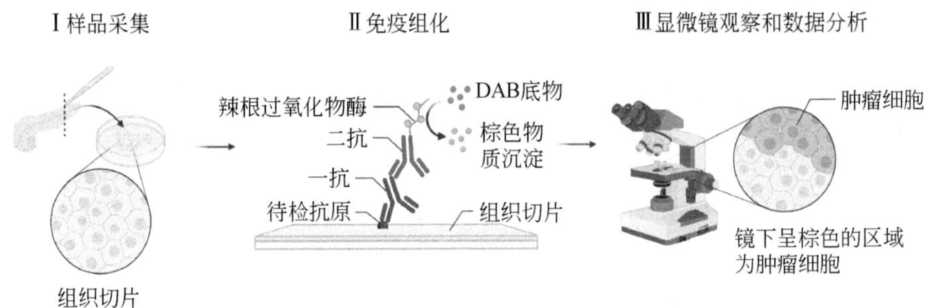

图 10.13　免疫组化病理诊断流程示意图

图片使用 BioRender（https://biorender.com/）绘制

10.3.2　磁性铁蛋白纳米颗粒应用于肿瘤体外病理诊断

磁性铁蛋白纳米颗粒因其铁蛋白外壳能够与肿瘤表面高表达的 TfR1 受体相结合而具有天然的肿瘤靶向性。不仅如此，这种纳米颗粒还具有纳米催化活性，其纳米尺寸磁铁矿内核具有类似过氧化物酶的催化活性，能够催化底物产生颜色反应。因此，磁性铁蛋白纳米颗粒融合了常规免疫组化技术中一抗和二抗的双重功能，可以直接标记肿瘤并进行催化显色，可以显著缩短临床病理诊断的时间，从而在肿瘤诊疗中发挥作用。图 10.14 分别展示了抗体和磁性铁蛋白在肿瘤病理诊断中的应用示意图。

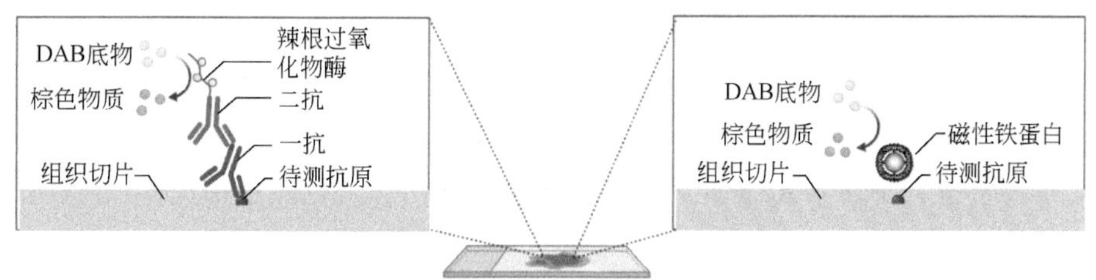

图 10.14　基于抗体（左）和磁性铁蛋白（右）检测肿瘤的方法

图片使用 BioRender（https://biorender.com/）绘制

磁性铁蛋白的磁铁矿内核催化底物显色的能力称为类过氧化物酶活性。2007 年，Gao 等（2007）首次发现磁铁矿纳米颗粒具有这种活性。Voinov 等（2011）的系统研究发现，含铁纳米颗粒类过氧化物酶活性是由纳米材料表面的亚铁离子产生的，亚铁离子能够与过氧化氢反应，产生 OH·自由基，这种自由基对底物产生氧化反应，导致颜色的变化。之后，多种含铁纳米颗粒被发现具有类似的催化活性（Shi et al.，2011；Byrne et al.，2014）。相比作为抗体报告分子的辣根过氧化物酶，含铁纳米材料的类过氧化物酶催化能力具有更稳定、更实惠的优势，在医学检测领域显示出了重要的应用价值。

通过增强报告分子的催化能力，可以提高检测灵敏度。同理，通过提高磁性铁蛋白的类过氧化物酶催化活性，可以提高磁性铁蛋白病理诊断肿瘤的灵敏度。研究表明，随着磁性铁蛋白的磁铁矿内核粒径的增大，其催化活性也会相应提高，从而使得颜色逐渐加深［图 10.15（a）和（b）］（Cai Y et al.，2015；Zhang T et al.，

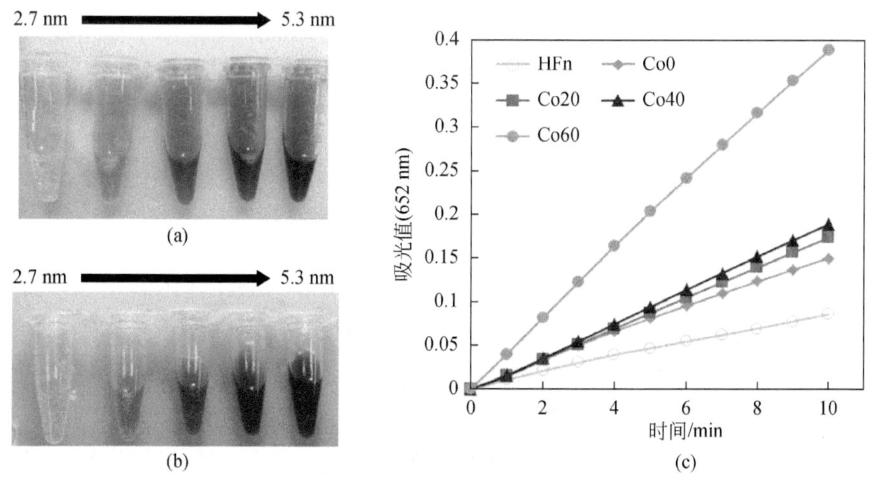

图 10.15　磁性铁蛋白催化底物显色

越大内核粒径的磁性铁蛋白催化活性越强，蓝色（a）和棕色（b）分别是 TMB 和 DAB 底物显色结果；（c）显示向磁性铁蛋白内增大钴元素的掺杂比，由 0（Co0）升高到 60%（Co60），酶催化活性随之升高

2016）。然而，蛋白外壳对磁性铁蛋白内核粒径有一定的限制，所以通过增大粒径来增强催化活性是有限的。因此，改变内核元素成分是一个可行的途径。研究结果证明，向磁性铁蛋白内核中掺入钴元素，可以显著提高催化活性［图 10.15（c）］（Zhang T et al.，2016）。对磁性铁蛋白的类酶催化活性进行改进与优化，为其在肿瘤病理诊断的应用奠定了基础。

Fan 等（2012）利用磁性铁蛋白纳米颗粒的肿瘤靶向性和类过氧化物酶活性，将其应用于临床肿瘤病理样本的显色诊断，通过对 474 例临床组织样本，包括肝癌、结肠癌、乳腺癌、卵巢癌、前列腺癌、肺癌、食管癌、宫颈癌等的实验研究，与传统免疫组化方法进行对比。研究发现，磁性铁蛋白对肿瘤组织的灵敏度和特异性分别达到 98%和 95%（图 10.16）。

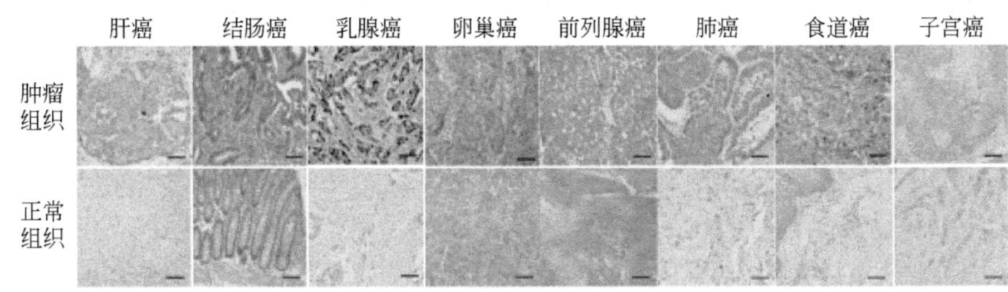

图 10.16　磁性铁蛋白用于肿瘤病理诊断（图片修改自 Fan et al.，2012）

如图 10.14 所示，利用磁性铁蛋白开发的新型免疫组化技术具有操作简便、经济、快速的特点。它实现了肿瘤特异识别与显色一步完成，简化了常规肿瘤免疫组化的一抗、二抗及酶底物反应等多步骤操作，使得临床常用免疫组化诊断的时间从 4 小时缩短为 1 小时，大大提高了临床病理诊断效率，为临床肿瘤组织病理诊断提供了一种快捷的新方法。

10.4　本 章 小 结

迄今为止，癌症是人类最危险的疾病之一，因此开发快速诊断和安全有效治疗癌症的方法显得非常迫切。本章的目的是阐明生物源磁性矿物在治疗和诊断癌症中的生物医学应用潜力。生物源磁铁矿纳米颗粒具有生物相容性、独特的磁性等优良特征，并且可以通过调节尺寸、组分和表面配体来优化颗粒性能。因此，它们有望应用在肿瘤成像和治疗、恶性细胞磁分离、干细胞标记等领域。然而，磁铁矿纳米颗粒在临床上的成功应用取决于三个方面：药物代谢、对它们的短期和长期体内耐受度，以及它们在目标器官上发挥治疗和诊断功能的效果。随着先进的表征技术和仪器的发展，磁铁矿纳米颗粒的应用研究也在不断深入，但对于用于不同临床诊断和治疗的磁铁矿纳米颗粒，仍有待进一步研究。

目前磁小体应用研究仅限于使用来自 *Magnetospirillum* 菌种的立方八面体磁铁矿纳米晶体。然而，MV-1 的细长棱柱形磁小体，具有比立方八面体晶体更大的长宽比，可以在其表面上修饰更多的功能分子。受到胶黄铁矿磁小体的启发，化学法合成的胶黄铁矿纳米颗粒表现出了与磁铁矿磁小体晶体相似的磁性，这暗示了这些硫化铁纳米颗粒也可能是生物医学应用的优良备选材料（Feng et al., 2013）。

无论是磁小体还是磁性铁蛋白纳米颗粒，作为一种新型的生物源磁铁矿纳米颗粒，已经显示出在生物医学领域具有广阔的应用前景。然而，后续仍有必要充分了解其进入宿主细胞后对生物体的影响：①磁性铁蛋白纳米颗粒进入不同类型细胞后的毒性如何？②它们进入细胞后是如何进一步代谢的？③如果以不同的方式使用，生物体中的特定组织（如肾脏、肝脏、肺部）是如何代谢它们的？④它们能穿过血脑屏障，是否会对大脑造成损害？

近年来，免疫细胞疗法已成为肿瘤治疗领域一种新兴的治疗手段，通过利用磁性铁蛋白纳米颗粒来磁化细胞，提供持久的 MR 成像对比，为开发针对免疫细胞准确、实时、无创的示踪方法提供了可能，从而有效追踪免疫细胞在体内的归巢、迁移、分布、增殖等生物学行为，可以对细胞药物治疗效果进行早期评估，并为后续治疗方法的改善提供重要信息。对其核进行改造后，可以获得具有磁分离能力的磁铁矿颗粒，可以用于肽、蛋白质、核酸和代谢物等的生物分离和定量检测，还可以进行细胞分选并用于细胞治疗。另外，磁性微反应器在纳米生物技术领域备受关注，因为将酶固定在具有可靠磁性的纳米颗粒上有利于固相生物催化。该策略在生物质加工过程中提供了酶的高稳定性，并且可以通过外部磁场轻松分离。

（蔡垚、刘嘉玮、张同伟　执笔）

第 11 章　基于仿生磁性纳米颗粒的磁性吸油材料的应用

在当今的工业化时代，石油的需求量逐年上升，原油泄漏事故频发。并且石油在开采过程中会产生大量的含油废水，不仅造成资源的严重浪费，而且给生态环境和人类健康带来了极大的危害。目前，油污治理方法大致可分为三大类：化学法、生物降解法和物理法。化学法主要包括原位燃烧法（Aurell and Gullett，2010）和分散剂法（Nyankson et al.，2015）等。原位燃烧法会因为石油燃烧不充分产生大量有毒气体带来二次污染；分散剂法是利用表面活性剂降低油和水之间的表面张力，从而将油污乳化、分散、溶解或沉降到海底（康维和魏志强，2012），但是大多数分散剂成本高且具有毒性。生物处理法是将具有氧化和分解石油能力的嗜油微生物（如食烷菌、解环菌属等）投入油污水域中来清除溢油（康维和魏志强，2012），但是该方法对当地环境条件要求苛刻，清除效率不高。传统的物理法一般使用机械装置（如撇油器或喷杆）来提取浮油，此方法需要能量供应，经济成本高，并且容易受到工作场景的限制。

超浸润性材料对水相或者油相具有高选择性，在油水分离领域中受到越来越多的关注。其中疏水亲油型吸附材料（如纳米颗粒、三维多孔海绵、泡沫和凝胶等）在油水分离过程中具备操作简单、吸油效率高、可回收再利用等诸多优势，具有较强的现实应用潜力。特别是磁性吸油材料不仅具有高效的油水分离性能，还具有独特的磁性分离优势，因此在水污染治理领域中具有广泛应用前景。

本章主要介绍磁性吸油材料的分类，以及磁性吸油材料在油水分离领域中具有代表性的应用。其中详细介绍我们基于仿生合成的磁性铁蛋白制备出的一种新型磁性疏水海绵（PDMS-MPfFn-MS），及其在稠油污染治理应用的实验研究进展，该研究拓展了生物源磁性纳米矿物在环境治理领域的应用。最后简要对磁性吸油材料的未来发展做出展望。

11.1　磁性复合吸油材料及分类

11.1.1　磁性复合颗粒

磁性颗粒如果直接用于油水分离，其润湿性难以满足要求，因此分离效率不佳。而对磁性纳米颗粒进行表面功能化修饰不同功能性材料制备成磁性复合粒子，其吸附能力和润湿性能得到明显改善，从而实现对分散油滴快速吸附和回收的目的。磁性复合颗粒在油水分离中的应用如图 11.1 所示，它能够有效地吸附到油水混合物的油相中，同时凭借其自身的磁性，在外加磁场的作用下对吸附的油和磁性颗粒进行回收和循环使用。

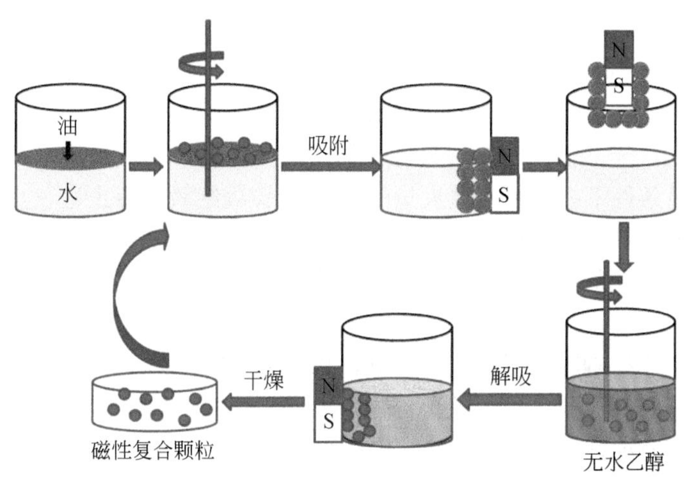

图 11.1　磁性纳米颗粒在油水分离及循环使用过程示意图（引自 Yu et al.，2015）

在对磁性颗粒进行功能化修饰的过程中，按修饰物种类可分为油酸类、硅烷化试剂、巯基化合物、多聚物材料（黄翔峰等，2018）。油酸修饰可通过在共沉淀法合成磁性纳米颗粒的过程中添加油酸实现，其原理是将油酸一端的亲水性羧基与磁性纳米颗粒表面的羟基形成共价键，而另一端的疏水性烷烃链溶于油相中。油酸与磁颗粒连接的铁氧键键能约为 95 kJ/mol。硅烷化修饰需要先合成磁性纳米颗粒，再通过偶联剂反应实现。其原理是利用硅烷化试剂的烷氧基水解形成的硅醇与磁颗粒表面羟基脱水缩合形成共价键。硅烷化试剂与磁颗粒间连接的硅氧键键能约为 460 kJ/mol。巯基化合物修饰是通过在磁颗粒表面镀上一层重金属，重金属离子与硫醇的巯基通过螯合作用形成配位键。聚合物修饰一般是通过取代、配体交换等反应使聚合物丰富的官能团与磁颗粒形成共价键，其稳定性弱于普通硅氧键。用于修饰磁性纳米颗粒的聚合物包括聚乙烯吡咯烷酮（PVP）（Palchoudhury and Lead，2014）、聚丙烯酸（PAA）（Ko et al.，2017）等，这些聚合物一方面增加磁性颗粒的亲油性及吸附容量，能有效提升磁性颗粒的吸附性能；另一方面又可以稳定磁颗粒，有效地防止颗粒间的团聚。含氟聚合物分子中含有低表面能的 $-CF_2$ 基团，因而也被广泛用于疏水性改性。例如，人们利用贻贝仿生学的方法，将具有超强黏附性的聚多巴胺（PDA）修饰在羰基铁纳米颗粒上，进而在颗粒表面修饰 1H, 1H, 2H, 2H-全氟癸基硫醇，即可获得磁性超疏水纳米颗粒（Zhang et al.，2012）。除此之外，碳材料因其本身具有良好的疏水亲油性，也经常被用作制备磁性复合颗粒的功能性涂层，如苯甲酸酯前驱体（Zhu Q et al.，2010）、氧化石墨烯和多壁碳纳米管等（Bu et al.，2017）。

11.1.2　磁性海绵/泡沫

三维有机海绵/泡沫（如聚氨酯、三聚氰胺海绵/泡沫）具有弹性好、密度低、开孔率高、成本低等优点，在油水分离领域得到广泛关注，并且有机海绵自带丰富的活性基团，能够被用于二次改性。值得一提的是，三聚氰胺海绵具有良好的阻燃性，高温条件下能分解产生大量的 N_2，能够隔绝氧气阻止进一步的燃烧，适合作为吸油材料基底。将磁性纳米颗粒修饰到这些多孔吸附材料表面上，在保留多孔材料吸附容量的同时，磁性颗粒一方面通过在海绵骨架上形成的微纳米结构增加了海绵表面粗糙程度，从而改善多孔材料的润湿性，另一方面可利用自身磁性在磁场中远程控制吸油材料运动方向，以及简化吸附完成后的分离步骤。

海绵/泡沫的磁改性方法大致可分为两类：①直接将合成好的磁性颗粒通过化学修饰物嫁接到海绵骨架上（磁颗粒嫁接法）；②将海绵浸泡在铁基溶液中，铁离子附着在海绵骨架的基团上，再通过化学反应生长出磁性晶体颗粒（磁颗粒原位生长法）。嫁接法的优点是能够事先制备粒径均一、晶型优良的磁纳米颗粒，从而保障了磁改性后磁性海绵的磁学性质。如图 11.2（a）所示，含氟化合物 $ADT-(CF_3)_2$ 首先分别修饰到聚氨酯海绵和磁性纳米颗粒表面，再将海绵浸泡在提前制备好的疏水磁性纳米颗粒的溶液中超声处理，可成功地将磁性颗粒连接到海绵骨架上得到磁性超疏水性海绵（Guselnikova et al.，2020）。该海绵具有良好的超疏水性和超亲油性，接触角高达 168°，并且能在磁铁的驱动下快速吸收水面浮油。除此之外，疏水性磁纳米颗粒还可以通过有机硅黏合剂 Sylgard 184 嫁接到三聚氰胺海绵骨架上，最终制备出磁性疏水海绵（Li Z T et al.，2019）。但是此种方法可能因为磁颗粒发生团聚而导致修饰效率低，并且大多数嫁接法采用的是浸渍法，此种方法中磁颗粒并不是以共价键的方式进行修饰，因此在重复使用吸油海绵的过程中会存在磁颗粒脱落的问题。

原位生长法一般是将三维多孔材料通过化学方法处理后，使其表面获得活性基团，再将多孔材料浸泡在含铁的反应溶液中，溶液中的铁离子与海绵上的活性基团形成配位键，然后通过化学反应直接在多孔材料骨架原位生成 Fe_3O_4 纳米晶体。例如，Wang 和 Deng（2019）首先将三聚氰胺-甲醛海绵通过高温热解制备成碳化海绵，然后再浸泡在二茂铁/过氧化氢的丙酮溶液中进行高温处理，使得海绵骨架上原位生长出磁性颗粒，最后修饰上 1H, 1H, 2H, 2H-全氟癸基硫醇得到磁性超疏水海绵［图 11.2（b）］，其接触角高达 156.8°，并且能够在外加磁场的控制下吸油。原位生长法的优点是磁颗粒与海绵泡沫骨架通过化学键结合牢固，缺点是磁颗粒的晶型和粒径不可控制，并且反应原料的实际利用率较低，在溶液中生成的大量磁颗粒并未修饰在海绵泡沫骨架上。

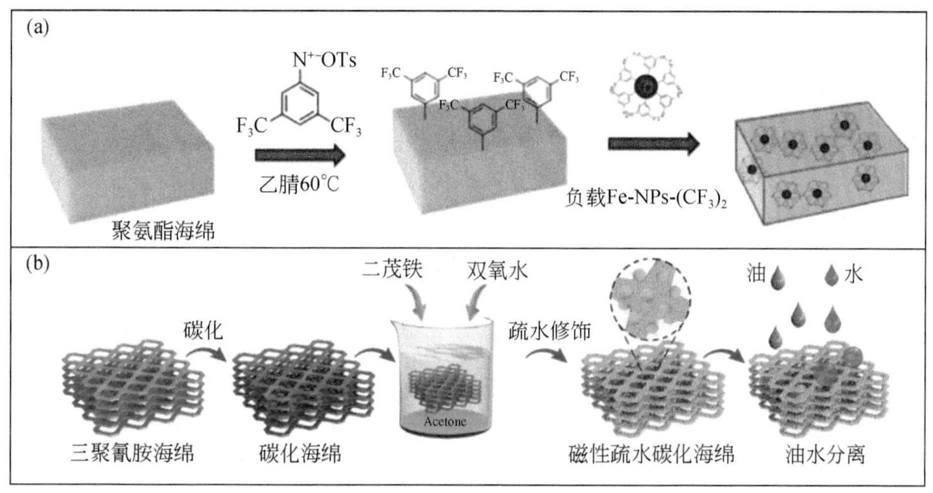

图 11.2　两种制备磁性疏水海绵/泡沫的方法

（a）磁颗粒嫁接法（修改自 Guselnikova et al.，2020）；（b）原位生长法（修改自 Wang and Deng，2019）

11.1.3　磁性气凝胶

气凝胶是通过溶胶-凝胶工艺，然后冷冻干燥形成的一种多孔吸附材料。该类型材料具有孔隙率高、比表面积大和密度低等优点。油水分离领域中应用最为广泛的为碳基气凝胶，包括碳纳米纤维、碳纳米管、石墨烯、生物质气凝胶等。这类气凝胶具有疏松多孔的结构、优异的阻燃性和疏水性（梁光兵等，2019）。例如，Li Y 等（2015）用 $Fe(NO_3)_3$ 的乙醇溶液浸泡棉花，在氩气的保护条件下，经过高温煅烧制备出磁性碳纤维气凝胶，接触角高达 151.5°。Zhang 等（2014）利用碳纳米管与聚氨基胺（PAMAM）和 Fe_3O_4 纳米颗粒进行交联，然后通过冷冻干燥制备出的磁性碳纳米管气凝胶对有机染料的吸附能力约为水凝胶的 4 倍。但是，气凝胶材料最大的弊端是在受到机械挤压时容易造成内部结构的坍塌，因而影响其吸附效率。为了提高磁性气凝胶的机械强度和弹性，前人利用溶剂热法制备了一种新型网状石墨烯/Fe_3O_4/聚苯乙烯复合气凝胶。石墨烯层状结构之间能够形成更多的化学键和范德华力，从而增加了气凝胶的弹性。另外，Fe_3O_4 和聚苯乙烯的加入，使得在网状石墨烯表面形成微结构增加了材料表面的粗糙度，有效地增强了疏水性能（Zhou S et al.，2015）。

11.2 磁性复合吸油材料的制备及应用

Zhu 和 Pan（2014）借助贻贝仿生学的方法，在酸性条件下利用正十二硫醇的还原作用让聚多巴胺（PDA）的邻苯二酚结构与 Fe_3O_4 纳米颗粒之间形成共价键，而后通过浸润法将磁性纳米颗粒和 PDA 共沉积到聚氨酯海绵骨架上，制备出了接触角高达 154° 的磁性疏水海绵（图 11.3）。该方法具有操作简单、低成本、低能耗的优点。所制备的海绵对不同油品（有机烷烃、汽油、豆油、原油和润滑油）的吸附容量高达 18～26 g/g（指每克海绵达到饱和吸附状态能吸附油的最大克数）。并且该海绵能够在磁铁的作用下快速吸附水面上漂浮的润滑油。Wu 等（2015）将聚氨酯海绵浸泡在 Fe_3O_4 纳米颗粒的丙酮溶液中，超声后获得磁性海绵。随后通过化学气相沉积法（CVD）将四乙氧基硅烷（TEOS）牢固地嫁接到磁性海绵骨架上，在疏水性含氟聚合物（FP）溶液中进行浸渍修饰，制备出了磁性超疏水吸油海绵，其接触角高达 157°。在磁铁的驱动下，该海绵能快速吸收水面浮油，并且能够在真空泵的动力作用下将大量油类污染物从水面连续分离。另外，该磁性疏水海绵还具有优良的机械性能，当海绵被拉伸到 200%的应变或压缩到 50%的应变时，仍保持超疏水性。而且经测试，该海绵对有机溶剂氯仿的吸附容量高达 22.4 g/g，在重复使用的过程中，其超疏水性和吸油容量能保持良好的稳定性。

He 等（2019）先将 Fe_3O_4 纳米颗粒通过 1H, 1H, 2H, 2H-全氟三乙氧基硅烷（PTES）进行疏水性修饰，再用一种商业胶水（EVO-STIK serious glue）将疏水磁颗粒嫁接到碳纤维毛毡上，制备出了一种具有高机械强度且能够耐受高温、强酸、强碱等环境的磁性吸油毛毡。由于磁性纳米颗粒给毛毡表面提供了微纳米结构，增加了表面粗糙度，导致其接触角高达 164°。在外加磁场的作用下，该磁性吸油毛毡对不同类型的油水混合物（均三甲苯、正己烷、硅油和氯仿）的分离效率均高达 99.99%以上，且吸油容量和接触角在多达 50 次的循环使用过程中均保持稳定。

最近，Khalilifard 和 Javadian（2021）将油酸包被的 Fe_3O_4 磁颗粒和氧化石墨烯通过混合形成磁性复合物 Fe_3O_4@OA@GO，然后将聚氨酯海绵浸泡在该磁性复合物的溶液中制备出磁性疏水海绵，该海绵的水接触角高达 158°，对不同油和有机溶剂的吸附容量高达 80～150 g/g（Khalilifard and Javadian，2021）。有趣的是，他们发现该磁性疏水海绵对油的吸附容量会随着外加磁场强度的增加而增加。原因是海绵表面的磁颗粒对磁场强度敏感，随着磁场强度的增加，海绵表面形貌的均匀性变差，从而提高了海绵整体的表面积，使得海绵的吸附容量增大。

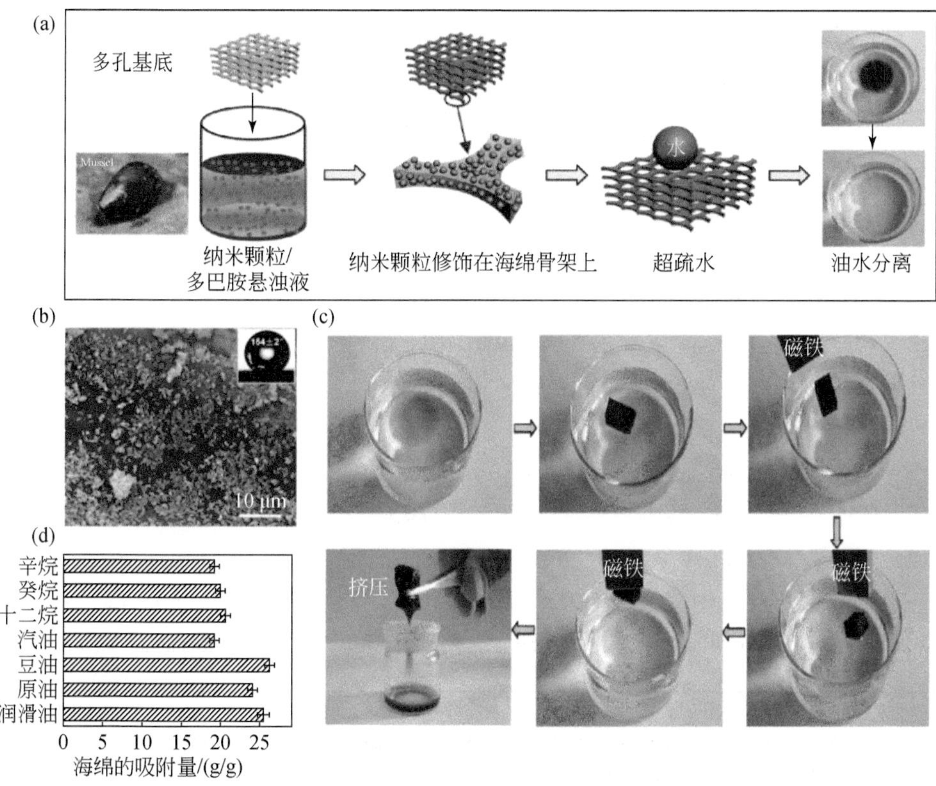

图 11.3　磁性疏水海绵的制备及性能鉴定

（a）利用贻贝仿生法制备磁性疏水海绵和油水分离示意图；（b）磁性疏水海绵的 SEM 图片和水接触角测量结果；（c）磁性疏水海绵在磁场的操控下对水上漂浮的润滑油进行吸附清理；（d）磁性疏水海绵对不同油品的吸附容量对比结果（修改自 Zhu and Pan，2014）

对于磁性复合吸油材料而言，其饱和磁化强度、疏水性及吸油容量对其吸油性能的评估起到关键作用。表 11.1 列举了部分磁性复合吸油材料的相关性能比较，它们在漏油治理和工业含油废水的分离具有潜在的应用前景。

表 11.1 磁性复合吸油材料的性能比较

类型	功能性修饰物	饱和磁化强度/（emu/g）	接触角/（°）	吸油容量/（g/g）	参考文献
磁性纳米复合颗粒	1H, 1H, 2H, 2H-全氟癸基硫醇	—	159.6	约 2	Zhang et al.，2012
	乙烯基三甲氧基硅烷	约 65	162.9	3.8	Zhu Q et al.，2010
	GO，CNTs	—	152	8～25	Bu et al.，2017
	PS	40.58	141.2	2.492	Yu et al.，2015
磁性泡沫	PTFE	—	160	13.25	Calcagnile et al.，2012
	PAA	17.2	152	61.8～102.6	Chen and Pan，2013
磁性海绵	DMDEOS、VTMS	52.9	161.5	7～17	Li et al.，2014
	正十二硫醇	—	154	18～26	Zhu and Pan，2014
	TEOS、FP	8.37	—	13～45	Wu et al.，2015
	TEOS、TMHFDS	9.2	153.2	17.4～46.3	Li et al.，2018
	HDTMS	—	152.8	37～51	Lu et al.，2017a
	PDMS	27.1	152.1	45.2	Mi et al.，2018
	PTES	6.12	164.1	4.5～9	He et al.，2019
	硅胶黏结剂	5.3	152	39.8～78.7	Li Z T et al.，2019
	PDMS	约 15	170.1	>95.6	Liu et al.，2019
	小烛树蜡	18	158.8	55～104	Yin et al.，2020
	HDPE	2.18	155	15～52	Yu M et al.，2020
	PDMS	168	144	—	Song et al.，2021
	OA、GO	2.02	158	80～150	Khalilifard and Javadian，2021

注：GO. 氧化石墨烯；CNTs. 碳纳米管；PS. 聚苯乙烯；PTFE. 聚四氟乙烯；PAA. 聚丙烯酸；DMDEOS. 二甲基二乙氧基硅烷；VTMS. 乙烯基三甲氧基硅烷；TEOS. 四乙氧基硅烷；FP. 含氟聚合物；TMHFDS. 三甲氧基(1H,1H,2H,2H-十六氟癸基)硅烷；HDTMS. 十六烷基三甲氧基硅烷；PDMS. 聚二甲基硅氧烷；PTES. 1H,1H,2H,2H-全氟辛基三乙氧基硅烷；HDPE. 高密度聚乙烯；OA. 油酸

11.3 磁性疏水海绵联合光-磁加热在稠油快速吸附中的应用

上述超疏水磁性海绵只能对黏度较轻的模式油和有机溶剂进行有效吸附分离，而原油的黏度一般高达 500 mPa·s 以上，并且海上泄漏的原油经过蒸发和风

化作用，会转换为黏度极高（10^3～10^6 mPa·s）的稠油（Peterson et al.，2003）。稠油在室温下扩散和流动的速率非常慢，是目前漏油治理的难点。稠油的黏度随温度的升高而急剧下降，从而使得稠油在多孔介质中的扩散速率大大提升，因此，制备出具有加热功能的吸油材料能够快速有效地清理泄漏的原油。

11.3.1　加热型吸油材料在稠油快速吸附领域研究现状

中国科学技术大学俞书宏院士团队于 2017 年率先报道了一种焦耳热吸油海绵，他们通过在三聚氰胺海绵上修饰石墨烯涂层，利用石墨烯的导电性和疏水性，在海绵的两端通上电之后，能够产生焦耳热，并将热量传递给海绵周围的稠油，使得稠油的黏度大幅降低，达到快速吸油的目的（Ge et al.，2017）。另外，此海绵与真空泵通过导油管道相连，能够实现大面积油污的连续吸附和回收。此方法与未加热的海绵相比，减少了 94.6%的吸油时间。随后的几年里，光热海绵由于不需要额外的能量供应，仅利用绿色清洁能源——太阳能，即可实现产热，因而受到更多学者的青睐（Chang J et al.，2018；Kuang et al.，2019；Yu M et al.，2020；Li R et al.，2021；Niu et al.，2021；Xu Y et al.，2021；Yu et al.，2021）。

要实现海绵的光产热效果，就需要在海绵表面修饰性能优异的光热转换材料，主要包括聚多巴胺、碳纳米管、聚吡咯、石墨烯/氧化石墨烯、氧化铜、银纳米颗粒等。例如，Zhang 等（2018）将聚多巴胺和疏水性的聚二甲基硅氧烷（PDMS）修饰到三聚氰胺海绵上，制备出光热疏水海绵，其接触角达到 134°。利用聚多巴胺的优异光热转化效率，在模拟的光照条件下能够使海绵局部温度达到 79℃，使得稠油的黏度从 10^4 mPa·s 下降到 10 mPa·s，显著地加快了海绵对稠油的吸附。

但是，焦耳热海绵和光热海绵在实际应用中都存在不足之处。例如，焦耳热法需要在海绵两端加上电极，施加一定强度的电压才能产生焦耳热对导电海绵进行加热。众所周知，船舶的部分位置和海水具有导电性，高电压会对船上的工作人员和附近水域中的生物带来潜在危险。光热法虽然是一种环境友好型方法，能够直接利用光热材料将太阳能转化为内能，从而提高吸油材料温度来降低原油黏度，但是目前研制出的光热海绵光热转化效率较低，光照强度受时间和季节性影响较大，并且加热穿透性较弱，这些不足严重阻碍了其在实际应用中的推广。

11.3.2　磁性颗粒在交变磁场中的磁热效应及交变磁场加热的优势

当磁性材料处在一个外加高频交变电磁场（100 kHz～1 MHz）中时，磁颗粒能够吸收电磁场的能量，将电磁能转化为热能，这种性质被称为材料的磁热效应。

与焦耳热和光热相比，交变磁场加热（磁热）具有明显的优势。首先，磁性海绵在交变磁场中加热是一种非接触式、可远程控制的加热模式，相比施加电极的焦耳热海绵更加安全；其次，磁加热具有良好的穿透性，且加热温度能够通过调节交变频率和场强大小进行控制。因此，磁加热海绵可能在稠油的现场治理中有较大应用前景。最近，我们研究制备出了一种可以同时进行光和磁加热的磁性疏水海绵，结合了二者的优势，应用于稠油的快速吸附。

11.3.3 磁性疏水海绵的制备

磁性铁蛋白是以笼型结构的铁蛋白为仿生矿化模板在人工控制的条件下合成的一种磁性纳米材料，由铁蛋白外壳和磁铁矿内核两个部分组成。与传统化学合成的磁性纳米颗粒相比，磁性铁蛋白在磁性疏水海绵修饰上具有独特的优势：①磁性铁蛋白的纳米磁铁矿颗粒由于被铁蛋白包被，具有优良的生物相容性，因此不会给水体带来二次污染；②磁性铁蛋白的内核粒径小，属于典型的超顺磁性纳米颗粒，在水溶液中具有很好的单分散性，而且相比于容易聚集的磁颗粒而言，磁性铁蛋白具有更高的修饰效率；③铁蛋白外壳具有丰富的活性基团，如伯氨基、羧基等，可以直接通过化学法修饰到材料基底。因此，磁性铁蛋白是一类优秀的磁改性载体。但是，磁性铁蛋白由于粒径小等因素，其磁热效率比较低。

在本书的 9.3.3 节中介绍了我们利用重组嗜热菌 *Pyrococcus furiosus* 铁蛋白（PfFn）为仿生矿化模板，在 90℃条件下合成出 SAR 值高达 805.3 W/g 的磁性铁蛋白颗粒（MPfFn），较人 H 亚基磁性铁蛋白 MHFn 的磁热效率提高了一个数量级（Yu et al.，2022a）。因此我们选取 MPfFn 作为磁性修饰物，三聚氰胺海绵（MS）作为基底，多巴胺作为 MPfFn 与海绵之间的连接物，通过多巴胺在弱碱性条件下的氧化聚合反应将 MPfFn 和聚多巴胺（PDA）共沉积在海绵基底上，进一步修饰上疏水性物质聚二甲基硅氧烷（PDMS），制备出磁性疏水海绵 PDMS-MPfFn-MS，制备过程如图 11.4（a）所示。

新型磁性疏水海绵 PDMS-MPfFn-MS 的扫描电镜形貌表征结果如图 11.4（b）所示。未修饰的 MS 骨架表面光滑，当修饰上 MPfFn-PDA 颗粒后，海绵骨架上均匀地包覆了一层纳米颗粒。再进一步修饰上 PDMS 之后，PDMS-MPfFn-MS 海绵上被一层均匀的涂层覆盖。并且修饰完 MPfFn 和 PDMS 之后并没有对海绵的孔隙造成堵塞，因此不会影响后续的吸油效果。傅里叶红外光谱结果证明 MPfFn 和 PDMS 成功地修饰到 PDMS-MPfFn-MS 骨架上［图 11.4（c）］。另外，图 11.4（d）所显示的紫外-可见-近红外光谱结果表明 PDMS-MPfFn-MS 相比于 MS 和 PDA-MS 具有更高的全谱光吸收能力（＞94%），证明了 PDMS-MPfFn-MS 具有良好的光热转化能力。

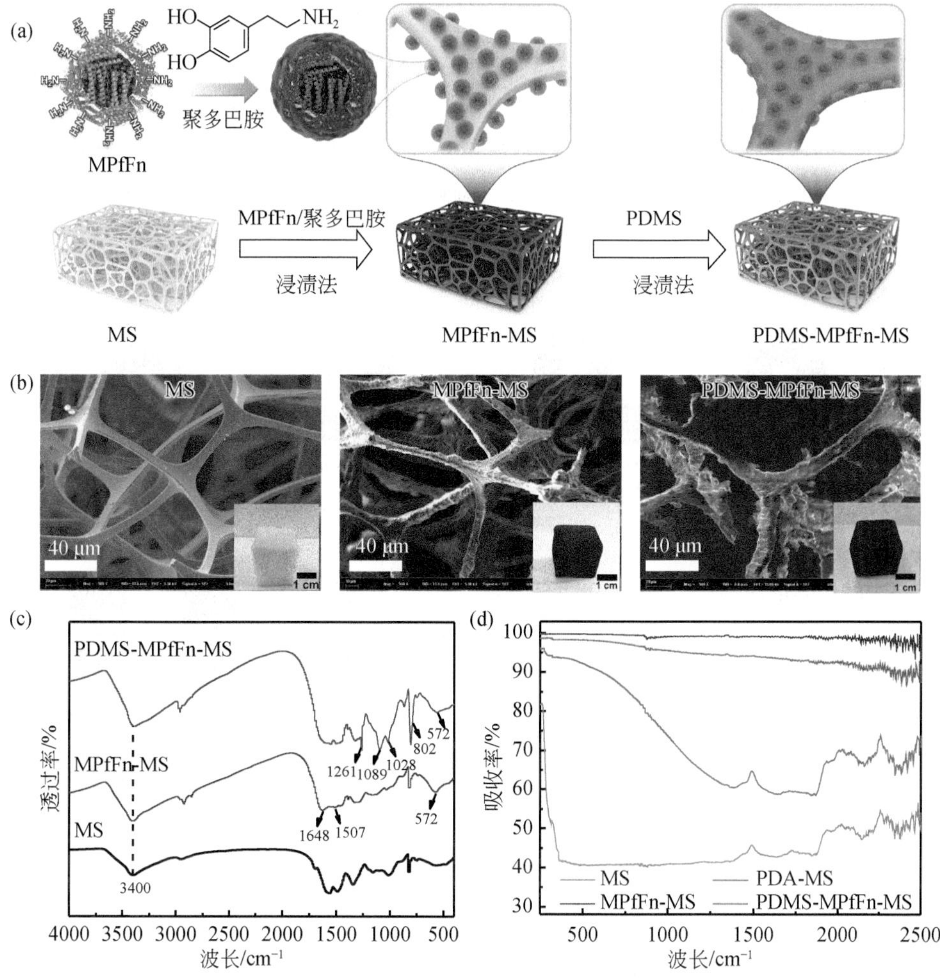

图 11.4　PDMS-MPfFn-MS 的制备与表征

（a）PDMS-MPfFn-MS 修饰过程示意图；（b）海绵骨架的扫描电镜图；（c）海绵样品的傅里叶红外光谱分析；（d）海绵样品的紫外-可见-近红外光谱分析（修改自 Yu et al.，2022b）

11.3.4　磁性疏水海绵的表面润湿性和磁性表征

从图 11.5（a）可以明显看出，经过 MPfFn 和 PDA 修饰后的 PDMS-MPfFn-MS 海绵的接触角比只修饰 PDMS 的三聚氰胺海绵（PDMS-MS）要大，主要原因是 MPfFn 和 PDA 颗粒增加了海绵的粗糙程度，从而增大了海绵表面的疏水性。图 11.5（b）也进一步表明 PDMS-MPfFn-MS 具有良好的疏水性。图 11.5（c）表明该海绵在高盐、强酸和强碱的极端溶液环境仍然展现出良好的疏水性。随着 MPfFn 和 PDA 修饰次数的增加，海绵的饱和磁化强度 M_s 会逐步提升［图 11.5（d）］，

PDMS-MPfFn-MS-3 的 M_s 高达 21.2 emu/g。其中 PDMS-MPfFn-MS-1、PDMS-MPfFn-MS-2 和 PDMS-MPfFn-MS-3 分别表示海绵在 MPfFn 溶液中修饰 1 次、2 次和 3 次。为了简化，后面所述的 PDMS-MPfFn-MS 均指的是 PDMS-MPfFn-MS-3。另外，由于 PDMS-MPfFn-MS 具有良好的疏水亲油性和磁性，PDMS-MPfFn-MS 能够借助外加磁场的导向对水面上的三滴被油红染色的硅油进行吸附清除［图 11.5（e）］。

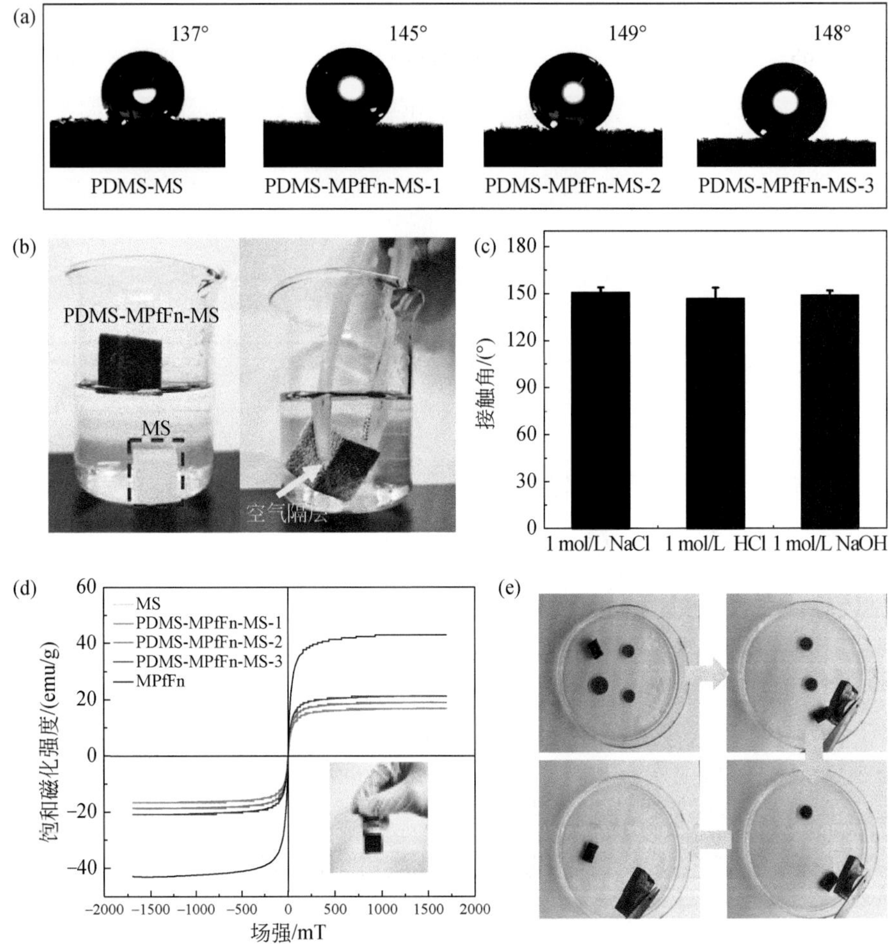

图 11.5　PDMS-MPfFn-MS 的润湿性和磁性分析

(a)不同海绵样品表面的水接触角；(b)PDMS-MPfFn-MS 在水中的润湿表现；(c)PDMS-MPfFn-MS 对 1 mol/L NaCl，1 mol/L HCl，1 mol/L NaOH 水溶液的接触角；（d）不同修饰次数下海绵样品在 300 K 下的磁滞回线；（e）磁场控制下 PDMS-MPfFn-MS 对水面硅油的吸附清理过程（修改自 Yu et al.，2022b）

11.3.5　磁性疏水海绵在光、磁加热下的升温表现和吸油性能

PDMS-MPfFn-MS 在交变磁场（f=502.05 kHz，H=10.5 kA/m）条件下的磁加热性能如图 11.6（a）和（b）所示，随着 MPfFn 和 PDA 修饰次数的增加，海绵的磁热性能逐渐升高。在 300 s 的时间内，PDMS-MPfFn-MS 中心位置和上表面温度分别升高到 136.5℃和 100.3℃。并且该海绵在交变磁场中的升温表现具有良好的稳定性［图 11.6（c）］。海绵在 1.0 kW/m^2 的光照条件下产热表现如图 11.6（d）～（f）所示，PDMS-MPfFn-MS 的表面温度在 1 min 内迅速升高到最高温度 81.9℃，而未修饰的 MS 和只是 PDA 修饰的 PDA-MS 展示出较低的温度。PDMS-MPfFn-MS 的升温表现随光照强度的增加而增加，当光照强度升高到 2.0 kW/m^2，海绵的表面温度能够达到接近 120℃。图 11.6（g）～（i）表明当光热和磁热联用时，海绵的表面温度能够得到进一步升高，并且在光照充足的条件下，可以通过减少磁加热的场强来达到相似的加热效果。

11.3.6　磁性疏水海绵在交变磁场下对稠油的吸附效果研究和重复性评估

我们选取来自辽河油田的稠油进行黏度分析，发现该稠油在 20℃时的黏度高达 334039 mPa·s，随着温度的逐渐升高，其黏度显著下降［图 11.7（a）］。在温度为 20℃时，稠油由于超高的黏度难以从瓶底流下来，而当温度升高至 90℃时，稠油的黏度下降到 435 mPa·s，能够轻易地从瓶底流下来［图 11.7（b）］。PDMS-MPfFn-MS 在不同温度梯度下（20℃、40℃、60℃和 80℃）对稠油的吸附渗透结果如图 11.7（c）所示，温度为 20℃时，海绵完全吸附一滴 20 μL 的稠油需要 36 min。随着温度的升高，海绵的吸附速率逐渐提高，当海绵温度为 80℃时，吸附时间减少至 45 s。研究结果表明提高海绵的温度可以有效对稠油进行快速吸附分离。

PDMS-MPfFn-MS 分别在不加热、光热、磁热（交变磁场加热）以及光-磁联合加热条件下对稠油的连续吸附回收效果如图 11.8 所示。当海绵不施加加热条件时，稠油由于黏度过高，海绵在 180 min 内仍然无法回收到稠油；而当施加光热或者交变磁场加热时，海绵回收稠油的速率得到极大的提升。当光热和磁热同时实施到磁性疏水海绵时，海绵在 68 s 的时间内收集到稠油 8.6 g，稠油回收速率得到进一步提升，大大节省了稠油回收时间。

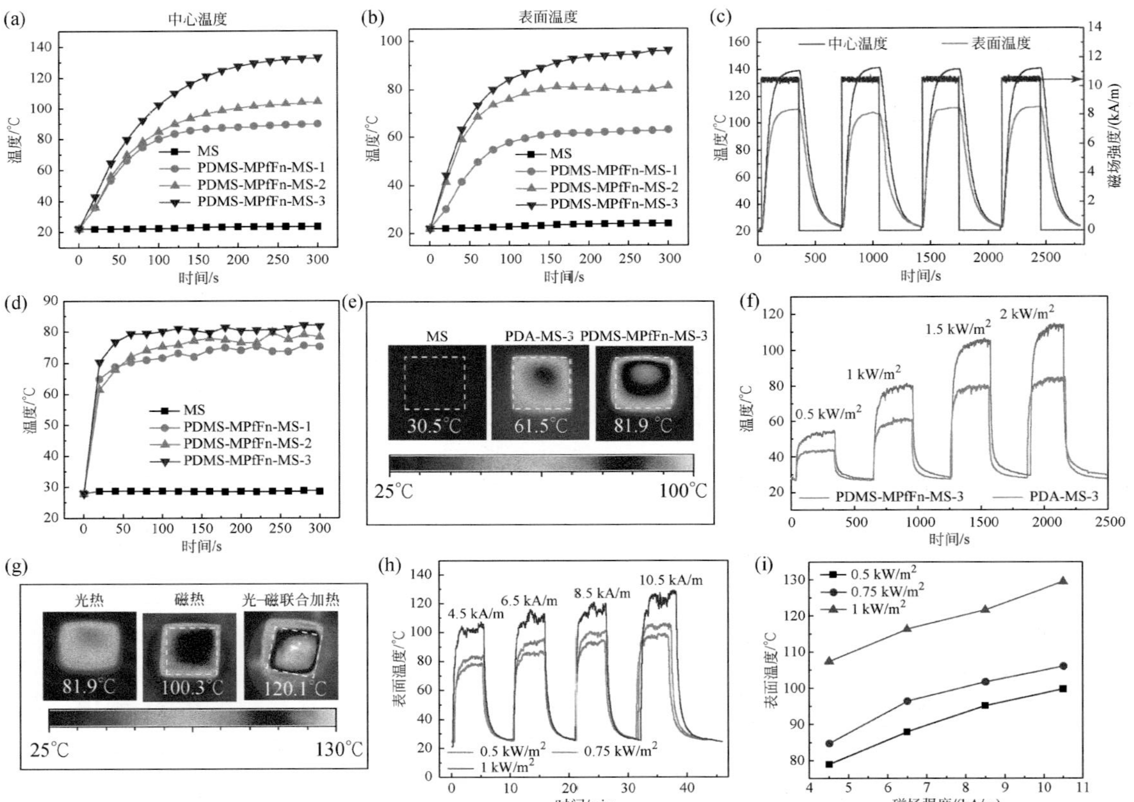

图11.6　磁性疏水海绵在交变磁场和在光照下的加热表现

磁加热下PDMS-MPfFn-MS的中心温度(a)和表面温度(b)变化趋势；(c) PDMS-MPfFn-MS在交变磁场下连续四次加热冷却温度变化；(d) PDMS-MPfFn-MS在1.0 kW/m²光照下的表面温度变化；(e) 海绵在1.0 kW/m²光照下加热5 min后的红外图片；(f) PDMS-MPfFn-MS在不同照度下的升温表现；(g) PDMS-MPfFn-MS分别在磁热、光热、光–磁联合加热5 min后的红外照片；PDMS-MPfFn-MS在不同照度和不同场强的光–磁联合加热下的升温表现(h)以及对应的温度点(i)(修改自Yu et al., 2022b)

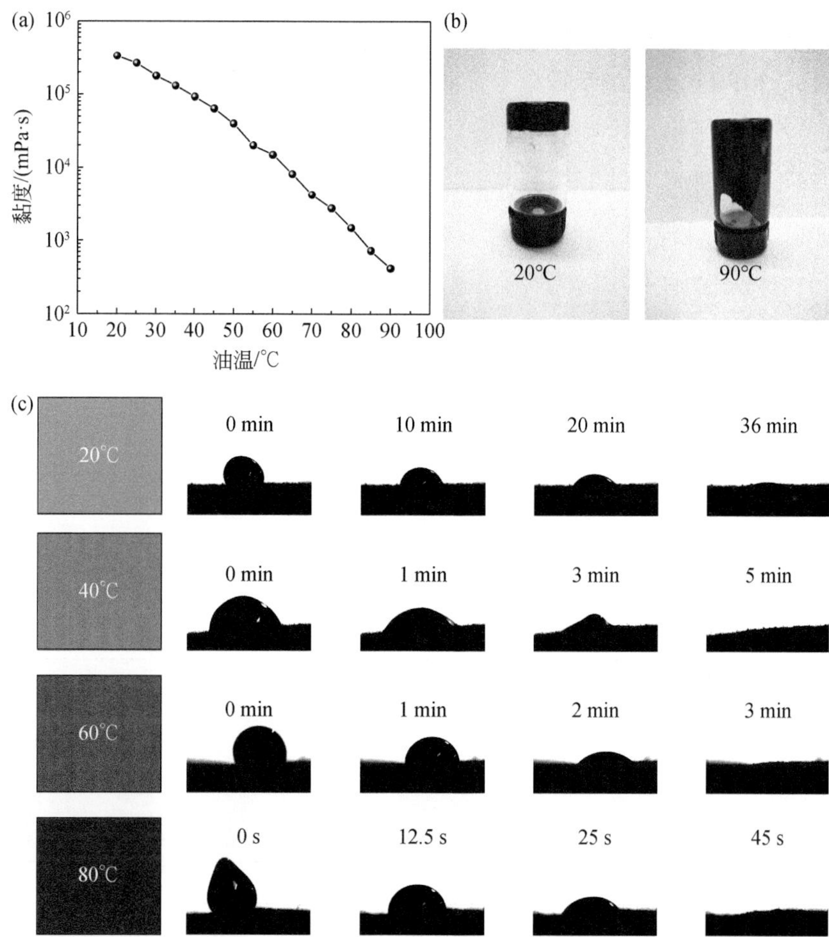

图 11.7　不同温度下稠油的黏度和稠油在 PDMS-MPfFn-MS 表面的渗透状态

（a）稠油的黏度随温度变化的关系；（b）稠油在 20℃和加热到 90℃时的流动状态；（c）PDMS-MPfFn-MS 在不同温度下对稠油油滴的渗透结果（修改自 Yu et al.，2022b）

11.3.7　磁性疏水海绵的循环使用性评估

PDMS-MPfFn-MS 的吸油能力、润湿性和光热/磁热性能重复性结果如图 11.9 所示。在 10 次的吸油-挤油过程中，海绵初次的吸油容量为 25.6 g/g，重复使用 10 次之后的吸油容量为 21.7 g/g［图 11.9（a）］，发生轻微的下降主要原因可能是海绵在多次挤压过程中其内部结构发生了轻微的形变导致体积塌陷。在 10 次循环过程中海水在海绵中的接触角仍然保持稳定，基本维持在 148°左右［图 11.9（b）］。

海绵在吸油之前和使用 10 次过程中的磁热升温效果，如图 11.9（c）所示，在相同的加热时间，海绵的表面平均温度没有发生明显降低的情况，表明在吸油-挤油的过程中，MPfFn 磁性纳米颗粒没有发生明显的脱落，磁性疏水海绵能够保持良好的磁热效果。

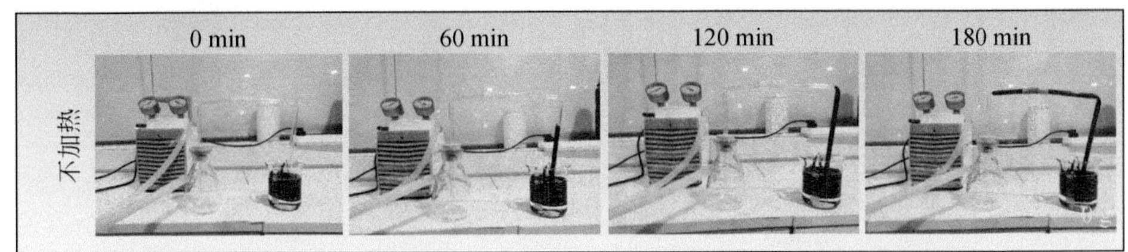

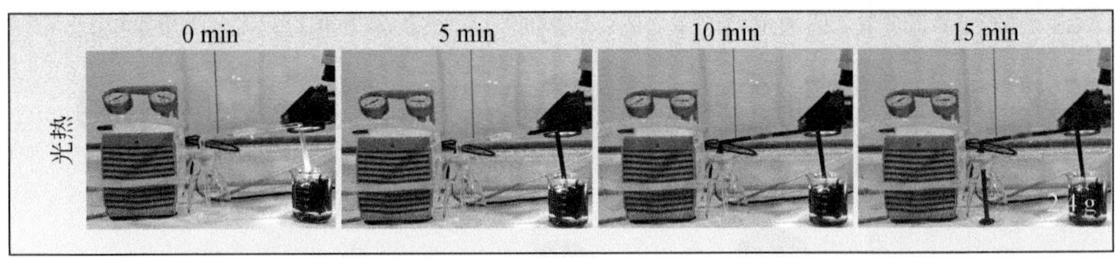

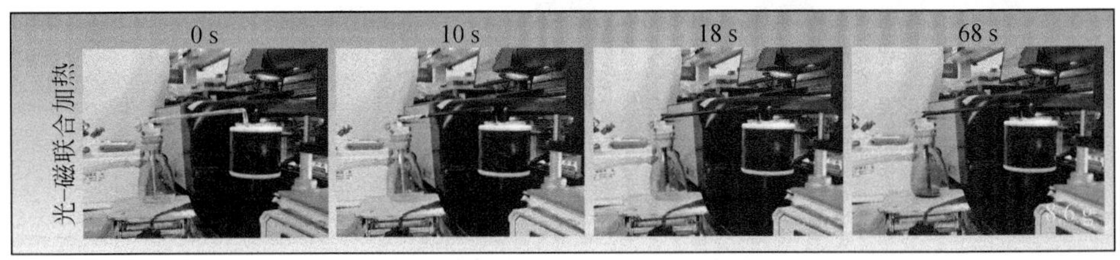

图 11.8 PDMS-MPfFn-MS 分别在不加热、光热、磁热和光-磁联合加热条件下的稠油连续吸附回收情况对比（修改自 Yu et al.，2022b）

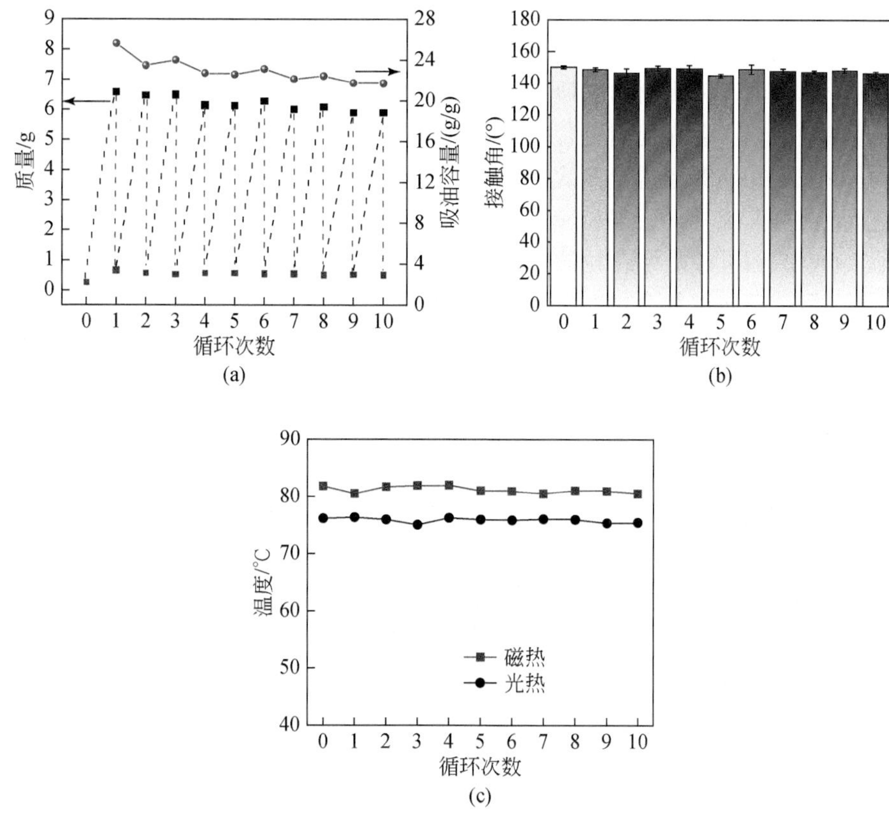

图 11.9　PDMS-MPfFn-MS 在交变磁场条件下吸油-挤油过程的重复性结果

(a) 海绵在 10 次循环过程中质量变化和吸附能力变化；(b) 海绵的海水接触角变化；(c) 在交变磁场光照加热下海绵表面平均温度的变化（修改自 Yu et al.，2022b）

11.4　本 章 小 结

磁性纳米颗粒具有独特的磁学性能和纳米尺寸，基于磁性纳米颗粒的磁性复合材料不仅能够高效地实现油水分离，还能够凭借磁响应性进行操控和回收，在近些年得到广泛关注和研究，并取得了重要进展。本章简要总结了磁性吸油材料的分类、制备和应用。针对稠油治理的难点总结了前人制备的焦耳热和光热吸油海绵的研究现状，分析了各自的优势和不足。针对加热型吸油材料所面临的难题，重点介绍了磁性铁蛋白这类生物源磁性纳米颗粒制备的新型磁性疏水海绵 PDMS-MPfFn-MS，及其联合光-磁加热模式在稠油污染快速治理中的应用。由于磁性铁蛋白优异的分散性、无毒性、可修饰性以及良好的光/磁响应性，在制备磁性疏水海绵的过程中具有较高的修饰效率，并且所制备的磁性疏水海绵具有双重光/磁加热功能，展现出优异的稠油吸附表现和良好的实际应用前景。

对于未来油水分离材料的研制和应用，我们认为需要考虑以下几点：①材料本身足够安全，不会在使用过程中给环境带来二次污染；②成本低廉，适合大规模量化生产；③能够经得起多次重复使用；④吸油效果好。尽管磁性复合材料在油水分离上有着优异的表现和应用前景，但是目前仍然没有取代传统的油水分离材料，主要原因可能是磁颗粒的毒性和易脱落问题。尽管磁颗粒如 Fe_3O_4 本身毒性较低，但是在磁性复合材料中加入的化学物质多数具有一定程度的毒性，若在使用中脱落，会不会给生物带来影响，值得深入研究和证实。为了避免磁颗粒在使用过程中的脱落问题，在设计磁性复合材料的时候应该尽可能选用共价修饰的方式，如烷基化修饰等。磁性复合颗粒应用到油水分离时，需要利用外加磁场对吸油后的磁颗粒进行回收，而分散在油相的磁颗粒很难完全从油相中回收，这会造成部分磁颗粒的损失，因此在保证磁性复合颗粒分散性的同时提高颗粒的磁响应性能，值得科研人员共同去研究。尽管磁加热吸油海绵都在高黏度稠油的快速吸附应用展示出了很好的吸附效果，但是仍然需要能量供应，而实际的应用需要考虑综合成本。因此制备具有高磁热效率的磁性吸油海绵将能够有效地降低能耗成本。最后值得提到的一点是，要实现产业化，需要研究机构和产业界共同来完成。

（余佳成、曹长乾　执笔）

参 考 文 献

谌书, 杨远坤, 廖广丹, 等. 2013. 基于生物湿法冶金的废旧印刷线路板金属资源化研究进展. 地球与环境, 41(4): 364-370.

储雪蕾. 2004. 新元古代的“雪球地球”. 矿物岩石地球化学通报, 23(3): 233-238.

高启禹, 徐光翠, 崔彩霞, 等. 2022. 微生物铁蛋白的研究进展. 生物技术通报, 38(1): 269-277.

黄柳琴, 李林鑫, 蒋宏忱. 2023. BIFs 的形成及其铁氧化机制研究进展与展望. 地学前缘, 30(2): 333-346.

黄翔峰, 刘婉琪, 熊永娇, 等. 2018. 功能化磁性纳米粒子在乳状液制备及破乳中的应用及作用机制. 物理化学学报, 34(1): 49-64.

姬文婵, 胡平, 汪小钰, 等. 2022. 影响磁性氧化铁纳米颗粒磁热疗加热效率的因素. 材料科学与工程学报, 40(2): 355-366.

康维, 魏志强. 2012. 海上溢油污染及清理方法. 清洗世界, 28(11): 29-32.

李陛, 吴文芳, 李金华, 等. 2011. 温度和电子传递体 AQDS 对铁还原细菌 *Shewanella putrefaciens* CN32 矿化产物的影响. 地球物理学报, 54(10): 2631-2638.

李金华, 潘永信. 2015. 透射电子显微镜在地球科学研究中的应用. 中国科学: 地球科学, 45(9): 1359-1382.

李金华, 潘永信, 刘青松, 等. 2009. 趋磁细菌 *Magnetospirillum magneticum* AMB-1 全细胞和纯化磁小体的磁学比较研究. 科学通报, 54(21): 3345-3351.

李莹辉, 孙野青, 郑慧琼, 等. 2021. 中国空间生命科学 40 年回顾与展望. 空间科学学报, 41(1): 46-67.

梁光兵, 李艳红, 张远琴, 等. 2019. 磁响应吸油材料的研究进展. 材料导报, 33(23): 3999-4007.

林巍, 潘永信. 2018. 微生物的趋磁性与磁小体的生物矿化. 地球科学, 43(A01): 115-126.

刘娟, 李晓旭, 刘枫, 等. 2018. 铁氧化物-微生物界面电子传递的分子机制研究进展. 矿物岩石地球化学通报, 37(1): 39-47.

莫炜川, 刘缨, 赫荣乔. 2012. 亚磁场及其生物响应机制. 生物化学与生物物理进展, 39(9): 835-842.

潘永信, 朱日祥. 2011. 生物地球物理学的产生与研究进展. 科学通报, 56 (17): 1335-1344.

潘永信, 邓成龙, 刘青松, 等. 2004. 趋磁细菌磁小体的生物矿化作用和磁学性质研究进展. 科学通报, 49(24): 2505-2510.

邱轩, 石良. 2017. 微生物和含铁矿物之间的电子交换. 化学学报, 75: 583-593.

宋永伟, 王蕊, 杨琳琳, 等. 2020. 三种次生矿物固定 *A. ferrooxidans* 的 $Fe(^{2+})$氧化及成矿性能比较. 中国环境科学, 40(5): 2073-2080.

田兰香, 潘永信. 2019. 地磁场与动物感磁. 科学通报, 64(8): 761-772.

田兰香, 曹长乾, 刘青松, 等. 2010. 马脾铁蛋白磁性纳米颗粒的低温磁学性质研究. 科学通报, 55(23): 2312-2320.

王芙仙, 郑世玲, 邱浩, 等. 2018. 铁还原细菌 *Shewanella oneidensis* MR-4 诱导水合氧化铁形成蓝铁矿的过程. 微生物学报, 58(4): 573-583.

王宇瀛, 赵凌云, 王晓文, 等. 2010. 磁感应热疗治疗肿瘤研究进展和临床试验. 科技导报, 28(20): 101-107.

吴云当, 李芳柏, 刘同旭. 2016. 土壤微生物—腐殖质—矿物间的胞外电子传递机制研究进展. 土壤学报, 53(2): 277-291.

肖波, 潘永信. 2006. 磁铁矿的低温磁学性质研究进展. 地球物理学进展, 21(2): 408-415.

谢俊, 陈玲, 严长志, 等. 2016. 肿瘤靶向热疗用磁性纳米材料. 中国材料进展, 35(8): 561-568.

谢伦, 濮祖荫, 焦维新, 等. 2005. 南大西洋异常区内辐射带高能质子辐射环境长期变化的研究. 中国科学(D 辑): 地球科学, 35(7): 658-663.

徐文耀. 2014. 地磁活动性概论. 北京: 科学出版社.

许黄涛, 任伟, 潘永信. 2019. 纳米铁氧化物磁热疗相关机制研究进展. 生物化学与生物物理进展, 46(4): 369-378.

杨彩云, 曹长乾, 蔡垚, 等. 2016. 铁蛋白表面修饰及应用. 化学进展, 28(1): 91-102.

杨陶然, 王儒蓉. 2022. 线粒体在细胞铁死亡中的作用. 生理科学进展, 53(3): 224-228.

杨卧龙, 纪献兵, 徐进良. 2016. 从自然到仿生到实际应用的超亲水表面. 化学进展, 28(6): 763-772.

曾治权. 2003. 地磁活动与某些急性传染病关系的探讨. 生物磁学, 4: 11-14.

曾治权, 王明远, 夏国辉, 等. 1995. 北京地区冠心病和脑卒中发病与太阳及地磁活动关系的探讨. 地理研究, 14: 88-96.

张连昌, 翟明国, 万渝生, 等. 2012. 华北克拉通前寒武纪 BIF 铁矿研究:进展与问题. 岩石学报, 28(11): 3431-3445.

章敏, 韩晓华, 潘永信. 2019. 南非巴伯顿绿岩带条带状铁建造岩石磁学及磁性矿物的组成特征. 岩石学报, 35(7): 2206-2218.

郑永飞, 陈江峰. 2000. 稳定同位素地球化学. 北京: 科学出版社.

周顺桂, 周立祥, 黄焕忠. 2004. 黄钾铁矾的生物合成与鉴定. 光谱学与光谱分析, 24(9): 1140-1143.

周子琦, 李舒婷, 田杰生, 等. 2019. 趋磁细菌改造及磁小体功能化的研究进展. 生物技术通报, 35(4): 139-150.

朱岗崑. 2005. 古地磁学——基础、原理、方法、成果与应用. 北京: 科学出版社.

朱日祥, 金增信, 余志伟. 1991. 宇宙射线通量和气候变迁与地球磁场强度变化的关系. 第四纪研究, 11(2): 123-129.

朱日祥, 刘青松, 潘永信. 1999. 地磁极性倒转与全球性地质事件的相关性. 科学通报, 44(15): 1582-1589.

朱日祥, 潘永信, 邓成龙. 2006. 地磁场与生物的磁效应. 科技导报, 24(8): 5-7.

Abe K, Miyamoto Y, Chikazumi S. 1976. Magnetocrystalline anisotropy of low temperature phase of magnetite. Journal of the Physical Society of Japan, 41(6): 1894-1902.

Abracado L G, Esquivel D M S, Alves O C, et al. 2005. Magnetic material in head, thorax, and abdomen of *Solenopsis substituta* ants: A ferromagnetic resonance study. Journal of Magnetic Resonance, 175(2): 309-316.

Abrajevitch A, Kondratyeva L M, Golubeva E M, et al. 2016. Magnetic properties of iron minerals produced by natural iron- and manganese-reducing groundwater bacteria. Geophysical Journal International, 206: 1340-1351.

Abreu F, Martins J L, Silveira T S, et al. 2007. "Candidatus Magnetoglobus multicellularis", a multicellular, magnetotactic prokaryote from a hypersaline environment. International Journal of Systematic and Evolutionary Microbiology, 57(Pt 6):1318-1322.

Abreu F, Cantao M E, Nicolas M F, et al. 2011. Common ancestry of iron oxide- and iron-sulfide-based biomineralization in magnetotactic bacteria. The ISME Journal, 5: 1634-1640.

Abreu F, Carolina A, Araujo V, et al. 2016. Culture-independent characterization of novel psychrophilic magnetotactic cocci from Antarctic marine sediments. Environmental Microbiology, 18(12): 4426-4441.

Abreu F, Leão P, Vargas G, et al. 2018. Culture-independent characterization of a novel magnetotactic member affiliated to the Beta class of the Proteobacteria phylum from an acidic lagoon. Environmental Microbiology, 20: 2615-2624.

Adetunji C O, Olaniyan O T, Anani O A, et al. 2021. Bionanomaterials for green bionanotechnology// Bionanomaterials: Fundamentals and Biomedical Applications. IOP Publishing:10-11.

Agliassa C, Narayana R, Bertea C M, et al. 2018. Reduction of the geomagnetic field delays *Arabidopsis thaliana* flowering time through downregulation of flowering-related genes. Bioelectromagnetics, 39(5): 361-374.

Ahn J H, Buseck P R. 1990. Hematite nanospheres of possible colloidal origin from a precambrian banded iron formation. Science, 250(4977): 111-113.

Alexandrov V, Rosso K M. 2015. Ab initio modeling of Fe(II) adsorption and interfacial electron transfer at goethite (α-FeOOH) surfaces. Physical Chemistry Chemical Physics, 17(22):

14518-14531.

Aliaga Goltsman D S, Comolli L R, Thomas B C, et al. 2015. Community transcriptomics reveals unexpected high microbial diversity in acidophilic biofilm communities. The ISME Journal, 9(4): 1014-1023.

Alphandéry E, Faure S, Seksek O, et al. 2011. Chains of magnetosomes extracted from AMB-1 magnetotactic bacteria for application in alternative magnetic field cancer therapy. ACS Nano, 5(8): 6279-6296.

Alphandéry E, Idbaih A, Adam C, et al. 2017. Development of non-pyrogenic magnetosome minerals coated with poly-l-lysine leading to full disappearance of intracranial U87-Luc glioblastoma in 100% of treated mice using magnetic hyperthermia. Biomaterials, 141: 210-222.

Altringham J D. 1996. Bats: Biology and Behaviour. Oxford England: Oxford university press.

Amann R I, Ludwig W, Schleifer K H. 1995. Phylogenetic identification and *in situ* detection of individual microbial cells without cultivation. Microbiological Reviews, 59(1): 143-169.

Amemiya Y, Arakaki A, Staniland S S, et al. 2007. Controlled formation of magnetite crystal by partial oxidation of ferrous hydroxide in the presence of recombinant magnetotactic bacterial protein Mms6. Biomaterials, 28(35): 5381-5389.

Ameta R, Chohadia A K, Jain A, et al. 2018. Chapter 3 - Fenton and photo-fenton processes//Ameta S C, Ameta R. Advanced Oxidation Processes for Waste Water Treatment. San Diego: Academic Press, 49-87.

Amor M, Mathon F P, Monteil C L, et al. 2020. Iron-biomineralizing organelle in magnetotactic bacteria: Function, synthesis and preservation in ancient rock samples. Environmental Microbiology, 22(9): 3611-3632.

Amstaetter K, Borch T, Kappler A. 2012. Influence of humic acid imposed changes of ferrihydrite aggregation on microbial Fe(III) reduction. Geochimica et Cosmochimica Acta, 85: 326-341.

Andrews N C. 1999. Disorders of iron metabolism. New England Journal of Medicine, 341(26): 1986-1995.

Arakaki A, Webb J, Matsunaga T. 2003. A novel protein tightly bound to bacterial magnetic particles in *Magnetospirillum magneticum* strain AMB-1. Journal of Biological Chemistry, 278(10): 8745-8750.

Arakaki A, Masuda F, Matsunaga T. 2009. Iron oxide crystal formation on a substrate modified with the Mms6 protein from magnetotactic bacteria. MRS Online Proceedings Library. Cambridge: Cambridge University Press, 1187(1): 46-50.

Arakaki A, Yamagishi A, Fukuyo A, et al. 2014. Co-ordinated functions of Mms proteins define the surface structure of cubo-octahedral magnetite crystals in magnetotactic bacteria. Molecular

Microbiology, 93(3): 554-567.

Arosio P, Adelman T G, Drysdale J W. 1978. On ferritin heterogeneity. Further evidence for heteropolymers. Journal of Biological Chemistry, 253(12): 4451-4458.

Arosio P, Ingrassia R, Cavadini P. 2009. Ferritins: A family of molecules for iron storage, antioxidation and more. Biochimica et Biophysica Acta, 1790(7): 589-599.

Asashima M, Shimada K, Pfeiffer C J. 1991. Magnetic shielding induces early developmental abnormalities in the newt, *Cynops pyrrhogaster*. Bioelectromagnetics, 12(4): 215-224.

Atoji Y, Wild J M. 2012. Afferent and efferent projections of the mesopallium in the pigeon (*Columba livia*). Journal of Comparative Neurology, 520(4): 717-741.

Aurell J, Gullett B K. 2010. Aerostat sampling of PCDD/PCDF emissions from the Gulf oil spill *in situ* burns. Environmental Science & Technology, 44(24): 9431-9437.

Baas Becking L. 1934. Geobiologie of inleiding tot de milieukunde. van Stockum W P, Zoon, The Hague. No. 18-19.

Bai Y, Mellage A, Cirpka O A, et al. 2020a. AQDS and redox-active NOM enables microbial Fe(III)-mineral reduction at cm-scales. Environmental Science & Technology, 54(7): 4131-4139.

Bai Y, Sun T, Angenent L T, et al. 2020b. Electron hopping enables rapid electron transfer between quinone-/hydroquinone-containing organic molecules in microbial iron(III) mineral reduction. Environmental Science & Technology, 54(17): 10646-10653.

Baker R R. 1980. Goal orientation by blindfolded humans after long-distance displacement: Possible involvement of a magnetic sense. Science, 210(4469): 555-557.

Baker R R. 1987. Human navigation and magnetoreception - the Manchester experiments do replicate. Animal Behaviour, 35(3): 691-704.

Balci N, Bullen T D, Witte-Lien K, et al. 2006. Iron isotope fractionation during microbially stimulated Fe(II) oxidation and Fe(III) precipitation. Geochimica et Cosmochimica Acta, 70(3): 622-639.

Banerjee S K. 2006. Environmental magnetism of nanophase iron minerals: Testing the biomineralization pathway. Physics of the Earth and Planetary Interiors, 154(3): 210-221.

Barco R A, Emerson D, Sylvan J B, et al. 2015. New insight into microbial iron oxidation as revealed by the proteomic profile of an obligate iron-oxidizing chemolithoautotroph. Applied and Environmental Microbiology, 81(17): 5927-5937.

Barnes F S, Greenebaum B. 2015. The effects of weak magnetic fields on radical pairs. Bioelectromagnetics, 36(1): 45-54.

Barrn V, Torrent J. 2002. Evidence for a simple pathway to maghemite in Earth and Mars soils. Geochimica et Cosmochimica Acta, 66: 2801-2806.

Bartzokis G, Tishler T A, Lu P H, et al. 2007. Brain ferritin iron may influence age- and gender-related risks of neurodegeneration. Neurobiology of Aging, 28(3): 414-423.

Bauer G B, Fuller M, Perry A, et al. 1985. Magnetoreception and biomineralization of magnetite in cetaceans//Kirschvink J L, Jones D S, MacFadden B J. Magnetite Biomineralization and Magnetoreception in Organisms. Topics in Geobiology, New York: Plenum Press. 5: 489-507.

Baur M, Hayes J, Studley S, et al. 1985. Millimeter-scale variations of stable isotope abundances in carbonates from banded iron-formations in the Hamersley Group of Western Australia. Economic Geology, 80(2): 270-282.

Bazylinski D A, Frankel R B. 2004. Magnetosome formation in prokaryotes. Nature Reviews Microbiology, 2(3): 217-230.

Bazylinski D A, Frankel R B, Jannasch H W. 1988. Anaerobic magnetite production by a marine, magnetotactic bacterium. Nature, 334: 518-519.

Begall S, Cerveny J, Neef J, et al. 2008. Magnetic alignment in grazing and resting cattle and deer. Proceedings of the National Academy of Sciences of the United States of America, 105(36): 13451-13455.

Begall S, Malkemper E P, Cerveny J, et al. 2013. Magnetic alignment in mammals and other animals. Mammalian Biology, 78(1): 10-20.

Begall S, Burda H, Malkemper E P. 2014. Magnetoreception in mammals//Naguib M, Barrett L, Brockmann H J,et al.Advances in the Study of Behavior. San Diego: Academic Press. 46: 45-88.

Béguin A, Filippidi A, De Lange G J, et al. 2019. The evolution of the Levantine Iron Age geomagnetic anomaly captured in Mediterranean sediments. Earth and Planetary Science Letters, 511: 55-66.

Bekker A, Slack J F, Planavsky N, et al. 2010. Iron formation: The sedimentary product of a complex interplay among mantle, tectonic, oceanic, and biospheric processes. Economic Geology, 105(3): 467-508.

Bekker A, Planavsky N J, Krapež B, et al. 2014. Iron formations: Their origins and implications for ancient seawater chemistry//Holland H D, Turekian K K. Treatise on Geochemistry (2nd Edition) Oxford: Elsevier.561-628.

Beljavskaja N A, Fomicheva V N, Govorun R D, et al. 1992. Structure-functional organization of meristem cells of pea, flax and lentil roots under conditions of the geomagnetic-field screening. Biofizika, 37(4): 759-768.

Bellini S. 1963a. Su di un particolare comportamento di batteri d'acqua dolce (On a unique behavior of freshwater bacteria). Institute of Microbiology, University of Pavia, Italy.

Bellini S. 1963b. Ulteriori studi sui "batteri magnetosensibili" (Further studies on magnetosensitive bacteria). Institute of Microbiology, University of Pavia, Italy.

Bellini S. 2009. On a unique behavior of freshwater bacteria. Chinese Journal of Oceanology and Limnology, 27(1): 3.

Belyaev I Y, Alipov Y D, Harmsringdahl M. 1997. Effects of zero magnetic field on the conformation of chromatin in human cells. Biochimica et Biophysica Acta-General Subjects, 1336(3): 465-473.

Belyavskaya N A. 2001. Ultrastructure and calcium balance in meristem cells of pea roots exposed to extremely low magnetic fields. Advances in Space Research, 28(4): 645-650.

Ben-Yosef E, Tauxe L, Levy T E, et al. 2009. Geomagnetic intensity spike recorded in high resolution slag deposit in Southern Jordan. Earth and Planetary Science Letters, 287(3-4): 529-539.

Biggin A J, Steinberger B, Aubert J, et al. 2012. Possible links between long-term geomagnetic variations and whole-mantle convection processes. Nature Geoscience, 5(8): 526-533.

Bingman V P, Mench J A. 1990. Homing behavior of hippocampus and para-hippocampus lesioned pigeons following short-distance releases. Behavioural Brain Research, 40(3): 227-238.

Bingman V P, Ioale P, Casini G, et al. 1988. Hippocampal ablated homing pigeons show a persistent impairment in the time taken to return home. Journal of Comparative Physiology A-Sensory Neural and Behavioral Physiology, 163(4): 559-563.

Binhi V N. 2021. Random effects in magnetobiology and a way to summarize them. Bioelectromagnetics, 42(6): 501-515.

Binhi V N, Prato F S. 2017. Biological effects of the hypomagnetic field: An analytical review of experiments and theories. PLoS One, 12(6): e0179340

Binhi V N, Sarimov R M. 2009. Zero Magnetic field effect observed in human cognitive processes. Electromagnetic Biology and Medicine, 28(3): 310-315.

Blakemore R. 1975. Magnetotactic bacteria. Science, 190(4212): 377-379.

Blakemore R, Maratea D, Wolfe R. 1979. Isolation and pure culture of a freshwater magnetic spirillum in chemically defined medium. Journal of Bacteriology, 140(2): 720-729.

Blakemore R P, Frankel R B, Kalmijn A J. 1980. South-seeking magnetotactic bacteria in the southern hemisphere. Nature, 286(5771): 384-385.

Blattmann T M, Lesniak B, García-Rubio I, et al. 2020. Ferromagnetic resonance of magnetite biominerals traces redox changes. Earth and Planetary Science Letters, 545: 114600.

Blochl E, Rachel R, Burggraf S, et al. 1997. *Pyrolobus fumarii*, gen. and sp. nov., represents a novel group of archaea, extending the upper temperature limit for life to 113 degrees C. Extremophiles, 1(1): 14-21.

Blossey R. 2003. Self-cleaning surfaces—virtual realities. Nature Materials, 2 (5): 301-306.

Blöthe M, Roden E E. 2009. Composition and activity of an autotrophic Fe(Ⅱ)-oxidizing,

Nitrate-reducing enrichment culture. Applied and Environmental Microbiology, 75(21): 6937-6940.

Bloxham J, Zatman S, Dumberry M. 2002. The origin of geomagnetic jerks. Nature, 420(6911): 65-68.

Boles L C, Lohmann K J. 2003. True navigation and magnetic maps in spiny lobsters. Nature, 421(6918): 60-63.

Borch T, Masue Y, Kukkadapu R K, et al. 2007. Phosphate imposed limitations on biological reduction and alteration of ferrihydrite. Environmental Science & Technology, 41(1): 166-172.

Bose A, Gardel E J, Vidoudez C, et al. 2014. Electron uptake by iron-oxidizing phototrophic bacteria. Nature Communications, 5(1): 3391.

Bottesch M, Gerlach G, Halbach M, et al. 2016. A magnetic compass that might help coral reef fish larvae return to their natal reef. Current Biology, 26(24): R1266-R1267.

Boucher M, Geffroy F, Prévéral S, et al. 2017. Genetically tailored magnetosomes used as MRI probe for molecular imaging of brain tumor. Biomaterials, 121: 167-178.

Braterman P S, Cairns-Smith A G, Sloper R W. 1983. Photo-oxidation of hydrated Fe^{2+}-significance for banded iron formations. Nature, 303(5913): 163-164.

Brem F, Hirt A M, Winklhofer M, et al. 2006. Magnetic iron compounds in the human brain: A comparison of tumour and hippocampal tissue. Journal of the Royal Society Interface, 3(11): 833-841.

Brown J, Cooper-Kuhn C M, Kempermann G, et al. 2003. Enriched environment and physical activity stimulate hippocampal but not olfactory bulb neurogenesis. European Journal of Neuroscience, 17(10): 2042-2046.

Brown M, Korte M, Holme R, et al. 2018. Earth's magnetic field is probably not reversing. Proceedings of the National Academy of Sciences of the United States of America, 115(20): 5111-5116.

Bu Z, Zang L, Zhang Y, et al. 2017. Magnetic porous graphene/multi-walled carbon nanotube beads from microfluidics: A flexible and robust oil/water separation material. RSC Advances, 7(41): 25334-25340.

Bulte J W, Douglas T, Mann S, et al. 1994. Magnetoferritin: Biomineralization as a novel molecular approach in the design of iron-oxide-based magnetic resonance contrast agents. Investigative Radiology, 29: S214-S216.

Bulte J W M, Douglas T, Mann S, et al. 1994. Magnetoferritin: Characterization of a novel superparamagnetic MR contrast agent. Journal of Magnetic Resonance Imaging, 4(3): 497-505.

Bulte J W M, Douglas T, Mann S, et al. 1995. Initial assessment of magnetoferritin biokinetics and proton relaxation enhancement in rats. Academic radiology, 2(10): 871-878.

Burda H, Begall S, Cerveny J, et al. 2009. Extremely low-frequency electromagnetic fields disrupt magnetic alignment of ruminants. Proceedings of the National Academy of Sciences of the United States of America, 106(14): 5708-5713.

Burger T, Lucova M, Moritz R E, et al. 2010. Changing and shielded magnetic fields suppress c-Fos expression in the navigation circuit: input from the magnetosensory system contributes to the internal representation of space in a subterranean rodent. Journal of the Royal Society Interface, 7(50): 1275-1292.

Butler R F, Banerjee S K. 1975. Theoretical single-domain grain size range in magnetite and titanomagnetite. Journal of Geophysical Research, 80(29): 4049-4058.

Byrne J M, Telling N D, Coker V S, et al. 2011. Control of nanoparticle size, reactivity and magnetic properties during the bioproduction of magnetite by Geobacter sulfurreducens. Nanotechnology, 22(45): 455709.

Byrne J M, Coker V S, Cespedes E, et al. 2014. Biosynthesis of zinc substituted magnetite nanoparticles with enhanced magnetic properties. Advanced Functional Materials, 24(17): 2518-2529.

Byrne J M, Klueglein N, Pearce C, et al. 2015a. Redox cycling of Fe(II) and Fe(III) in magnetite by Fe-metabolizing bacteria. Science, 347(6229): 1473-1476.

Byrne J M, Muhamadali H, Coker V, et al. 2015b. Scale-up of the production of highly reactive biogenic magnetite nanoparticles using Geobacter sulfurreducens. Journal of The Royal Society Interface, 12(107): 20150240.

Byrne J M, Schmidt M, Gauger T, et al. 2018. Imaging organic–mineral aggregates formed by Fe(II)-oxidizing bacteria using helium ion microscopy. Environmental Science & Technology Letters, 5(4): 209-213.

Cadet J, Wagner J R. 2013. DNA base damage by reactive oxygen species, oxidizing agents, and UV radiation. Cold Spring Harbor Perspectives in Biology, 5(2): a012559.

Cai C X, Birk D E, Linsenmayer T F. 1998. Nuclear ferritin protects DNA from UV damage in corneal epithelial cells. Molecular Biology of the Cell, 9(5): 1037-1051.

Cai S, Tauxe L, Deng C, et al. 2014. Geomagnetic intensity variations for the past 8 kyr: New archaeointensity results from Eastern China. Earth and Planetary Science Letters, 392: 217-229.

Cai S, Chen W, Tauxe L, et al. 2015. New constraints on the variation of the geomagnetic field during the late Neolithic period: Archaeointensity results from Sichuan, southwestern China. Journal of Geophysical Research: Solid Earth, 120: 2056-2069.

Cai S, Tauxe L, Deng C, et al. 2016. New archaeomagnetic direction results from China and their constraints on palaeosecular variation of the geomagnetic field in Eastern Asia. Geophysical

Supplements to the Monthly Notices of the Royal Astronomical Society, 207(2): 1332-1342.

Cai S, Jin G, Tauxe L, et al. 2017. Archaeointensity results spanning the past 6 kiloyears from eastern China and implications for extreme behaviors of the geomagnetic field. Proceedings of the National Academy of Sciences of the United States of America, 114(1): 39-44.

Cai S, Tauxe L, Wang W, et al. 2020. High - fidelity archeointensity results for the Late Neolithic Period from central China. Geophysical Research Letters, 47(10): e2020GL087625.

Cai S, Doctor R, Tauxe L, et al. 2021. Archaeomagnetic results from Cambodia in Southeast Asia: Evidence for possible low-latitude flux expulsion. Proceedings of the National Academy of Sciences of the United States of America, 118(11): e2022490118.

Cai Y, Cao C, He X, et al. 2015. Enhanced magnetic resonance imaging and staining of cancer cells using ferrimagnetic H-ferritin nanoparticles with increasing core size. International Journal of Nanomedicine, 10: 2619-2629.

Cai Y, Wang Y, Xu H, et al. 2019. Positive magnetic resonance angiography using ultrafine ferritin-based iron oxide nanoparticles. Nanoscale, 11(6): 2644-2654.

Cain S D, Boles L C, Wang J H, et al. 2005. Magnetic orientation and navigation in marine turtles, lobsters, and molluscs: concepts and conundrums. Integrative and Comparative Biology, 45(3): 539-546.

Cairns-Smith A G. 1978. Precambrian solution photochemistry, inverse segregation, and banded iron formations. Nature, 276: 807.

Calcagnile P D, Fragouli I S, Bayer G C, et al. 2012. Magnetically driven floating foams for the removal of oil contaminants from water. ACS Nano, 6(6): 5413-5419.

Candelaria P V, Leoh L S, Penichet M L, et al. 2021. Antibodies targeting the transferrin receptor 1 (TfR1) as direct anti-cancer agents. Frontiers in Immunology, 12: 607692.

Canova A, Freschi F, Giaccone L, et al. 2021. Identification of material properties and optimal design of magnetically shielded rooms. Magnetochemistry, 7(2): 23.

Cao C, Tian L, Liu Q, et al. 2010. Magnetic characterization of noninteracting, randomly oriented, nanometer-scale ferrimagnetic particles. Journal of Geophysical Research: Solid Earth, 115(B7).

Cao C, Wang X, Cai Y, et al. 2014. Targeted *in vivo* imaging of microscopic tumors with ferritin-based nanoprobes across biological barriers. Advanced Materials, 26(16): 2566-2571.

Carrubba S, Frilot C, Chesson A L Jr, et al. 2007. Evidence of a nonlinear human magnetic sense. Neuroscience, 144(1): 356-367.

Caspar K R, Moldenhauer K, Moritz R E, et al. 2020. Eyes are essential for magnetoreception in a mammal. Journal of the Royal Society Interface, 17 (170): 20200513.

Cassie A B D, Baxter S. 1944. Wettability of porous surfaces. Transactions of the Faraday Society.

40:546-551.

Chan C S, Fakra S C, Edwards D C, et al. 2009. Iron oxyhydroxide mineralization on microbial extracellular polysaccharides. Geochimica et Cosmochimica Acta, 73(13): 3807-3818.

Chan C S, Fakra S C, Emerson D, et al. 2011. Lithotrophic iron-oxidizing bacteria produce organic stalks to control mineral growth: implications for biosignature formation. The ISME Journal, 5(4): 717-727.

Chan C S, Emerson D, Luther Iii G W. 2016a. The role of microaerophilic Fe-oxidizing micro-organisms in producing banded iron formations. Geobiology, 14(5): 509-528.

Chan C S, McAllister S M, Leavitt A H, et al. 2016b. The architecture of iron microbial mats reflects the adaptation of chemolithotrophic iron oxidation in freshwater and marine environments. Frontiers in Microbiology, 7: 796.

Chang J, Shi Y, Wu M, et al. 2018. Solar-assisted fast cleanup of heavy oil spills using a photothermal sponge. Journal of Materials Chemistry A, 6(19): 9192-9199.

Chang L, Heslop D, Roberts A P, et al. 2016a. Discrimination of biogenic and detrital magnetite through a double Verwey transition temperature. Journal of Geophysical Research: Solid Earth, 121: 3-14.

Chang L, Roberts A P, Heslop D, et al. 2016b. Widespread occurrence of silicate-hosted magnetic mineral inclusions in marine sediments and their contribution to paleomagnetic recording. Journal of Geophysical Research: Solid Earth, 121(12): 8415-8431.

Chang L, Harrison R J, Zeng F, et al. 2018. Coupled microbial bloom and oxygenation decline recorded by magnetofossils during the Palaeocene–Eocene Thermal Maximum. Nature Communications, 9: 4007.

Chang S-B R, Kirschvink J L. 1989. Magnetofossils, the magnetization of sediments, and the evolution of magnetite biomineralization. Annual Review of Earth and Planetary Sciences, 17(1): 169-195.

Channell J E T, Vigliotti L. 2019. The role of geomagnetic field intensity in Late Quaternary evolution of humans and large mammals. Reviews of Geophysics, 57(3): 709-738.

Channell J E T, Hodell D A, Margari V, et al. 2013. Biogenic magnetite, detrital hematite, and relative paleointensity in Quaternary sediments from the Southwest Iberian Margin. Earth and Planetary Science Letters, 376: 99-109.

Channell J E T, Singer B S, Jicha B R. 2020. Timing of Quaternary geomagnetic reversals and excursions in volcanic and sedimentary archives. Quaternary Science Reviews, 228: 106114.

Chasteen N D, Harrison P M. 1999. Mineralization in ferritin: An efficient means of iron storage. Journal of Structural Biology, 126(3): 182-194.

Chaumeil P-A, Mussig A J, Hugenholtz P, et al. 2019. GTDB-Tk: A toolkit to classify genomes with the Genome Taxonomy Database. Bioinformatics, 36: 1925-1927.

Chen A P, Berounsky V M, Chan M K, et al. 2014. Magnetic properties of uncultivated magnetotactic bacteria and their contribution to a stratified estuary iron cycle. Nature Communications, 5: 4797.

Chen C, Ma Q, Jiang W, et al. 2011. Phototaxis in the magnetotactic bacterium *Magnetospirillum magneticum* strain AMB-1 is independent of magnetic fields. Applied Microbiology and Biotechnology, 90(1): 269-275.

Chen C, Wang P, Chen H, et al. 2022. Smart Magnetotactic bacteria enable the inhibition of neuroblastoma under an alternating magnetic field. ACS Applied Materials & Interfaces, 14(12): 14049-14058.

Chen H, Li J, Wu L-F, et al. 2021. Morphological and phylogenetic diversity of magnetotactic bacteria and multicellular magnetotactic prokaryotes from a mangrove ecosystem in the Sanya River, South China. Journal of Oceanology and Limnology, 39(6): 2015-2026.

Chen L, Heslop D, Roberts A P, et al. 2017. Remanence acquisition efficiency in biogenic and detrital magnetite and recording of geomagnetic paleointensity. Geochemistry, Geophysics, Geosystems, 18(4): 1435-1450.

Chen N, Pan Q. 2013. Versatile fabrication of ultralight magnetic foams and application for oil-water separation. ACS Nano, 7 (8): 6875-6883.

Chen T, Xu H, Xie Q, et al. 2005. Characteristics and genesis of maghemite in Chinese loess and paleosols: Mechanism for magnetic susceptibility enhancement in paleosols. Earth and Planetary Science Letters, 240(3-4): 790-802.

Chen Y, Li Y, Zhou G, et al. 2014. Biomineralization mediated by anaerobic methane-consuming cell consortia. Scientific Reports, 4(1): 1-9.

Chen Z, Yin J J, Zhou Y T, et al. 2012. Dual enzyme-like activities of iron oxide nanoparticles and their implication for diminishing cytotoxicity. ACS Nano, 6(5): 4001-4012.

Chevalier C, Kieser S, Colakoglu M, et al. 2020. Warmth prevents bone loss through the gut microbiota. Cell Metabolism, 32(4): 575-590.e7.

Chiu B K, Kato S, Mcallister S M, et al. 2017. Novel pelagic iron-oxidizing Zetaproteobacteria from the Chesapeake Bay oxic–anoxic transition zone. Frontiers in Microbiology, 8: 1280.

Choleris E, del Seppia C, Thomas A W, et al. 2002. Shielding, but not zeroing of the ambient magnetic field reduces stress-induced analgesia in mice. Proceedings of the Royal Society B: Biological Sciences, 269(1487): 193-201.

Chou C, Gatti R, Fuller M, et al. 1986. Structure and expression of ferritin genes in a human promyelocytic cell line that differentiates *in vitro*. Molecular and cellular biology, 6(2): 566-573.

Chulliat A, Hulot G, Newitt L R. 2010. Magnetic flux expulsion from the core as a possible cause of the unusually large acceleration of the north magnetic pole during the 1990s. Journal of Geophysical Research: Solid Earth, 115: B7.

Ciorba D, Morariu V V. 2001. Life in zero magnetic field. III. Activity of aspartate aminotransferase and alanine aminotransferase during *in vitro* aging of human blood. Electro- and Magnetobiology, 20(3): 313-321.

Ciortea L I, Morariu V V, Todoran A, et al. 2001. Life in zero magnetic field. III. Effect on zinc and copper in human blood serum during *in vitro* aging. Electro- and Magnetobiology, 20(2): 127-139.

Cloud P. 1973. Paleoecological significance of the banded iron-formation. Economic Geology, 68(7): 1135-1143.

Cloud P E. 1965. Significance of the Gunflint (Precambrian) microflora. Science, 148(3666): 27.

Cnossen I, Sanz-Forcada J, Favata F, et al. 2007. Habitat of early life: solar X-ray and UV radiation at earth's surface 4–3.5 billion years ago. Journal of Geophysical Research: Planets, 112: E2.

Coates J D, Ellis D J, Gaw C V, et al. 1999. Geothrix fermentans gen. nov., sp. nov., a novel Fe(III)-reducing bacterium from a hydrocarbon-contaminated aquifer. International Journal of Systematic and Evolutionary Microbiology, 49(4): 1615-1622.

Cobessi D, Huang L S, Ban M, et al. 2001. The 2.6 Å resolution structure of Rhodobacter capsulatus bacterioferritin with metal-free dinuclear site and heme iron in a crystallographicspecial position. Acta Crystallographica Section D: Biological Crystallography, 58(1): 29-38.

Cockell C S. 1998. Biological effects of high ultraviolet radiation on early earth—a theoretical evaluation. Journal of Theoretical Biology, 193(4): 717-729.

Cockell C S, Horneck G. 2001. The history of the UV radiation climate of the earth—theoretical and space-based observations. Photochemistry and Photobiology, 73(4): 447-451.

Coker V S, Pearce C I, Lang C, et al. 2007. Cation site occupancy of biogenic magnetite compared to polygenic ferrite spinels determined by X-ray magnetic circular dichroism. European Journal of Mineralogy, 19(5): 707-716.

Coleman M L, Hedrick D B, Lovley D R, et al. 1993. Reduction of Fe(III) in sediments by sulphate-reducing bacteria. Nature, 361(6411): 436-438.

Collingwood J F, Mikhaylova A, Davidson M, et al. 2005. *In situ* characterization and mapping of iron compounds in Alzheimer's disease tissue. Journal of Alzheimer's Disease, 7(4): 267-272.

Constable C, Korte M, Panovska S. 2016. Persistent high paleosecular variation activity in southern hemisphere for at least 10 000 years. Earth and Planetary Science Letters, 453: 78-86.

Cooper A, Turney C S M, Palmer J, et al. 2021. A global environmental crisis 42, 000 years ago. Science, 371: 811-818.

Correa T N, Taveira I N, De Souza Filho R P, et al. 2020. Biomineralization of magnetosomes: Billion-year evolution shaping modern nanotools//Awadesh K M. Materials at the Nanoscale. London: IntechOpen: 1-21.

Coursolle D, Gralnick J A. 2010. Modularity of the Mtr respiratory pathway of Shewanella oneidensis strain MR-1. Molecular Microbiology, 77(4): 995-1008.

Courtillot V, Gallet Y, Le Mouël J-L, et al. 2007. Are there connections between the Earth's magnetic field and climate? Earth and Planetary Science Letters, 253(3-4): 328-339.

Cox A, Doell R R, Dalrymple G B. 1964. Reversals of the earth's magnetic field: Recent paleomagnetic and geochronologic data provide information on time and frequency of field reversals. Science, 144(3626): 1537-1543.

Creanga D E, Poiata A, Morariu V V, et al. 2004. Zero-magnetic field effect in pathogen bacteria. Journal of Magnetism and Magnetic Materials, 272: 2442-2444.

Croal L R, Johnson C M, Beard B L, et al. 2004. Iron isotope fractionation by Fe(II)-oxidizing photoautotrophic bacteria. Geochimica et Cosmochimica Acta, 68(6): 1227-1242.

Croal L R, Jiao Y, Newman D K. 2007. The fox operon from *Rhodobacter* strain SW2 promotes phototrophic Fe (II) oxidation in *Rhodobacter capsulatus* SB1003. Journal of Bacteriology, 189(5): 1774-1782.

Crowe S A, O'Neill A H, Katsev S, et al. 2008. The biogeochemistry of tropical lakes: A case study from Lake Matano, Indonesia. Limnology and Oceanography, 53(1): 319-331.

Crowe S A, Hahn A S, Morgan-Lang C, et al. 2017. Draft genome sequence of the pelagic photoferrotroph *Chlorobium phaeoferrooxidans*. Genome Announcements, 5(13): e01584-16.

Cui K, Zhang W, Liu J, et al. 2021. Characterization and diversity of magnetotactic bacteria from sediments of Caroline Seamount in the Western Pacific Ocean. Journal of Oceanology and Limnology, 39(6): 2027-2043.

Cutting R S, Coker V S, Fellowes J W, et al. 2009. Mineralogical and morphological constraints on the reduction of Fe(III) minerals by *Geobacter sulfurreducens*. Geochimica et Cosmochimica Acta, 73(14): 4004-4022.

Czaja A D, Johnson C M, Roden E E, et al. 2012. Evidence for free oxygen in the Neoarchean ocean based on coupled iron–molybdenum isotope fractionation. Geochimica et Cosmochimica Acta, 86: 118-137.

Czaja A D, Johnson C M, Beard B L, et al. 2013. Biological Fe oxidation controlled deposition of banded iron formation in the ca. 3770Ma Isua Supracrustal Belt (West Greenland). Earth and Planetary Science Letters, 363: 192-203.

Daldrup-Link H E. 2017. Ten things you might not know about iron oxide nanoparticles. Radiology,

284(3): 616-629.

Davies C, Constable C. 2017. Geomagnetic spikes on the core-mantle boundary. Nature Communications, 8(1): 1-11.

de Jager T L, Cockrell A E, Du Plessis S S. 2017. Ultraviolet light induced generation of reactive oxygen species. Advances in Experimental Medicine and Biology, 996: 15-23.

del Seppia C, Luschi P, Ghione S, et al. 2000. Exposure to a hypogeomagnetic field or to oscillating magnetic fields similarly reduce stress-induced analgesia in C57 male mice. Life Sciences, 66(14): 1299-1306.

DeLong E F, Frankel R B, Bazylinski D A. 1993. Multiple evolutionary origins of magnetotaxis in bacteria. Science, 259(5096): 803-806.

Deng C L, He H Y, Pan Y X, et al. 2013. Chronology of the terrestrial Upper Cretaceous in the Songliao Basin, northeast Asia. Palaeogeography, Palaeoclimatology, Palaeoecology, 385: 44-54.

Dickson D P E, Walton S A, Mann S, et al. 1997. Properties of magnetoferritin: A novel biomagnetic nanoparticle. NanoStructured Materials, 9(1-8): 595-598.

Ding H M, Wang X, Mo W C, et al. 2019. Hypomagnetic fields cause anxiety in adult male mice. Bioelectromagnetics, 40(1): 27-32.

Ding Y, Li J, Liu J, et al. 2010. Deletion of the ftsZ-like gene results in the production of superparamagnetic magnetite magnetosomes in *Magnetospirillum gryphiswaldense*. Journal of bacteriology, 192(4): 1097-1105.

Dollas A, Oelschlager H H A, Begall S, et al. 2019. Brain atlas of the African mole-rat *Fukomys anselli*. Journal of Comparative Neurology, 527(11): 1885-1900.

Dong H, Kostka J E, Kim J. 2003a. Microscopic evidence for microbial dissolution of smectite. Clays and Clay Minerals, 51(5): 502-512.

Dong H, Kukkadapu R K, Fredrickson J K, et al. 2003b. Microbial reduction of structural Fe(III) in illite and goethite. Environmental Science & Technology, 37(7): 1268-1276.

Douglas T, Ripoll D R. 1998. Calculated electrostatic gradients in recombinant human H-chain ferritin. Protein Science, 7(5): 1083-1091.

Druschel G K, Emerson D, Sutka R, et al. 2008. Low-oxygen and chemical kinetic constraints on the geochemical niche of neutrophilic iron(II) oxidizing microorganisms. Geochimica et Cosmochimica Acta, 72(14): 3358-3370.

Du H, Zhang W, Zhang W, et al. 2019. Magnetosome gene duplication as an important driver in the evolution of magnetotaxis in the Alphaproteobacteria. Msystems, 4(5): e00315-19.

Duckworth O W, Holmström S J M, Peña J, et al. 2009. Biogeochemistry of iron oxidation in a circumneutral freshwater habitat. Chemical Geology, 260(3-4): 149-158.

Dufour S C, Laurich J R, Batstone R T, et al. 2014. Magnetosome-containing bacteria living as symbionts of bivalves. The ISME Journal, 8(12): 2453-2462.

Dunin-Borkowski R E, Mccartney M R, Frankel R B, et al. 1998. Magnetic microstructure of magnetotactic bacteria by electron holography. Science, 282(5395): 1868-1870.

Dunlop D J. 1981. The rock magnetism of fine particles. Physics of the Earth and Planetary Interiors, 26(1): 1-26.

Dunlop D J, Özdemir Ö. 1997. Rock Magnetism: Fundamentals and Frontiers. Cambridge: Cambridge University Press.

Dupont H L, Jiang Z D, Dupont A W, et al. 2020. The intestinal microbiome in human health and disease. Transactions of the American Clinical and Climatological Association, 131: 178-197.

Dupret D, Fabre A, Dobrossy M D, et al. 2007. Spatial learning depends on both the addition and removal of new hippocampal neurons. PLoS Biology, 5(8): e214.

Dymek R F, Klein C. 1988. Chemistry, petrology and origin of banded iron-formation lithologies from the 3800 Ma Isua supracrustal belt, West Greenland. Precambrian Research, 39(4): 247-302.

Edelman N B, Fritz T, Nimpf S, et al. 2015. No evidence for intracellular magnetite in putative vertebrate magnetoreceptors identified by magnetic screening. Proceedings of the National Academy of Sciences of the United States of America, 112(1): 262-267.

Eder S H K, Cadiou H, Muhamad A, et al. 2012. Magnetic characterization of isolated candidate vertebrate magnetoreceptor cells. Proceedings of the National Academy of Sciences of the United States of America, 109(30): 12022-12027.

Edwards B A, Ferris F G. 2020. Influence of water flow on *in situ* rates of bacterial Fe(II) oxidation. Geomicrobiology Journal, 37(1): 67-75.

Egevang C, Stenhouse I J, Phillips R A, et al. 2010. Tracking of Arctic terns *Sterna paradisaea* reveals longest animal migration. Proceedings of the National Academy of Sciences of the United States of America, 107(5): 2078-2081.

Egli R. 2004. Characterization of individual rock magnetic components by analysis of remanence curves, 1. Unmixing natural sediments. Studia Geophysica et Geodaetica, 48(2): 391-446.

Egli R, Chen A P, Winklhofer M, et al. 2010. Detection of noninteracting single domain particles using first-order reversal curve diagrams. Geochemistry, Geophysics, Geosystems, 11(1): Q01Z11.

Ehrenberg C. 1836. Vorläufige Mitteilungen über das wirkliche Vorkommen fossiler Infusorien und ihre große Verbreitung. Poggendorff Ann, 38: 213-227.

Ehrenreich A, Widdel F. 1994. Anaerobic oxidation of ferrous iron by purple bacteria, a new type of phototrophic metabolism. Applied and Environmental Microbiology, 60(12): 4517-4526.

El-Naggar M Y, Wanger G, Leung K M, et al. 2010. Electrical transport along bacterial nanowires from Shewanella oneidensis MR-1. Proceedings of the National Academy of Sciences of the United States of America, 107(42): 18127.

Elsasser W M. 1941. A statistical analysis of the earth's internal magnetic field. Physical Review, 60(12): 876-883.

Emerson D, de Vet W. 2015. The role of FeOB in engineered water ecosystems: A review. Journal-American Water Works Association, 107(1): E47-E57.

Emerson D, Weiss J V. 2004. Bacterial iron oxidation in circumneutral freshwater habitats: Findings from the field and the laboratory. Geomicrobiology Journal, 21(6): 405-414.

Emerson D, Weiss J, O'loughlin E, et al. 1999. Iron-oxidizing bacteria are associated with ferric hydroxide precipitates (Fe-Plaque) on the roots of wetland plants. Applied and Environmental Microbiology, 65(6): 2758-2761.

Emerson D, Fleming E J, Mcbeth J M. 2010. Iron-oxidizing bacteria: An environmental and genomic perspective. Annual Review of Microbiology, 64(1): 561-583.

Emlen S T, Emlen J T. 1966. A technique for recording migratory orientation of captive birds. The Auk, 83(3): 361-367.

Engbers Y A, Biggin A J, Bono R K. 2020. Elevated paleomagnetic dispersion at Saint Helena suggests long-lived anomalous behavior in the South Atlantic. Proceedings of the National Academy of Sciences of the United States of America, 117(31): 18258-18263.

Engels S, Schneider N L, Lefeldt N, et al. 2014. Anthropogenic electromagnetic noise disrupts magnetic compass orientation in a migratory bird. Nature, 509(7500): 353-356.

Erdmann W, Kmita H, Kosicki J Z, et al. 2021a. How the geomagnetic field influences life on Earth - An integrated approach to Geomagnetobiology. Origins of Life and Evolution of Biospheres, 1-27.

Erdmann W, Idzikowski B, Kowalski W, et al. 2021b. Tolerance of two anhydrobiotic tardigrades *Echiniscus testudo* and *Milnesium inceptum* to hypomagnetic conditions. PeerJ, 9: e10630.

Eremenko T, Esposito C, Pasquarelli A, et al. 1997. Cell-cycle kinetics of friend erythroleukemia cells in a magnetically shielded room and in a low-frequency/low-intensity magnetic field. Bioelectromagnetics: Journal of the Bioelectromagnetics Society, The Society for Physical Regulation in Biology and Medicine, The European Bioelectromagnetics Association, 18(1): 58-66.

Ertepinar P, Langereis C G, Biggin A J, et al. 2012. Archaeomagnetic study of five mounds from Upper Mesopotamia between 2500 and 700 BCE: Further evidence for an extremely strong geomagnetic field ca. 3000 years ago. Earth and Planetary Science Letters, 357-358: 84-98.

Ettwig K F, Zhu B, Speth D, et al. 2016. Archaea catalyze iron-dependent anaerobic oxidation of methane. Proceedings of the National Academy of Sciences of the United States of America, 113(45): 12792-12796.

Evans D. 2003. True polar wander and supercontinents. Tectonophysics, 362(1-4): 303-320.

Fabian K, Shcherbakov V P, Kosareva L, et al. 2016. Physical interpretation of isothermal remanent magnetization end-members: New insights into the environmental history of Lake Hovsgul, Mongolia. Geochemistry, Geophysics, Geosystems, 17(11): 4669-4683.

Falvo E, Tremante E, Arcovito A, et al. 2016. Improved doxorubicin encapsulation and pharmacokinetics of ferritin–fusion protein nanocarriers bearing proline, serine, and alanine elements. Biomacromolecules, 17(2): 514-522.

Fan K, Cao C, Pan Y, et al. 2012. Magnetoferritin nanoparticles for targeting and visualizing tumour tissues. Nature Nanotechnology, 7(7): 459-464.

Fantechi E, Innocenti C, Zanardelli M, et al. 2014. A smart platform for hyperthermia application in cancer treatment: cobalt-doped ferrite nanoparticles mineralized in human ferritin cages. ACS Nano, 8(5): 4705-4719.

Fargion S, Arosio P, Fracanzani A L, et al. 1988. Characteristics and expression of binding-sites specific for ferritin H-chain on human cell-lines. Blood, 71(3): 753-757.

Feng M, Lu Y, Yang Y, et al. 2013. Bioinspired greigite magnetic nanocrystals: Chemical synthesis and biomedicine applications. Scientific Reports, 3(1): 1-6.

Ferreira C, Santambrogio P, Martin M E, et al. 2001. H ferritin knockout mice: A model of hyperferritinemia in the absence of iron overload. Blood, 98(3): 525-532.

Field E K, Kato S, Findlay A J, et al. 2016. Planktonic marine iron oxidizers drive iron mineralization under low-oxygen conditions. Geobiology, 14(5): 499-508.

Finlay B. 2002. Global dispersal of free-living microbial eukaryote species. Science, 296(5570): 1061-1063.

Fischer J H, Freake M J, Borland S C, et al. 2001. Evidence for the use of magnetic map information by an amphibian. Animal Behaviour, 62(1): 1-10.

Fleming E J, Davis R E, McAllister S M, et al. 2013. Hidden in plain sight: Discovery of sheath-forming, iron-oxidizing Zetaproteobacteria at Loihi Seamount, Hawaii, USA. FEMS Microbiology Ecology, 85(1): 116-127.

Flies C B, Jonkers H M, De Beer D, et al. 2005a. Diversity and vertical distribution of magnetotactic bacteria along chemical gradients in freshwater microcosms. FEMS Microbiology Ecology, 52(2): 185-195.

Flies C B, Peplies J, Schüler D. 2005b. Combined approach for characterization of uncultivated magnetotactic bacteria from various aquatic environments. Applied and Environmental Microbiology, 71(5): 2723-2731.

Foley L E, Gegear R J, Reppert S M. 2011. Human cryptochrome exhibits light-dependent magnetosensitivity. Nature Communications, 2(1): 1-3.

Fomicheva V M, Govorun R D, Danilov V I. 1992a. Proliferative activity and cell reproduction in meristems of root seedlings of pea, flax and lentil under conditions of screening of the geomagnetic-field. Biofizika, 37: 745-749.

Fomicheva V M, Zaslavsky V A, Govorun R D, et al. 1992b. Dynamics of RNA and protein-synthesis in cells of root-meristem of pea, flax and lentil under conditions of screening of the geomagnetic-field. Biofizika, 37: 750-758.

Formicki K, Korzelecka-Orkisz A, Tanski A. 2019. Magnetoreception in fish. Journal of Fish Biology, 95(1): 73-91.

François L M. 1986. Extensive deposition of banded iron formations was possible without photosynthesis. Nature, 320(6060): 352-354.

Frankel R B. 1982. Magnetotactic bacteria. Comments on Molecular and Cellular Biophysics, 1: 293.

Frankel R B. 2009. The discovery of magnetotactic/magnetosensitive bacteria. Chinese Journal of Oceanology and Limnology, 27(1): 1.

Frankel R B, Bazylinski D A, Johnson M S, et al. 1997. Magneto-aerotaxis in marine coccoid bacteria. Biophysical Journal, 73(2): 994-1000.

Fredrickson J K, Zachara J M, Kennedy D W, et al. 1998. Biogenic iron mineralization accompanying the dissimilatory reduction of hydrous ferric oxide by a groundwater bacterium. Geochimica et Cosmochimica Acta, 62(19-20): 3239-3257.

Freire R, Birch T E. 2010. Conditioning to magnetic direction in the Pekin duck (*Anas platyrhynchos domestica*). Journal of Experimental Biology, 213(20): 3423-3426.

Freire R, Munro U H, Rogers L J, et al. 2005. Chickens orient using a magnetic compass. Current Biology, 15(16): R620-R621.

Fu J P, Mo W C, Liu Y, et al. 2016a. Elimination of the geomagnetic field stimulates the proliferation of mouse neural progenitor and stem cells. Protein Cell, 7(9): 624-637.

Fu J P, Mo W C, Liu Y, et al. 2016b. Decline of cell viability and mitochondrial activity in mouse skeletal muscle cell in a hypomagnetic field. Bioelectromagnetics, 37(4): 212-222.

Fukuda Y, Okamura Y, Takeyama H, et al. 2006. Dynamic analysis of a genomic island in *Magnetospirillum* sp. strain AMB-1 reveals how magnetosome synthesis developed. FEBS Letters, 580(3): 801-812.

Gallet Y, Genevey A, Courtillot V. 2003. On the possible occurrence of 'archaeomagnetic jerks' in the geomagnetic field over the past three millennia. Earth and Planetary Science Letters, 214(1-2): 237-242.

Gallet Y, Genevey A, Fluteau F. 2005. Does Earth's magnetic field secular variation control centennial climate change? Earth and Planetary Science Letters, 236(1-2): 339-347.

Gallet Y, Genevey A, Maxime L G, et al. 2006. Possible impact of the Earth's magnetic field on the history of ancient civilizations. Earth and Planetary Science Letters, 246(1-2): 17-26.

Galloway J M, Arakaki A, Masuda F, et al. 2011. Magnetic bacterial protein Mms6 controls morphology, crystallinity and magnetism of cobalt-doped magnetite nanoparticles *in vitro*. Journal of Materials Chemistry, 21(39):15244-15254.

Gandia D, Gandarias L, Rodrigo I, et al. 2019. Unlocking the potential of magnetotactic bacteria as magnetic hyperthermia agents. Small, 15(41): 1902626.

Gao L, Zhuang J, Nie L, et al. 2007. Intrinsic peroxidase-like activity of ferromagnetic nanoparticles. Nature Nanotechnology, 2(9): 577-583.

Gao L, Fan K, Yan X. 2017. Iron oxide nanozyme: A multifunctional enzyme mimetic for biomedical applications. Theranostics, 7(13): 3207-3227.

Garrels R M, Perry E A, Mackenzie F T. 1973. Genesis of Precambrian iron-formations and the development of atmospheric oxygen. Economic Geology, 68(7): 1173-1179.

Ge J, Shi L A, Wang Y C, et al. 2017. Joule-heated graphene-wrapped sponge enables fast clean-up of viscous crude-oil spill. Nature Nanotechnology, 12(5): 434-440.

Geelhoed J S, Kleerebezem R, Sorokin D Y, et al. 2010. Reduced inorganic sulfur oxidation supports autotrophic and mixotrophic growth of *Magnetospirillum* strain J10 and *Magnetospirillum gryphiswaldense*. Environmental Microbiology, 12(4): 1031-1040.

Gegear R J, Casselman A, Waddell S, et al. 2008. Cryptochrome mediates light-dependent magnetosensitivity in Drosophila. Nature, 454(7207):1014-1018.

Gibbs-Eggar Z, Jude B, Dominik J, et al. 1999. Possible evidence for dissimilatory bacterial magnetite dominating the magnetic properties of recent lake sediments. Earth and Planetary Science Letters, 168: 1-6.

Golubic S, Seong-Joo L. 1999. Early cyanobacterial fossil record: Preservation, palaeoenvironments and identification. European Journal of Phycology, 34(4): 339-348.

Goswami P, He K, Li J, et al. 2022. Magnetotactic bacteria and magnetofossils: Ecology, evolution and environmental implications. NPJ Biofilms Microbiomes, 8(1):43.

Gould E, Tanapat P. 1999. Stress and hippocampal neurogenesis. Biological Psychiatry, 46(11): 1472-1479.

Gould J L, Kirschvink J L, Deffeyes K S. 1978. Bees have magnetic remanence. Science, 201(4360): 1026-1028.

Granier T, Gallois B, Dautant A, et al. 2000. Crystallization and preliminary X-ray diffraction data of mouse L-chain apoferritin crystals. Acta Crystallographica Section D: Biological Crystallography,

56(5): 634-636.

Grassi-Schultheiss P P, Heller F, Dobson J. 1997. Analysis of magnetic material in the human heart, spleen and liver. Biometals, 10(4): 351-355.

Gray H B, Winkler J R. 2009. Electron flow through proteins. Chemical Physics Letters, 483(1-3): 1-9.

Greenberg M, Canter K, Mahler I, et al. 2005. Observation of magnetoreceptive behavior in a multicellular magnetotactic prokaryote in higher than geomagnetic fields. Biophysical Journal, 88(2): 1496-1499.

Greif S, Borissov I, Yovel Y, et al. 2014. A functional role of the sky's polarization pattern for orientation in the greater mouse-eared bat. Nature Communications, 5(1): 4488.

Gross G A. 1980. A classification of iron formations based on depositional environments. The Canadian Mineralogist, 18(2): 215-222.

Grünberg K, Wawer C, Tebo B M, et al. 2001. A large gene cluster encoding several magnetosome proteins is conserved in different species of magnetotactic bacteria. Applied and Environmental Microbiology, 67(10): 4573-4582.

Gu Z, Pan S, Lin Z, et al. 2021. Climate-driven flyway changes and memory-based long-distance migration. Nature, 591(7849): 259-264.

Gubbins D. 1999. The distinction between geomagnetic excursions and reversals. Geophysical Journal International, 137(1): F1-F3.

Gubbins D, Jones A L, Finlay C C. 2006. Fall in Earth's magnetic field is erratic. Science, 312(5775): 900-902.

Gunther A, Einwich A, Sjulstok E, et al. 2018. Double-cone localization and seasonal expression pattern suggest a role in magnetoreception for European Robin cryptochrome 4. Current Biology, 28(2): 211-223.

Guo F F, Yang W, Jiang W, et al. 2012. Magnetosomes eliminate intracellular reactive oxygen species in *Magnetospirillum gryphiswaldense* MSR-1. Environmental Microbiology, 14(7): 1722-1729.

Gurfinkel Iu I, Vasin A L, Matveeva T A, et al. 2014. Evaluation of the hypomagnetic environment effects on capillary blood circulation, blood pressure and heart rate. Aerospace and Environmental Medicine, 48(2): 24-30.

Gurfinkel Y I, At'kov O Y, Vasin A L, et al. 2016. Effect of zero magnetic field on cardiovascular system and microcirculation. Life Sciences in Space Research, 8: 1-7.

Guselnikova O, Barras A, Addad A, et al. 2020. Magnetic polyurethane sponge for efficient oil adsorption and separation of oil from oil-in-water emulsions. Separation and Purification Technology, 240: 116627.

Habicht K S, Gade M, Thamdrup B, et al. 2002. Calibration of sulfate levels in the Archean Ocean. Science, 298(5602): 2372.

Hafenbradl D, Keller M, Dirmeier R, et al. 1996. Ferroglobus placidus gen. nov., sp. nov., a novel hyperthermophilic archaeum that oxidizes Fe^{2+} at neutral pH under anoxic conditions. Archives of Microbiology, 166(5): 308-314.

Halama M, Swanner E D, Konhauser K O, et al. 2016. Evaluation of siderite and magnetite formation in BIFs by pressure–temperature experiments of Fe(III) minerals and microbial biomass. Earth and Planetary Science Letters, 450: 243-253.

Halevy I, Alesker M, Schuster E M, et al. 2017. A key role for green rust in the Precambrian oceans and the genesis of iron formations. Nature Geoscience, 10: 135-139.

Hamburger A E, West A P, Hamburger Z A, et al. 2005. Crystal structure of a secreted insect ferritin reveals a symmetrical arrangement of heavy and light chains. Journal of Molecular Biology, 349(3): 558-569.

Han L, Sun K, Keiluweit M, et al. 2019. Mobilization of ferrihydrite-associated organic carbon during Fe reduction: Adsorption versus coprecipitation. Chemical Geology, 503: 61-68.

Han X, Tomaszewski E J, Sorwat J, et al. 2020a. Oxidation of green rust by anoxygenic phototrophic Fe(II)-oxidising bacteria. Geochemical Perspectives Letters, 12: 52-57.

Han X, Tomaszewski E J, Sorwat J, et al. 2020b. Effect of microbial biomass and humic acids on abiotic and biotic magnetite formation. Environmental Science & Technology, 54(7): 4121-4130.

Han X, Tomaszewski E J, Schoenberg R, et al. 2021. Using Zn and Ni behavior during magnetite precipitation in banded iron formations to determine its biological or abiotic origin. Earth and Planetary Science Letters, 568: 117052.

Han X, He Y, Li J, et al. 2022. Iron isotope fractionation in anoxygenic phototrophic Fe(II) oxidation by *Rhodobacter ferrooxidans* SW2. Geochimica et Cosmochimica Acta, 332: 355-368.

Hanzlik M, Winklhofer M, Petersen N. 2002. Pulsed-field-remanence measurements on individual magnetotactic bacteria. Journal of Magnetism and Magnetic Materials, 248(2): 258-267.

Hao R, Xing R, Xu Z, et al. 2010. Synthesis, functionalization, and biomedical applications of multifunctional magnetic nanoparticles. Advanced Materials, 22(25): 2729-2742.

Harakawa K, Kajiwara G, Kazami K, et al. 1996. Evaluation of a high-performance magnetically shielded room for biomagnetic measurement. IEEE Transactions on Magnetics, 32(6): 5256-5260.

Harrison P M, Arosio P. 1996. The ferritins: Molecular properties, iron storage function and cellular regulation. Biochimica et Biophysica Acta-Bioenergetics, 1275(3): 161-203.

Harrison P M, Fischbac F A, Hoy T G, et al. 1967. Ferric oxyhydroxide core of ferritin. Nature, 216(5121): 1188-1190.

Hart V, Kusta T, Nemec P, et al. 2012. Magnetic alignment in carps: Evidence from the Czech Christmas Fish Market. PLoS One, 7 (12): e51100.

Hartshorne R S, Reardon C L, Ross D, et al. 2009. Characterization of an electron conduit between bacteria and the extracellular environment. Proceedings of the National Academy of Sciences of the United States of America, 106(52): 22169-22174.

Hautot D, Pankhurst Q A, Khan N, et al. 2003. Preliminary evaluation of nanoscale biogenic magnetite in Alzheimer's disease brain tissue. Proceedings of the Royal Society B: Biological Sciences, 270 (Suppl_1): S62-64.

Hawkins L M A, Grappone J M, Sprain C J, et al. 2021. Intensity of the Earth's magnetic field: Evidence for a Mid-Paleozoic dipole low. Proceedings of the National Academy of Sciences of the United States of America, 118(34): e2017342118.

He F, Wei Y, Maffei S, et al. 2021. Equatorial auroral records reveal dynamics of the paleo-West Pacific geomagnetic anomaly. Proceedings of the National Academy of Sciences of the United States of America, 118(20): e2026080118.

He K, Pan Y. 2020. Magnetofossil abundance and diversity as paleoenvironmental proxies: A case study from southwest Iberian margin sediments. Geophysical Research Letters, 47(8): e2020GL087165.

He K, Roud S C, Gilder S A, et al. 2018. Seasonal variability of magnetotactic bacteria in a freshwater pond. Geophysical Research Letters, 45(5): 2294-2302.

He K, Zhao X, Pan Y, et al. 2020. Benchmarking component analysis of remanent magnetization curves with a synthetic mixture series: Insight into the reliability of unmixing natural samples. Journal of Geophysical Research: Solid Earth, 125: e2020JB020105.

He L, He T, Farrar S, et al. 2017. Antioxidants maintain cellular redox homeostasis by elimination of reactive oxygen species. Cellular Physiology and Biochemistry, 44(2): 532-553.

He S, Zhan Y, Zhao S, et al. 2019. Design of stable super-hydrophobic/super-oleophilic 3D carbon fiber felt decorated with Fe_3O_4 nanoparticles: Facial strategy, magnetic drive and continuous oil/water separation in harsh environments. Applied Surface Science, 494: 1072-1082.

He Y Y, Häder D. 2002. Reactive oxygen species and UV-B: Effect on cyanobacteria. Photochemical and Photobiological Sciences, 1(10): 729-736.

Hedlund B P, Staley J T. 2003. Microbial endemism and biogeography//Bull A T. Microbial Diversity and Bioprospecting. Washington, D.C.: ASM Press: 225-231.

Hegler F, Posth N R, Jiang J, et al. 2008. Physiology of phototrophic iron (II)-oxidizing bacteria: Implications for modern and ancient environments. FEMS Microbiology Ecology, 66(2): 250-260.

Hegler F, Schmidt C, Schwarz H, et al. 2010. Does a low-pH microenvironment around phototrophic

Fe(II)-oxidizing bacteria prevent cell encrustation by Fe(III) minerals? FEMS Microbiology Ecology, 74(3): 592-600.

Heirtzler J R. 2002. The future of the South Atlantic anomaly and implications for radiation damage in space. Journal of Atmospheric and Solar-Terrestrial Physics, 64(16): 1701-1708.

Heising S, Richter L, Ludwig W, et al. 1999. *Chlorobium ferrooxidans* sp. nov., a phototrophic green sulfur bacterium that oxidizes ferrous iron in coculture with a "*Geospirillum*" sp. strain. Archives of Microbiology, 172(2): 116-124.

Hellinger J, Hoffmann K P. 2009. Magnetic field perception in the Rainbow Trout, *Oncorhynchus mykiss*. Journal of Comparative Physiology A-Neuroethology Sensory Neural and Behavioral Physiology, 195(9): 873-879.

Hempstead P D, Yewdall S J, Fernie A R, et al. 1997. Comparison of the three-dimensional structures of recombinant human H and horse L ferritins at high resolution. Journal of Molecular Biology, 268(2): 424-448.

Hentze M W, Muckenthaler M U, Andrews N C. 2004. Balancing acts: Molecular control of mammalian iron metabolism. Cell, 117(3): 285-297.

Herborn C, Papanikolaou N, Reszka R, et al. 2003. Magnetosomes as biological model for iron binding: Relaxivity determination with MRI. Thieme, 175(6): 830-834.

Hershey D M, Browne P J, Iavarone A T, et al. 2016a. Magnetite biomineralization in *Magnetospirillum magneticum* is regulated by a switch-like behavior in the HtrA protease MamE. The Journal of Biological Chemistry, 291(34): 17941-17952.

Hershey D M, Ren X, Melnyk R A, et al. 2016b. MamO is a repurposed serine protease that promotes magnetite biomineralization through direct transition metal binding in magnetotactic bacteria. PLoS Biology, 14(3): e1002402.

Heslop D, Roberts A P, Chang L, et al. 2013. Quantifying magnetite magnetofossil contributions to sedimentary magnetizations. Earth and Planetary Science Letters, 382: 58-65.

Hesse P P. 1994. Evidence for bacterial palaeoecological origin of mineral magnetic cycles in oxic and sub-oxic Tasman Sea sediments. Marine Geology, 117(1-4): 1-17.

Heyers D, Manns M, Luksch H, et al. 2007. A visual pathway links brain structures active during magnetic compass orientation in migratory birds. PLoS One, 2(9): e937.

Heyers D, Zapka M, Hoffmeister M, et al. 2010. Magnetic field changes activate the trigeminal brainstem complex in a migratory bird. Proceedings of the National Academy of Sciences of the United States of America, 107(20): 9394-9399.

Hill E, Ritz T. 2010. Can disordered radical pair systems provide a basis for a magnetic compass in animals? Journal of The Royal Society Interface, 7 (Suppl 2): S265-271.

Hoffman P F, Kaufman A J, Halverson G P, et al. 1998. A Neoproterozoic snowball earth. Science, 281(5381): 1342-1346.

Holland H D. 1973. The oceans: A possible source of iron in iron-formations. Economic Geology, 68(7): 1169-1172.

Holland H D. 1984. The Chemical Evolution of the Atmosphere and Oceans. Princeton: Princeton University Press.

Holland R A, Thorup K, Vonhof M J, et al. 2006. Navigation - Bat orientation using Earth's magnetic field. Nature, 444(7120): 702.

Holland R A, Kirschvink J L, Doak T G, et al. 2008. Bats use magnetite to detect the Earth's magnetic field. PLoS One, 3(2): e1676.

Holm N G. 1989. The $^{13}C^{12}C$ ratios of siderite and organic matter of a modern metalliferous hydrothermal sediment and their implications for banded iron formations. Chemical Geology, 77(1): 41-45.

Hong H, Yu Y, Lee C H, et al. 2013. Globally strong geomagnetic field intensity circa 3000 years ago. Earth and Planetary Science Letters, 383: 142-152.

Hore P J, Mouritsen H. 2016. The radical-pair mechanism of magnetoreception. Annual Review of Biophysics, 45: 299-344.

Hu P D, Mo W C, Fu J P, et al. 2020. Long-term hypogeomagnetic field exposure reduces muscular mitochondrial function and exercise capacity in adult male mice. Progress in Biochemistry and Biophysics, 47(5): 426-438.

Huang S, Jaffé P, Senko J M. 2018. Isolation and characterization of an ammonium-oxidizing iron reducer: Acidimicrobiaceae sp. A6. PLoS One, 13(4): e0194007.

Hutterer R, Ivanova T, Meyer-Cords C, et al. 2005. Bat migration in Europe: A review of banding data and literature. Federal Agency for Nature Conservation, Bonn.

Ikehata H, Ono T. 2011. The mechanisms of UV mutagenesis. Journal of Radiation Research, 52(2): 115-125.

Islam M, Maffei M E, Vigani G. 2020a. The geomagnetic field is a contributing factor for an efficient iron uptake in Arabidopsis thaliana. Frontiers in Plant Science, 11: 325.

Islam M, Vigani G, Maffei M E. 2020b. The geomagnetic field (GMF) modulates nutrient status and lipid metabolism during *Arabidopsis thaliana* plant development. Plants (Basel), 9 (12):1729.

Jacobsen S B, Pimentel-Klose M R. 1988. A Nd isotopic study of the Hamersley and Michipicoten banded iron formations: The source of REE and Fe in Archean oceans. Earth and Planetary Science Letters, 87(1): 29-44.

Jaisi D P, Kukkadapu R K, Eberl D D, et al. 2005. Control of Fe(III) site occupancy on the rate and extent of microbial reduction of Fe(III) in nontronite. Geochimica et Cosmochimica Acta, 69(23): 5429-5440.

Jeans C, Singer S W, Chan C S, et al. 2008. Cytochrome 572 is a conspicuous membrane protein with iron oxidation activity purified directly from a natural acidophilic microbial community. The ISME Journal, 2(5): 542-550.

Ji B, Zhang S, Zhang W, et al. 2017. The chimeric nature of the genomes of marine magnetotactic coccoid-ovoid bacteria defines a novel group of Proteobacteria. Environmental Microbiology, 19(3): 1103-1119.

Jia B, Xie L, Zheng Q, et al. 2014. A hypomagnetic field aggravates bone loss induced by hindlimb unloading in rat femurs. PLoS One, 9(8): e105604.

Jiang X, Zhao X, Chou Y, et al. 2020. Characterization and quantification of magnetofossils within abyssal manganese nodules from the Western Pacific Ocean and implications for nodule formation. Geochemistry, Geophysics, Geosystems, 21(3): e2019GC008811.

Jiao Y, Newman D K. 2007. The pio operon is essential for phototrophic Fe (II) oxidation in *Rhodopseudomonas palustris* TIE-1. Journal of Bacteriology, 189(5): 1765-1773.

Jiao Y, Kappler A, Croal L R, et al. 2005. Isolation and characterization of a genetically tractable photoautotrophic Fe(II)-Oxidizing bacterium, *Rhodopseudomonas palustris* strain TIE-1. Applied and Environmental Microbiology, 71(8): 4487-4496.

Jogler C, Schüler D. 2009. Genomics, genetics, and cell biology of magnetosome formation. Annual Review of Microbiology, 63: 501-521.

Jogler C, Lin W, Meyerdierks A, et al. 2009. Toward cloning of the magnetotactic metagenome: Identification of magnetosome island gene clusters in uncultivated magnetotactic bacteria from different aquatic sediments. Applied and Environmental Microbiology, 75(12): 3972-3979.

Jogler C, Niebler M, Lin W, et al. 2010. Cultivation-independent characterization of '*Candidatus Magnetobacterium bavaricum*' via ultrastructural, geochemical, ecological and metagenomic methods. Environmental Microbiology, 12(9): 2466-2478.

Jogler C, Wanner G, Kolinko S, et al. 2011. Conservation of proteobacterial magnetosome genes and structures in an uncultivated member of the deep-branching Nitrospirae phylum. Proceedings of the National Academy of Sciences of the United States of America, 108(3): 1134-1139.

Johnsen S, Lohmann K J. 2005. The physics and neurobiology of magnetoreception. Nature Reviews Neuroscience, 6(9): 703-712.

Johnson C M, Skulan J L, Beard B L, et al. 2002. Isotopic fractionation between Fe(III) and Fe(II) in aqueous solutions. Earth and Planetary Science Letters, 195(1-2): 141-153.

Johnson C M, Beard B L, Klein C, et al. 2008. Iron isotopes constrain biologic and abiologic processes in banded iron formation genesis. Geochimica et Cosmochimica Acta, 72(1): 151-169.

Johnson J E, Gerpheide A, Lamb M P, et al. 2014. O_2 constraints from Paleoproterozoic detrital pyrite and uraninite. Bulletin, 126(5-6): 813-830.

Johnson J E, Muhling J R, Cosmidis J, et al. 2018. Low-Fe (III) greenalite was a primary mineral from Neoarchean Oceans. Geophysical Research Letters, 45(7): 3182-3192.

Jones S R, Wilson T D, Brown M E, et al. 2015. Genetic and biochemical investigations of the role of MamP in redox control of iron biomineralization in *Magnetospirillum magneticum*. Proceedings of the National Academy of Sciences of the United States of America, 112(13): 3904-3909.

Jönsson J, Persson P, Sjöberg S, et al. 2005. Schwertmannite precipitated from acid mine drainage: phase transformation, sulphate release and surface properties. Applied Geochemistry, 20(1): 179-191.

Jordan A, Scholz R, Maier-Hauff K, et al. 2001. Presentation of a new magnetic field therapy system for the treatment of human solid tumors with magnetic fluid hyperthermia. Journal of Magnetism and Magnetic Materials, 225(1-2): 118-126.

Jordan A, Scholz R, Maier-Hauff K, et al. 2006. The effect of thermotherapy using magnetic nanoparticles on rat malignant glioma. Journal of Neuro-oncology, 78(1): 7-14.

Jun Y-W, Lee J-H, Cheon J. 2008. Chemical design of nanoparticle probes for high-performance magnetic resonance imaging. Angewandte Chemie International Edition, 47(28): 5122-5135.

Kalmijn A J, Blakemore R P. 1978. The magnetic behavior of mud bacteria//Schmidt-Koenig K, Keeton W T. Animal Migration, Navigation, and Homing. Berlin: Springer-Verlag: 354-355.

Kang S, Uchida M, O'Neil A et al. 2010. Implementation of P22 viral capsids as nanoplatforms. Biomacromolecules, 11(10): 2804-2809.

Kantserova N P, Krylov V V, Lysenko L A, et al. 2017. Effects of hypomagnetic conditions and reversed geomagnetic field on calcium-dependent proteases of invertebrates and fish. Izvestiya, Atmospheric and Oceanic Physics, 53(7): 719-723.

Kappler A, Bryce C. 2017. Cryptic biogeochemical cycles: Unravelling hidden redox reactions. Environmental Microbiology, 19(3): 842-846.

Kappler A, Newman D K. 2004. Formation of Fe(III)-minerals by Fe(II)-oxidizing photoautotrophic bacteria. Geochimica et Cosmochimica Acta, 68(6): 1217-1226.

Kappler A, Straub K L. 2005. Geomicrobiological cycling of iron. Reviews in Mineralogy and Geochemistry, 59(1): 85-108.

Kappler A, Benz M, Schink B, et al. 2004. Electron shuttling via humic acids in microbial iron(III) reduction in a freshwater sediment. FEMS Microbiology Ecology, 47(1): 85-92.

Kappler A, Newman D K, Konhauser K O, et al. 2005a. Deposition of banded iron formations by anoxygenic phototrophic Fe(II)-oxidizing bacteria. Geology, 33(11): 865.

Kappler A, Schink B, Newman D K. 2005b. Fe(III) mineral formation and cell encrustation by the nitrate-dependent Fe(II)-oxidizer strain BoFeN1. Geobiology, 3(4): 235-245.

Kappler A, Johnson C M, Crosby H A, et al. 2010. Evidence for equilibrium iron isotope fractionation by nitrate-reducing iron(II)-oxidizing bacteria. Geochimica et Cosmochimica Acta, 74(10): 2826-2842.

Kappler A, Bryce C, Mansor M, et al. 2021. An evolving view on biogeochemical cycling of iron. Nature Reviews Microbiology, 19(6): 360-374.

Karten H J, Nauta W J H. 1968. Organization of retinothalamic projections in the pigeon and owl. The Anatomical Record: Advances in Integrative Anatomy and Evolutionary Biology, 160(2): 373.

Kashyap S, Woehl T J, Liu X, et al. 2014. Nucleation of iron oxide nanoparticles mediated by Mms6 protein *in situ*. ACS Nano, 8(9): 9097-9106.

Kasting J F, Howard M T, Wallmann K, et al. 2006. Paleoclimates, ocean depth, and the oxygen isotopic composition of seawater. Earth and Planetary Science Letters, 252(1): 82-93.

Kato S, Hashimoto K, Watanabe K. 2012. Microbial interspecies electron transfer via electric currents through conductive minerals. Proceedings of the National Academy of Sciences of the United States of America, 109(25): 10042.

Keary N, Bischof H J. 2012. Activation changes in zebra finch (Taeniopygia guttata) brain areas evoked by alterations of the earth magnetic field. PLoS One, 7(6): e38697.

Keeton W T. 1971. Magnets interfere with pigeon homing. Proceedings of the National Academy of Sciences of the United States of America, 68(1): 102-106.

Keim C N, Lins U, Farina M. 2009. Manganese in biogenic magnetite crystals from magnetotactic bacteria. FEMS Microbiology Letters, 292(2): 250-253.

Kempermann G, Kuhn H G, Gage F H. 1997. More hippocampal neurons in adult mice living in an enriched environment. Nature, 386(6624): 493-495.

Kendall B, Anbar A D, Kappler A, et al. 2012. The global iron cycle. Fundamentals of Geobiology, 1: 65-92.

Kent D V, Kjarsgaard B A, Gee J S, et al. 2015. Tracking the Late Jurassic apparent (or true) polar shift in U-Pb-dated kimberlites from cratonic North America (Superior Province of Canada). Geochemistry, Geophysics, Geosystems, 16(4): 983-994.

Khalilifard M, Javadian S. 2021. Magnetic superhydrophobic polyurethane sponge loaded with Fe_3O_4 @oleic acid@ graphene oxide as high performance adsorbent oil from water. Chemical Engineering Journal, 408: 127369.

Kim B, Kodama K P, Moeller R E. 2005. Bacterial magnetite produced in water column dominates lake sediment mineral magnetism: Lake Ely, USA. Geophysical Journal International, 163(1): 26-37.

Kim B H, Lee N, Kim H, et al. 2011. Large-scale synthesis of uniform and extremely small-sized iron oxide nanoparticles for high-resolution T1 magnetic resonance imaging contrast agents. Journal of the American Chemical Society, 133(32): 12624-12631.

Kimchi T, Terkel J. 2001. Magnetic compass orientation in the blind mole rat Spalax ehrenbergi. Journal of Experimental Biology, 204(4): 751-758.

Kimchi T, Etienne A S, Terkel J. 2004. A subterranean mammal uses the magnetic compass for path integration. Proceedings of the National Academy of Sciences of the United States of America, 101(4): 1105-1109.

Kirschvink J L. 1980. South-seeking magnetic bacteria: Short communications. Journal of Experimental Biology, 86(1): 345-347.

Kirschvink J L. 1981. Ferromagnetic crystals (magnetite?) in human tissue. Journal of Experimental Biology, 92(1): 333-335.

Kirschvink J L. 1992a. Late Proterozoic low-latitude global glaciation: the snowball Earth//The Proterozoic Biosphere: A Multidisciplinary Study. New York: Cambridge University Press: 51-52.

Kirschvink J L. 1992b. Uniform magnetic-fields and double-wrapped coil systems: Improved techniques for the design of bioelectromagnetic experiments. Bioelectromagnetics, 13(5): 401-411.

Kirschvink J L, Chang S-B R. 1984. Ultrafine-grained magnetite in deep-sea sediments: Possible bacterial magnetofossils. Geology, 12(9): 559-562.

Kirschvink J L, Kirschvink A K. 1991. Is geomagnetic sensitivity real-replication of the Walker-Bitterman magnetic conditioning experiment in honey-bees. American Zoologist, 31(1): 169-185.

Kirschvink J L, Lowenstam H A. 1979. Mineralization and magnetization of chiton teeth: Paleomagnetic, sedimentologic, and biologic implications of organic magnetite. Earth and Planetary Science Letters, 44(2): 193-204.

Kirschvink J L, Walker M M, Chang S-B, et al. 1985. Chains of single-domain magnetite particles in chinook salmon, *Oncorhynchus tshawytscha*. Journal of Comparative Physiology A-Neuroethology Sensory Neural and Behavioral Physiology, 157: 375-381.

Kirschvink J L, Dizon A E, Westphal J A. 1986. Evidence from strandings for geomagnetic sensitivity in Cetaceans. Journal of Experimental Biology, 120(1): 1-24.

Kirschvink J L, Kobayashi-Kirschvink A, Woodford B J. 1992. Magnetite biomineralization in the human brain. Proceedings of the National Academy of Sciences of the United States of America, 89(16): 7683-7687.

Kirschvink J L, Walker M M, Diebel C E. 2001. Magnetite-based magnetoreception. Current Opinion in Neurobiology, 11(4): 462-467.

Kishkinev D, Packmor F, Zechmeister T, et al. 2021. Navigation by extrapolation of geomagnetic cues in a migratory songbird. Current Biology, 31(7): 1563-1569.

Klein C. 2005. Some Precambrian banded iron-formations (BIFs) from around the world: Their age, geologic setting, mineralogy, metamorphism, geochemistry, and origins. American Mineralogist, 90(10): 1473-1499.

Klein C, Beukes N J. 1992. Time distribution, stratigraphy, and sedimentologic setting, and geochemistry of Precambrian iron-formation//Schopf J W, Klein C. The Proterozoic Biosphere. Cambridge: Cambridge University Press: 139-146.

Ko S, Kim E S, Park S, et al. 2017. Amine functionalized magnetic nanoparticles for removal of oil droplets from produced water and accelerated magnetic separation. Journal of Nanoparticle Research, 19 (4): 1-14.

Kobylkov D. 2020. Transduction Mechanisms in Magnetoreception. B. Fritzsch, The Senses: A comprehensive reference. San Diego: Academic Press: 462-463.

Kobylkov D, Schwarze S, Michalik B, et al. 2020. A newly identified trigeminal brain pathway in a night-migratory bird could be dedicated to transmitting magnetic map information. Proceedings of the Royal Society B-Biological Sciences, 287(1919): 20192788.

Kodama K P, Moeller R E, Bazylinski D A, et al. 2013. The mineral magnetic record of magnetofossils in recent lake sediments of Lake Ely, PA. Global and Planetary Change, 110: 350-363.

Koehler I, Konhauser K, Kappler A. 2010. Role of microorganisms in banded iron formations, Geomicrobiology: Molecular and environmental perspective. Springer: 309-324.

Kohler I, Konhauser K O, Papineau D, et al. 2013. Biological carbon precursor to diagenetic siderite with spherical structures in iron formations. Nature Communications, 4: 1741.

Kokhan V S, Matveeva M I, Mukhametov A, et al. 2016. Risk of defeats in the central nervous system during deep space missions. Neuroscience and Biobehavioral Reviews, 71: 621-632.

Kolinko S, Jogler C, Katzmann E, et al. 2012. Single-cell analysis reveals a novel uncultivated magnetotactic bacterium within the Candidate division OP3. Environmental Microbiology, 14(7): 1709-1721.

Kolinko S, Wanner G, Katzmann E, et al. 2013. Clone libraries and single cell genome amplification reveal extended diversity of uncultivated magnetotactic bacteria from marine and freshwater environments. Environmental Microbiology, 15(5): 1290-1301.

Kolinko S, Richter M, Glockner F O, et al. 2016. Single-cell genomics of uncultivated deep-branching magnetotactic bacteria reveals a conserved set of magnetosome genes. Environmental Microbiology, 18(1): 21-37.

Komeili A. 2012. Molecular mechanisms of compartmentalization and biomineralization in magnetotactic bacteria. FEMS Microbiology Reviews, 36(1): 232-255.

Komeili A, Vali H, Beveridge T J, et al. 2004. Magnetosome vesicles are present before magnetite formation, and MamA is required for their activation. Proceedings of the National Academy of Sciences of the United States of America, 101(11): 3839-3844.

Komeili A, Li Z, Newman D K, et al. 2006. Magnetosomes are cell membrane invaginations organized by the actin-like protein MamK. Science, 311(5758): 242-245.

Konhauser K O, Hamade T, Raiswell R, et al. 2002. Could bacteria have formed the Precambrian banded iron formations? Geology, 30(12): 1079-1082.

Konhauser K O, Newman D K, Kappler A. 2005. The potential significance of microbial Fe(III) reduction during deposition of Precambrian banded iron formations. Geobiology, 3(3): 167-177.

Konhauser K O, Amskold L, Lalonde S V, et al. 2007. Decoupling photochemical Fe(II) oxidation from shallow-water BIF deposition. Earth and Planetary Science Letters, 258(1): 87-100.

Konhauser K O, Planavsky N J, Hardisty D S, et al. 2017. Iron formations: A global record of Neoarchaean to Palaeoproterozoic environmental history. Earth-Science Reviews, 172: 140-177.

Kopanev V I, Efimenko G D, Shakula A V. 1979. Biological effect of a hypogeomagnetic environment on an organism. Biology Bulletin of the Academy of Sciences of the USSR, 6(3): 289-298.

Kopp R E, Kirschvink J L. 2008. The identification and biogeochemical interpretation of fossil magnetotactic bacteria. Earth-Science Reviews, 86(1-4): 42-61.

Kopp R E, Weiss B P, Maloof A C, et al. 2006. Chains, clumps, and strings: Magnetofossil taphonomy with ferromagnetic resonance spectroscopy. Earth and Planetary Science Letters, 247(1-2): 10-25.

Kopp R E, Raub T D, Schumann D, et al. 2007. Magnetofossil spike during the Paleocene-Eocene thermal maximum: Ferromagnetic resonance, rock magnetic, and electron microscopy evidence from Ancora, New Jersey, United States. Paleoceanography, 22: PA4103.

Korte M, Constable C G. 2018. Archeomagnetic intensity spikes: Global or regional geomagnetic field features? Frontiers in Earth Science, 6: 17.

Koziaeva V V, Dziuba M V, Ivanov T M, et al. 2016. Draft genome sequences of two magnetotactic bacteria, *Magnetospirillum moscoviense* BB-1 and *Magnetospirillum marisnigri* SP-1. Genome Announcements, 4(4): e00814-16.

Koziaeva V V, Dziuba M V, Leao P, et al. 2019. Genome-based metabolic reconstruction of a novel uncultivated freshwater magnetotactic coccus “Ca. Magnetaquicoccus inordinatus” UR-1, and proposal of a candidate family "Ca. Magnetaquicoccaceae". Frontiers in Microbiology, 10: 2290.

Koziak A M, Desjardins D, Keenliside L D, et al. 2006. Light alters nociceptive effects of magnetic field shielding. Bioelectromagnetics, 27(1): 10-15.

Kramer G. 1952. Die sonnenorientierung der vögel. Verhandlungen der Deutschen Zoologischen Gesellschaft. 72-84.

Krapež B, Barley M E, Pickard A L. 2003. Hydrothermal and resedimented origins of the precursor sediments to banded iron formation: Sedimentological evidence from the Early Palaeoproterozoic Brockman Supersequence of Western Australia. Sedimentology, 50(5): 979-1011.

Krauel J J, McCracken G F. 2013. Recent advances in bat migration research//Adams R A, Pedersen S C. Bat Evolution, Ecology and Conservation. Springer New York Heidelberg Dordrecht London: 293-313.

Kraupner A, Eberbeck D, Heinke D, et al. 2017. Bacterial magnetosomes–nature's powerful contribution to MPI tracer research. Nanoscale, 9(18): 5788-5793.

Krepski S T, Emerson D, Hredzak-Showalter P L, et al. 2013. Morphology of biogenic iron oxides records microbial physiology and environmental conditions: Toward interpreting iron microfossils. Geobiology, 11(5): 457-471.

Kuang Y, Wang Q. 2019. Iron and lung cancer. Cancer letters, 464: 56-61.

Kuang Y, Chen C, Chen G, et al. 2019. Bioinspired solar-heated carbon absorbent for efficient cleanup of highly viscous crude oil. Advanced Functional Materials, 29 (16): 1900162.

Kuhn H G, Dickinson-Anson H, Gage F H. 1996. Neurogenesis in the dentate gyrus of the adult rat: Age-related decrease of neuronal progenitor proliferation. Journal of Neuroscience, 16(6): 2027-2033.

Kukkadapu R K, Zachara J M, Fredrickson J K, et al. 2004. Biotransformation of two-line silica-ferrihydrite by a dissimilatory Fe(III)-reducing bacterium: Formation of carbonate green rust in the presence of phosphate. Geochimica et Cosmochimica Acta, 68(13): 2799-2814.

Kutta R J, Archipowa N, Johannissen L O, et al. 2017. Vertebrate cryptochromes are vestigial flavoproteins. Scientific Reports, 7(1): 1-11.

Kuz'mina V V, Ushakova N V, Krylov V V. 2015. The effect of magnetic fields on the activity of proteinases and glycosidases in the intestine of the crucian carp *Carassius carassius*. Biology Bulletin, 42(1): 61-66.

Laj C, Channell J E T. 2007. Geomagnetic excursions. Treatise on Geophysics, 5: 373-416.

Laj C, Kissel C, Roberts A P. 2006. Geomagnetic field behavior during the Iceland Basin and Laschamp geomagnetic excursions: A simple transitional field geometry? Geochemistry, Geophysics, Geosystems, 7(3): Q03004.

Laj C, Guillou H, Kissel C. 2014. Dynamics of the earth magnetic field in the 10–75 kyr period comprising the Laschamp and Mono Lake excursions: New results from the French Chaîne des Puys in a global perspective. Earth and Planetary Science Letters, 387: 184-197.

Lajoie J M, Shusta E V. 2015. Targeting receptor-mediated transport for delivery of biologics across the blood-brain barrier. Annual Review of Pharmacology and Toxicology, 55: 613-631.

Lalonde K, Mucci A, Ouellet A, et al. 2012. Preservation of organic matter in sediments promoted by iron. Nature, 483(7388): 198.

Lambinet V, Hayden M E, Reid C, et al. 2017a. Honey bees possess a polarity-sensitive magnetoreceptor. Journal of Comparative Physiology A-Neuroethology Sensory Neural and Behavioral Physiology, 203(12): 1029-1036.

Lambinet V, Hayden M E, Reigl K, et al. 2017b. Linking magnetite in the abdomen of honey bees to a magnetoreceptive function. Proceedings of the Royal Society B: Biological Sciences, 284(1851).

Landler L, Nimpf S, Hochstoeger T, et al. 2018. Comment on "Magnetosensitive neurons mediate geomagnetic orientation in *Caenorhabditis elegans*". Elife, 7.

Lane D J, Pace B, Olsen G J, et al. 1985. Rapid determination of 16S ribosomal RNA sequences for phylogenetic analyses. Proceedings of the National Academy of Sciences of the United States of America, 82(20): 6955-6959.

Langlois E. 2004. Crystal structure and biochemical properties of the human mitochondrial ferritin and its mutant Ser144Ala. Journal of Molecular Biology, 340(2): 277-293.

Larese-Casanova P, Haderlein S B, Kappler A. 2010. Biomineralization of lepidocrocite and goethite by nitrate-reducing Fe(II)-oxidizing bacteria: Effect of pH, bicarbonate, phosphate, and humic acids. Geochimica et Cosmochimica Acta, 74(13): 3721-3734.

Larrasoaña J C, Roberts A P, Chang L, et al. 2012. Magnetotactic bacterial response to Antarctic dust supply during the Palaeocene–Eocene thermal maximum. Earth and Planetary Science Letters, 333: 122-133.

Larrasoaña J C, Liu Q, Hu P, et al. 2014. Paleomagnetic and paleoenvironmental implications of magnetofossil occurrences in late Miocene marine sediments from the Guadalquivir Basin, SW Spain. Frontiers in Microbiology, 5: 71.

Laufer K, Niemeyer A, Nikeleit V, et al. 2017a. Physiological characterization of a halotolerant anoxygenic phototrophic Fe(II)-oxidizing green-sulfur bacterium isolated from a marine sediment. FEMS Microbiology Ecology, 93(5): fix054.

Laufer K, Nordhoff M, Halama M, et al. 2017b. Microaerophilic Fe(II)-oxidizing Zetaproteobacteria isolated from low-Fe marine coastal sediments: Physiology and composition of their twisted stalks. Applied and Environmental Microbiology, 83(8): e03118-03116.

Laurent S, Dutz S, Häfeli U O, et al. 2011. Magnetic fluid hyperthermia: Focus on superparamagnetic iron oxide nanoparticles. Advances In Colloid and Interface Science, 166(1-2): 8-23.

Lawrence B D, Simmons J A. 1982. Measurements of atmospheric attenuation at ultrasonic frequencies and the significance for echolocation by bats. Journal of the Acoustical Society of America, 71(3): 585-590.

Lawson D M, Artymiuk P J, Yewdall S J, et al. 1991. Solving the structure of human H ferritin by genetically engineering intermolecular crystal contacts. Nature, 349(6309): 541-544.

Leão P, Teixeira Lia C R S, Cypriano J, et al. 2016. North-seeking magnetotactic Gammaproteobacteria in the southern hemisphere. Applied and Environmental Microbiology, 82(18): 5595-5602.

Lee N, Kim H, Choi S H, et al. 2011. Magnetosome-like ferrimagnetic iron oxide nanocubes for highly sensitive MRI of single cells and transplanted pancreatic islets. Proceedings of the National Academy of Sciences of the United States of America, 108(7): 2662-2667.

Lefèvre C T, Wu L F. 2013. Evolution of the bacterial organelle responsible for magnetotaxis. Trends in Microbiology, 21(10): 534-543.

Lefèvre C T, Abreu F, Schmidt M L, et al. 2010. Moderately thermophilic magnetotactic bacteria from hot springs in Nevada. Applied and Environmental Microbiology, 76(11): 3740-3743.

Lefèvre C T, Frankel R B, Abreu F, et al. 2011a. Culture-independent characterization of a novel, uncultivated magnetotactic member of the Nitrospirae phylum. Environmental Microbiology, 13(2): 538-549.

Lefèvre C T, Frankel R B, Posfai M, et al. 2011b. Isolation of obligately alkaliphilic magnetotactic bacteria from extremely alkaline environments. Environmental Microbiology, 13(8): 2342-2350.

Lefèvre C T, Menguy N, Abreu F, et al. 2011c. A cultured greigite-producing magnetotactic bacterium in a novel group of sulfate-reducing bacteria. Science, 334(6063): 1720-1723.

Lefèvre C T, Viloria N, Schmidt M L, et al. 2012a. Novel magnetite-producing magnetotactic bacteria belonging to the Gammaproteobacteria. The ISME Journal, 6(2): 440-450.

Lefèvre C T, Schmidt M L, Viloria N, et al. 2012b. Insight into the evolution of magnetotaxis in *Magnetospirillum* spp., based on mam gene phylogeny. Applied and Environmental Microbiology, 78(20): 7238-7248.

Lefèvre C T, Trubitsyn D, Abreu F, et al. 2013a. Comparative genomic analysis of magnetotactic bacteria from the Deltaproteobacteria provides new insights into magnetite and greigite magnetosome genes required for magnetotaxis. Environmental Microbiology, 15(10): 2712-2735.

Lefèvre C T, Trubitsyn D, Abreu F, et al. 2013b. Monophyletic origin of magnetotaxis and the first magnetosomes. Environmental Microbiology, 15(8): 2267-2274.

Lefèvre Christopher T, Bennet M, Landau L, et al. 2014. Diversity of magneto-aerotactic behaviors and oxygen sensing mechanisms in cultured magnetotactic bacteria. Biophysical Journal, 107(2): 527-538.

Legrand L, Mazerolles L, Chaussé A. 2004. The oxidation of carbonate green rust into ferric phases: Solid-state reaction or transformation via solution. Geochimica et Cosmochimica Acta, 68(17): 3497-3507.

Lenders J J, Altan C L, Bomans P H, et al. 2014. A bioinspired coprecipitation method for the controlled synthesis of magnetite nanoparticles. Crystal Growth and Design, 14(11): 5561-5568.

Lepot K, Addad A, Knoll A H, et al. 2017. Iron minerals within specific microfossil morphospecies of the 1.88 Ga Gunflint Formation. Nature Communications, 8: 14890.

Levi S, Arosio P. 2004. Mitochondrial ferritin. The International Journal of Biochemistry & Cell Biology, 36(10): 1887-1889.

Levi S, Luzzago A, Cesareni G, et al. 1988. Mechanism of ferritin iron uptake: Activity of the H-chain and deletion mapping of the ferro-oxidase site. A study of iron uptake and ferro-oxidase activity of human liver, recombinant H-chain ferritins, and of two H-chain deletion mutants. Journal of Biological Chemistry, 263(34): 18086-18092.

Levi S, Yewdall S J, Harrison P M, et al. 1992. Evidence that H-chains and L-chains have cooperative roles in the iron-uptake mechanism of human ferritin. Biochemical Journal, 288(2): 591-596.

Levi S, Santambrogio P, Corsi B, et al. 1996. Evidence that residues exposed on the three-fold channels have active roles in the mechanism of ferritin iron incorporation. Biochemical Journal, 317(2): 467-473.

Li J, Pan Y. 2012. Environmental factors affect magnetite magnetosome synthesis in *Magnetospirillum magneticum* AMB-1: Implications for biologically controlled mineralization. Geomicrobiology Journal, 29(4): 362-373.

Li J, Pan Y, Chen G, et al. 2009. Magnetite magnetosome and fragmental chain formation of *magnetospirillum magneticum* AMB-1: Transmission electron microscopy and magnetic observations. Geophysical Journal International, 177(1): 33-42.

Li J, Pan Y, Liu Q, et al. 2010. Biomineralization, crystallography and magnetic properties of bullet-shaped magnetite magnetosomes in giant rod magnetotactic bacteria. Earth and Planetary Science Letters, 293(3-4): 368-376.

Li J, Wu W, Liu Q, et al. 2012. Magnetic anisotropy, magnetostatic interactions and identification of magnetofossils. Geochemistry, Geophysics, Geosystems, 13(12): Q10Z51.

Li J, Benzerara K, Bernard S, et al. 2013a. The link between biomineralization and fossilization of bacteria: Insights from field and experimental studies. Chemical Geology, 359: 49-69.

Li J, Ge K, Pan Y, et al. 2013b. A strong angular dependence of magnetic properties of magnetosome chains: Implications for rock magnetism and paleomagnetism. Geochemistry, Geophysics, Geosystems, 14(10): 3887-3907.

Li J, Menguy N, Gatel C, et al. 2015. Crystal growth of bullet-shaped magnetite in magnetotactic bacteria of the Nitrospirae phylum. Journal of the Royal Society Interface, 12(103): 20141288.

Li J, Menguy N, Arrio M-A, et al. 2016. Controlled cobalt doping in the spinel structure of magnetosome magnetite: New evidences from element- and site-specific X-ray magnetic circular dichroism analyses. Journal of the Royal Society Interface, 13(121): 20160355.

Li J, Zhang H, Menguy N, et al. 2017. Single-cell resolution of uncultured magnetotactic bacteria via fluorescence-coupled electron microscopy. Applied and Environmental Microbiology, 83(12): e00409-17.

Li J, Zhang H, Liu P, et al. 2019. Phylogenetic and structural identification of a novel magnetotactic *Deltaproteobacterium* strain WYHR-1 from a freshwater lake. Applied and Environmental Microbiology, 85(14): e00731-19.

Li J, Liu P, Wang J, et al. 2020a. Magnetotaxis as an adaptation to enable bacterial shuttling of microbial sulfur and sulfur cycling across aquatic oxic-anoxic interfaces. Journal of Geophysical Research: Biogeosciences, 125(12): e2020JG006012.

Li J, Liu Y, Liu S, et al. 2020b. Classification of a complexly mixed magnetic mineral assemblage in Pacific Ocean surface sediment by electron microscopy and supervised magnetic unmixing. Frontiers in Earth Science, 8: 609058.

Li J, Menguy N, Leroy E, et al. 2020c. Biomineralization and magnetism of uncultured magnetotactic coccus strain THC-1 with non-chained magnetosomal magnetite nanoparticles. Journal of Geophysical Research: Solid Earth, 125(12): e2020JB020853.

Li J, Menguy N, Roberts A P, et al. 2020d. Bullet-shaped magnetite biomineralization within a magnetotactic *Deltaproteobacterium*: Implications for magnetofossil identification. Journal of Geophysical Research: Biogeosciences, 125(7): e2020JG005680.

Li J, Liu P, Tamaxia A, et al. 2021. Diverse intracellular inclusion types within magnetotactic bacteria: implications for biogeochemical cycling in aquatic environments. Journal of Geophysical Research: Biogeosciences, 126(7): e2021JG006310.

Li J, Liu P, Menguy N, et al. 2022. Identification of sulfate-reducing magnetotactic bacteria via a group-specific 16S rDNA primer and correlative fluorescence and electron microscopy: Strategy for culture-independent study. Environmental Microbiology, 24(11): 5019-5038.

Li K, Zhang Z-P, Luo M, et al. 2012. Multifunctional ferritin cage nanostructures for fluorescence and MR imaging of tumor cells. Nanoscale, 4(1): 188-193.

Li K, Chen C, Chen C, et al. 2015. Magnetosomes extracted from *Magnetospirillum magneticum* strain AMB-1 showed enhanced peroxidase-like activity under visible-light irradiation. Enzyme and Microbial Technology, 72: 72-78.

Li K, Wang P, Chen C, et al. 2017. Light irradiation helps magnetotactic bacteria eliminate intracellular reactive oxygen species. Environmental Microbiology, 19(9): 3638-3648.

Li L, Fang C J, Ryan J C, et al. 2010. Binding and uptake of H-ferritin are mediated by human transferrin receptor-1. Proceedings of the National Academy of Sciences of the United States of America, 107(8): 3505-3510.

Li L, Li B, Wu L, et al. 2014. Magnetic, superhydrophobic and durable silicone sponges and their applications in removal of organic pollutants from water. Chemical Communications (Camb.), 50 (58): 7831-7833.

Li R, Zhang G, Yang L, et al. 2021. Superhydrophobic polyaniline absorbent for solar-assisted adsorption of highly viscous crude oil. Separation and Purification Technology, 276, 119372.

Li S, Van Hinsbergen D J J, Najman Y, et al. 2020. Does pulsed Tibetan deformation correlate with Indian plate motion changes? Earth and Planetary Science Letters, 536: 116144.

Li Y, Zhu X, Ge B, et al. 2015. Versatile fabrication of magnetic carbon fiber aerogel applied for bidirectional oil–water separation. Applied Physics A, 120 (3): 949-957.

Li Y-L. 2012. Hexagonal Platelet-like magnetite as a biosignature of thermophilic iron-reducing bacteria and its applications to the exploration of the modern deep, hot biosphere and the emergence of iron-reducing bacteria in Early Precambrian Oceans. Astrobiology, 12: 1100-1108.

Li Y-L, Konhauser K O, Cole D R, et al. 2011. Mineral ecophysiological data provide growing evidence for microbial activity in banded-iron formations. Geology, 39(8): 707-710.

Li Y-L, Konhauser K O, Kappler A, et al. 2013. Experimental low-grade alteration of biogenic magnetite indicates microbial involvement in generation of banded iron formations. Earth and Planetary Science Letters, 361: 229-237.

Li Y-L, Konhauser K O, Zhai M. 2017. The formation of magnetite in the early Archean oceans. Earth and Planetary Science Letters, 466: 103-114.

Li Z T, Lin B, Jiang L W, et al. 2018. Effective preparation of magnetic superhydrophobic Fe_3O_4/PU sponge for oil-water separation. Applied Surface Science, 427: 56-64.

Li Z T, Wu H T, Chen W Y, et al. 2019. Preparation of magnetic superhydrophobic melamine sponges for effective oil-water separation. Separation and Purification Technology, 212: 40-50.

Liedvogel M, Feenders G, Wada K, et al. 2007. Lateralized activation of Cluster N in the brains of migratory songbirds. European Journal of Neuroscience, 25(4): 1166-1173.

Lin M M, Kim H H, Kim H, et al. 2010. Surface activation and targeting strategies of superparamagnetic iron oxide nanoparticles in cancer-oriented diagnosis and therapy.

Nanomedicine, 5(1): 109-133.

Lin W, Pan Y X. 2009. Uncultivated magnetotactic cocci from Yuandadu park in Beijing, China. Applied and Environmental Microbiology, 75(12): 4046-4052.

Lin W, Pan Y. 2015. A putative greigite-type magnetosome gene cluster from the candidate phylum Latescibacteria. Environmental Microbiology Reports, 7(2): 237-242.

Lin W, Li J, Schüler D, et al. 2009. Diversity analysis of magnetotactic bacteria in Lake Miyun, northern China, by restriction fragment length polymorphism. Systematic and Applied Microbiology, 32(5): 342-350.

Lin W, Jogler C, Schüler D, et al. 2011. Metagenomic analysis reveals unexpected subgenomic diversity of magnetotactic bacteria within the phylum Nitrospirae. Applied and Environmental Microbiology, 77(1): 323-326.

Lin W, Jogler C, Schüler D, et al. 2012a. Bidirectional magnetotactic bacteria collecting device useful for researching variability and magnetic performance of magnetotactic bacteria, comprises a collector, a separation tube, a sample tube, a Helmholtz coil, and a coil controller: China, ZL200810225786.1.

Lin W, Li J, Pan Y. 2012b. Newly isolated but uncultivated magnetotactic bacterium of the phylum Nitrospirae from Beijing, China. Applied and Environmental Microbiology, 78(3): 668-675.

Lin W, Wang Y, Li B, et al. 2012c. A biogeographic distribution of magnetotactic bacteria influenced by salinity. The ISME Journal, 6(2): 475-479.

Lin W, Wang Y, Gorby Y, et al. 2013. Integrating niche-based process and spatial process in biogeography of magnetotactic bacteria. Scientific Reports, 3: 1-9.

Lin W, Bazylinski D A, Xiao T, et al. 2014a. Life with compass: Diversity and biogeography of magnetotactic bacteria. Environmental Microbiology, 16(9): 2646-2658.

Lin W, Deng A, Wang Z, et al. 2014b. Genomic insights into the uncultured genus '*Candidatus Magnetobacterium*' in the phylum Nitrospirae. The ISME Journal, 8(12): 2463-2477.

Lin W, Pan Y, Bazylinski D A. 2017a. Diversity and ecology of and biomineralization by magnetotactic bacteria. Environmental Microbiology Reports, 9(4): 345-356.

Lin W, Paterson G A, Zhu Q, et al. 2017b. Origin of microbial biomineralization and magnetotaxis during the Archean. Proceedings of the National Academy of Sciences of the United States of America, 114(9): 2171-2176.

Lin W, Zhang W, Zhao X, et al. 2018. Genomic expansion of magnetotactic bacteria reveals an early common origin of magnetotaxis with lineage-specific evolution. The ISME Journal, 12(6): 1508-1519.

Lin W, Kirschvink J L, Paterson G A, et al. 2020a. On the origin of microbial magnetoreception.

National Science Review, 7(2): 472-479.

Lin W, Zhang W, Paterson G A, et al. 2020b. Expanding magnetic organelle biogenesis in the domain bacteria. Microbiome, 8(1): 1-13.

Lin X, Xie J, Niu G, et al. 2011. Chimeric ferritin nanocages for multiple function loading and multimodal imaging. Nano Letters, 11: 814-819.

Lindecke O, Voigt C C, Petersons G , et al. 2015. Polarized skylight does not calibrate the compass system of a migratory bat. Biology Letters, 11(9): 20150525.

Lindecke O, Elksne A, Holland R A, et al. 2019. Experienced migratory bats integrate the sun's position at dusk for navigation at night. Current Biology, 29(8): 1369-1373.

Lins U, Mccartney M R, Farina M, et al. 2005. Habits of magnetosome crystals in coccoid magnetotactic bacteria. Applied and Environmental Microbiology, 71(8): 4902-4905.

Lippert P C, Zachos J C. 2007. A biogenic origin for anomalous fine-grained magnetic material at the Paleocene-Eocene boundary at Wilson Lake, New Jersey. Paleoceanography, 22: PA4104.

Little C T S, Glynn S E J, Mills R A. 2004. Four-hundred-and-ninety-million-year record of bacteriogenic iron oxide precipitation at sea-floor hydrothermal vents. Geomicrobiology Journal, 21(6): 415-429.

Liu D, Dong H, Zhao L, et al. 2014. Smectite reduction by *Shewanella* species as facilitated by Cystine and Cysteine. Geomicrobiology Journal, 31: 53-63.

Liu F, Rotaru A-E, Shrestha P M, et al. 2015. Magnetite compensates for the lack of a pilin-associated c-type cytochrome in extracellular electron exchange. Environmental Microbiology, 17(3): 648-655.

Liu H L, Zhou H N, Xing W M, et al. 2004. 2.6 Å resolution crystal structure of the bacterioferritin from *Azotobacter vinelandii*. FEBS Lett, 573(1-3): 93-98.

Liu J, Wang Z, Belchik S, et al. 2012. Identification and characterization of MtoA: A decaheme c-type cytochrome of the neutrophilic Fe (II)-oxidizing bacterium *Sideroxydans lithotrophicus* ES-1. Frontiers in microbiology, 3: 37.

Liu J, Zhang W, Li X, et al. 2017. Bacterial community structure and novel species of magnetotactic bacteria in sediments from a seamount in the Mariana volcanic arc. Scientific Reports, 7(1): 1-11.

Liu J, Zhang W, Du H, et al. 2018. Seasonal changes in the vertical distribution of two types of multicellular magnetotactic prokaryotes in the sediment of Lake Yuehu, China. Environmental Microbiology Reports, 10(4): 475-484.

Liu P, Liu Y, Ren X, et al. 2021a. A novel magnetotactic Alphaproteobacterium producing intracellular magnetite and calcium-bearing minerals. Applied and Environmental Microbiology, 87(23): e01556-21.

Liu P, Liu Y, Zhao X, et al. 2021b. Diverse phylogeny and morphology of magnetite biomineralized by magnetotactic cocci. Environmental Microbiology, 23(2): 1115-1129.

Liu P, Tamaxia A, Liu Y, et al. 2022a. Identification and characterization of magnetotactic Gammaproteobacteria from a salt evaporation pool, Bohai Bay, China. Environmental Microbiology, 24(2): 938-950.

Liu P, Zheng Y, Zhang R, et al. 2022b. Key gene networks that control magnetosome biomineralization in magnetotactic bacteria. National Science Review, 10(1): nwac238.

Liu R, Liu J, Tong J, et al. 2012. Heating effect and biocompatibility of bacterial magnetosomes as potential materials used in magnetic fluid hyperthermia. Progress in Natural Science: Materials International, 22(1): 31-39.

Liu S, Deng C, Xiao J, et al. 2015. Insolation driven biomagnetic response to the Holocene Warm Period in semi-arid East Asia. Scientific Reports, 5: 8001.

Liu Y, Wang X, Feng S. 2019. Nonflammable and magnetic sponge decorated with polydimethylsiloxane brush for multitasking and highly efficient oil–water separation. Advanced Functional Materials, 29 (29): 1902488.

Livermore P W, Fournier A, Gallet Y. 2014. Core-flow constraints on extreme archeomagnetic intensity changes. Earth and Planetary Science Letters, 387: 145-156.

Livermore P W, Hollerbach R, Finlay C C. 2017. An accelerating high-latitude jet in Earth's core. Nature Geoscience, 10: 62-68.

Lohmann K J. 2010. Q&A Animal behaviour: magnetic-field perception. Nature, 464(7292): 1140-1142.

Lohmann K J, Willows A O D. 1987. Lunar-modulated geomagnetic orientation by a marine mollusk. Science, 235(4786): 331-334.

Lohmann K J, Pentcheff N D, Nevitt G A, et al. 1995. Magnetic orientation of spiny lobsters in the ocean-Experiments with undersea coil systems. Journal of Experimental Biology, 198(Pt10): 2041-2048.

Lohmann K J, Lohmann C M, Ehrhart L M, et al. 2004. Animal behaviour: Geomagnetic map used in sea-turtle navigation. Nature, 428(6986): 909-910.

Lohmann K J, Lohmann C M F, Putman N F. 2007. Magnetic maps in animals: nature's GPS(Pt 21). Journal of Experimental Biology, 210: 3697-3705.

Lohmayer R, Kappler A, Lösekann-Behrens T, et al. 2014. sulfur species as redox partners and electron shuttles for ferrihydrite reduction by sulfurospirillum deleyianum. Applied and Environmental Microbiology, 80(10): 3141.

Lohsse A, Ullrich S, Katzmann E, et al. 2011. Functional analysis of the magnetosome island in *Magnetospirillum gryphiswaldense*: The mamAB operon is sufficient for magnetite biomineralization.

PLoS One, 6(10): e25561.

Lovley D R. 1991. Dissimilatory Fe(III) and Mn(IV) reduction. Microbiological Reviews, 55: 259-287.

Lovley D R, Lonergan D J. 1990. Anaerobic oxidation of toluene, phenol, and p-cresol by the dissimilatory iron-reducing organism, GS-15. Applied and Environmental Microbiology, 56(6): 1858-1864.

Lovley D R, Phillips E J P. 1988. Novel mode of microbial energy metabolism: Organic carbon oxidation coupled to dissimilatory reduction of iron or manganese. Applied and Environmental Microbiology, 54: 1472-1480.

Lovley D R, Woodward J C. 1996. Mechanisms for chelator stimulation of microbial Fe(III)-oxide reduction. Chemical Geology, 132: 19-24.

Lovley D R, Stolz J F, Nord G L, et al. 1987. Anaerobic production of magnetite by a dissimilatory iron-reducing microorganism. Nature, 330: 252-254.

Lovley D R, Baedecker M J, Lonergan D J, et al. 1989a. Oxidation of aromatic contaminants coupled to microbial iron reduction. Nature, 339: 297-300.

Lovley D R, Phillips E J P, Lonergan D J. 1989b. Hydrogen and formate oxidation coupled to dissimilatory reduction of iron or manganese by *Alteromonas putrefaciens*. Applied and Environmental Microbiology, 55(3): 700-706.

Lovley D R, Coates J D, Blunt-Harris E L, et al. 1996. Humic substances as electron acceptors for microbial respiration. Nature, 382: 445-448.

Lovley D R, Holmes D E, Nevin K P. 2004. Dissimilatory Fe (III) and Mn (IV) reduction. Advances in Microbial Physiology, 49: 219-286.

Lovley D R, Ueki T, Zhang T, et al. 2011. Geobacter: The microbe electric's physiology, ecology, and practical applications //Robert K P. Advances in Microbial Physiology. London: Academic Press: 1-100.

Lovley D R, Holmes D E, Margolin W. 2020. Protein Nanowires: The electrification of the microbial world and maybe our own. Journal of Bacteriology, 202: e00331-00320.

Lowenstam H A. 1981. Minerals formed by organisms. Science, 211(4487): 1126-1131.

Lu Y, Wang Y, Liu L, et al. 2017a. Environmental-friendly and magnetic/silanized ethyl cellulose sponges as effective and recyclable oil-absorption materials. Carbohydrate Polymers, 173: 422-430.

Lu Y, Xu Y-J, Zhang G-B, et al. 2017b. Iron oxide nanoclusters for T1 magnetic resonance imaging of non-human primates. Nature Biomedical Engineering, 1(18): 637-643.

Lu Y, Wang D, Jiang X, et al. 2021. Paleoenvironmental significance of magnetofossils in pelagic sediments in the equatorial Pacific Ocean before and after the Eocene/Oligocene boundary. Journal of Geophysical Research: Solid Earth, 126(9): e2021JB022221.

Luo Y K, Zhan A S, Fan Y C, et al. 2022. Effects of hypomagnetic field on adult hippocampal neurogenic niche and neurogenesis in mice. Frontiers in Physics, 10: 1075198.

Luukkonen J, Naarala J, Juutilainen J, et al. 2020. Pilot study on the therapeutic potential of radiofrequency magnetic fields: Growth inhibition of implanted tumours in mice. British Journal of Cancer, 123(7): 1060-1062.

Lyons T W, Reinhard C T, Planavsky N J. 2014. The rise of oxygen in Earth's early ocean and atmosphere. Nature, 506: 307-315.

Ma K, Xu S, Tao T, et al. 2022. Magnetosome-inspired synthesis of soft ferrimagnetic nanoparticles for magnetic tumor targeting. Proceedings of the National Academy of Sciences of the United States of America, 119(45): e2211228119.

MacDonald D J, Findlay A J, Mcallister S M, et al. 2014. Using *in situ* voltammetry as a tool to identify and characterize habitats of iron-oxidizing bacteria: From fresh water wetlands to hydrothermal vent sites. Environmental Science: Processes & Impacts, 16(9): 2117-2126.

Maher B A, Thompson R. 1995. Paleorainfall reconstructions from pedogenic magnetic susceptibility variations in the Chinese loess and paleosols. Quaternary research, 44(3): 383-391.

Maher B A, Ahmed I A, Karloukovski V, et al. 2016. Magnetite pollution nanoparticles in the human brain. Proceedings of the National Academy of Sciences of the United States of America, 113(39): 10797-10801.

Maisch M, Lueder U, Laufer K, et al. 2019. Contribution of microaerophilic iron(II)-oxidizers to iron(III) mineral formation. Environmental Science & Technology, 53(14): 8197-8204.

Malberg J E, Eisch A J, Nestler E J, et al. 2000. Chronic antidepressant treatment increases neurogenesis in adult rat hippocampus. Journal of Neuroscience, 20(24): 9104-9110.

Malkemper E P, Nimpf S, Nordmann G C, et al. 2020. Neuronal circuits and the magnetic sense: Central questions. Journal of Experimental Biology, 223(Pt 21): jeb232371.

Malkemper E P, Pikulik P, Krause T L, et al. 2023. *C. elegans* is not a robust model organism for the magnetic sense. Communications Biology, 6(1): 242.

Mandea M, Holme R, Pais A, et al. 2010. Geomagnetic jerks: Rapid core field variations and core dynamics. Space Science Reviews, 155: 147-175.

Mandernack K W, Bazylinski D A, Shanks III W C, et al. 1999. Oxygen and iron isotope studies of magnetite produced by magnetotactic bacteria. Science, 285(5435): 1892-1896.

Mannucci S, Tambalo S, Conti G, et al. 2018. Magnetosomes extracted from *Magnetospirillum gryphiswaldense* as theranostic agents in an experimental model of glioblastoma. Contrast Media & Molecular Imaging, 2018: 2198703.

Mao X, Egli R, Petersen N, et al. 2014. Magnetotaxis and acquisition of detrital remanent magnetization by magnetotactic bacteria in natural sediment: First experimental results and theory. Geochemistry, Geophysics, Geosystems, 15(1): 255-283.

Marhold S, Wiltschko W, Burda H. 1997. A magnetic polarity compass for direction finding in a subterranean mammal. Naturwissenschaften, 84: 421-423.

Marsili E, Baron D B, Shikhare I D, et al. 2008. Shewanella secretes flavins that mediate extracellular electron transfer. Proceedings of the National Academy of Sciences of the United States of America, 105(10): 3968.

Martel S, Mohammadi M, Felfoul O, et al. 2009. Flagellated magnetotactic bacteria as controlled MRI-trackable propulsion and steering systems for medical nanorobots operating in the human microvasculature. International Journal of Robotics Research, 28(4): 571-582.

Martinez-Perez M J, Miguel R de, Carbonera C, et al. 2010. Size-dependent properties of magnetoferritin. Nanotechnology, 21(46): 465707.

Martino C F, Castello P R. 2011. Modulation of hydrogen peroxide production in cellular systems by low level magnetic fields. PLoS One, 6(8): e22753.

Martino C F, Perea H, Hopfner U, et al. 2010a. Effects of weak static magnetic fields on endothelial cells. Bioelectromagnetics, 31(4): 296-301.

Martino C F, Portelli L, Mccabe K, et al. 2010b. Reduction of the Earth's magnetic field inhibits growth rates of model cancer cell lines. Bioelectromagnetics, 31(8): 649-655.

Martins J L, Silveira T S, Silva K T, et al. 2009. Salinity dependence of the distribution of multicellular magnetotactic prokaryotes in a hypersaline lagoon. International Microbiology, 12(3): 193-201.

Martiny J B H, Bohannan B J, Brown J H, et al. 2006. Microbial biogeography: Putting microorganisms on the map. Nature Reviews Microbiology, 4(2): 102-112.

Mather J G. 1985. Magnetoreception and the search for magnetic material in rodents//Kirschvink J L, Jones D S, MacFadden B J. Magnetite Biomineralization and Magnetoreception in Organisms. Topics in Geobiology. Boston: Springer. 509-533.

Mathias G, Roud S, Chiessi C, et al. 2021. A multi-proxy approach to unravel Late Pleistocene sediment flux and bottom water conditions in the Western South Atlantic Ocean. Paleoceanography and Paleoclimatology, 36(4): e2020PA004058.

Matsunaga T, Sakaguchi T, Tadakoro F. 1991. Magnetite formation by a magnetic bacterium capable of growing aerobically. Applied Microbiology and Biotechnology, 35: 651-655.

Matsunaga T, Okamura Y, Fukuda Y, et al. 2005. Complete genome sequence of the facultative anaerobic magnetotactic bacterium *Magnetospirillum* sp. strain AMB-1. DNA Research, 12(3):

157-166.

Matthews G V T. 1951. The experimental investigation of navigation in homing pigeons. Journal of Experimental Biology, 28: 508-536.

Maxbauer D P, Feinberg J M, Fox D L. 2016. Magnetic mineral assemblages in soils and paleosols as the basis for paleoprecipitation proxies: A review of magnetic methods and challenges. Earth-Science Reviews, 155: 28-48.

McAllister S M, Moore R M, Gartman A, et al. 2019. The Fe(II)-oxidizing zetaproteobacteria: historical, ecological and genomic perspectives. FEMS Microbiology Ecology, 95 (4): fiz015.

McAllister S M, Polson S W, Butterfield D A, et al. 2020. Validating the Cyc2 neutrophilic iron oxidation pathway using meta-omics of Zetaproteobacteria iron mats at marine hydrothermal vents. mSystems, 5(1): e00553-00519.

McFadden P, Merrill R J E, Letters P S. 1997. Asymmetry in the reversal rate before and after the Cretaceous normal polarity superchron. Earth and Planetary Science Letters, 149: 43-47.

Meert J G, Levashova N M, Bazhenov M L, et al. 2016. Rapid changes of magnetic field polarity in the late Ediacaran: Linking the Cambrian evolutionary radiation and increased UV-B radiation. Gondwana Research, 34: 149-157.

Mejia J, He S, Yang Y, et al. 2018. Stability of ferrihydrite–humic acid coprecipitates under iron-reducing conditions. Environmental Science & Technology, 52(22): 13174-13183.

Meldrum F C, Heywood B R, Mann S. 1992. Magnetoferritin: in vitro synthesis of a novel magnetic protein. Science, 257(5069): 522-523.

Melnikova L, Pospiskova K, Mitroova Z, et al. 2014. Peroxidase-like activity of magnetoferritin. Microchimica Acta, 181, 295-301.

Melton E D, Swanner E D, Behrens S, et al. 2014. The interplay of microbially mediated and abiotic reactions in the biogeochemical Fe cycle. Nature Reviews Microbiology, 12(12): 797-808.

Mériaux S, Boucher M, Marty B, et al. 2015. Magnetosomes, biogenic magnetic nanomaterials for brain molecular imaging with 17.2 T MRI scanner. Advanced Healthcare Materials, 4(7): 1076-1083.

Merlin C, Heinze S, Reppert S M. 2012. Unraveling navigational strategies in migratory insects. Current Opinion in Neurobiology, 22(2): 353-361.

Merrill R T, McFadden P L J R O G. 1999. Geomagnetic polarity transitions. Reviews of Geophysics, 37: 201-226.

Metallinou F A, Daglis I A, Kamide Y, et al. 2004. Study of the Dst-AL correlation during geospace magnetic storms. IEEE Transactions on Plasma Science, 32: 1455-1458.

Mi H Y, Jing X, Xie H, et al. 2018. Magnetically driven superhydrophobic silica sponge decorated with hierarchical cobalt nanoparticles for selective oil absorption and oil/water separation. Chemical Engineering Journal, 337: 541-551.

Michel F M, Ehm L, Antao S M, et al. 2007. The structure of ferrihydrite, a nanocrystalline material. Science, 316(5832): 1726 - 1729.

Miot J, Benzerara K, Morin G, et al. 2009a. Iron biomineralization by anaerobic neutrophilic iron-oxidizing bacteria. Geochimica et Cosmochimica Acta, 73(3): 696-711.

Miot J, Benzerara K, Obst M, et al. 2009b. Extracellular iron biomineralization by photoautotrophic iron-oxidizing bacteria. Applied and Environmental Microbiology, 75(17): 5586-5591.

Miot J, Li J, Benzerara K, et al. 2014. Formation of single domain magnetite by green rust oxidation promoted by microbial anaerobic nitrate-dependent iron oxidation. Geochimica et Cosmochimica Acta, 139: 327-343.

Mitchell R N, Thissen C J, Evans D A D, et al. 2021. A Late Cretaceous true polar wander oscillation. Nature Communications, 12: 3629.

Miwa M, Nakajima A, Fujishima A, et al. 2000. Effects of the surface roughness on sliding angles of water droplets on superhydrophobic surfaces. Langmuir, 16 (13): 5754-5760.

Mloszewska A M, Pecoits E, Cates N L, et al. 2012. The composition of Earth's oldest iron formations: the Nuvvuagittuq Supracrustal Belt (Québec, Canada). Earth and Planetary Science Letters, 317-318: 331-342.

Mo W C, Zhang Z J, Liu Y, et al. 2011. Effects of a hypogeomagnetic field on gravitropism and germination in soybean. Advances in Space Research, 47(9): 1616-1621.

Mo W C, Liu Y, Cooper H M, et al. 2012. Altered development of Xenopus embryos in a hypogeomagnetic field. Bioelectromagnetics, 33(3): 238-246.

Mo W C, Zhang Z J, Liu Y, et al. 2013. Magnetic shielding accelerates the proliferation of human neuroblastoma cell by promoting G1-phase progression. PLoS One, 8 (1): e54775.

Mo W C, Liu Y, Bartlett P F, et al. 2014. Transcriptome profile of human neuroblastoma cells in the hypomagnetic field. Science China-Life Sciences, 57(4): 448-461.

Mo W C, Fu J P, Ding H M, et al. 2015. Hypomagnetic field alters circadian rhythm and increases algesia in adult male mice. Progress in Biochemistry and Biophysics, 42: 639-646.

Mo W C, Zhang Z J, Wang D L, et al. 2016. Shielding of the geomagnetic field alters actin assembly and inhibits cell motility in human neuroblastoma cells. Scientific Reports, 6: 22624.

Moisescu C, Ardelean I I, Benning L G. 2014. The effect and role of environmental conditions on magnetosome synthesis. Frontiers in Microbiology, 5: 49.

Monteil C L, Menguy N, Preveral S, et al. 2018. Accumulation and dissolution of magnetite crystals in a magnetically responsive ciliate. Applied and Environmental Microbiology, 84(8): e02865-17.

Monteil C L, Vallenet D, Menguy N, et al. 2019. Ectosymbiotic bacteria at the origin of magnetoreception in a marine protist. Nature Microbiology, 4(7): 1088-1095.

Montemiglio L C, Testi C, Ceci P, et al. 2019. Cryo-EM structure of the human ferritin–transferrin receptor 1 complex. Nature Communications, 10(1): 1-8.

Moorbath S, O'Nions R K, Pankhurst R J. 1973. Early Archaean Age for the Isua iron formation, West Greenland. Nature, 245(5421): 138-139.

Moore A, Bartell P. 2013. Avian migration: The ultimate red-eye flight. American Scientist, 101(1): 46-55.

Mora C V, Davison M, Wild J M, et al. 2004. Magnetoreception and its trigeminal mediation in the homing pigeon. Nature, 432: 508-511.

Moreno-Valdez A, Honeycutt R L, Grant W E. 2004. Colony dynamics of *Leptonycteris nivalis* (Mexican long-nosed bat) related to flowering agave in Northern Mexico. Journal of Mammalogy, 85(3): 453-459.

Mori J F, Scott J J, Hager K W, et al. 2017. Physiological and ecological implications of an iron-or hydrogen-oxidizing member of the zetaproteobacteria, *Ghiorsea bivora*, gen. nov., sp. nov. The ISME Journal, 11(11): 2624-2636.

Morokuma J, Durant F, Williams K B, et al. 2017. Planarian regeneration in space: Persistent anatomical, behavioral, and bacteriological changes induced by space travel. Regeneration (Oxf), 4(2): 85-102.

Morris R C. 1993. Genetic modelling for banded iron-formation of the Hamersley Group, Pilbara Craton, Western Australia. Precambrian Research, 60(1-4): 243-286.

Moskowitz B M, Frankel R B, Bazylinski D A. 1993. Rock magnetic criteria for the detection of biogenic magnetite. Earth and Planetary Science Letters, 120(3-4): 283-300.

Moskowitz B M, Frankel R B, Walton S A, et al. 1997. Determination of the preexponential frequency factor for superparamagnetic maghemite particles in magnetoferritin. Journal of Geophysical Research: Solid Earth, 102(B10): 22671-22680.

Moskowitz B M, Bazylinski D A, Egli R, et al. 2008. Magnetic properties of marine magnetotactic bacteria in a seasonally stratified coastal pond (Salt Pond, MA, USA). Geophysical Journal International, 174(1): 75-92.

Moss D, Powell L W, Halliday J W, et al. 1992. Functional roles of the ferritin receptors of human liver, hepatoma, lymphoid and erythroid cells. Journal of Inorganic Biochemistry, 47(1): 219-227.

Mouritsen H. 2013. The magnetic senses//Galizia C, Lledo P. Neurosciences-From Molecule to Behavior: A University Textbook. Berlin: Springer: 427-443.

Mouritsen H. 2018. Long-distance navigation and magnetoreception in migratory animals. Nature,

558: 50-59.

Mouritsen H, Feenders G, Liedvogel M, et al. 2005. Night-vision brain area in migratory songbirds. Proceedings of the National Academy of Sciences of the United States of America, 102(23): 8339-8344.

Mouritsen H, Heyers D, Güntürkün O. 2016. The neural basis of long-distance navigation in birds. Annual Review of Physiology, 78: 133-154.

Muheim R, Edgar N M, Sloan K A, et al. 2006. Magnetic compass orientation in C57BL/6J mice. Learning & Behavior, 34(4): 366-373.

Muhling J R, Rasmussen B. 2020. Widespread deposition of greenalite to form Banded Iron Formations before the Great Oxidation Event. Precambrian Research, 339: 105619.

Murat D, Quinlan A, Vali H, et al. 2010. Comprehensive genetic dissection of the magnetosome gene island reveals the step-wise assembly of a prokaryotic organelle. Proceedings of the National Academy of Sciences of the United States of America, 107(12): 5593-5598.

Murat D, Falahati V, Bertinetti L, et al. 2012. The magnetosome membrane protein, MmsF, is a major regulator of magnetite biomineralization in *Magnetospirillum magneticum* AMB-1. Molecular Microbiology, 85(4): 684-699.

Muxworthy A, McClelland E. 2000. Review of the low-temperature magnetic properties of magnetite from a rock magnetic perspective. Geophysical Journal International, 140(1): 101-114.

Muxworthy A, Williams W. 2000. Micromagnetic models of pseudo-single domain grains of magnetite near the Verwey transition. Journal of Geophysical Research: Solid Earth, 104(B12): 29203-29217.

Myers C R, Nealson K H. 1990. Respiration-linked proton translocation coupled to anaerobic reduction of manganese (IV) and iron (III) in *Shewanella putrefaciens* MR-1. Journal of Bacteriology, 172(11): 6232-6238.

Nadeev A D, Terpilowski M A, Bogdanov V A, et al. 2018. Effects of exposure of rat erythrocytes to a hypogeomagnetic field. Biomedical Spectroscopy and Imaging, 7: 105-113.

Naisbett-Jones L C, Putman N F, Scanlan M M, et al. 2020. Magnetoreception in fishes: The effect of magnetic pulses on orientation of juvenile Pacific salmon. Journal of Experimental Biology, 223 (10): jeb222091.

Nakazawa H, Arakaki A, Narita-Yamada S, et al. 2009. Whole genome sequence of *Desulfovibrio magneticus* strain RS-1 revealed common gene clusters in magnetotactic bacteria. Genome Research, 19(10): 1801-1808.

Narayana R, Fliegmann J, Paponov I, et al. 2018. Reduction of geomagnetic field (GMF) to near null magnetic field (NNMF) affects *Arabidopsis thaliana* root mineral nutrition. Life Sciences in Space

Research, 19: 43-50.

Narayanan S, Shahbazian-Yassar R, Shokuhfar T. 2019. Transmission electron microscopy of the iron oxide core in ferritin proteins: current status and future directions. Journal of Physics D: Applied Physics, 52, 453001.

Nash C. 2008. Mechanisms and Evolution of Magnetotactic Bacteria. California: California Institute of Technology: 1-138.

Negishi Y, Hashimoto A, Tsushima M, et al. 1999. Growth of pea epicotyl in low magnetic field implication for space research. Life Sciences: Microgravity Research I, 23(12): 2029-2032.

Nemec P, Altmann J, Marhold S, et al. 2001. Neuroanatomy of magnetoreception: The superior colliculus involved in magnetic orientation in a mammal. Science, 294(5541): 366-368.

Nemec P, Burda H, Oelschlager H H A. 2005. Towards the neural basis of magnetoreception: A neuroanatomical approach. Naturwissenschaften, 92(4): 151-157.

Neuwelt E A, Hamilton B E, Varallyay C G, et al. 2009. Ultrasmall superparamagnetic iron oxides (USPIOs): A future alternative magnetic resonance (MR) contrast agent for patients at risk for nephrogenic systemic fibrosis (NSF) & quest. Kidney International, 75(5): 465-474.

Nevin K P, Lovley D R. 2002. Mechanisms for Fe(III) oxide reduction in sedimentary environments. Geomicrobiology Journal, 19(2): 141-159.

Nie N X, Dauphas N, Greenwood R C. 2017. Iron and oxygen isotope fractionation during iron UV photo-oxidation: Implications for early Earth and Mars. Earth and Planetary Science Letters, 458: 179-191.

Nimpf S, Nordmann G C, Kagerbauer D, et al. 2019. A putative mechanism for magnetoreception by electromagnetic induction in the pigeon inner ear. Current Biology, 29(23): 4052-4059.e4.

Niu H, Li J, Wang X, et al. 2021. Solar-assisted, fast, and *in situ* recovery of crude oil spill by a superhydrophobic and photothermal sponge. ACS Applied Materials & Interfaces, 13(18): 21175-21185.

Notini L, Latta D E, Neumann A, et al. 2018. The role of defects in Fe(II)–Goethite electron transfer. Environmental Science & Technology, 52(5): 2751-2759.

Notini L, Byrne J M, Tomaszewski E J, et al. 2019. Mineral defects enhance bioavailability of goethite toward microbial Fe(III) reduction. Environmental Science & Technology, 53(15): 8883-8891.

Novikov V V, Yablokova E V, Valeeva E R, et al. 2019. On the molecular mechanisms of the effect of a zero magnetic field on the production of reactive oxygen species in inactivated neutrophils. Biophysics, 64(4): 571-575.

Novikov V V, Yablokova E V, Shaev I A, et al. 2020. Decreased production of the superoxide anion radical in neutrophils exposed to a near-null magnetic field. Biophysics, 65: 625-630.

Nyankson E, Olasehinde O, John V T, et al. 2015. Surfactant-loaded halloysite clay nanotube dispersants for crude oil spill remediation. Industrial & Engineering Chemistry Research, 54(38): 9328-9341.

Obhodas J, Valkovic V, Kollar R, et al. 2021. The growth and sporulation of Bacillus subtilis in nanotesla magnetic fields. Astrobiology, 21(3): 323-331.

Oda H, Nakasato Y, Usui A. 2018. Characterization of marine ferromanganese crust from the Pacific using residues of selective chemical leaching: Identification of fossil magnetotactic bacteria with FE-SEM and rock magnetic methods. Earth, Planets and Space, 70: 165.

O'Donnell K A, Yu D, Zeller K I, et al. 2006. Activation of transferrin receptor 1 by c-Myc enhances cellular proliferation and tumorigenesis. Molecular and Cellular Biology, 26(6): 2373-2386.

Ogg J G. 2020. Geomagnetic Polarity Time Scale, Geologic Time Scale 2020. Elsevier BV: 159-192.

Oliveriusova L, Nemec P, Pavelkova Z, et al. 2014. Spontaneous expression of magnetic compass orientation in an epigeic rodent: the bank vole, *Clethrionomys glareolus*. Naturwissenschaften, 101(7): 557-563.

Olson S L, Kump L R, Kasting J F. 2013. Quantifying the areal extent and dissolved oxygen concentrations of Archean oxygen oases. Chemical Geology, 362: 35-43.

Osete M L, Molina-Cardín A, Campuzano S A, et al. 2020. Two archaeomagnetic intensity maxima and rapid directional variation rates during the Early Iron Age observed at Iberian coordinates. Implications on the evolution of the Levantine Iron Age anomaly. Earth and Planetary Science Letters, 533: 116047.

Osipenko M A, Mezhevikina L M, Krasts I V, et al. 2008. Influence of "zero" magnetic field on the growth of embryonic cells and primary embryos of mouse *in vitro*. Biofizika, 53(4): 705-712.

Ouyang B, Lu X, Liu H, et al. 2014. Reduction of jarosite by *Shewanella oneidensis* MR-1 and secondary mineralization. Geochimica et Cosmochimica Acta, 124: 54-71.

Ouyang T, Heslop D, Roberts A P, et al. 2014. Variable remanence acquisition efficiency in sediments containing biogenic and detrital magnetites: Implications for relative paleointensity signal recording. Geochemistry, Geophysics, Geosystems, 15(7): 2780-2796.

Özdemir Ö, Dunlop D J, Moskowitz B M. 2002. Changes in remanence, coercivity and domain state at low temperature in magnetite. Earth and Planetary Science Letters, 194(3-4): 343-358.

Paik D, Yao L, Zhang Y, et al. 2022. Human gut bacteria produce TauEta17-modulating bile acid metabolites. Nature, 603(7903):907-912.

Palchoudhury S, Lead J R. 2014. A facile and cost-effective method for separation of oil-water mixtures using polymer-coated iron oxide nanoparticles. Environmental Science & Technology, 48

(24): 14558-14563.

Pan Y, Deng C, Liu Q, et al. 2004. Biomineralization and magnetism of bacterial magnetosomes. Chinese Science Bulletin, 49(24): 2563-2568.

Pan Y, Petersen N, Davila A F, et al. 2005a. The detection of bacterial magnetite in recent sediments of Lake Chiemsee (southern Germany). Earth and Planetary Science Letters, 232(1-2): 109-123.

Pan Y, Petersen N, Winklhofer M, et al. 2005b. Rock magnetic properties of uncultured magnetotactic bacteria. Earth and Planetary Science Letters, 237(3-4): 311-325.

Pan Y, Lin W, Li J, et al. 2009a. Reduced efficiency of magnetotaxis in magnetotactic coccoid bacteria in higher than geomagnetic fields. Biophysical Journal, 97(4): 986-991.

Pan Y, Lin W, Tian L, et al. 2009b. Combined approaches for characterization of an uncultivated magnetotactic coccus from lake Miyun near Beijing. Geomicrobiology Journal, 26(5): 313-320.

Pan Y H, Sader K, Powell J J, et al. 2009. 3D morphology of the human hepatic ferritin mineral core: New evidence for a subunit structure revealed by single particle analysis of HAADF-STEM images. Journal of Structural Biology, 166(1): 22-31.

Panina L K, Bogomolova E V, Dmitriev S P, et al. 2019. Investigation of the structural reorganization of micromycetes in hypomagnetic fields. International Conference Physica.Spb/2019, 1400 (3): 033016.

Pantke C, Obst M, Benzerara K, et al. 2012. Green rust formation during Fe(II) oxidation by the nitrate-reducing *Acidovorax* sp. strain BoFeN1. Environmental Science & Technology, 46(3): 1439-1446.

Parks D H, Rinke C, Chuvochina M, et al. 2017. Recovery of nearly 8, 000 metagenome-assembled genomes substantially expands the tree of life. Nature Microbiology, 2(11): 1533-1542.

Paterson G A, Wang Y, Pan Y. 2013. The fidelity of paleomagnetic records carried by magnetosome chains. Earth and Planetary Science Letters, 383: 82-91.

Paulin M G. 1995. Electroreception and the compass sense of sharks. Journal of Theoretical Biology, 174(3): 325-339.

Pecoits E, Smith M L, Catling D C, et al. 2015. Atmospheric hydrogen peroxide and Eoarchean iron formations. Geobiology, 13(1): 1-14.

Peddie N W. 1982. International geomagnetic reference field: The Third Generation. Journal of Geomagnetism and Geoelectricity, 34(6): 309-326.

Penfield J G, Reilly Jr R F. 2007. What nephrologists need to know about gadolinium. Nature Reviews Nephrology, 3(12): 654-668.

Peng X, Chen S, Zhou H, et al. 2011. Diversity of biogenic minerals in low-temperature Si-rich deposits from a newly discovered hydrothermal field on the ultraslow spreading Southwest Indian

Ridge. Journal of Geophysical Research Biogeosciences, 116(G3): 162.

Percak-Dennett E M, Beard B L, Xu H, et al. 2011. Iron isotope fractionation during microbial dissimilatory iron oxide reduction in simulated Archaean seawater. Geobiology, 9(3): 205-220.

Pereira M C, Guimaraes I C, Acosta-Avalos D, et al. 2019. Can altered magnetic field affect the foraging behaviour of ants? PLoS One, 14(11): e0225507.

Peretyazhko T, Sposito G. 2005. Iron(III) reduction and phosphorous solubilization in humid tropical forest soils. Geochimica et Cosmochimica Acta, 69(14): 3643-3652.

Petersen N, von Dobeneck T, Vali H. 1986. Fossil bacterial magnetite in deep-sea sediments from the South Atlantic Ocean. Nature, 320(6063): 611-615.

Peterson C H, Rice S D, Short J W, et al. 2003. Long-term ecosystem response to the Exxon Valdez oil spill. Science, 302(5653): 2082-2086.

Phillips J B, Borland S C. 1992. Behavioural evidence for use of a light-dependent magnetoreception mechanism by a vertebrate. Nature, 359(6391): 142-144.

Phillips J B, Deutschlander M E, Freake M J, et al. 2001. The role of extraocular photoreceptors in newt magnetic compass orientation: Parallels between light-dependent magnetoreception and polarized light detection in vertebrates. Journal of Experimental Biology, 204(Pt14): 2543-2552.

Phillips J B, Borland S C, Freake M J, et al. 2002. 'Fixed-axis' magnetic orientation by an amphibian: non-shoreward-directed compass orientation, misdirected homing or positioning a magnetite-based map detector in a consistent alignment relative to the magnetic field? Journal of Experimental Biology, 205(Pt24): 3903-3914.

Phillips J B, Youmans P W, Muheim R, et al. 2013. Rapid learning of magnetic compass direction by C57BL/6 mice in a 4-armed 'plus' water maze. PLoS One, 8(8): e73112.

Pinzon-Rodriguez A, Muheim R. 2017. Zebra finches have a light-dependent magnetic compass similar to migratory birds. Journal of Experimental Biology, 220(Pt7): 1202-1209.

Pirbadian S, Barchinger S E, Leung K M, et al. 2014. Shewanella oneidensis MR-1 nanowires are outer membrane and periplasmic extensions of the extracellular electron transport components. Proceedings of the National Academy of Sciences of the United States of America, 111(35): 12883.

Planavsky N, Rouxel O, Bekker A, et al. 2009. Iron-oxidizing microbial ecosystems thrived in late Paleoproterozoic redox-stratified oceans. Earth and Planetary Science Letters, 286(1-2): 230-242.

Poiata A, Creanga D E, Morariu V V. 2003. Life in zero magnetic field. V. E-coli resistance to antibiotics. Electromagnetic Biology and Medicine, 22(2-3): 171-182.

Popp F, Armitage J P, Schüler D. 2014. Polarity of bacterial magnetotaxis is controlled by aerotaxis through a common sensory pathway. Nature Communications, 5(1): 1-9.

Pósfai M, Buseck P R, Bazylinski D A, et al. 1998. Reaction sequence of iron sulfide minerals in bacteria and their use as biomarkers. Science, 280(5365): 880-883.

Pósfai M, Lefevre C T, Trubitsyn D, et al. 2013. Phylogenetic significance of composition and crystal morphology of magnetosome minerals. Frontiers in Microbiology, 4: 344.

Posth N R, Hegler F, Konhauser K O, et al. 2008. Alternating Si and Fe deposition caused by temperature fluctuations in Precambrian oceans. Nature Geoscience, 1: 703-708.

Posth N R, Huelin S, Konhauser K O, et al. 2010. Size, density and composition of cell–mineral aggregates formed during anoxygenic phototrophic Fe (II) oxidation: Impact on modern and ancient environments. Geochimica et Cosmochimica Acta, 74(12): 3476-3493.

Posth N R, Köhler I, Swanner E D, et al. 2013. Simulating Precambrian banded iron formation diagenesis. Chemical Geology, 362: 66-73.

Poulton S W, Canfield D E. 2011. Ferruginous conditions: A dominant feature of the ocean through Earth's history. Elements, 7(2): 107-112.

Prato F S, Robertson J A, Desjardins D, et al. 2005. Daily repeated magnetic field shielding induces analgesia in CD-1 mice. Bioelectromagnetics, 26(2): 109-117.

Prato F S, Desjardins-Holmes D, Keenliside L D, et al. 2009. Light alters nociceptive effects of magnetic field shielding in mice: Intensity and wavelength considerations. Journal of the Royal Society Interface, 6(30): 17-28.

Prozorov T, Mallapragada S K, Narasimhan B, et al. 2007. Protein-mediated synthesis of uniform superparamagnetic magnetite nanocrystals. Adv Funct Mater, 17(6): 951-957.

Prozorov T, Perez-Gonzalez T, Valverde-Tercedor C, et al. 2014. Manganese incorporation into the magnetosome magnetite: Magnetic signature of doping. European Journal of Mineralogy, 26(4): 457-471.

Pucher R. 1969. Relative stability of chemical and thermal remanence in synthetic ferrites. Earth Planetary Science Letters, 6(2): 107-111.

Pufahl P K, Fralick P W. 2004. Depositional controls on Palaeoproterozoic iron formation accumulation, Gogebic Range, Lake Superior region, USA. Sedimentology, 51(4): 791-808.

Putman N F, Scanlan M M, Billman E J, et al. 2014. An inherited magnetic map guides ocean navigation in juvenile Pacific salmon. Current Biology, 24(4): 446-450.

Qian X-X, Liu J, Menguy N, et al. 2019. Identification of novel species of marine magnetotactic bacteria affiliated with Nitrospirae phylum. Environmental Microbiology Reports, 11(3): 330-337.

Qiao R, Yang C, Gao M. 2009. Superparamagnetic iron oxide nanoparticles: From preparations to *in vivo* MRI applications. Journal of Materials Chemistry, 19(35): 6274-6293.

Qin S, Yin H, Yang C, et al. 2016. A magnetic protein biocompass. Nature Materials, 15(2): 217-226.

Quinlan A, Murat D, Vali H, et al. 2011. The HtrA/DegP family protease MamE is a bifunctional protein with roles in magnetosome protein localization and magnetite biomineralization. Molecular Microbiology, 80(4): 1075-1087.

Quinn T P. 1980. Evidence for celestial and magnetic compass orientation in lake migrating sockeye salmon fry. Journal of Comparative Physiology A-Neuroethology Sensory Neural and Behavioral Physiology, 137(3): 243-248.

Quintana C, Cowley J M, Marhic C. 2004. Electron nanodiffraction and high-resolution electron microscopy studies of the structure and composition of physiological and pathological ferritin. Journal of Structural Biology, 147(2): 166-178.

Radoul M, Lewin L, Cohen B, et al. 2016. Genetic manipulation of iron biomineralization enhances MR relaxivity in a ferritin-M6A chimeric complex. Scientific Reports, 6: 26550.

Ragg R, Tahir M N, Tremel W. 2016. Solids go bio: Inorganic nanoparticles as enzyme mimics. European Journal of Inorganic Chemistry, 2016(13-14): 1906-1915.

Raschdorf O, Muller F D, Posfai M, et al. 2013. The magnetosome proteins MamX, MamZ and MamH are involved in redox control of magnetite biomineralization in *Magnetospirillum gryphiswaldense*. Molecular Microbiology, 89(5): 872-886.

Rashby S E, Sessions A L, Summons R E, et al. 2007. Biosynthesis of 2-methylbacteriohopanepolyols by an anoxygenic phototroph. Proceedings of the National Academy of Sciences of the United States of America, 104(38): 15099.

Rasmussen B, Muhling J R. 2018. Making magnetite late again: Evidence for widespread magnetite growth by thermal decomposition of siderite in Hamersley banded iron formations. Precambrian Research, 306: 64-93.

Rasmussen B, Muhling J R. 2020. Hematite replacement and oxidative overprinting recorded in the 1.88 Ga Gunflint iron formation, Ontario, Canada. Geology, 48(7): 688-692.

Rasmussen B, Fletcher I R, Sheppard S. 2005. Isotopic dating of the migration of a low-grade metamorphic front during orogenesis. Geology, 33(10): 773-776.

Rasmussen B, Krapež B, Meier D B. 2014a. Replacement origin for hematite in 2.5 Ga banded iron formation: Evidence for postdepositional oxidation of iron-bearing minerals. GSA Bulletin, 126(3-4): 438-446.

Rasmussen B, Krapež B, Muhling J R. 2014b. Hematite replacement of iron-bearing precursor sediments in the 3.46-b.y.-old Marble Bar Chert, Pilbara craton, Australia. GSA Bulletin, 126(9-10): 1245-1258.

Rasmussen B, Muhling J R, Suvorova A, et al. 2017. Greenalite precipitation linked to the deposition of banded iron formations downslope from a late Archean carbonate platform. Precambrian Research, 290: 49-62.

Rasmussen B, Muhling J R, Krapež B. 2021. Greenalite and its role in the genesis of early Precambrian iron formations—A review. Earth-Science Reviews, 217: 103613.

Rawlings A E, Bramble J P, Walker R, et al. 2014. Self-assembled MmsF proteinosomes control magnetite nanoparticle formation *in vitro*. Proceedings of the National Academy of Sciences of the United States of America, 111(45): 16094-16099.

Rawlings A E, Somner L A, Fitzpatrick-Milton M, et al. 2019. Artificial coiled coil biomineralisation protein for the synthesis of magnetic nanoparticles. Nature Communications, 10(1): 1-9.

Rawlings A E, Liravi P, Corbett S, et al. 2020. Investigating the ferric ion binding site of magnetite biomineralisation protein Mms6. PLoS one, 15(2): e0228708.

Ray P D, Huang B W, Tsuji Y. 2012. Reactive oxygen species (ROS) homeostasis and redox regulation in cellular signaling. Cell Signal, 24(5): 981-990.

Reguera G, Nevin K P, Nicoll J S, et al. 2006. Biofilm and nanowire production leads to increased current in geobacter sulfurreducens fuel cells. Applied and Environmental Microbiology, 72(11): 7345-7348.

Reinholdsson M, Snowball I, Zillén L, et al. 2013. Magnetic enhancement of Baltic Sea sapropels by greigite magnetofossils. Earth and Planetary Science Letters, 366: 137-150.

Reppert S M, Gegear R J, Merlin C. 2010. Navigational mechanisms of migrating monarch butterflies. Trends in Neurosciences, 33(9): 399-406.

Richter M, Kube M, Bazylinski D A, et al. 2007. Comparative genome analysis of four magnetotactic bacteria reveals a complex set of group-specific genes implicated in magnetosome biomineralization and function. Journal of Bacteriology, 189(13): 4899-4910.

Ritz T, Thalau P, Phillips J B, et al. 2004. Resonance effects indicate a radical-pair mechanism for avian magnetic compass. Nature, 429(6988): 177-180.

Roberts A P, Pike C R, Verosub K L. 2000. First-order reversal curve diagrams: A new tool for characterizing the magnetic properties of natural samples. Journal of Geophysical Research: Solid Earth, 105(B12): 28461-28475.

Roberts A P, Florindo F, Villa G, et al. 2011. Magnetotactic bacterial abundance in pelagic marine environments is limited by organic carbon flux and availability of dissolved iron. Earth and Planetary Science Letters, 310(3-4): 441-452.

Roberts A P, Chang L, Heslop D, et al. 2012. Searching for single domain magnetite in the "pseudo-single-domain" sedimentary haystack: Implications of biogenic magnetite preservation for sediment magnetism and relative paleointensity determinations. Journal of Geophysical Research: Solid Earth, 117: B08104.

Rodelli D, Jovane L, Giorgioni M, et al. 2019. Diagenetic fate of biogenic soft and hard magnetite in chemically stratified sedimentary environments of Mamanguá Ría, Brazil. Journal of Geophysical Research: Solid Earth, 124(3): 2313-2330.

Roden E E, Zachara J M. 1996. Microbial reduction of crystalline iron(III) oxides: Influence of oxide surface area and potential for cell growth. Environmental Science & Technology, 30(5): 1618-1628.

Roden E E, Kappler A, Bauer I, et al. 2010. Extracellular electron transfer through microbial reduction of solid-phase humic substances. Nature Geoscience, 3(6): 417-421.

Roh Y, Zhang C L, Vali H, et al. 2003. Biogeochemical and environmental factors in Fe biomineralization: magnetite and siderite formation. Clays and Clay Minerals, 51(1): 83-95.

Roman F. 1978. A novel mechanism for ferritin iron oxidation and deposition. J Mol Catal, 4(1): 75-82.

Rong C, Huang Y, Zhang W, et al. 2008. Ferrous iron transport protein B gene (feoB1) plays an accessory role in magnetosome formation in *Magnetospirillum gryphiswaldense* strain MSR-1. Research in Microbiology, 159(7-8): 530-536.

Rothschild D, Weissbrod O, Barkan E, et al. 2018. Environment dominates over host genetics in shaping human gut microbiota. Nature, 555(7695): 210-215.

Ruhenstroth-Bauer G, Ruther E, Reinertshofer T. 1987. Dependence of a sleeping parameter from the N-S or E-W sleeping direction. Journal of Biosciences: Zeitschrift für Naturforschung C, 42(9-10): 1140-1142.

Ruhenstroth-Bauer G, Gunther W, Hantschk I, et al. 1993. Influence of the Earth's magnetic field on resting and activated EEG mapping in normal subjects. International Journal of Neuroscience, 73(3-4): 195-201.

Russell E G, Cotter T G. 2015. New insight into the role of reactive oxygen species (ROS) in cellular signal-transduction processes. International Review of Cell and Molecular Biology, 319: 221-254.

Sahay A, Scobie K N, Hill A S, et al. 2011. Increasing adult hippocampal neurogenesis is sufficient to improve pattern separation. Nature, 472(7344): 466-470.

Sakaguchi T, Arakaki A, Matsunaga T. 2002. *Desulfovibrio magneticus* sp. nov., a novel sulfate-reducing bacterium that produces intracellular single-domain-sized magnetite particles. International Journal of Systematic and Evolutionary Microbiology, 52(Pt1): 215-221.

Salas E C, Berelson W M, Hammond D E, et al. 2009. The influence of carbon source on the products of dissimilatory iron reduction. Geomicrobiology Journal, 26(7): 451-462.

Santambrogio P, Levi S, Cozzi A, et al. 1996. Evidence that the specificity of iron incorporation into homopolymers of human ferritin L-and H-chains is conferred by the nucleation and ferroxidase centres. Biochemical Journal, 314(Pt1): 139-144.

Saraiva I H, Newman D K, Louro R O. 2012. Functional characterization of the FoxE iron oxidoreductase from the photoferrotroph *Rhodobacter ferrooxidans* SW2. The Journal of Biological Chemistry, 287(30): 25541-25548.

Sarimov R M, Bingi V N, Miliaev V A. 2008. Influence of the compensation of the geomagnetic field on human cognitive processes. Biofizika, 53(5): 856-866.

Savian J F, Jovane L, Giorgioni M, et al. 2016. Environmental magnetic implications of magnetofossil occurrence during the Middle Eocene Climatic Optimum (MECO) in pelagic sediments from the equatorial Indian Ocean. Palaeogeography, Palaeoclimatology, Palaeoecology, 441: 212-222.

Scanlan M M, Putman N F, Pollock A M, et al. 2018. Magnetic map in nonanadromous Atlantic salmon. Proceedings of the National Academy of Sciences of the United States of America, 115(43): 10995-10999.

Schad M, Halama M, Bishop B, et al. 2019. Temperature fluctuations in the Archean ocean as trigger for varve-like deposition of iron and silica minerals in banded iron formations. Geochimica et Cosmochimica Acta, 265: 386-412.

Schädler S, Burkhardt C, Hegler F, et al. 2009. Formation of cell-iron-mineral aggregates by phototrophic and nitrate-reducing anaerobic Fe(II)-oxidizing bacteria. Geomicrobiology Journal, 26(2): 93-103.

Scheffel A, Gruska M, Faivre D, et al. 2006. An acidic protein aligns magnetosomes along a filamentous structure in magnetotactic bacteria. Nature, 440(7080): 110-114.

Scheffel A, Gardes A, Grunberg K, et al. 2008. The major magnetosome proteins MamGFDC are not essential for magnetite biomineralization in *Magnetospirillum gryphiswaldense* but regulate the size of magnetosome crystals. Journal of Bacteriology, 190(1): 377-386.

Schlegel P A, Renner H. 2007. Innate preference for magnetic compass direction in the alpine newt, *Triturus alpestris* (Salamandridae, Urodela)? Journal of Ethology, 25(2): 185-193.

Schleifer K H, Schüler D, Spring S, et al. 1991. The genus *Magnetospirillum* gen. nov. description of *Magnetospirillum gryphiswaldense* sp. nov. and transfer of *Aquaspirillum magnetotacticum* to *Magnetospirillum magnetotacticum* comb. nov. Systematic and Applied Microbiology, 14(4): 379-385.

Schübbe S, Kube M, Scheffel A, et al. 2003. Characterization of a spontaneous nonmagnetic mutant of *Magnetospirillum gryphiswaldense* reveals a large deletion comprising a putative magnetosome island. Journal of Bacteriology, 185(19): 5779-5790.

Schübbe S, Williams T J, Xie G, et al. 2009. Complete genome sequence of the chemolithoautotrophic marine *Magnetotactic coccus* strain MC-1. Applied and Environmental Microbiology, 75(14): 4835-4852.

Schüler D. 2008. Genetics and cell biology of magnetosome formation in magnetotactic bacteria.

FEMS Microbiology Reviews, 32(4): 654-672.

Schüler D, Frankel R B. 1999. Bacterial magnetosomes: microbiology, biomineralization and biotechnological applications. Applied Microbiology and Biotechnology, 52(4): 464-473.

Semelka R C, Helmberger T K. 2001. Contrast agents for MR imaging of the liver. Radiology, 218(1): 27-38.

Semm P, Beason R C. 1990. Responses to small magnetic variations by the trigeminal system of the bobolink. Brain Research Bulletin, 25(5): 735-740.

Semm P, Demaine C. 1986. Neurophysiological properties of magnetic cells in the pigeon's visual system. Journal of Comparative Physiology A-Neuroethology Sensory Neural and Behavioral Physiology, 159(5): 619-625.

Semm P, Nohr D, Demaine C, et al. 1984. Neural basis of the magnetic compass-interactions of visual, magnetic and vestibular inputs in the pigeons brain. Journal of Comparative Physiology A-Neuroethology Sensory Neural and Behavioral Physiology, 155(3): 283-288.

Serantes D, Simeonidis K, Angelakeris M, et al. 2014. Multiplying magnetic hyperthermia response by nanoparticle assembling. The Journal of Physical Chemistry, 118(11): 5927-5934.

Shaar R, Hassul E, Raphael K, et al. 2018. The first catalog of archaeomagnetic directions from Israel with 4,000 years of geomagnetic secular variations. Frontiers in Earth Science, 6: doi: 10.3389/feart.2018.00164.

Shaar R, Tauxe L, Ron H, et al. 2016. Large geomagnetic field anomalies revealed in Bronze to Iron Age archeomagnetic data from Tel Megiddo and Tel Hazor, Israel. Earth and Planetary Science Letters, 442: 173-185.

Shadel G S, Horvath T L. 2015. Mitochondrial ROS signaling in organismal homeostasis. Cell, 163(3): 560-569.

Shcherbakov D, Winklhofer M, Petersen N, et al. 2005. Magnetosensation in zebrafish. Current Biology, 15(5): R161-R162.

Shcherbakov V P, Winklhofer M. 1999. The osmotic magnetometer: A new model for magnetite-based magnetoreceptors in animals. European Biophysics Journal with Biophysics Letters, 28(5): 380-392.

Shi L, Richardson D J, Wang Z, et al. 2009. The roles of outer membrane cytochromes of *Shewanella* and *Geobacter* in extracellular electron transfer. Environmental Microbiology Reports, 1(4): 220-227.

Shi L, Fredrickson J K, Zachara J M. 2014. Genomic analyses of bacterial porin-cytochrome gene clusters. Frontiers in Microbiology, 5: 657.

Shi W, Zhang X, He S, et al. 2011. $CoFe_2O_4$ magnetic nanoparticles as a peroxidase mimic mediated chemiluminescence for hydrogen peroxide and glucose. Chemical Communications, 47(38): 10785-10787.

Siahi M, Hofmann A, Master S, et al. 2017. Carbonate ooids of the Mesoarchaean Pongola Supergroup, South Africa. Geobiology, 15(6): 750-766.

Simmons S L, Sievert S M, Frankel R B, et al. 2004. Spatiotemporal distribution of marine magnetotactic bacteria in a seasonally stratified coastal salt pond. Applied and Environmental Microbiology, 70(10): 6230-6239.

Simmons S L, Bazylinski D A, Edwards K J. 2006. South-seeking magnetotactic bacteria in the northern hemisphere. Science, 311(5759): 371-374.

Simonson B M. 1985. Sedimentology of cherts in the Early Proterozoic Wishart Formation, Quebec-Newfoundland, Canada. Sedimentology, 32(1): 23-40.

Singh A, Sahoo S K. 2014. Magnetic nanoparticles: A novel platform for cancer theranostics. Drug Discovery Today, 19(4): 474-481.

Singh K R, Nayak V, Singh J, et al. 2021. Potentialities of bioinspired metal and metal oxide nanoparticles in biomedical sciences. RSC Advances, 11(40): 24722-24746.

Siponen M I, Adryanczyk G, Ginet N, et al. 2012. Magnetochrome: A c-type cytochrome domain specific to magnetotatic bacteria. Biochemical Society Transactions, 40(6): 1319-1323.

Siponen M I, Legrand P, Widdrat M, et al. 2013. Structural insight into magnetochrome-mediated magnetite biomineralization. Nature, 502(7473): 681-684.

Skiles D. 1985. The geomagnetic field its nature, history, and biological relevance//Kirshvink J, Jones D, Macfadden B. Magnetite Biomineralization and Magnetoreception in Organisms. New York: Springer: 43-102.

Slack J F, Cannon W F. 2009. Extraterrestrial demise of banded iron formations 1.85 billion years ago. Geology, 37(11): 1011-1014.

Smith J A, Lovley D R, Tremblay P-L. 2013. Outer cell surface components essential for Fe(III) oxide reduction by *Geobacter metallireducens*. Applied and Environmental Microbiology, 79(3): 901-907.

Snyder J S, Soumier A, Brewer M, et al. 2011. Adult hippocampal neurogenesis buffers stress responses and depressive behaviour. Nature, 476(7361): 458-461.

Song Y, Shi L A, Xing H, et al. 2021. A magneto-heated ferrimagnetic sponge for continuous recovery of viscous crude oil. Advanced Materials, 33(36): e2100074.

Sowers T D, Holden K L, Coward E K, et al. 2019. Dissolved organic matter sorption and molecular fractionation by naturally occurring bacteriogenic iron (oxyhydr)oxides. Environmental Science & Technology, 53(8): 4295-4304.

Spring S, Amann R, Ludwig W, et al. 1992. Phylogenetic diversity and identification of nonculturable magnetotactic bacteria. Systematic and Applied Microbiology, 15(1): 116-122.

Spring S, Amann R, Ludwig W, et al. 1993. Dominating role of an unusual magnetotactic bacterium in the microaerobic zone of a freshwater sediment. Applied and Environmental Microbiology, 59(8): 2397-2403.

Spring S, Amann R, Ludwig W, et al. 1995. Phylogenetic analysis of uncultured magnetotactic bacteria from the alpha-subclass of Proteobacteria. Systematic and Applied Microbiology, 17(4): 501-508.

Spring S, Lins U, Amann R, et al. 1998. Phylogenetic affiliation and ultrastructure of uncultured magnetic bacteria with unusually large magnetosomes. Archives of Microbiology, 169(2): 136-147.

Staniland S, Rawlings A E. 2016. Crystallizing the function of the magnetosome membrane mineralization protein Mms6. Biochemical Society Transactions, 44: 883-890.

Staniland S, Williams W, Telling N, et al. 2008. Controlled cobalt doping of magnetosomes *in vivo*. Nature Nanotechnology, 3(3): 158-162.

Stetter K O. 1996. Hyperthermophilic procaryotes. FEMS Microbiology Reviews, 18(2-3), 149-158.

Stillman T J, Hempstead P D, Artymiuk P J, et al. 2001. The high-resolution X-ray crystallographic structure of the ferritin (EcFtnA) of *Escherichia coli*; comparison with human H ferritin (HuHF) and the structures of the Fe^{3+} and Zn^{2+} derivatives. Journal of Molecular Biology, 307(2): 587-603.

Stolz J F, Chang S-B, Kirschvink J L. 1986. Bacterial magnetite as trace fossil and paleooxygen indicator. Origins of Life, 16(3-4): 347.

Stolz J F, Chang S-B R, Kirschvink J L. 1989. Biogenic magnetite in stromatolites. I. Occurrence in modern sedimentary environments. Precambrian Research, 43(4): 295-304.

Straub K L, Rainey F A, Widdel F. 1999. *Rhodovulum iodosum* sp. nov. and *Rhodovulum robiginosum* sp. nov., two new marine phototrophic ferrous-iron-oxidizing purple bacteria. International Journal of Systematic Bacteriology, 49(2): 729-735.

Stüeken E E, Buick R, Schauer A J. 2015. Nitrogen isotope evidence for alkaline lakes on late Archean continents. Earth and Planetary Science Letters, 411: 1-10.

Suk D. 2016. Environmental conditions for the presence of magnetofossils in the Last Glacial Maximum inferred from magnetic parameters of sediments from the Ulleung Basin, East Sea. Marine Geology, 372: 53-65.

Sun C, Veiseh O, Gunn J, et al. 2008. *In vivo* MRI detection of gliomas by chlorotoxin-conjugated superparamagnetic nanoprobes. Small, 4(3): 372-379.

Sun S, Konhauser K O, Kappler A, et al. 2015. Primary hematite in Neoarchean to Paleoproterozoic oceans. GSA Bulletin, 127(5-6): 850-861.

Swanner E D, Nell R M, Templeton A S. 2011. Ralstonia species mediate Fe-oxidation in circumneutral, metal-rich subsurface fluids of Henderson mine, CO. Chemical Geology, 284(3-4): 339-350.

Swanner E D, Wu W, Schoenberg R, et al. 2015. Fractionation of Fe isotopes during Fe(II) oxidation by a marine photoferrotroph is controlled by the formation of organic Fe-complexes and colloidal Fe fractions. Geochimica et Cosmochimica Acta, 165: 44-61.

Taillefert M, Beckler J S, Carey E, et al. 2007. *Shewanella putrefaciens* produces an Fe(III)-solubilizing organic ligand during anaerobic respiration on insoluble Fe(III) oxides. Journal of Inorganic Biochemistry, 101(11-12): 1760-1767.

Takahashi T, Kuyucak S. 2003. Functional properties of threefold and fourfold channels in ferritin deduced from electrostatic calculations. Biophysical Journal, 84(4): 2256-2263.

Tanaka M, Mazuyama E, Arakaki A, et al. 2011. MMS6 protein regulates crystal morphology during nano-sized magnetite biomineralization *in vivo*. Journal of Biological Chemistry, 286(8): 6386-6392.

Tarduno J A, Tian W, Wilkison S. 1998. Biogeochemical remanent magnetization in pelagic sediments of the western equatorial Pacific Ocean. Geophysical Research Letters, 25(21): 3987-3990.

Tarduno J A, Blackman E G, Mamajek E E. 2014. Detecting the oldest geodynamo and attendant shielding from the solar wind: Implications for habitability. Physics of the Earth and Planetary Interiors, 233: 68-87.

Tarduno J A, Watkeys M K, Huffman T N, et al. 2015. Antiquity of the South Atlantic Anomaly and evidence for top-down control on the geodynamo. Nature Communications, 6: 7865.

Tarduno J A, Cottrell R D, Bono R K, et al. 2020. Paleomagnetism indicates that primary magnetite in zircon records a strong Hadean geodynamo. Proceedings of the National Academy of Sciences of the United States of America, 117(5): 2309-2318.

Tauxe L. 2010. Essentials of Paleomagnetism. Berkeley: University of California Press.

Tauxe L, Hartl P. 1997. 11 million years of Oligocene geomagnetic field behaviour. Geophysical Journal International, 128(1): 217-229.

Terashima M, Uchida M, Kosuge H, et al. 2011. Human ferritin cages for imaging vascular macrophages. Biomaterials, 32(5): 1430-1437.

Terpilovskii M A, Khmelevskoy D A, Shchegolev B F, et al. 2019. A hypomagnetic field modulates the susceptibility of erythrocytes to tert-Butyl hydroperoxide in rats. Biophysics, 64(3): 374-380.

Thalau P, Ritz T, Burda H, et al. 2006. The magnetic compass mechanisms of birds and rodents are based on different physical principles. Journal of the Royal Society Interface, 3(9): 583-587.

Thébault E, Finlay C C, Beggan C D, et al. 2015. International geomagnetic reference field: The 12th generation. Earth, Planets and Space, 67(1): 79.

Thomasarrigo L K, Byrne J M, Kappler A, et al. 2018. Impact of organic matter on iron(II)-catalyzed mineral transformations in ferrihydrite–organic matter coprecipitates. Environmental Science & Technology, 52(21): 12316-12326.

Thompson D K, Beliaev A S, Giometti C S, et al. 2002. Transcriptional and proteomic analysis of a ferric uptake regulator (fur) mutant of *Shewanella oneidensis*: Possible involvement of fur in energy metabolism, transcriptional regulation, and oxidative stress. Applied Environmental Microbiology, 68(2): 881-892.

Thompson K, Fried M G, Ye Z, et al. 2002. Regulation, mechanisms and proposed function of ferritin translocation to cell nuclei. Journal of Cell Science, 115(Pt10): 2165-2177.

Thompson K, Menzies S, Muckenthaler M, et al. 2003. Mouse brains deficient in H ferritin have normal iron concentration but a protein profile of iron deficiency and increased evidence of oxidative stress. Journal of Neuroscience Research, 71(1): 46-63.

Thorup K, Bisson I A, Bowlin M S, et al. 2007. Evidence for a navigational map stretching across the continental US in a migratory songbird. Proceedings of the National Academy of Sciences of the United States of America, 104(46): 18115-18119.

Thorup K, Vega M L, Snell K R S, et al. 2020. Flying on their own wings: Young and adult cuckoos respond similarly to long-distance displacement during migration. Scientific Reports, 10 (1):7698.

Tian L X, Xiao B, Lin W, et al. 2007. Testing for the presence of magnetite in the upper-beak skin of homing pigeons. Biometals, 20(2): 197-203.

Tian L X, Lin W, Zhang S Y, et al. 2010. Bat head contains soft magnetic particles: Evidence from magnetism. Bioelectromagnetics, 31(7): 499-503.

Tian L X, Pan Y X, Metzner W, et al. 2015. Bats respond to very weak magnetic fields. PLoS One, 10(4): e0123205.

Tian L X, Zhang B F, Zhang J S, et al. 2019. A magnetic compass guides the direction of foraging in a bat. Journal of Comparative Physiology A-Neuroethology Sensory Neural and Behavioral Physiology, 205(4): 619-627.

Tian L X, Luo Y K, Zhan A S, et al. 2022. Hypomagnetic field induces the production of reactive oxygen species and cognitive deficits in mice hippocampus. International Journal of Molecular Sciences, 23(7): 3622.

Toro-Nahuelpan M, Giacomelli G, Raschdorf O, et al. 2019. MamY is a membrane-bound protein that aligns magnetosomes and the motility axis of helical magnetotactic bacteria. Nature Microbiology, 4(11): 1978-1989.

Touati D. 2000. Iron and oxidative stress in bacteria. Archives of Biochemistry and Biophysics,

373(1): 1-6.

Toussaint L, Bertrand L, Hue L, et al. 2007. High-resolution X-ray structures of human apoferritin H-chain mutants correlated with their activity and metal-binding sites. Journal of Molecular Biology, 365(2): 440-452.

Treffry A, Bauminger E R, Hechel D, et al. 1993. Defining the roles of the threefold channels in iron uptake, iron oxidation and iron-core formation in ferritin: A study aided by site-directed mutagenesis. Biochemical Journal, 296(Pt3): 721-728.

Trendall A F. 1970. The iron formations of the Precambrian Hamersley Group, Western Australia. Geological Survey of Western Australia Bulletin, 119: 1-365.

Trikha J, Theil E C, Allewell N M. 1995. High-resolution crystal-structures of amphibian red-cell L-Ferritin - potential roles for structural plasticity and solvation in function. Journal of Molecular Biology, 248(5): 949-967.

Trindade R I F, Jaqueto P, Terra-Nova F, et al. 2018. Speleothem record of geomagnetic South Atlantic anomaly recurrence. Proceedings of the National Academy of Sciences of the United States of America, 115(52): 13198-13203.

Trofimov A V, Sevostyanova E V. 2008. Dynamics of blood values in experimental geomagnetic deprivation (*in vitro*) reflects biotropic effects of natural physical factors during early human ontogeny. Bulletin of Experimental Biology and Medicine, 146(1): 100-103.

Tromsdorf U I, Bruns O T, Salmen S C, et al. 2009. A highly effective, nontoxic T1 MR contrast agent based on ultrasmall PEGylated iron oxide nanoparticles. Nano Letters, 9(12): 4434-4440.

Truta Z, Truta M, Micu R. 2012. Zero magnetic field influence on human spermatozoa glucose consumption. Romanian Biotechnological Letters, 17(1): 6928-6933.

Tsetlin V V, Zotin A A, Moisa S S. 2014. Effect of an altered magnetic field on the development of great ramshorn *Planorbarius corneus* (Gastropoda, Planorbidae). Aviakosm Ekolog Med, 48(3): 36-44.

Uchida M, Flenniken M L, Allen M, et al. 2006. Targeting of cancer cells with ferrimagnetic ferritin cage nanoparticles. Journal of the American Chemical Society, 128(51): 16626-16633.

Uchida M, Terashima M, Cunningham C H, et al. 2008. A human ferritin iron oxide nano-composite magnetic resonance contrast agent. Magnetic Resonance in Medicine, 60(5): 1073-1081.

Uchida M, Kang S, Reichhardt C, et al. 2010. The ferritin superfamily: Supramolecular templates for materials synthesis. Biochimica et Biophysica Acta (BBA)-General Subjects, 1800(8): 834-845.

Uebe R, Schüler D. 2016. Magnetosome biogenesis in magnetotactic bacteria. Nature Reviews Microbiology, 14(10): 621-637.

Uebe R, Junge K, Henn V, et al. 2011. The cation diffusion facilitator proteins MamB and MamM of

Magnetospirillum gryphiswaldense have distinct and complex functions, and are involved in magnetite biomineralization and magnetosome membrane assembly. Molecular Microbiology, 82(4): 818-835.

Uffen R J. 1963. Influence of the Earth's Core on the origin and evolution of life. Nature, 198(4876): 143-144.

Ullrich S, Kube M, Schübbe S, et al. 2005. A hypervariable 130-kilobase genomic region of *Magnetospirillum gryphiswaldense* comprises a magnetosome island which undergoes frequent rearrangements during stationary growth. Journal of Bacteriology, 187(21): 7176-7184.

Usman M, Byrne J M, Chaudhary A, et al. 2018. Magnetite and green rust: Synthesis, properties, and environmental applications of mixed-valent iron minerals. Chemical Reviews, 118(7): 3251-3304.

Uzun M, Alekseeva L, Krutkina M, et al. 2020. Unravelling the diversity of magnetotactic bacteria through analysis of open genomic databases. Scientific Data, 7(1): 1-13.

Vaccaro A, Dor Y K, Nambara K, et al. 2020. Sleep loss can cause death through accumulation of reactive oxygen species in the gut. Cell, 181(6): 1307-1328.

Vacha M. 2006. Laboratory behavioural assay of insect magnetoreception: magnetosensitivity of Periplaneta americana. Journal of Experimental Biology, 209(Pt19): 3882-3886.

Vacha M, Drstkova D, Puzova T. 2008. Tenebrio beetles use magnetic inclination compass. Naturwissenschaften, 95(8): 761-765.

Valet J P, Meynadier L, Guyodo Y. 2005. Geomagnetic dipole strength and reversal rate over the past two million years. Nature, 435(7043): 802-805.

Valet J-P, Tanty C, Carlut J. 2017. Detrital magnetization of laboratory-redeposited sediments. Geophysical Journal International, 210(1): 34-41.

Vali H, Weiss B, Li Y-L, et al. 2004. Formation of tabular single-domain magnetite induced by *Geobacter metallireducens* GS-15. Proceedings of the National Academy of Sciences of the United States of America, 101(46): 16121-16126.

van Dongen B E, Roberts A P, Schouten S, et al. 2007. Formation of iron sulfide nodules during anaerobic oxidation of methane. Geochimica et Cosmochimica Acta, 71(21): 5155-5167.

van Zuilen M A, Lepland A, Arrhenius G. 2002. Reassessing the evidence for the earliest traces of life. Nature, 418(6898): 627-630.

Vargas J P, Siegel J J, Bingman V P. 2006. The effects of a changing ambient magnetic field on single-unit activity in the homing pigeon hippocampus. Brain Research Bulletin, 70(2): 158-164.

Vargas M, Kashefi K, Blunt-Harris E L, et al. 1998. Microbiological evidence for Fe(III) reduction on early Earth. Nature, 395(6697): 65-67.

Vasiliev I, Franke C, Meeldijk J D, et al. 2008. Putative greigite magnetofossils from the Pliocene epoch. Nature Geoscience, 1: 782-786.

Verkin B I, Bondarenko S I, Sheremet V I, et al. 1976. The effects of weak magnetic fields on bacteria. Mikrobiologiia, 45(6): 1067-1070.

Vidal-Gadea A, Ward K, Beron C, et al. 2015. Magnetosensitive neurons mediate geomagnetic orientation in *Caenorhabditis elegans*. Elife, 4: e07493.

Viehmann S, Bau M, Hoffmann J E, et al. 2015. Geochemistry of the Krivoy Rog Banded Iron Formation, Ukraine, and the impact of peak episodes of increased global magmatic activity on the trace element composition of Precambrian seawater. Precambrian Research, 270: 165-180.

Vijayakumar N. 2021. Review on halophilic microbes and their applications. Life Sciences, 10: 23-36.

Voinov M A, Pagán J O S, Morrison E, et al. 2011. Surface-mediated production of hydroxyl radicals as a mechanism of iron oxide nanoparticle biotoxicity. Journal of the American Chemical Society, 133(1): 35-41.

von Canstein H, Ogawa J, Shimizu S, et al. 2008. Secretion of flavins by *Shewanella* species and their role in extracellular electron transfer. Applied and Environmental Microbiology, 74(3): 615-623.

Voss J, Keary N, Bischof H J. 2007. The use of the geomagnetic field for short distance orientation in zebra finches. Neuroreport, 18(10): 1053-1057.

Wajnberg E, Acosta-Avalos D, Alves O C, et al. 2010. Magnetoreception in eusocial insects: An update. Journal of the Royal Society Interface, 7(Suppl 2): S207-S225.

Walcott C, Gould J L, Kirschvink J L. 1979. Pigeons have magnets. Science, 205(4410): 1027-1029.

Walker M M, Kirschvink J L, Chang S B R, et al. 1984. A candidate magnetic sense organ in the Yellowfin Tuna, Thunnus-Albacares. Science, 224(4650): 751-753.

Walker M M, Diebel C E, Haugh C V, et al. 1997. Structure and function of the vertebrate magnetic sense. Nature, 390(6658): 371-376.

Walker M M, Dennis T E, Kirschvink J L. 2002. The magnetic sense and its use in long-distance navigation by animals. Current Opinion in Neurobiology, 12(6): 735-744.

Walls M G, Cao C, Zhang K, et al. 2013. Identification of ferrous-ferric Fe_3O_4 nanoparticles in recombinant human ferritin cages. Microsc Microanal, 19(4): 835-841.

Walter X A, Picazo A, Miracle R, et al. 2009. Anaerobic microbial iron oxidation in an iron-meromictic lake. Geochimica et Cosmochimica Acta, 73(13): A1405.

Walz F. 2002. The Verwey transition-a topical review. Journal of Physics: Condensed Matter, 14(12): R285.

Wan G J, Jiang S L, Zhang M, et al. 2021. Geomagnetic field absence reduces adult body weight of a migratory insect by disrupting feeding behavior and appetite regulation. Insect Science, 28(1):

251-260.

Wan J, Browne P J, Hershey D M, et al. 2022a. A protease-mediated switch regulates the growth of magnetosome organelles in *Magnetospirillum magneticum*. Proceedings of the National Academy of Sciences of the United States of America, 119(6): e2111745119.

Wan J, Monteil C L, Taoka A, et al. 2022b. McaA and McaB control the dynamic positioning of a bacterial magnetic organelle. Nature Communications, 13(1): 5652.

Wan X-F, Verberkmoes N C, Mccue L A, et al. 2004. Transcriptomic and proteomic characterization of the Fur modulon in the metal-reducing bacterium *Shewanella oneidensis*. Journal of bacteriology, 186(24): 8385-8400.

Wang C X, Hilburn I A, Wu D A, et al. 2019. Transduction of the geomagnetic field as evidenced from alpha-band activity in the human brain. eNeuro, 6(2): ENEURO.0483-0518.

Wang D L, Wang X S, Xiao R, et al. 2008. Tubulin assembly is disordered in a hypogeomagnetic field. Biochemical and Biophysical Research Communications, 376(2): 363-368.

Wang F, Wang J, Jian H, et al. 2008. Environmental adaptation: Genomic analysis of the piezotolerant and psychrotolerant deep-sea iron reducing bacterium *Shewanella piezotolerans* WP3. PLoS One, 3(4): e1937.

Wang J H, Cain S D, Lohmann K J. 2004. Identifiable neurons inhibited by Earth-strength magnetic stimuli in the mollusc *Tritonia diomedea*. Journal of Experimental Biology, 207(Pt6): 1043-1049.

Wang J, Huang Y, E David A, et al. 2012. Magnetic nanoparticles for MRI of brain tumors. Current Pharmaceutical Biotechnology, 13(12): 2403-2416.

Wang L, Prozorov T, Palo P E, et al. 2011. Self-assembly and biphasic iron-binding characteristics of Mms6, a bacterial protein that promotes the formation of superparamagnetic magnetite nanoparticles of uniform size and shape. Biomacromolecules, 13: 98-105.

Wang L, Prozorov T, Palo P E, et al. 2012. Self-assembly and biphasic iron-binding characteristics of Mms6, a bacterial protein that promotes the formation of superparamagnetic magnetite nanoparticles of uniform size and shape. Biomacromolecules, 13(1): 98-105.

Wang M, Hu R, Zhao J, et al. 2016. Iron oxidation affects nitrous oxide emissions via donating electrons to denitrification in paddy soils. Geoderma, 271: 173-180.

Wang N, Deng Z. 2019. Synthesis of magnetic, durable and superhydrophobic carbon sponges for oil/water separation. Materials Research Bulletin, 115, 19-26.

Wang W, Knovich M A, Coffman L G, et al. 2010. Serum ferritin: Past, present and future. BBA-Gene Subjects, 1800(8): 760-769.

Wang W, Bu W, Wang L, et al. 2012. Interfacial properties and iron binding to bacterial proteins that promote the growth of magnetite nanocrystals: X-ray reflectivity and surface spectroscopy studies.

Langmuir, 28(9): 4274-4282.

Wang X, Liang L. 2009. Effects of static magnetic field on magnetosome formation and expression of mamA, mms13, mms6 and magA in *Magnetospirillum magneticum* AMB-1. Bioelectromagnetics: Journal of the Bioelectromagnetics Society, The Society for Physical Regulation in Biology and Medicine, The European Bioelectromagnetics Association, 30(4): 313-321.

Wang X B, Xu M L, Li B, et al. 2003. Long-term memory was impaired in one-trial passive avoidance task of day-old chicks hatching from hypomagnetic field space. Chinese Science Bulletin, 48(22): 2454-2457.

Wang X K, Ma Q F, Jiang W, et al. 2008. Effects of hypomagnetic field on magnetosome formation of *Magnetospirillum magneticum* AMB-1. Geomicrobiology Journal, 25(6): 296-303.

Wang Y N, Pan Y X, Parsons S, et al. 2007. Bats respond to polarity of a magnetic field. Proceedings of the Royal Society B-Biological Sciences, 274(1627): 2901-2905.

Wang Y, Lin W, Li J, et al. 2013a. Changes of cell growth and magnetosome biomineralization in *Magnetospirillum magneticum* AMB-1 after ultraviolet-B irradiation. Frontiers in Microbiology, 4: 397.

Wang Y, Lin W, Li J, et al. 2013b. High diversity of magnetotactic Deltaproteobacteria in a freshwater niche. Applied and Environmental Microbiology, 79(8): 2813-2817.

Wang Y X. 2011. Superparamagnetic iron oxide based MRI contrast agents: Current status of clinical application. Quantitative Imaging in Medicine and Surgery, 1(1): 35-40.

Warner-Schmidt J L, Duman R S. 2006. Hippocampal neurogenesis: Opposing effects of stress and antidepressant treatment. Hippocampus, 16(3): 239-249.

Wei Y, Pu Z Y, Zong Q G, et al. 2014. Oxygen escape from the Earth during geomagnetic reversals: Implications to mass extinction. Earth and Planetary Science Letters, 394: 94-98.

Weiss B P, Sam Kim S, Kirschvink J L, et al. 2004. Ferromagnetic resonance and low-temperature magnetic tests for biogenic magnetite. Earth and Planetary Science Letters, 224(1-2): 73-89.

Welch S A, Beard B L, Johnson C M, et al. 2003. Kinetic and equilibrium Fe isotope fractionation between aqueous Fe(II) and Fe(III). Geochimica et Cosmochimica Acta, 67(22): 4231-4250.

Welker H A, Semm P, Willig R P, et al. 1983. Effects of an artificial magnetic field on serotonin N-acetyltransferase activity and melatonin content of the rat pineal gland. Experimental Brain Research, 50(2-3): 426-432.

Wenter R, Wanner G, Schüler D, et al. 2009. Ultrastructure, tactic behaviour and potential for sulfate reduction of a novel multicellular magnetotactic prokaryote from North Sea sediments. Environmental Microbiology, 11(6): 1493-1505.

Wenzel N R. 1936. Resistance of solid surfaces to wetting by water. Industrial & Engineering

Chemistry, 28 (8): 988-994.

Wheatland J A T, Bushby A J, Spencer K L. 2017. Quantifying the structure and composition of flocculated suspended particulate matter using focused ion beam nanotomography. Environmental Science & Technology, 51(16): 8917-8925.

Widdel F, Schnell S, Heising S, et al. 1993. Ferrous iron oxidation by anoxygenic phototrophic bacteria. Nature, 362(6423): 834-836.

Williams K P, Gillespie J J, Sobral B W, et al. 2010. Phylogeny of Gammaproteobacteria. Journal of Bacteriology, 192(9): 2305-2314.

Williams T J, Zhang C L, Scott J H, et al. 2006. Evidence for autotrophy via the reverse tricarboxylic acid cycle in the marine magnetotactic coccus strain MC-1. Applied and Environmental Microbiology, 72(2): 1322-1329.

Wiltschko R, Wiltschko W. 1995. Magnetic Orientation in Animals. Berlin, New York: Springer.

Wiltschko R, Wiltschko W. 2012. Magnetoreception. Advances in Experimental Medicine and Biology, 739: 126-141.

Wiltschko R, Schiffner I, Wiltschko W. 2009. A strong magnetic anomaly affects pigeon navigation. Journal of Experimental Biology, 212(18): 2983-2990.

Wiltschko R, Stapput K, Thalau P, et al. 2010. Directional orientation of birds by the magnetic field under different light conditions. Journal of the Royal Society Interface, 7(Suppl 2): S163-S177.

Wiltschko R, Dehe L, Gehring D, et al. 2013. Interactions between the visual and the magnetoreception system: Different effects of bichromatic light regimes on the directional behavior of migratory birds. Journal of Physiology-Paris, 107(1-2): 137-146.

Wiltschko W. 1968. On the effect of static magnetic fields on the migratory orientation of the robin (*Erithacus rubecula*). Zeitschrift für Tierpsychologie, 25(5): 537-558.

Wiltschko W, Wiltschko R. 1972. Magnetic compass of European robins. Science, 176(4030): 62-64.

Wiltschko W, Wiltschko R. 2001. Light-dependent magnetoreception in birds: The behaviour of European robins, *Erithacus rubecula*, under monochromatic light of various wavelengths and intensities. Journal of Experimental Biology, 204(Pt19): 3295-3302.

Wiltschko W, Wiltschko R. 2005. Magnetic orientation and magnetoreception in birds and other animals. Journal of Comparative Physiology a-Neuroethology Sensory Neural and Behavioral Physiology, 191(8): 675-693.

Wiltschko W, Munro U, Ford H, et al. 1998. Effect of a magnetic pulse on the orientation of silvereyes, zosterops l. lateralis, during spring migration. Journal of Experimental Biology, 201(Pt 23): 3257-3261.

Wiltschko W, Stapput K, Thalau P, et al. 2006. Avian magnetic compass: Fast adjustment to intensities outside the normal functional window. Naturwissenschaften, 93(6): 300-304.

Wiltschko W, Munro U, Ford H, et al. 2009. Avian orientation: The pulse effect is mediated by the magnetite receptors in the upper beak. Proceedings of the Royal Society B-Biological Sciences, 276(1665): 2227-2232.

Winklhofer M. 2009. The Physics of Geomagnetic-field transduction in animals. Ieee Transactions on Magnetics, 45(12): 5259-5265.

Winklhofer M. 2010. Magnetoreception. Journal of the Royal Society Interface, 7(suppl 2): S131-S134.

Winklhofer M, Petersen N. 2006. Paleomagnetism and magnetic bacteria. Magnetoreception and magnetosomes in bacteria. Springer: 255-273.

Winklhofer M, Dylda E, Thalau P, et al. 2013. Avian magnetic compass can be tuned to anomalously low magnetic intensities. Proceedings of the Royal Society B-Biological Sciences, 280(1763): 20130853.

Winterbourn C C. 1995. Toxicity of iron and hydrogen peroxide: The Fenton reaction. Toxicology Letters, 82-83: 969-974.

Witze A. 2019. Earth's magnetic field is acting up. Nature, 565(7738): 143-144.

Woese C R, Fox G E. 1977. Phylogenetic structure of the prokaryotic domain: The primary kingdoms. Proceedings of the National Academy of Sciences of the United States of America, 74(11): 5088-5090.

Wolfe R, Thauer R, Pfennig N. 1987. A 'capillary racetrack' method for isolation of magnetotactic bacteria. FEMS Microbiology Ecology, 3(1): 31-35.

Wong K K W, Douglas T, Gider S, et al. 1998. Biomimetic synthesis and characterization of magnetic proteins (magnetoferritin). Chem Mater, 10(1): 279-285.

Worster S, Mouritsen H, Hore P J. 2017. A light-dependent magnetoreception mechanism insensitive to light intensity and polarization. Journal of The Royal Society Interface, 14 (134): 20170405.

Wu L, Beard B L, Roden E E, et al. 2011. Stable iron isotope fractionation between aqueous Fe(II) and hydrous ferric oxide. Environmental Science & Technology, 45(5): 1847-1852.

Wu L, Li L, Li B, et al. 2015. Magnetic, durable, and superhydrophobic polyurethane@Fe_3O_4@SiO_2@fluoropolymer sponges for selective oil absorption and oil/water separation. ACS Applied Materials & Interfaces, 7(8): 4936-4946.

Wu L Q, Dickman J D. 2011. Magnetoreception in an avian brain in part mediated by inner ear lagena. Current Biology, 21(5): 418-423.

Wu L Q, Dickman J D. 2012. Neural correlates of a magnetic sense. Science, 336(6084): 1054-1057.

Wu W, Li B, Hu J, et al. 2011. Iron reduction and magnetite biomineralization mediated by a deep-sea iron-reducing bacteriumShewanella piezotolerans WP3. Journal of Geophysical Research: Biogeosciences, 116(G4).

Wu W, Swanner E D, Hao L, et al. 2014. Characterization of the physiology and cell–mineral interactions of the marine anoxygenic phototrophic Fe(II) oxidizer *Rhodovulum iodosum*-Implications for precambrian Fe(II) oxidation. FEMS Microbiology Ecology, 88(3): 503-515.

Wu W, Swanner E D, Kleinhanns I C, et al. 2017. Fe isotope fractionation during Fe(II) oxidation by the marine photoferrotroph *Rhodovulum iodosum* in the presence of Si-implications for Precambrian iron formation deposition. Geochimica et Cosmochimica Acta, 211: 307-321.

Wu W F, Wang F P, Li J H, et al. 2013. Iron reduction and mineralization of deep-sea iron reducing bacterium Shewanella piezotolerans WP3 at elevated hydrostatic pressures. Geobiology, 11(6): 593-601.

Wynn J, Padget O, Mouritsen H, et al. 2022. Magnetic stop signs signal a European songbird's arrival at the breeding site after migration. Science, 375(6579): 446-449.

Xiang Z, Yang X, Xu J, et al. 2017. Tumor detection using magnetosome nanoparticles functionalized with a newly screened EGFR/HER2 targeting peptide. Biomaterials, 115: 53-64.

Xiao X, Wang P, Zeng X, et al. 2007. *Shewanella psychrophila* sp. nov. and *Shewanella piezotolerans* sp. nov., isolated from west Pacific deep-sea sediment. International Journal of Systematic and Evolutionary Microbiology, 57: 60-65.

Xiao Y, Wang Q, Xu M L, et al. 2009. Chicks incubated in hypomagnetic field need more exogenous noradrenaline for memory consolidation. Advances in Space Research, 44(2): 226-232.

Xiong J. 2007. Photosynthesis: What color was its origin? Genome biology, 7: 245.

Xiong J, Fischer W M, Inoue K, et al. 2000. Molecular eevidence for the early evolution of photosynthesis. Science, 289(5485): 1724-1730.

Xu C, Wang B, Sun S. 2009. Dumbbell-like Au–Fe_3O_4 nanoparticles for target-specific platin delivery. Journal of the American Chemical Society, 131(12): 4216-4217.

Xu C X, Yin X, Lu Y, et al. 2012. A near-null magnetic field affects cryptochrome-related hypocotyl growth and flowering in *Arabidopsis*. Advances in Space Research, 49(5): 834-840.

Xu C X, Wei S F, Lu Y, et al. 2013. Removal of the local geomagnetic field affects reproductive growth in Arabidopsis. Bioelectromagnetics, 34(6): 437-442.

Xu H, Pan Y. 2019. Experimental evaluation on the heating efficiency of magnetoferritin nanoparticles in an alternating magnetic field. Nanomaterials, 9(10): 1457.

Xu J J, Jarocha L E, Zollitsch T, et al. 2021. Magnetic sensitivity of cryptochrome 4 from a migratory songbird. Nature, 594(7864): 535-540.

Xu X B, Zeng L. 1998. Degaussing of cylinders magnetized in Earth's magnetic field-A two-dimensional model of degaussing of submarine. Journal of Electromagnetic Waves and Applications, 12(8): 1039-1051.

Xu Y, Wang G, Zhu L, et al. 2021. Multifunctional superhydrophobic adsorbents by mixed-dimensional particles assembly for polymorphic and highly efficient oil-water separation. Journal of Hazardous Materials, 407: 124374.

Xue X W, Ali Y F, Liu C R, et al. 2020. Geomagnetic shielding enhances radiation resistance by promoting DNA repair process in human bronchial epithelial cells. International Journal of Molecular Sciences, 21(23): 9304.

Xue X W, Ali Y F, Luo W R, et al. 2021. Biological effects of space hypomagnetic environment on circadian rhythm. Frontiers in Physiology, 12:643943.

Xue Y R, Yang J C, Luo J, et al. 2020. Disorder of iron metabolism inhibits the recovery of unloading-induced bone loss in hypomagnetic field. Journal of Bone and Mineral Research, 35(6): 1163-1173.

Yamagishi A, Narumiya K, Tanaka M, et al. 2016. Core amino acid residues in the morphology-regulating protein, Mms6, for intracellular magnetite biomineralization. Scientific Reports, 6: 35670.

Yamazaki T. 2008. Magnetostatic interactions in deep-sea sediments inferred from first-order reversal curve diagrams: Implications for relative paleointensity normalization. Geochemistry, Geophysics, Geosystems, 9: Q02005.

Yamazaki T. 2020. Reductive dissolution of biogenic magnetite. Earth, Planets and Space, 72: 150.

Yamazaki T, Kawahata H. 1998. Organic carbon flux controls the morphology of magnetofossils in marine sediments. Geology, 26(12): 1064-1066.

Yamazaki T, Shimono T. 2013. Abundant bacterial magnetite occurrence in oxic red clay. Geology, 41(11): 1191-1194.

Yamazaki T, Yamamoto Y, Acton G, et al. 2013. Rock-magnetic artifacts on long-term relative paleointensity variations in sediments. Geochemistry, Geophysics, Geosystems, 14(1): 29-43.

Yang J, Meng X, Dong D, et al. 2018a. Iron overload involved in the enhancement of unloading-induced bone loss by hypomagnetic field. Bone, 114: 235-245.

Yang J, Zhang J, Ding C, et al. 2018b. Regulation of osteoblast differentiation and iron content in MC3T3-E1 cells by static magnetic field with different intensities. Biological Trace Element Research, 184(1): 214-225.

Yang W, Li R, Peng T, et al. 2010. MamO and mamE genes are essential for magnetosome crystal biomineralization in *Magnetospirillum gryphiswaldense* MSR-1. Research in Microbiology, 161(8): 701-705.

Yang X K, Chen-Barrett Y, Arosio P, et al. 1998. Reaction paths of iron oxidation and hydrolysis in horse spleen and recombinant human ferritins. Biochemistry-Us, 37(27): 9743-9750.

Yang Y, Xu M, Guo J, et al. 2012. Bacterial extracellular electron transfer in bioelectrochemical systems. Process Biochemistry, 47(12): 1707-1714.

Yi Z, Liu Y, Meert J G. 2019. A true polar wander trigger for the Great Jurassic East Asian Aridification. Geology, 47(12): 1112-1116.

Yin Z C, Li Y H, Song T W, et al. 2020. An environmentally benign approach to prepare superhydrophobic magnetic melamine sponge for effective oil/water separation. Separation and Purification Technology, 236: 116308.

Yorke E D. 1979. A possible magnetic transducer in birds. Journal of Theoretical Biology, 77(1): 101-105.

Young T III. 1805. An essay on the cohesion of fluids. Philosophical Transactions of the Royal Society of London, (95): 65-87.

Yu J, Zhang T, Xu H, et al. 2019. Thermostable iron oxide nanoparticle synthesis within recombinant ferritins from the hyperthermophile *Pyrococcus yayanosii* CH1. RSC Advances, 9(67): 39381-39393.

Yu J, Cao C, Pan Y. 2021. Advances of adsorption and filtration techniques in separating highly viscous crude oil/water mixtures. Advanced Materials Interfaces, 8(16): 2100061.

Yu J, Cao C, Fang F, Pan Y. 2022a. Enhanced magnetic hyperthermia of magnetoferritin through synthesis at elevated temperature. International Journal of Molecular Sciences, 23(7): 4012.

Yu J, Cao C, Shuo L, et al. 2022b. Eco-friendly magnetophotothermal sponge for fast recovery of highly viscous crude oil spill. Separation and Purification Technology, 298: 121668.

Yu L, Hao G, Gu J, et al. 2015. Fe_3O_4/PS magnetic nanoparticles: Synthesis, characterization and their application as sorbents of oil from waste water. Journal of Magnetism and Magnetic Materials, 394: 14-21.

Yu M, Xu P, Yang J, et al. 2020. Self-growth of MoS2 sponge for highly efficient photothermal cleanup of high-Viscosity crude oil spills. Advanced Materials Interfaces, 7(4): 1901671.

Yu T, Halouane F, Mathias D, et al. 2020. Preparation of magnetic, superhydrophobic/superoleophilic polyurethane sponge: Separation of oil/water mixture and demulsification. Chemical Engineering Journal, 384: 123339.

Yu Y. 2012. High-fidelity paleointensity determination from historic volcanoes in Japan. Journal of Geophysical Research, 117(B8): 101.

Yu Y, Doh S-J, Kim W, et al. 2010. Archeomagnetic secular variation from Korea: Implication for the occurrence of global archeomagnetic jerks. Earth and Planetary Science Letters, 294(1-2): 173-181.

Yuan W, Zhou H, Yang Z, et al. 2020. Magnetite magnetofossils record biogeochemical remanent magnetization in hydrogenetic ferromanganese crusts. Geology, 48(3): 298-302.

Zachara J M, Kukkadapu R K, Fredrickson J K, et al. 2002. Biomineralization of poorly crystalline Fe(III) oxides by dissimilatory metal reducing bacteria (DMRB). Geomicrobiology Journal, 19(2): 179-207.

Zagula G, Tarapatskyy M, Bajcar M, et al. 2020. Near-null geomagnetic field as an innovative method of fruit storage. Processes, 8(3): 262.

Zapka M, Heyers D, Hein C M, et al. 2009. Visual but not trigeminal mediation of magnetic compass information in a migratory bird. Nature, 461(7268): 1274-1277.

Zborowski M, Fuh C B, Green R, et al. 1996. Immunomagnetic isolation of magnetoferritin-labeled cells in a modified ferrograph. Cytometry, 24(3): 251-259.

Zeytuni N, Cronin S, Lefèvre C T, et al. 2015. MamA as a model protein for structure-based insight into the evolutionary origins of magnetotactic bacteria. PLoS One, 10(6): e0130394.

Zhan A S, Luo Y K, Qin H F, et al. 2022. Hypomagnetic field exposure affecting gut microbiota, reactive oxygen species levels, and colonic cell proliferation in mice. Bioelectromagnetics. 43(8): 462-475.

Zhang B, Tian L. 2020. Reactive oxygen species: Potential regulatory molecules in response to hypomagnetic field exposure. Bioelectromagnetics, 41(8): 573-580.

Zhang B, Lu H, Xi W, et al. 2004. Exposure to hypomagnetic field space for multiple generations causes amnesia in *Drosophila melanogaster*. Neuroscience Letters, 371(2-3): 190-195.

Zhang B, Wang L, Zhan A, et al. 2021. Long-term exposure to a hypomagnetic field attenuates adult hippocampal neurogenesis and cognition. Nature Communications, 12(1): 1174.

Zhang C, Vali H, Romanek C S, et al. 1998. Formation of single-domain magnetite by a thermophilic bacterium. American Mineralogist, 83: 1409-1418.

Zhang C, Wu M B, Wu B H, et al. 2018. Solar-driven self-heating sponges for highly efficient crude oil spill remediation. Journal of Materials Chemistry A, 6 (19): 8880-8885.

Zhang H, Menguy N, Wang F, et al. 2017a. Magnetotactic coccus strain SHHC-1 affiliated to Alphaproteobacteria forms octahedral magnetite magnetosomes. Frontiers in Microbiology, 8: 969.

Zhang H, Zhang Z, Mo W, et al. 2017b. Shielding of the geomagnetic field reduces hydrogen peroxide production in human neuroblastoma cell and inhibits the activity of CuZn superoxide dismutase. Protein Cell, 8(7): 527-537.

Zhang L, Wu J, Wang Y, et al. 2012. Combination of bioinspiration: A general route to superhydrophobic particles. Journal of The American Chemical Society, 134 (24): 9879-9881.

Zhang Q, Liu Q, Roberts A P, et al. 2021. Magnetotactic bacterial activity in the North Pacific Ocean and its relationship to Asian dust inputs and primary productivity since 8.0 Ma. Geophysical Research Letters, 48(15): e2021GL094687.

Zhang S, Zang J, Zhang X, et al. 2016. "Silent" amino acid residues at key subunit interfaces regulate the geometry of protein nanocages. ACS Nano, 10(11): 10382-10388.

Zhang T, Cao C, Tang X, et al. 2016. Enhanced peroxidase activity and tumour tissue visualization by cobalt-doped magnetoferritin nanoparticles. Nanotechnology, 28(4): 045704.

Zhang W, Chen C, Li Y, et al. 2010. Configuration of redox gradient determines magnetotactic polarity of the marine bacteria MO-1. Environmental Microbiology Reports, 2(5): 646-650.

Zhang W, Ji R, Liu J, et al. 2020. Two metagenome-assembled genome sequences of magnetotactic bacteria in the order magnetococcales. Microbiology Resource Announcements, 9(35): e00363-20.

Zhang W-J, Wu L-F. 2020. Flagella and swimming behavior of marine magnetotactic bacteria. Biomolecules, 10(3): 460.

Zhang W-Y, Zhou K, Pan H-M, et al. 2013. Novel rod-shaped magnetotactic bacteria belonging to the class Alphaproteobacteria. Applied and Environmental Microbiology, 79(9): 3137-3140.

Zhang X, Chen L, Yuan T, et al. 2014. Dendrimer-linked, renewable and magnetic carbon nanotube aerogels. Materials Horizons, 1 (2): 232-236.

Zhang Z Y, Xue Y R, Yang J C, et al. 2021. Biological effects of hypomagnetic field: Ground-based data for space exploration. Bioelectromagnetics, 42(6): 516-531.

Zhao G, Bou-Abdallah F, Arosio P, et al. 2003. Multiple pathways for mineral core formation in mammalian apoferritin. The role of hydrogen peroxide. Biochemistry, 42(10): 3142-3150.

Zhao X, Egli R, Gilder S A, et al. 2016. Microbially assisted recording of the Earth's magnetic field in sediment. Nature Communications, 7: 10673.

Zhao Y, Liang M, Li X, et al. 2016. Bioengineered magnetoferritin nanoprobes for single-dose nuclear-magnetic resonance tumor imaging. ACS Nano, 10(4): 4184-4191.

Zhen Z, Tang W, Guo C, et al. 2013. Ferritin nanocages to encapsulate and deliver photosensitizers for efficient photodynamic therapy against cancer. ACS Nano, 7(8): 6988-6996.

Zhou K, Pan H, Zhang S, et al. 2011. Occurrence and microscopic analyses of multicellular magnetotactic prokaryotes from coastal sediments in the Yellow Sea. Chinese Journal of Oceanology and Limnology, 29(2): 246-251.

Zhou S, Jiang W, Wang T, et al. 2015. Highly hydrophobic, compressible, and magnetic polystyrene/Fe_3O_4/graphene aerogel composite for oil–water separation. Industrial & Engineering Chemistry Research, 54 (20): 5460-5467.

Zhou X, Chen D, Tang D, et al. 2015. Biogenic iron-rich filaments in the quartz veins in the uppermost Ediacaran Qigebulake Formation, Aksu Area, Northwestern Tarim Basin, China:

Implications for iron oxidizers in subseafloor hydrothermal systems. Astrobiology, 15(7): 523-537.

Zhou Y, Tong T, Wei M, et al. 2023. Towards magnetism in pigeon MagR: Iron- and iron-sulfur binding work indispensably and synergistically. Zological Research, 44(1): 142-152.

Zhu J, Gan M, Zhang D, et al. 2013. The nature of schwertmannite and jarosite mediated by two strains of *Acidithiobacillus ferrooxidans* with different ferrous oxidation ability. Materials Science and Engineering: C, 33(5): 2679-2685.

Zhu K, Pan H, Li J, et al. 2010. Isolation and characterization of a marine magnetotactic spirillum axenic culture QH-2 from an intertidal zone of the China Sea. Research in Microbiology, 161(4): 276-283.

Zhu Q, Pan Q. 2014. Mussel-inspired direct immobilization of nanoparticles and application for oil-water separation. ACS Nano, 8(2): 1402-1409.

Zhu Q, Tao F, Pan Q. 2010. Fast and selective removal of oils from water surface via highly hydrophobic core-shell Fe_2O_3@C nanoparticles under magnetic field. ACS Applied Materials & Interfaces, 2 (11): 3141-3146.

Zhu R, Hoffman K A, Potts R, et al. 2001. Earliest presence of humans in northeast Asia. Nature, 413(6854): 413-417.

Zhu R, Potts R, Xie F, et al. 2004a. New evidence on the earliest human presence at high northern latitudes in northeast Asia. Nature, 431(7008): 559-562.

Zhu R, Hoffman K A, Nomade S, et al. 2004b. Geomagnetic paleointensity and direct age determination of the ISEA (M0r?) chron. Earth and Planetary Science Letters, 217(3-4): 285-295.

Zhu Z, Dennell R, Huang W, et al. 2018. Hominin occupation of the Chinese Loess Plateau since about 2.1 million years ago. Nature, 559(7715): 608-612.

Zoeger J, Dunn J R, Fuller M. 1981. Magnetic material in the head of the common Pacific dolphin. Science, 213(4510): 892-894.

索　引

D

H

J

K

L

T

U

V

Z

磁场对哺乳动物的成体海马神经发生等生命过程不可或缺，磁场变化调控体内特定区域的活性氧水平等，这些发现对于人类太空旅行经历极端弱磁场（或亚磁场）暴露危害的预防具有借鉴意义。亚磁场是如何影响细胞内活性氧水平的？亚磁场对动物其他脑区是否也有影响？这些都是需要深入研究的问题。

生物源磁性纳米矿物因具有独特的晶体学和磁学性质而存在广泛的应用前景，这是需要不断开拓的新方向。面向应用需求，不断优化磁性纳米矿物仿生合成技术方法，获得更优质磁性纳米矿物及其相关功能材料，注重挖掘其在生物医学、地质学、材料学和环境科学领域的实际应用。生物地磁学研究离不开先进实验平台的支撑，这需要与不同学科研究者合作、研发任务需求明确的新技术、新方法和新仪器装备，提升创新研究能力。

我们衷心希望有更多团队和有志交叉科学研究的青年学者加入到生物地磁学研究中，共同努力破解地磁场与生命之奥秘。

探索未知永远是我们前行的动力。

跋

地球上所有生命的繁衍生息都与地磁场息息相关。因此，认识地磁场对地球生物圈的影响，不仅有助于更好地理解地球宜居性和人类生存环境，还可通过仿生合成、仿生导航等技术路径的创新为人类社会发展和健康福祉服务。

生物地磁学的许多重要科学问题有待更深入系统地研究。

鉴于地磁场与生命之间联系的广泛性、多样性和复杂性，坦率地讲，本书所呈现的生物地磁学研究发现仅是“冰山一角”。尽管 20 世纪 60～70 年代就有学者开始讨论地磁极性倒转对地球生物的影响，但迄今未能建立二者的关联。在极性倒转期间，偶极子磁场强度的降低而对地球的保护减弱，使地表（包括生物）受到太阳风和银河宇宙的辐射增强，导致大气逃逸增速，甚至引起气候变化。这些近地表环境的变化对生物演变产生怎样的影响，长达数千年的地磁极性倒转所产生的环境效应和生物效应究竟是什么？

以往的研究多局限于寻找地磁极性倒转导致生物灭绝事件的证据，即地表生物可能由于辐射危害而灭绝。我们认为，这仅是地磁场影响生物的一面，忽视了地磁场极性倒转对生物演变的促进作用，即在地磁倒转期间，生物可以通过改变自身适应周围的环境变化，从而在整体上促进生物自身的发展。也就是说，在环境变化压力下，生物通过自身改变扩展生存适应能力，促进生物的发展。地质历史时期生命灭绝与辐射或多或少留有地磁场变化的印迹。对于地质时间尺度上地磁场变化以及超高频率极性倒转期对生物圈的影响和效应方面的研究，值得重点关注，如寒武纪和侏罗纪的超快地磁极性倒转与地球生物、辐射之间的关联等。超静磁期地磁场的影响同样值得研究。需要指出的是，如何从古记录中有效地分离地磁场影响的贡献是具挑战性的，需要与古生物学、地质学、古气候学等学科协同研究才能完成。

地磁场与地球气候变化之间联系的争论由来已久，国内外学者已有研究所获得的认识分歧较大，还需要结合地磁观测、数值模拟和地质记录等多维度开展深入系统性研究。

在感磁机制方面，虽然取得了一些研究进展，但仍没有突破假说和模型阶段，需要与生物学家深入合作研究，进一步破解动物感磁之谜。动物地磁导航机制的破译将有助于人类开展仿生导航技术研究，以发展无需先验的地磁图库、独立于卫星导航系统的先进导航技术，弥补传统导航方法的不足。最近的研究表明，地